Sonntag

Für meinen Sohn Tim

Manuelle Therapie der Pferdewirbelsäule

Tanja Richter

106 Abbildungen
14 Tabellen

Sonntag Verlag · Stuttgart

Bibliografische Information
Der Deutschen Bibliothek

Die Deutsche Bibliothek verzeichnet diese Publikation in der Deutschen Nationalbibliografie; detaillierte bibliografische Daten sind im Internet über http://dnb.ddb.de abrufbar.

Anschrift der Autorin:

Tanja Richter
Heldburger Straße 22
96145 Seßlach Gemünda

Wichtiger Hinweis: Wie jede Wissenschaft ist die Medizin ständigen Entwicklungen unterworfen. Forschung und klinische Erfahrung erweitern unsere Erkenntnisse, insbesondere was Behandlung und medikamentöse Therapie anbelangt. Soweit in diesem Werk eine Dosierung oder eine Applikation erwähnt wird, darf der Leser zwar darauf vertrauen, dass Autoren, Herausgeber und Verlag große Sorgfalt darauf verwandt haben, dass diese Angabe **dem Wissensstand bei Fertigstellung des Werkes** entspricht.

Für Angaben über Dosierungsanweisungen und Applikationsformen kann vom Verlag jedoch keine Gewähr übernommen werden. **Jeder Benutzer ist angehalten**, durch sorgfältige Prüfung der Beipackzettel der verwendeten Präparate und gegebenenfalls nach Konsultation eines Spezialisten festzustellen, ob die dort gegebene Empfehlung für Dosierungen oder die Beachtung von Kontraindikationen gegenüber der Angabe in diesem Buch abweicht. Eine solche Prüfung ist besonders wichtig bei selten verwendeten Präparaten oder solchen, die neu auf den Markt gebracht worden sind. **Jede Dosierung oder Applikation erfolgt auf eigene Gefahr des Benutzers.** Autoren und Verlag appellieren an jeden Benutzer, ihm etwa auffallende Ungenauigkeiten dem Verlag mitzuteilen.

MVS Medizinverlage Stuttgart GmbH & Co. KG
Oswald-Hesse-Straße 50, 70469 Stuttgart

Unsere Homepage: www.sonntag-verlag.com

Printed in Germany
Umschlaggestaltung: Thieme Verlagsgruppe
Satz: Druckerei Sommer, Feuchtwangen,
gesetzt in 3B2 Vers. 7.51f/W
Druck und Verarbeitung: Grafisches Centrum Cuno, Calbe

ISBN 978-3-8304-9089-0 2 3 4 5 6

Abkürzungsverzeichnis

ADP	Adenosindiphosphat
ATP	Adenosintriphosphat
AZ	Allgemeinzustand
BWS	Brustwirbelsäule
C	Halswirbel (= HW)
CTÜ	zervikothorakaler Übergang
EZ	Ernährungszustand
hi	hinten
HWS	Halswirbelsäule
ISG	Iliosakralgelenk
L	Lendenwirbel (= LW)
li	links
LSÜ	lumsosakraler Übergang
LWS	Lendenwirbelsäule
MTT	Medizinische Trainingstherapie
re	rechts
SBS	sphenobasiliäre Synchondrose
SCÜ	sakrokokzygealer Übergang
Th	Brustwirbel (= BW)
ThLÜ	thorakolumbaler Übergang
TMHO-Region	Temporo-mandibular-hyoidal-okzipital-Region
vo	vorn
WS	Wirbelsäule
ZNS	Zentralnervensystem

Wichtiger Hinweis

Für die Ausübung der Manuellen Therapie beim Pferd sind Kenntnisse der Manuellen Therapie beim Menschen unerlässlich. Hierzu wird im Anhang auf entsprechende Fachliteratur verwiesen. Die detaillierte Kenntnis der Anatomie ist die Basis für das Verständnis der Funktionen und damit der Dysfunktionen.

Das Buch ersetzt keine fachgerechte Ausbildung.

Inhaltsverzeichnis

Vorwort

Deine Hand hat die Macht
Mich zu verletzen oder zu heilen
Schau in meine Augen
Bis zum Herzen meiner Seele
Und wähle
Mich zu heilen
- Margrit Coates -

Das Pferd in seiner Gesamtheit zu verstehen ist ein verbreiteter Wunsch. Wir wissen bereits viel über die Nahrungsaufnahme, über Krankheiten, der Fortpflanzung und den Gliedmaßen des Pferdes. Wir wissen es zu reiten und zu fahren. Wir haben das Verhalten des Pferdes studiert und wir wissen es in unserem Sinne einzusetzen. Um jedoch den Gesundheitszustand und die Seelenlage des Pferdes vollständig zu erfassen, müssen wir sein Bewegungssystem verstehen. Das Pferd ist ein Bewegungstier, seine Muskeln, Knochen und Gelenke stellen die eigentliche Hauptmasse des Pferdekörpers dar. Sein Nervensystem empfindet dasselbe „Ziehen und Reißen" in den Muskeln, wie wir es selbst an uns nach Überanstrengungen spüren. Das Pferd empfindet wieder erlangte Bewegungsfreiheit nach Verschwinden von Schmerzen als genauso befreiend wie wir.

Mit Hilfe der Manuellen Medizin, die der Lehre der Biomechanik und der Funktionellen Anatomie zugrunde gelegt ist, ist es uns möglich, einen durchschauenden Blick in das „Innere" des Pferdes während seiner Bewegungen zu bekommen. Unsere Hände können das „Innere", sein Bewegungssystem, erfühlen.

Es ist eine Faszination das Pferd in seiner Gesamtheit wahrzunehmen!

Mit diesem neuen Blick jedoch erfassen wir auch alle Störungen des Bewegungssystems. Wir sehen und fühlen Funktionseinschränkungen und bekommen eine Ahnung von den Schmerzen des Pferdes. Erweitern wir unseren Blick auf den Großteil unserer Pferde, so nehmen wir plötzlich auch all das Leid wahr, die unseren vierbeinigen Kameraden überall widerfährt. Leid, entstanden durch Unwissenheit der Menschen.

Mit unserem erlangten Wissen um den wahren Gesundheitszustand des Pferdes stehen wir Therapeuten in der Verantwortung, den Pferden zu helfen und die Menschen sachkundig zu beraten.

Die Manuelle Therapie gibt uns sanfte und gezielte Therapiemöglichkeiten in die Hände, um vielen Pferden von ihren Schmerzen in der Wirbelsäule zu befreien.

An dieser Stelle möchte ich all meinen Lehrern und den Menschen, die mir die Welt des Bewegungssystems und der des Pferdes eröffnet haben, danken: R. Gustavsen, R. Streeck, Prof. Dr. Dr. Lewit, P. Kreinberg, R. Kupfer, D. Teirlynck, W. Salomon, B. Bäcker, A. Zohmann und all den anderen, die mir wissentlich oder unwissentlich zu Denkanstößen verholfen haben.

Dank geht an die vielen Pferdebesitzer, die mir Vertrauen entgegen bringen, und mich zu ihren Pferden rufen. Ein großer Dank an all die Pferde, an denen ich Hand anlegen durfte und die mir immer wieder den richtigen Weg zeigen.

Dank geht an Claudia Amend, die mich mit Wort und Tat stets in meine Mitte bringt, um Logik und Sachverhalt immer neu zu überdenken.

Einen herzlichen Dank für die spontane Hilfe bei den Aufnahmen an D. Teirlijnck und besonders an Dr. J. Mitter, für die vielen gelungenen Fotos.

Dank geht an meinen Sohn Tim, der all die Zeit die ihm zustand, den Pferden überlassen musste, und trotzdem die wenigen uns verbleibenden Freizeitstunden dankbar genießt.

Tanja Richter Gemünda, August 2005

1 Grundkonstruktion

Tiere besitzen einen eigenen Grundbauplan, der sich wie ein roter Faden durch alle Säugetiere und durch den Menschen hindurch zieht, da alle diese Organismen denselben Lebensursprung haben. Auf diese Weise wirken sich die Grundkonstruktionen der Wirbelsäule (WS) und der Gliedmaßen auf die Bewegungen des Tieres aus.

Für den Therapeuten ist es sehr nützlich, diesen Grundbauplan von der Entstehung aus zu verstehen, um Ursachen von Störungen leichter zu erkennen und um gezielter und erfolgreicher zu behandeln.

1.1 Entstehung der Wirbelsäule

Im Urmeer lebten Milliarden von Bakterien. Sie produzierten als Abfallprodukt Sauerstoff. Es drohte eine globale Katastrophe, denn Sauerstoff war lebensgefährlich für die ersten Lebewesen auf dieser Erde. Einige Bakterien entwickelten sich weiter und konnten schließlich dieses erstickende Abfallprodukt zu ihrem Lebensgrundstoff umwandeln. Sie überlebten. Es zeigte sich jedoch, dass diejenigen Bakterien am besten überlebten, die sich in einem Kollektiv, einem Zellverbund, zusammengeschlossen hatten. In diesem Zellverbund bekam jedes Bakterium seine eigene Aufgabe, auf die es sich später spezialisierte. Einige der Bakterien, Zellen, waren für die Nahrungsaufnahme verantwortlich, die nächsten für die Verdauung, wieder andere für die Fortbewegung und andere (die heutigen Hautzellen) für den Schutz des Zellverbundes. Dieses neue im Wasser strudelnde Individuum hatte zum Überleben einige Vorteile gegenüber seinen einzelligen Vorfahren. Der Organismus war geboren. Dieser Organismus hatte nun ein Aufnahmerohr für die Verdauung, einen Verdauungskanal, er konnte sich fortbewegen, und er hatte eine Hülle. Nun fehlte noch eine wichtige Ausstattung: Unser Lebewesen musste sensibel werden. Es musste fühlen können, ob es nicht vielleicht gegen einen Felsen stößt, es musste sehen können, um wenigstens hell und dunkel zur optimalen Nahrungssuche unterscheiden zu können. Vielleicht sollte es auch spüren können, wohin es gerade strudelt, ob nach oben oder unten, und ob es jetzt kalt oder warm wird. Es müsste sich dorthin bewegen können, wo es gerade die meiste Nahrung finden könnte oder die Lebensbedingungen gerade optimal waren. Außerdem wäre es günstiger, wenn es seine Muskelzellen gezielt einsetzen könnte, dann wären genauere Bewegungen möglich.

Das Nervensystem wurde erfunden. Steuerungszentralen und Leitungsbahnen entstanden, die all die Sinnesreize aufnehmen konnten, die in der Zentrale verarbeitet wurden, um schließlich gezielte Kommandos an das Bewegungssystem weiter zu geben, damit sinnvolle Bewegungen entstehen können.

Das Nervensystem ist also eine äußerst wichtige Einrichtung für das Lebewesen. Geschickterweise siedelt man es in der Mitte des Organismus schlauchförmig an, damit von dort auf dem kürzesten Wege Informationen von der Außenwelt eintreffen und schnell Kommandos an die Muskeln weitergegeben werden können.

Erst durch das Nervensystem sind komplexere Bewegungen möglich geworden. Es konnte besser nach Nahrung gesucht und sich den aktuellen Umweltbedingungen angepasst werden (warm/kalt), außerdem wurde Sozialverhalten überhaupt erst möglich (z. B. Schwarmverhalten bei Fischen), und schließlich konnte sogar eines Tages der erste Landgang unternommen werden.

Eine solche geniale Einrichtung musste geschützt werden. Ohne das Nervensystem ist der komplexe Organismus nicht überlebensfähig. Das Nervensystem muss seinen Platz möglichst nah an allen Teilen des Körpers behalten, und es braucht eine zentrale Steuerung. Es muss jede Bewegung des Organismus mitmachen können, ohne gezerrt oder geknickt zu werden, und gleichzeitig muss es unbedingt vor Verletzungen geschützt werden.

Die beste Lösung dafür ist ein Knochenpanzer, der in einzelne Glieder aufgeteilt ist. Die Glieder sind dabei sehr eng miteinander verwoben, können sich aber gegeneinander bewegen, wenn auch in sehr geringem Ausmaß.

Wenn sich jedoch jedes der Kettenglieder ein wenig in eine Richtung bewegt, ergeben alle zusammen ein beträchtliches Bewegungsausmaß, damit der Organismus zufrieden stellende Bewegungen durchführen kann. Die Bewegungsmöglichkeit innerhalb der Kettenglieder und das gesamte Bewegungsausmaß müssen sich schließlich an die Lebensbedingungen des Organismus anpassen – ob es z. B. ein Fisch ist, der durch Schlängelbewegungen vorwärts kommt, ob es eine Echse ist, die sich vom Boden abstemmen und den Hals recken muss, um an die Blätter zu gelangen, ob es ein Raubtier ist, welches sich drehen und wenden muss, um ein Opfer erlegen zu können, oder ob es ein Tier ist, welches mit hoher Geschwindigkeit trittsicher über die Steppen galoppieren können muss.

Für diese Anforderungen an die Beweglichkeit eines lebenden, sich fortbewegenden Organismus steht uns als Grundbausäule und zum Schutz für die „Steuerungszentrale Rückenmark" das folgende Grundmodell aus der Natur zur Verfügung: der **Wirbel** (Vertebra), das Kettenglied des beweglichen Rohres, welches das Nervensystem (hier das Rückenmark) schützen soll (Abb. 1.**1**). nicht gut

Der Wirbel besteht aus dem **Wirbelkörper** (Corpus vertebrae) und dem **Wirbelbogen** (Arcus vertebrae), der das Rückenmark schützend umschließt. Wirbelkanal

Fest zwischen den Wirbelkörpern verankert, jeweils vorn und hinten, liegen die Bandscheiben (Disci intervertebralia), die kleine Bewegungen zulassen und die Schubkräfte, die von vorn und hinten auf die Wirbelsäule einwirken, abdämpfen. Von Wirbelkörper zu Wirbelkörper und von Wirbelbogen zu Wirbelbogen ziehen jeweils kurze, stabile Bandsysteme (Ligamenta), um ein Abknicken zu verhindern, ein wichtiger Schutz für das Rückenmark. Es benötigt aber noch Muskeln, um diese ganze Säule, diesen Stab, bewegen zu können und um diesem noch mehr Festigkeit zu verleihen, je nachdem, welche Bewegung gerade angesagt ist. Und diese Muskeln benötigen günstige Verankerungsplätze. Die Natur hat zu diesem Zweck an den Wirbelbogen jeweils drei große Fortsätze angebracht. Es gibt rechts und links jeweils die Querfortsätze (Processus transversi) und nach dorsal den Dornfortsatz (Processus spinosus). oben

Hier können Muskeln optimal ansetzen und kleine Bewegungen steuern, oder die Muskeln machen sich steif und verhindern eine Bewegung, je nachdem welche Signale sie aus dem Rückenmark bekommen. Die Wirbelfortsätze sind je nach Wirbelsäulenabschnitt völlig verschieden ausgeprägt, je nachdem welche Bewegungsaufgabe dieser Wirbelsäulenabschnitt hat. So weisen Halswirbel (C) fast keine Fortsätze auf, die vorderen Brustwirbel (Th) stechen durch ihre enorm langen Dornfortsätze hervor, die Lendenwirbel (L) beeindrucken

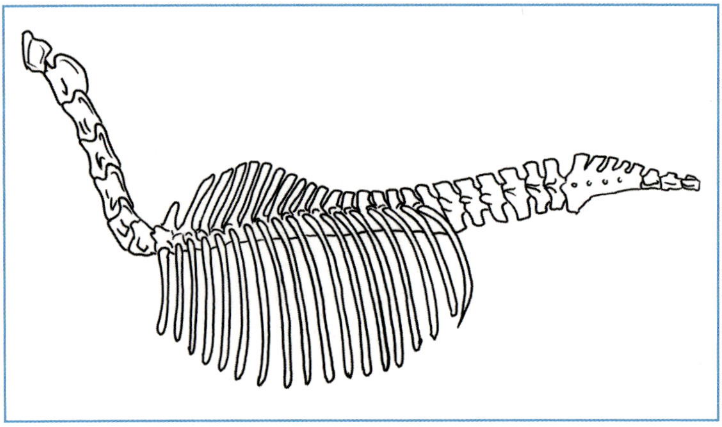

Abb. 1.1 Die Wirbelsäule des Pferdes.

durch ihre langen Querfortsätze (hier heißen sie: Processus costarii – Rippenfortsätze).

Zur Beweglichkeit zwischen zwei Wirbeln dienen die Bandscheiben. Wenn die Muskeln ziehen, auf einer Seite z. B., dann müssten theoretisch dort die beiden Wirbel vollständig zur Seite klappen. Das ist sicherlich nicht im Sinne der Natur. Man benötigt also noch eine Führung der Bewegung. Dafür hat die Natur kleine Gelenke an den Wirbelbogen eingerichtet, genauer gesagt an den sogenannten Gelenkfortsätzen (Processus articulares). Diese kleinen Gelenke sind diejenigen, die die Bewegungen so führen, wie es für diesen Wirbelsäulenabschnitt gerade am zweckmäßigsten ist. Die Wirbel gleiten bei Muskelzug nun vielmehr „zueinander".

Zunächst waren die Gelenkflächen ausschließlich auf die Lateralbewegungen des Meeresbewohners ausgerichtet. Als dann das Land erobert wurde, richteten sich die Facettengelenke nach und nach schräg aus, damit seitliche Beugung (Lateroflexion) und Rotation geführt zugelassen werden konnten. Dabei entstand zur Wahrung des Gleichgewichtes die Umkehrbewegung der Dornfortsätze des Stammskelettes etwa in Höhe des Schwerpunktes.

Erst mit den Flexions- und Extensionsbewegungen höher entwickelter Landbewohner, die leistungsfähige Gliedmaßen besaßen, musste die Gelenkführung wieder geändert werden. Es entwickelten sich die vertikal gestellten Gelenkflächen der Lendenwirbelsäule (LWS).

Die Bewegungsmöglichkeit zwischen den Wirbeln wird also von der Lage der Gelenkfacetten in der Saggitalebene bestimmt und ist in den einzelnen Abschnitten der Wirbelsäule unterschiedlich:

- In der Halswirbelsäule (HWS) liegen die Gelenkfacetten 45 ° schräg im Raum. Dies ist eine besonders bewegliche Variante, die viel Lateroflexion, aber auch Beugung und Streckung zulässt. Rotation ist eher weniger möglich.
- In der Brustwirbelsäule (BWS) liegen die Gelenkflächen der Wirbelbogengelenke flach auf, hier ist besonders die Rotation gut möglich.
- In der Lendenwirbelsäule (LWS) sind die Facettengelenke grubenförmig von vorn nach hinten ausgerichtet. Hier ist so gut wie nur noch Beugung und Streckung möglich.

1.2 Rumpfkonstruktion

Galoppiert ein Pferd quer einen steinigen Abhang hinunter, muss es seine vier Gliedmaßen sehr überlegt platzieren, um nicht auszurutschen oder das Gleichgewicht zu verlieren. Unser heutiges Pferd kann auf unebenem Gelände vorzüglich in erstaunlich hoher Geschwindigkeit laufen. Damit sich solch ein Lebewesen so leichtfüßig fortbewegen kann, benötigt es einen ruhenden Pol im Zentrum seines Gleichgewichtes, den **Schwerpunkt**.

> Der ruhende Pol muss stabil sein, nur so können aus diesem gezielte Koordinationsbewegungen entstehen.

Das ruhende Zentrum muss bestimmte Bewegungen der Gliedmaßen zulassen und andere bremsen, je nachdem wie es die Gleichgewichtssituation erfordert. Zudem darf es nicht völlig starr sein, kleine Feineinstellungen innerhalb des Zentrums sind wichtig für die Gleichgewichtseinstellung.

An diesem ruhenden Pol sind zudem wichtige Organe untergebracht, denn hier sind die Erschütterungen im Tier wohl am geringsten. Der Schwerpunkt des Pferdekörpers im ruhigen Stand befindet sich auf einer Linie vom Buggelenk zum Tuber ischiadicum in Höhe des Xyphoids. Bewegt sich das Pferd, so verlagert sich der Schwerpunkt ständig. Kippt dieser Punkt außerhalb der Unterstützungsfläche, stürzt das Pferd.

Der **Rumpf** selbst muss in sich gefestigt sein. So muss durch „Verstrebungen" eine möglichst stabile „Tonne" entstehen, in der die Organe geschützt aufgehoben sind. Gleichzeitig darf diese Tonne nicht starr sein, sondern muss sich den Gleichgewichtsverhältnissen anpassen. Zudem darf die stabil-flexible Konstruktion so wenig wie möglich wiegen oder Material kosten. Dies ist der Natur fabelhaft gelungen:

Man nehme eine biegbare Stange, etwa einen jungen Weidenast, und bringe diese ein wenig in Biegespannung. Dann vertäue man die beiden Enden mit einem Seil (der Bogensehne) und schon ist unser Bogen fertig, eine stabile, flexible, Material sparende und leichte Konstruktion.

Unser Weidenast stellt die equine Wirbelsäule dar, das Seil die Bauchmuskeln. Die Bogensehne (beim Pferd dargestellt durch die Linea alba und dem M. rectus abdominis) zieht die beiden Enden des Bogens zusammen. Der Bogen jedoch wird durch das Wirken der Rückenmuskeln immer wieder auseinander gezogen. Die obere Kraft strebt auseinander, die untere zusammen. Dieses ergibt ein ausgeglichenes Kräfteverhältnis. Wenig Kraft benötigende Feineinstellungen sind durch diagonale Verstrebungen sowohl ventral als auch dorsal gegeben: Vom Bauch aus bilden die Sehnen der schiefen Bauchmuskeln diagonale Verstrebungen, deren Kräfte nach oben wirken und so zum diagonalen Aufwölben des Bogens beitragen. Die Vielzahl der verschieden angeordneten Rückenmuskeln, von denen die meisten von einem Dornfortsatz jeweils zum vorderen oder hinteren Querfortsatz ziehen, bilden ebenfalls Verstrebungen, die die Bogensehne diagonal auseinander zu ziehen vermögen. So bleibt der Rumpf stabil aber flexibel. Eine geniale Lösung der Natur.

Die Rippen stellen eine weitere Ansatzfläche der umkleidenden und feineinstellenden Muskulatur dar und schützen zusätzlich die lebenswichtigen Organe wie die Lungen und das Herz. Mehr noch, die Rippen sind ein wichtiger „Motor" der Atmung. Dabei sind die Rippen nicht starr, sondern ihren Anforderungen entsprechend beweglich in das Rumpfsystem eingefügt.

1.3 Gliedmaßenkonstruktion

Nun haben wir einen stabilen aber flexiblen Rumpf in Leichtbauweise zur Verfügung, der die Organe schützt. Nun fehlt noch die Verbindung des Rumpfes zu den Gliedmaßen.

Wenn nun die Gliedmaßen als ein paar Säulen direkt unter den Rumpf stünden, wie bei der Akropolis, dann bekäme unsere Konstruktion schnell Schieflage bei wackligen Gleichgewichtsituationen, außerdem würden die Erschütterungen nicht abgefedert. Und wenn die Gliedmaßen seitlich an den Rumpf angebracht wären, bekämen wir plumpe breite Bewegungen. Elegant Gleichgewicht halten in hohen Geschwindigkeiten auf schmalen Pfaden wäre so nicht möglich, unser Individuum bewegte sich vielmehr wie ein Krokodil durch das Gras.

Betrachten wir doch einmal das Pferdeskelett genauer. Am oberen Ende der Schultergliedmaße gibt es einfach kein Gelenk. Das Schulterblatt liegt *neben* dem Pferdekörper. Dann müsste doch theoretisch der ganze Rumpf zwischen den Schulterblättern nach unten durchplumpsen. Die Lösung bringt erst das Studieren der Muskelanatomie: Vom Rumpf aus ziehen Sehnen- und Muskelplatten nach innen und außen an das Schulterblatt (besonders die der Mm. serrati ventrali, auch die Mm. pectorales, trapezii, rhomboidei, latissimus dorsi und subclavius sind an dieser Funktion beteiligt; Abb. 1.**2**).

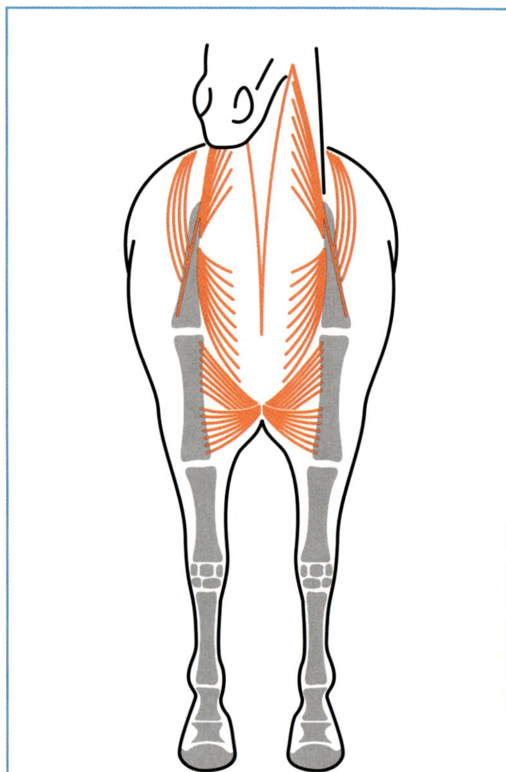

Abb. 1.2 Der Rumpf ist über die Schultergürtelmuskulatur medial an den vorderen Gliedmaßen aufgehängt.

Der Rumpf hängt vorn gleichsam wie in einer Hängematte, die zwischen den Vorderbeinen aufgehängt wird. Dieses stellt eine stabile und äußerst bewegliche Konstruktion dar. Nebenbei ergibt diese Lösung einen wunderbaren Stoßdämpfereffekt auf den Rumpf. Wenn wir uns ein Pferd vorstellen, dass vor unseren Augen in Zeitlupe trabt, wird diese Beweglichkeit und der Stoßdämpfereffekt sehr deutlich.

Hinten am Becken ist die Situation anders: Die Kraft aus den Hintergliedmaßen geht über das Hüftgelenk in das Becken über. Das Becken wiederum ist an das Kreuzbein befestigt.

Betrachtet man aber die Verbindung von Kreuzbein und Becken genauer, kommt man aus dem Staunen nicht mehr heraus, zumal man weiß, wie viel Gewicht am Os sacrum hängt: Das Becken ist innen dachförmig spitz zulaufend. Das Kreuzbein droht nach unten durchzurutschen bzw. der Druck der Hinterbeine drückt das Becken nach oben.

Und es ist umso erstaunlicher, wenn man die sehr kleinen Gelenkflächen des Kreuzbein-Darmbein-Gelenkes betrachtet. An diesen wenigen Quadratzentimetern ist die gesamte Last des Pferdes aufgehängt. Wie viel Respekt bekommt man da vor den Bändern, die dieses Gelenk zusammenhalten!

Wenn man die Grundkonstruktion der Gliedmaßen von der Seite her betrachtet, entdeckt man weiterhin Interessantes: Vorder- und Hinterbein bilden jeweils mit Skapula und Humerus bzw. Ilium und Femur einen offenen Winkel zur Mitte hin. Es erinnert an die Federungskonstruktionen an alten Kutschen, die auf diese Weise einen optimalen Stoßdämpfereffekt besitzen, was für unser Pferd bei hohen Geschwindigkeiten auf hartem Boden äußerst vorteilhaft ist.

Die eigentlichen großen Bewegungsamplituden zur Vorwärtsbewegung kommen aus den großen Gelenken, namentlich dem Ellbogen- und Kniegelenk mit Flexion und Extension, und den Schulter- und Hüftgelenken, die zudem noch Abduktion und Adduktion ausführen können. Das Hüftgelenk kann zudem Rotationen durchführen, wohingegen die Vordergliedmaßen in ihrer Gesamtheit eine recht geringe Rotationsmöglichkeit besitzen.

Die distalen Gelenke dienen vorwiegend der Stoßdämpfung und dem Abfedern vom Boden.

1.4 Die Entwicklung des Pferdes

Als es noch keine Steppen gab, lebte ein kleines fuchsgroßes Lebewesen, welches sich flink wie eine Katze um die Sträucher winden konnte und sich geschmeidig über Wurzeln bewegte. Es fraß alles, was sich ihm anbot, Pflanzen, Insekten und kleine Tiere (so die Vermutung der Paläontologen nach Betrachtung des Gebisses). Es hatte breit ausladende Zehen, vorn vier, hinten drei, die es vor dem Einsinken in den morastigen Dschungelboden bewahrte.

Vor 60 Millionen Jahren dann bildeten sich erste Steppen aus, das Zeitalter der „Morgenröte" (Eozän) begann. Diese Steppen waren reich an nahrhaftem festem Gras und sie waren noch recht unbewohnt. Das flinke kleine Dschungeltier nutzte das Überangebot an Gras und besiedelte den neuen Lebensraum. Doch dafür musste es sich anpassen: Es bildeten sich Mahlzähne zur Zerkleinerung der stängeligen Nahrung und ein großer Darm, in dem Protozoen und Bakterien leben, die diese Nahrung enzymatisch aufschließen und für das Tier nutzbar machen können. Zur Verankerung der Zähne, die sich nach Abrieb nachschieben, und zum Ansatz der großen Kaumuskeln bildete es massive Kieferknochen aus, der Kopf wurde größer. So musste der Kopf von großen Muskelpaketen getragen werden, es bildeten sich das Nackenband und die kräftigen Nackenmuskeln aus. Unser Urpferd (Eohippus) bekam jedoch bald Probleme, denn auch Raubtiere entdeckten dieses neue Gebiet als lukrative Nahrungsquelle. Es musste weit über das Gras blicken können, um die Feinde rechtzeitig zu erblicken. So bildete sich ein langer Hals aus, der aber auch kräftig genug war, den schweren Schädel zu tragen. Und seine Röhrenknochen verlängerten sich. Es wurde größer und es konnte größere Schritte machen. Jedoch flieht es sich schlecht, wenn man vorn vier und hinten drei Zehen hat. Das Abrollen dauerte zu lange und die weichen Zehen hielten die Erschütterungen des schnellen Laufes auf hartem Boden nicht lange aus. Einige Zehen mussten verschwinden und ein hartes Horn um den kräftigsten Zeh musste her. Mit der heutigen Hufform kann das Pferd wirklich hohe Geschwindigkeiten entwickeln. Zur Überwindung weiter Strecken wurde das Pferd mit einer stark sehnig durchsetzten Muskulatur versehen, die lange arbeiten kann, ehe sie ermüdet. Das Pferd ist heute das spezialisierteste Lebewesen, um auf hartem ebenen Boden schnell lange Strecken zu laufen. Dieser perfekte Laufkörper hat dem Pferd schließlich das Überleben in der Steppe gesichert.

Noch eine andere, viel bedeutendere Veränderung hat sich für das moderne Pferd gegenüber dem Eohippus ergeben: Die Biegung der Wirbelsäule veränderte sich. Eine kyphotische (aufgewölbte) Wirbelsäule ist für Rotation bestens geeignet, also für Bewegungen, die das Tier benötigt, um sich durch das Gebüsch zu winden. Eine hohe Geschwindigkeit, die schnell und sofort erreicht werden kann und zudem noch lange durchgehalten werden muss, ist mit solch einer gekrümmten Wirbelsäule nicht zu erreichen. Es benötigt kurze gerade und feste Muskeln in der Lende, die das Huftier blitzschnell und zielgerichtet nach vorn katapultieren. Und diese einzigartige Lendenwirbelsäule weist unser modernes Pferd auf. Diese Funktion wird durch die Betrachtung der lumbosakralen Gelenkflächen bestätigt: Die Gelenkflächen der LWS des Hyracotheriums sind schräg in den Raum gestellt. Eine solche Form erlaubt dreidimensionale Bewegungsrichtungen. Für ein zielgerichtetes Davonschnellen sind sie nicht geeignet. Das heutige Pferd weist vertikale Gelenkflächen auf, die lediglich ein Beugen und Strecken erlauben, um die Hinterhand weit unter die Vorhand schieben zu können (lumbale Flexion) und um anschließend mit einer Streckung den Rumpf nach vorn zu schleudern (lumbale Extension). Es entstehen keine Fehlbewegungen in andere Richtungen, durch die lebenserhaltende Zeit auf der Flucht vor dem Raubtier verloren ginge.

2 Physiologie des Bewegungsapparates

Um die Pathophysiologie, die Palpation, die Funktionsprüfung und schließlich die Therapie der Pferdewirbelsäule zu verstehen, ist es unbedingt notwendig, sich mit der Physiologie des Bewegungsapparates auseinander zu setzen. Wir müssen wissen, wie die Gelenke aufgebaut sind, wie sie funktionieren, wie die Muskulatur mit ihren Hebelgesetzen funktioniert und wie beides vom Nervensystem koordiniert wird.

2.1 Funktion der Gelenke

2.1.1 Arthron

Ein Gelenk kann nach *Prof. Dr. Dr. med. Junghanns* als ein eigenständiges Organ betrachtet werden, welches knöchern-knorpelige, muskuläre, ligamentäre, biochemisch intraartikuläre und neurogene Anteile besitzt. Dieses Organ wird von *Junghanns* treffenderweise als „Arthron“ bezeichnet, und unterstreicht mit der Bezeichnung die Komplexität eines Gelenkes.

Ein Gelenk ist in seiner Struktur nicht starr, sondern durchaus veränderbar (Abb. 2.**1**). Die knöchernen Anteile (in der Wirbelsäule die Processus articulares) können sich in ihrer Substanz (Knochendichte) und in ihrer Form (Anpassung an Druckveränderungen und auch Degenerationen) verändern. Der Knorpel kann sich bekanntlich hinsichtlich seiner Elastizität und Dicke verändern. Hierbei darf nicht vergessen werden, dass die Elastizität und Dicke des Knorpels sowie die Festigkeit des Knochens vom Grad des Gebrauches des Gelenkes abhängt. Zu wenig Gebrauch führt zur Atrophie, physiologischer Gebrauch zur Normotrophie, adäquates Training zur Hypertrophie und zu starker Gebrauch zur Dystrophie.

Auch wenn sie anatomisch unterschiedlich aufgebaut sind, zähle ich die Gelenkkapsel funktionell gesehen zu den Ligamenten hinzu, da sie ähnliche Schutzaufgaben wie die Bandsysteme hat.

Die Gelenkbänder strahlen zur Verankerung in den Knochen ein. Diese Stellen sind deshalb bei Dauerzug prädisponiert für die so genannten Insertionsdesmopathien, was natürlich ebenso für die Muskelansätze gilt. Die ligamentären Strukturen sind reichhaltig mit Stellungsrezeptoren und Nozizeptoren ausgestattet, die Gelenkkapsel zudem mit Chemorezeptoren.

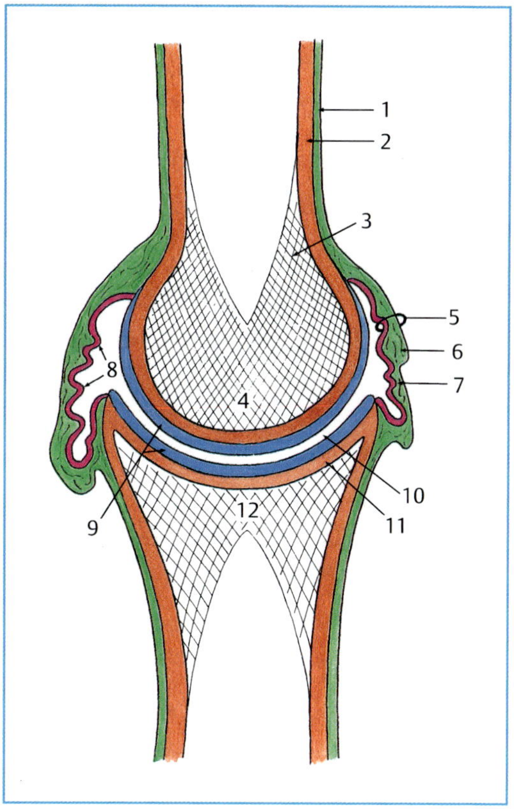

Abb. 2.**1** Schematischer Gelenkaufbau (Quelle: Salomon/Geyer/Gille, Anatomie für die Tiermedizin, 2005).
1 Periost
2 Kompakta
3 Spongiosa
4 Gelenkkopf
5 Gelenkkapsel
6 Stratum fibrosum
7 Stratum synoviale
8 Plicae synoviales
9 Gelenkkapsel
10 Gelenkspalt
11 subchondrale Knochenkompakta
12 Gelenkpfannenmark

Die kontraktilen Elemente des Arthrons, die Muskeln, führen die aktiven Bewegungen aus und verhindern passive Bewegungen. Die Muskeln müssen sich also verkürzen, verlängern und dabei gegeneinander gleiten können.

Die biochemische Zusammensetzung des synovialen Innenlebens spielt eine nicht zu unterschätzende Rolle in der Funktion des Arthrons. Intraartikuläre Veränderungen der chemischen Zusammensetzung sind durch Stoffwechselveränderungen (z. B.Toxine, Abbauprodukte, pH-Verschiebungen) und Überbelastungen gegeben, welche gleich von den synovialen Chemorezeptoren registriert und gemeldet werden, welche dann Reaktionen in der Muskulatur zur Folge haben.

Die neurogenen Anteile spielen im Arthron eine übergeordnete Rolle für die Steuerung der Bewegung (S. 13).

2.1.2 Freiheitsgrade

Jedes Gelenk des Körpers hat eine Achse, um die es sich in einer charakteristischen Ebene bewegen kann. Diese Bewegungsmöglichkeit nennt man Freiheitsgrad. Die Facettengelenke der Wirbelsäule haben in der Regel drei Freiheitsgrade:

- Beugung und Streckung (Flexion – Extension)
- Links- und Rechtsseitbiegung (Lateroflexion)
- Links- und Rechtsdrehung (Rotation)

Diese einzelnen Freiheitsgrade sind je nach Funktion des Wirbelsäulenabschnitts mal mehr, mal minder ausgeprägt.

Die Bewegung der Lateroflexion ist *immer* mit einer Rotation gekoppelt. Das bedeutet, dass jede Seitwärtsbewegung zwischen zwei Wirbeln eine Rotationsbewegung nach sich zieht, und umgekehrt. Dies ist durch die schräg im Raum stehenden Gelenkflächen der Wirbelsäule bedingt.

2.1.3 Mittelstellung – „Joint play“

Innerhalb dieser Freiheitsgrade hat jedes Gelenk eine Nullstellung. Das ist genau die Stellung, in der der Gelenkdruck am geringsten ist, die Knorpelflächen am großflächigsten und am gleichmäßigsten übereinander liegen. In dieser Stellung sind alle umliegenden Muskeln mit ihrem Grundtonus gleichmäßig gespannt. Die Muskeln können das Gelenk am besten in dieser Nullstellung stabilisieren und vor Schaden schützen, da sie in dieser Stellung jeweils ihren Ursprung und Ansatz in einer solchen Länge haben, dass sie am effektivsten isometrisch arbeiten können. Die Nullstellung der Pferdewirbelsäule ist der „aktive Stand“. Die Nullstellung ist ebenfalls die Position, in der die Rezeptoren am geringsten „funken“.

2.1.4 Aktiver und passiver Stopp

Die Muskeln, die die Gelenke bewegen, erreichen irgendwann ihre Bewegungsgrenze, den sogenannten „aktiven Stopp“. Ein Gelenk bleibt dann gesund, wenn es regelmäßig durch seine Muskulatur an den aktiven Gelenkstopp geführt wird. Dabei werden die Knorpelflächen „massiert“ und in ihrer Gleitfähigkeit erhalten. Innerhalb der aktiven Bewegungsgrenze kann die Muskulatur ihrer Aufgabe des umspannenden Schutzes nachkommen. Das Gelenk sollte im idealen Fall tagsüber stetig gleichmäßig über den Gelenkmittelpunkt hinaus bewegt werden. Dabei darf es ab und zu an die aktive Grenze kommen. Bei einer solchen Bewegungsamplitude bleibt das Gelenk gesund. Bewegt sich das Pferd auf natürliche Weise, dann bleiben alle seine Gelenke um eine mittlere Gelenkstellung gesund (Abb. 2.**2**).

Geht eine Bewegung einmal über die muskuläre Barriere hinaus, dann grenzen die Bänder und die Gelenkkapsel die Bewegung ab. Geschieht dies des Öfteren, kann es zu den erwähnten Ansatzdesmopathien kommen. Ebenso erhöht sich bei sol-

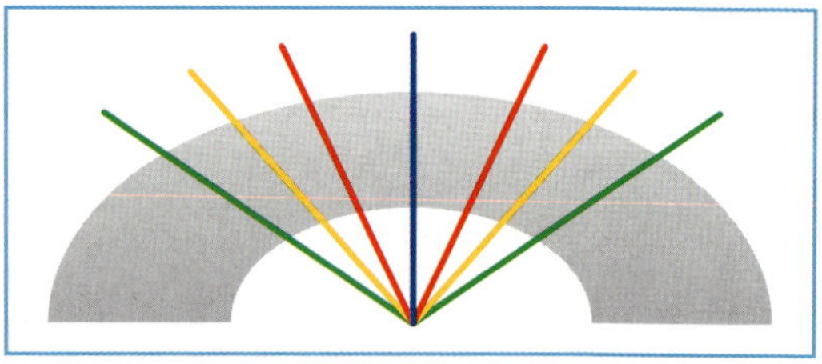

Abb. 2.**2** Jedes Gelenk hat seinen Gelenkmittelpunkt (blau); in dem jeweiligen Freiheitsgrad ergibt sich aus der aktiven Bewegung (rot) ein physiologischer Stopp, aus der passiven Bewegung (gelb) ein ligamentärer Stopp bis zur endgradigen Bewegungsmöglichkeit, ein knöcherner Stopp (grün).

chen Bewegungen an die Gelenkgrenzen der Gelenkinnendruck. Die Knorpelflächen liegen nicht mehr gleichmäßig gegenüber, sondern verkanten sich. Geschieht diese Bewegung an die ligamentäre Grenze öfter, ist mit frühzeitigen Degenerationen zu rechnen. Die Wirbelsäule des Pferdes ist solchen Grenzbewegungen durch menschliche Einwirkungen beim Reiten, bei Stürzen, sportlichen Disziplinen und auch bei therapeutischen Manipulationen ausgesetzt.

Bewegungen über die ligamentäre Grenze hinaus tragen die akute Gefahr des Bandrisses (Ruptur) mit sich, die letzte Barriere bildet hierbei die knöcherne Struktur.

Bei Überprüfung der Endstellungen ergibt sich entweder

- Joint play – sollte immer spürbar sein
- ein weicher Stopp – muskulärer Stopp
- ein zäher Stopp – ligamentärer, kapsulärer Stopp
- ein harter Stopp – knöchern

Die intraartikuläre Bewegung setzt sich zusammen aus:

- einem Gleiten (Facettengelenke)
- einem Rollen (Kopfgelenke) und
- einem kombinierten Rollgleiten (Kopfgelenke, LWS)

2.2 Funktion der Muskulatur

2.2.1 Muskelformen

Freipräparierte Muskel haben verschiedenes Aussehen. Dies mag den ersten Anatomen sicherlich Kopfzerbrechen gemacht haben, bis Kollegen herausgefunden haben, wie der Muskelstoffwechsel funktioniert und Biomechaniker erkannt haben, zu welchem Zweck dieser Muskel an dieser Stelle angebracht ist. So ist man recht schnell darauf gekommen, dass ein Muskel, der sehr viele sehnige Anteile besaß, offenbar lange Zeit etwas halten muss. Die Sehnenplatten übernahmen einen Großteil der Haltearbeit, und die wenigen verbliebenen Fasern waren dann nur noch für die aktiven Bewegungen da. Das beste Beispiel der sehnigen Durchsetzung ist der M. serratus ventralis, an dem der Rumpf des Pferdes aufgehängt ist oder auch der M. rectus abdominis (gerader Bauchmuskel) des Pferdes, die lange Zeit Haltearbeit verrichten müssen.

Dort, wo die Forscher wussten, dass viel aktive Bewegung vorhanden war, fanden sie sehr fleischige Muskeln mit kaum Sehnenanteil. Diese Muskeln waren offenbar nur für reine Bewegungsaktion zuständig, mussten also wenig Haltearbeit leisten. Ein gutes Beispiel dafür ist der M. psoas major als Aufwölber der LWS im Galopp.

Ein lang gestreckter fleischiger Muskel kann also viel Bewegung verursachen, während ein kurzer breiter sehnig durchsetzter Muskel weniger Bewegung, dafür aber mehr Haltekraft aufbringen kann. Es gibt fleischige Muskeln, deren Kopf aus mehreren Portionen besteht, das sind die mehrköpfigen Muskeln, sie haben viel Hubvermögen gepaart mit Kraft. Und da sind die Muskeln, die aus vielen kleinen Fasern in eine breite Sehne übergehen, die gefiederten Muskeln, die viel Kraft, langes Arbeitsvermögen, aber wenig Hubhöhe aufweisen.

2.2.2 Faszien

Die Muskelfasern setzen sich zusammen aus tausenden kleinster Fasern, den Myofibrillen. Hunderte von Myofibrillen bilden die eigentliche Muskelfaser, die eine Haut hat und hunderte von Muskelfasern werden wiederum in Bündeln von einer Haut zusammengehalten. Diese Bündelhaut sind die Muskelfaszien. Es sind Häute, in denen die Fasern geordnet gleiten können. Bündeleinheiten werden wieder in größere Einheiten durch festere Häute zusammengefasst, die dann den eigentlichen Muskelbauch darstellen. Bekanntlich gibt es pro Muskel oft mehrere Bäuche (z. B. die Mm. serratus, biceps, triceps, quadriceps etc.). Die Faszien ermöglichen, dass die Muskelfasern kontrolliert in eine bestimmte Richtung ziehen und dass sie mühelos und lange Zeit gleiten können. Wird der Muskel aber überlastet, kommt es zu Überreizungen in den Faszien, die dann zu Verklebungen führen. Der Muskel kann dann nicht mehr richtig in seiner Haut gleiten. Dass bedeutet, dass er nicht mehr vollkommen dehnfähig ist, und dass er sich auch nicht mehr vollständig kontrahieren kann. Er verharrt in einer Stellung, in der er sich nur noch etwas bewegen (gleiten) kann. Dadurch

Wann, wie werden die Bauchmuskulaturen überreizt. Galopps auf der Weide – 2. Gang → zuviel...

verringert sich die Stoffwechselfunktion des Muskels. Viele Pferde z. B. haben solche starren Bauchmuskeln, die weder dehnfähig, noch kontraktionsfähig sind. Sie schmerzen, fühlen sich hart und kalt an. Solche Pferde mögen sich ungern am Bauch anfassen lassen.

wie kompensiert die Muskulatur?

Statt am Knochen kann der Muskel auch an einer Faszie festmachen. Der Pferdekörper hat dafür einige derbe Faszien geschaffen (z. B. Fascia spinocostotransversalis oder Fascia thoracolumbalis), die große Muskeleinheiten von einander trennen (in verschiedene Schichten z. B.).

2.2.3 Muskelansätze

Das Fleisch des Muskels geht in eine Sehne (bei langen Muskeln) oder in sehnige Anteile (bei kurzen Muskeln) über. Dieses Sehnengewebe schließlich strahlt in den Knochen ein und verankert sich fest. Diese Ansatzstellen können, wie bereits erwähnt, bei Überlastung entzündliche Prozesse (Insertionstendopathien, analog zu den Desmopathien, wenn Bänder betroffen sind, S. 198) ausbilden und Teilrupturen unterliegen.

2.2.4 Hebelgesetze

Ein Gewicht muss gegen die Schwerkraft angehoben werden. Ist es ein leichtes Gewicht, ist es ein Einfaches, es zu greifen und anzuheben. Ist es aber schwer und man möchte es mit derselben Methode greifen und hochheben, ergeben sich allerhand Schwierigkeiten. Eine Lösungsmöglichkeit ist die, eine Stange unter das Gewicht zu klemmen, einen Stein unter die Stange zu legen und dann das Stangenende herunterzudrücken. Je länger das Stangenende ist, desto leichter haben es die Kräfte, die die Stange herunterdrücken. Das Gewicht wird von der Stelle gerollt, aber von einem richtigen Anheben und an einen anderen Ort Platzieren sind wir noch weit entfernt. Das Prinzip muss noch ausgefeilt werden: Wir nehmen einen größeren Stein zum Unterlegen, unsere Stange kommt höher zum liegen. Wir befestigen das Gewicht mit einer Schnur an dem einen Stangenende.

Drücken wir nun wieder die Stange herunter oder ziehen diese herunter, je nachdem, können wir das Gewicht mit derselben Kraftanstrengung anheben und sogar noch an einem anderen Ort platzieren. Problem gelöst. So funktioniert es auch im Bewegungsapparat: Das Gewicht ist das Eigengewicht der Gliedmaßen, des Kopfes, Halses oder Rumpfes mit all seinen Eingeweiden, was gegen die Schwerkraft angehoben werden muss. Aber auch gegen eine Kraft, die von einem anderen Muskel der Gegenseite (Antagonist) verursacht wird, muss eine Anstrengung zur Bewegung aufgebracht werden. Auch die Fliehkraft, ein Gegenstand oder ein Reiter ist ein Gewicht, gegen das zwecks Fortbewegung oder zur Wahrung des Gleichgewichts gearbeitet werden muss.

In den Hebelgesetzen spricht man vom Lastarm, der das eigentliche Gewicht darstellt und vom Kraftarm, der die Kräfte darstellt, die das Gewicht anheben sollen. Nun kann man sich vorstellen, wenn der Lastarm sehr klein ist und der Kraftarm sehr groß, ist die Sache des Anhebens eine recht einfache Angelegenheit – so wie beim Anheben eines gebeugten Vorderbeines für die vordere Schultermuskulatur. Ist aber der Lastarm sehr lang, streckt sich also das Vorderbein, ist das Heben des Beines schon mit größerer Kraftanstrengung verbunden.

Nun gibt es noch mehr Varianten in den Hubgesetzen: Der Kraftarm muss natürlich fixiert sein, damit er überhaupt einen Hub ausführen kann. So ist also das Schulterblatt fixiert, z. B. durch den thorakalen M. trapezius, damit das Bein besser angehoben werden kann. Ist das Schulterblatt nicht fixiert, sondern stattdessen der Lastarm, dann kehrt sich die Kraft um, der Kraftarm nähert sich der Last an. Das Pferd schlägt mit seinen Hinterbeinen aus, denn nun ziehen die vorderen Schultergürtelmuskeln am fixierten Bein den Rumpf hoch.

Nun muss man aus der Biomechanik der Muskelarbeit noch etwas wissen: Ein Muskel hat immer eine gewisse Spannung in sich, diese nennt man den Grundtonus – vergleichbar einem in Spannung festgemachten Gummiband. Dieser Grundtonus ist in der Ruhestellung des Muskels zu finden. Das ist in der Regel die Gelenk-Nullstellung (S. 8). Beim Pferd dürfte die allgemeine Gelenk-Nullstellung im aktiven Stand zutreffen. Hierbei befinden sich alle Gelenke des Bewegungsapparates in Ruhestellung oder Nullstellung, auch Mittelstellung genannt. Das ist für jedes Gelenk ein ganz individueller Winkel, welcher sich im Laufe des Lebens, z. B. nach Verletzungen, neu einstellen kann.

Nähert man Ansatz und Ursprung einander derart an, dass der Muskel nicht mehr in Spannung ist, die Fasern also „labberig" herumhängen, kann der Muskel sich beim besten Willen nicht mehr kontrahieren. Genauso verhält es sich, wenn er auf das Äußerste gedehnt ist (der Trick vieler Judogriffe), dann kann der Muskel ebenfalls nicht mehr wirken. Am besten Kraft kann der Muskel entwickeln, wenn er leicht vorgedehnt ist. Das ist dann die optimale Bedingung für eine isotonische Kontraktion. Diese leichte Vordehnung ist im entspannten Schritt gegeben: Der Hals pendelt nach rechts, die linken Schultermuskeln werden etwas gedehnt und können sich nun optimal kontrahieren und heben das linke Bein vor und ziehen den Hals nach links. Dabei werden die linken Schulter*streck*muskeln leicht vorgedehnt, die nun wiederum optimal das Bein zurückziehen (bzw. den Körper vorstemmen) können usw. Die beste Kraftentwicklung baut der Muskel in leicht verkürzter Position auf – optimale Bedingung für die isometrische Kontraktion. Wenn Sie sich im „Armdrücken" messen, stellen Sie Ihren Ellbogen auf den Tisch, als guten Fixpunkt, und halten Ihren Unterarm leicht gebeugt. In dieser etwas verkürzten Stellung kann sich am besten die Kraft in ihrem M. biceps brachii entfalten. Beim Pferd wäre dies vergleichbar mit dem M. biceps femoris in der Hankenbiegung. Ein Muskel kann auch in gedehnter Stellung ohne Verkürzung Arbeit verrichten (exzentrische Kontraktion). Dabei nimmt er aber recht bald Schaden.

2.2.5 Muskelarbeitsweise

Nun haben wir Knochen, und die müssen irgendwie bewegt werden. Oder: Nun haben wir jede Menge Muskeln, und diese Fleischmasse braucht eine stabile Führung innen. Wie dem auch sei, irgendwie muss der Organismus vorwärts kommen.

Muskeln kann man gut mit Gummibändern vergleichen, nur dass in dem Fall des Muskels dieser sich aktiv zusammenziehen kann, beim Gummiband müssen *wir* diese Aktivität aufbringen. Also folgende Situation: Zwei Knochen liegen in einem bestimmten Winkel aneinander, welche mit einem Gelenk miteinander verbunden sind. Die zwei Knochenenden werden nun mit einem Gummiband (oder Muskel) verbunden. Zieht sich nun das Gummiband (oder der Muskel) zusammen, entsteht zwischen diesen beiden Knochen eine Bewegung, der Winkel zueinander wird kleiner. Diese Muskelaktion war agonistisch. Der Muskel, der die Bewegung initiiert hat, ist der **Agonist.**

Würde nun aber der Agonist ganz allein und ganz kräftig an den Knochen ziehen, würde das Gelenk ganz einfach zusammenklappen. Und die Bewegung wäre ungebremst und zügellos. Es braucht eine Gegenkraft, die langsam unter Spannung auf der anderen Seite nachgibt. Also stellen wir uns ein Gummi vor, welches genau entgegengesetzt an den Knochenenden zieht. Diesen Muskel nennt man nun den **Antagonisten**.

Nun kommt es vielleicht vor, dass das Gelenk rundherum stabilisiert werden muss, weil dieses Gelenk gerade in der Stützphase zum stabilen Stand benötigt wird. Oder einer der beiden Anteile, Agonist oder Antagonist, benötigt Verstärkung. Die Muskeln, die dann mithelfen, je nach dem was gerade gefragt ist, nennt man **Synergisten**.

2.2.6 Muskelstoffwechsel und Kontraktionsformen

Die Myofibrille, das langgezogene kontraktile Element der Muskelfaser, besteht aus den zwei Eiweißmolekülen Aktin und Myosin. An den Enden der Myosinfäden befinden sich kleine Häkchen, die sich im Fall einer Kontraktion an das Aktin heften, um dieses zu sich heranziehen, sich dann zu lösen, erneut einzuhaken, um sie weiter an sich heranzuziehen usw. Dieser Vorgang wird chemisch gesteuert: Kalziumionen, freigesetzt durch das Aktionspotential an der motorischen Endplatte mittels Acetylcholin, lösen die Adenosintriphosphat(ATP)-Spaltung zu Adenosindiphosphat (ADP) aus, dessen freigesetzte Energie zur Kontraktion führt. Das Lösen der Häkchen verursacht das wieder regenerierte ATP (Weichmacherwirkung des ATP). Der ATP-Aufbau gelingt entweder durch im Muskel vorhandenes Kreatinphosphat oder durch anaerobe Glykolyse oder eben durch aerobe Verbrennung von Glukose zu Kohlendioxid (CO_2).

Steht unbegrenzt Sauerstoff (O_2) zur Verfügung, kann der Muskel seine Arbeit durch aerobe Verbrennung von Glukose und Fett sehr lange Zeit ohne zu ermüden fortsetzen („steady state“).

Manchmal aber kommt die Sauerstoffversorgung dem Verbrauch nicht hinterher. Entweder, weil lokal die Durchblutung abgeklemmt wird (Sattel, Dehnstellung, Dauerverkürzung), oder weil der Kreislauf und die Atmung noch nicht auf Touren sind, um die erforderliche Durchblutung mit Sauerstoffversorgung bereit zu stellen (Flucht), oder weil die Kraftanstrengung des Muskels zu hoch ist (Arbeit mit Maximalkraft), so dass auch eine optimale Durchblutung nicht ausreicht, um den Muskel mit Sauerstoff zu versorgen (Sprung, Stopp, Versammlung).

Da diese Situation auch unter natürlichen Bedingungen öfter vorkommt (Bewegungsbeginn nach Liegen, bei der Flucht, beim Kampf), hat die Natur eine Alternative zum Sauerstoff parat: Glykogen. Unter Abbau dieses Kohlenhydrats, das im Muskel vorrätig ist, ist es dem Muskel möglich, viel Kraft aufzubauen – das Ganze ohne Sauerstoff, aber mit dem Nachteil des Anfallens von Laktat (Milchsäure) als Abfallprodukt und mit einer Sauerstoffschuld, die durch eine anschließende Mehrdurchblutung ausgeglichen werden muss (erhöhter Puls, erhöhte Atemfrequenz).

Eine Muskelarbeit ausschließlich in der Steady-state-Balance kann zwar nicht viel Kraft entwickeln, aber es reicht zur Vorwärtsbewegung in allen Grundgangarten aus, und die Muskulatur kann dieses für sehr lange Zeit aushalten (z. B. Distanzpferde im Rennen, die bis zu 10 Stunden durchweg traben oder galoppieren, mit kleinen Kontrollstopps).

Zu Bewegungsbeginn arbeitet der Muskel in der Regel anaerob, dann wird die Durchblutung (Atmung, Kreislauf, Arteriolenerweiterung) hochgefahren, bis der Muskel in den aeroben Bereich kommt, und ab und zu gibt es eine Kraftanstrengung (Gelenkstabilisierung, Angaloppieren, Wenden, Stoppen, Sprung), die wiederum eine anaerobe Versorgung erfordert.

Solange die Sauerstoffversorgung (direkt oder unter Schuld zwecks Laktatabbau), die Blutzufuhr und Blutabfuhr der Muskelarbeit angepasst ist, ist alles in Ordnung. Sehr oft aber hapert es mit der Versorgung, oder der Bedarf war einfach zu hoch. So kann es passieren, dass der Milchsäurespiegel im Muskel ansteigt, es kommt zum pH-Abfall (Laktazidose), der Stoffwechsel wird mehr und mehr gehemmt, es steht weniger ATP zur Verfügung, der Muskel ermüdet irgendwann, bis er die Arbeit abbrechen muss. ATP aber ermöglicht nicht nur neue Kontraktionen, sondern hat auch eine Weichmacherwirkung. Nur durch das Vorhandensein von ATP ist der Muskel geschmeidig, dehnfähig und jederzeit kontraktionsbereit. Zu wenig ATP macht einen steifen Muskel. Dies führt zu einem unharmonischen Muskelzug, Gelenke werden nicht mehr genügend stabilisiert. Der Muskel ist dann weder voll kontraktions- noch dehnfähig. Pferde sind diesem Problem sehr häufig durch das Tragen des Reitergewichtes unterworfen. Irgendwann *kann* die Tragemuskulatur (Brust- und Bauchmuskulatur) die Brücke nicht mehr stabil halten, wird rigide, ermüdet und einzelne Wirbel sacken ab.

Die Übersäuerung des Muskels zieht Wasser an, welches den Faszien fehlt, die dann mit dem Muskel verkleben. Dieser rigide verbackene Muskel führt also zu dysharmonischen Bewegungen, zu einem Dauerzug an den Ansatzstellen, zu Verkantungssituationen in den Gelenken und es kommt schneller zu (Mikro-)Rupturen, die wiederum die Stoffwechsellage verschlechtern.

Manchmal, durch reflektorische Regelkreise, passiert es, dass einzelne Muskelfasern mit ihren Muskelspindeln aus dieser Reaktion auch nach Rekonvaleszenz nicht mehr herauskommen. Sie sind in einem Dauerkontraktionszustand. Diese Bereiche nennt man **Triggerpunkte**, die insgesamt den Muskel in seiner Dehnfähigkeit und Funktion beeinflussen (sehr häufig in der Nackenmuskulatur des Pferdes zu finden).

Ein Muskel kann sich auf verschiedene Arten kontrahieren:

- Ist der Muskel nur an einem Ende fixiert, so verkürzt er sich bei nervaler Stimulation, ohne eine zusätzliche Spannung aufzubauen. Dies nennt man eine **isotonische Kontraktion**.
- Ist der Muskel hingegen an beiden Enden fixiert, sodass er sich nicht verkürzen kann, er-

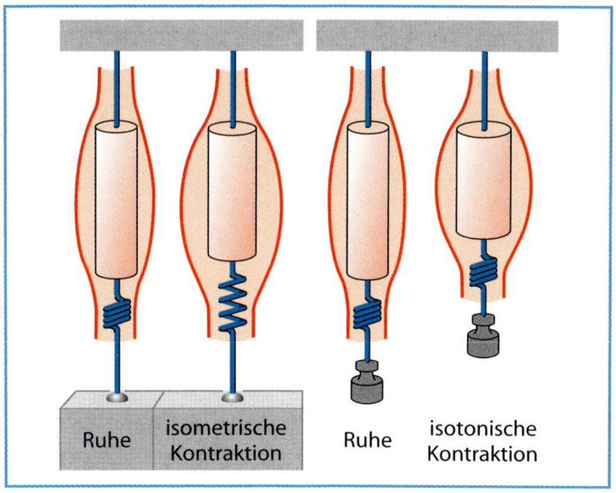

Abb. 2.**3** Kontraktionsformen (Quelle: Silbernagl/Despopoulos, Taschenatlas der Physiologie, 2003).

höht sich die Spannung im Muskel, dies wird als **isometrische Kontraktion** bezeichnet (Abb. 2.**3**).

- In der Regel arbeitet die Muskulatur mit einem Gemisch aus beiden Kontraktionsformen (**auxotone Kontraktion**).
- Ein Muskel hat zudem die Möglichkeit, unter Verlängerung Kraft aufzubauen, die so genannte **exzentrische Kontraktion**. Diese Arbeit des Muskels in gedehnter Stellung ist jedoch für den Muskel sehr schnell ermüdend. Das finden Sie in der Pferdepraxis z. B. häufig bei den kurzen Kopfgelenksmuskeln des Pferdes, die bei der Beizäumungshaltung ständig unter Dehnstellung arbeiten müssen.

2.2.7 Muskeldicke

Nimmt der Umfang eines Muskels zu (**Hypertrophie**), so bedeutet das nicht, dass er mehr Muskelfasern bekommt, sondern vielmehr seine Fasern an Dicke zunehmen, der Extrazellularraum größer wird, brachliegende Fasern hinzugeschaltet werden und dass er vermehrt kapillarisiert wird. Eine Abnahme der Muskeldicke (**Atrophie**) unter die physiologische Norm bedeutet, dass die Dicke der einzelnen Fasern abnimmt, die Kapillarisation abnimmt, das Wasser zwischen den Häuten schwindet (Faszienverklebung) und einzelne Fasern bereits abgestorben sind (durch Übersäuerung, Ruptur). Als Beispiel eignet sich hervorragend die Rückenmuskulatur des Pferdes: Ein junges ausgewachsenes Pferd hat eine normotrophe Rückenmuskulatur. Jede einzelne Faser gleitet und ist kontraktil, mehrmals täglich trainieren sich die Muskelfasern auf natürliche Weise durch Zug an den Wirbelknochen bei natürlichen Bewegungen auf der Weide (lockeres Pendeln im Schritt, Stabilisieren im Trab, rhythmischer kräftiger Zug im Galopp, Kippung mehrerer Wirbel zur Wahrung des Gleichgewichts auf unebenem Gelände oder im Spiel). Dieses junge Pferd wird fachgerecht eingeritten (Bodenarbeit, Longe, passender Sattel, leichter Reiter, angepasste Trainingseinheiten). Das Spiel der Rückenmuskeln und die natürliche Aufrichtung werden gefördert, die Dicke der Rückenmuskeln nimmt zu. Das Pferd wird verkauft. Ein schwerer, nicht ausbalancierter Reiter mit einem zu engen Sattel trainiert das Pferd nun nicht mehr in angemessenen Trainingseinheiten und verhindert zudem seine Balance der natürlichen Bewegungen durch unangemessenen Zügelzug. Die Rückenmuskeln werden mechanisch abgeklemmt, die Blutzufuhr gedrosselt, das harmonische Muskelspiel gehemmt, sie werden nicht mehr im lockeren Galopp gedehnt. Die Rückenmuskulatur verkrampft sich, gerät in einen Sauerstoffmangel und übersäuert, einzelne Fasern sterben ab, der Muskel atrophiert. Nur der Wegfall des schädlichen Reizes (Reiter, Sattel, Zügelzug) und das Fördern der natürlichen Bewegungen (Weidegang, guter Reiter, passender Sattel) können unter Umständen wieder zu einem normotrophen Rückenmuskel führen.

2.3 Funktion des Nervensystems

Es ist für das Nervensystem eine enorme Rechenleistung, alle Bewegungen zu einem sinnvollen Zusammenspiel zu koordinieren. Allein der Schritt ist eine koordinative Aufgabe, die Erstaunen herbei führt: Das eine Gelenk muss stabilisiert, das andere vorgehoben, das nächste gebeugt, wieder ein anderes gestreckt werden, und jedes Mal müssen die einzelnen Muskeln anders angesprochen werden.

Würden wir uns dafür ein Modell bauen und es mit Informatikern tatsächlich zu einem sinnvollen Vorwärtsgang bewegen können, so wäre trotzdem das ganze Projekt verloren, wenn etwas Unvorhergesehenes dazwischen kommt: ein Stein, ein schiefes Gelände, ein Huftritt, ein Ausweichmanöver vor der Leitstute, eine besondere Kopfdrehung mit Gleichgewichtsverschiebung. Wissenschaftler, die an bewegungsfähigen Robotern bauen, wissen um das Problem. Es ist eine Meisterleistung des Nervensystems aus einer Strudelbewegung in einem Gewässer zu einem fein abgestimmten Muskelspiel auf unebenem Terrain im Galopp zu kommen, sodass das Tier in absolutem Gleichgewicht bleibt, befähigt, sofort das Manöver zu ändern.

Und wie das funktioniert, das schauen wir uns nun im Einzelnen an: Zunächst einmal gibt es das Hauptrechenzentrum, das Gehirn. Aus ihm kommen die Bewegungsimpulse, die Motivation, eine bestimmte Bewegung durchzuführen und die Bewegungsplanung. Die Planungen werden an das Rückenmark weitergegeben und dieses gibt die Informationen, gut sortiert, gefiltert und koordinativ sinnvoll über die Nerven an den einzelnen Muskel weiter. Nun müssen aber noch die vielen aktuellen Begebenheiten in die Rechnungen mit eingeplant werden: Vielleicht kippt unser Pferd gerade nach links. Also muss eine Gegenmaßnahme organisiert werden: Das linke Vorderbein muss schnell zur Seite gebracht und dessen Muskeln stabilisiert werden. Dabei gerät der Huf auf einer Seite auf einen Stein, die Gliedmaße droht zu kippen, wieder müssen Muskeln dagegen ziehen. Zu diesem Zweck hat das Nervensystem zahlreiche Melder, die Propriozeptoren, die eine Spannung oder Verlängerung eines Muskels, eine Stellungsänderung im Gelenk melden. Diese Steuerung im Bewegungsapparat nennt man **Propriozeption**.

Zudem gibt es weitere Rezeptoren, die Schmerzen, Veränderung der chemischen Zusammensetzung im Gelenk und in einem Muskel, Druck auf der Haut und unter dem Huf, Kälte, Wärme usw. melden. Alle diese Informationen werden sofort verarbeitet und in die Bewegungsplanung, die aus dem Gehirn kommt, verrechnet, um dann sinnvoll koordiniert die Bewegung zustande kommen zu lassen.

2.3.1 Erregungsleitung

Um das Zustandekommen einer Muskelzuckung, verstehen zu können, muss man sich den Bau und die Funktion einer Nervenzelle (**Neuron**) anschauen: Die Nervenzelle sieht aus wie ein Spinnennetz, sie besitzt lauter Arme, die **Dendriten**, einer davon ist ganz besonders lang, das **Axon**, welches als von der Zelle abgehende Verbindung fungiert. An einem Neuron docken wiederum über so genannte **Synapsen** unendlich viele Axone (bis mehrere tausend) von anderen Nervenzellen an. Sie heften sich -entweder direkt an den Zellkörper, das Soma, oder an den Dendriten (außer am Axon) an (Abb. 2.**4**).

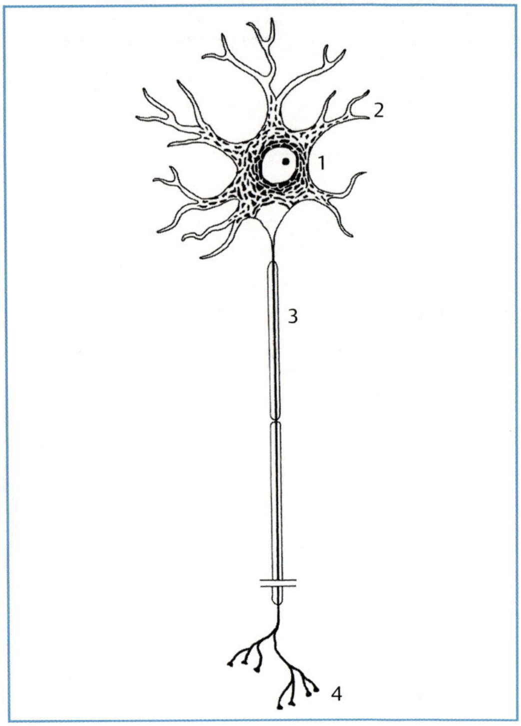

Abb. 2.**4** Halbschematische Darstellung eines Motorneurons. Soma (1), Dendriten (2), Axon (3), Synapsen (4); (Quelle: Alexander, Physikalische Therapie für Kleintiere, 2003).

Die Übertragung eines Reizes durch die Nerven (**neuronale Übertragung**) erfolgt durch elektrische Impulse. Wird ein Nerv in der Körperperipherie über einen **Rezeptor** erregt, fließt sozusagen Strom durch die Nerven.

Elektrische Signale, die von der Peripherie zum Gehirn übertragen werden, wie zum Beispiel den Druck des Reiterschenkels, nennt man **afferente** Signale. In der umgekehrten Richtung geleitete Signale, in diesem Beispiel vielleicht das Signal zum Biegen des Rumpfes, heißen **efferente** Signale.

Nun trifft jede Sekunde eine Unmenge an Meldungen im Gehirn ein. Um dieses Chaos in geordnete Reaktionen auf äußere Reize lenken zu können, gibt es das System der **Bahnung** und der **Hemmung**:

Jedes afferente Signal kann auf seinem Weg zum Gehirn durch Efferenzen des Großhirns moduliert werden. So wird zum Beispiel ein panisches Pferd nicht auf den Druck des Reiterschenkels reagieren, da es ihn in seiner Aufregung nicht wahrnimmt. Reagiert es auf den Schenkel sagt der Reiter: „Das Pferd hat der Hilfe nachgegeben." Wir Therapeuten sagen: „Die Bewegung ist gebahnt worden".

2.3.2 Propriozeption

Wie erwähnt, wird eine Menge von Informationen aus dem Bewegungssystem in die Bewegungsplanung mit einberechnet. Diese Informationen bekommt der Organismus aus **Rezeptoren**, das sind kleine Nervenbündel oder Zellgebilde, die bei einem ganz bestimmten Reiz immer dasselbe melden. Wird z. B. ein Gewebe gedehnt, melden die in diesem Gewebe verteilten Rezeptoren „hier wird in der und der Stärke gedehnt". Über die peripheren Nerven wird dieses Signal (Aktionspotential) an das Rückenmark weitergeleitet. Die Stärke der Einwirkung wird dabei durch die Menge der meldenden Rezeptoren sowie die Entladungsfrequenz kodiert. Zu jeder Situation gibt es einen anderen Melder – einen für Dehnung (Mechanorezeptor), einen für chemische Reize (Chemorezeptor), einen für Wärme usw. Schmerz kann dabei über verschiedene Rezeptoren ausgelöst werden. Einen speziellen Schmerzrezeptor (Nozizeptor) gibt es nach neuen Erkenntnissen nicht.

Die **Muskelspindel** ist vielleicht der bekannteste Rezeptor. Sie ist eigentlich nichts anderes als eine Muskelfaser, die in einer Kapsel liegt und um die spiralförmig ein Nerv gewickelt ist. Sobald an dieser Muskelfaser gezogen wird, wird auch die Spirale auseinander gezogen, es folgt sogleich die Meldung an das Rückenmark und an das Gehirn über die Dehnungslänge, was den Muskel in dem diese Muskelspindel liegt dazu veranlasst, sich zu kontrahieren. Damit dies schnell genug passieren kann, wird bei einem **Reflex** die nötige Kontraktion direkt im Rückenmark veranlasst (Abb. 2.**5**). Das Gehirn bekommt zwar über aufsteigende Nervenbahnen Meldung über den Vorgang, müsste das Signal zur Kontraktion erst den langen Weg über das Gehirn gehen, würde die Muskelantwort jedoch viel zu lange auf sich warten lassen.

Nun findet der „Muskeleigenreflex" am Pferd nicht nur statt, wenn der Arzt mit seinem Hämmerchen an die Patellarsehne klopft, sondern vielmehr in den natürlichen Bewegungen: Wird das Bein von den Hüft- und Kniegelenksbeugern etc. (Flexoren) nach vorn gehoben, werden die Strecker (Extensoren) gedehnt und damit die Muskelspindel gereizt. Alsdann erfolgt die Kontraktion der Extensoren quasi von allein. Nun werden wieder die Flexoren gedehnt usw. Die reine Fortbewegung findet so recht automatisch statt. Das zentrale Nervensystem (ZNS) muss nur bei Änderungen des Kurses einschreiten.

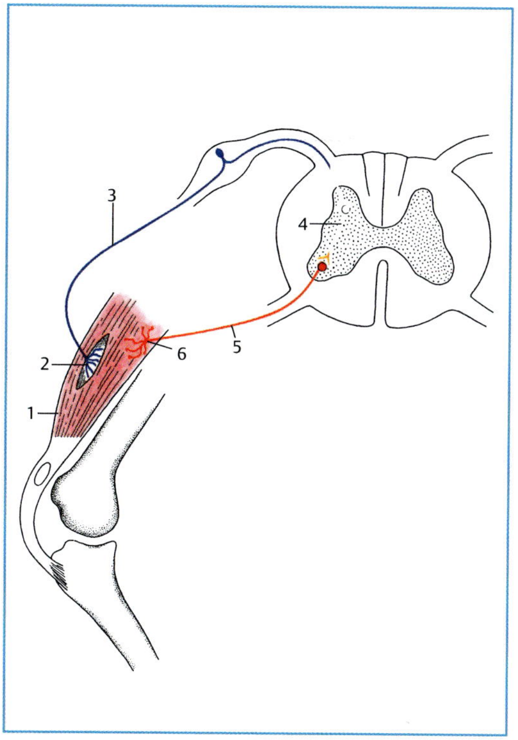

Abb. 2.**5** Schematische Darstellung des Patellarsehnenreflexes (Quelle: Salomon/Geyer/Gille, Anatomie für die Tiermedizin, 2005).

1 M. rectus femoris
2 Muskelspindel
3 afferentes Neuron
4 graue Substanz
5 efferentes Neuron
6 motorische Endplatte

Nun ergibt sich aber noch ein Problem: Was ist, wenn der Muskel schon verkürzt ist? Dann kann die intrafusale Faser (Muskelspindel) doch keine Meldung mehr machen, wenn nun der Muskel etwas verlängert wird, um dann vielleicht wieder kürzer zu werden. Die Natur hat Abhilfe geschaffen: Die so genannte „intrafusale Faser“ ist selbst kontraktil und wird von anderen Nerven gesteuert. Befehlen diese anderen Nerven eine Anspannung der intrafusalen Faser, wird die Spindel gedehnt und, via Reflex, der Muskeltonus erhöht. Der Symphatikus z. B. hat Einfluss auf die Spannung der intrafusalen Faser (das gestresste Pferd, welches unter Symphatikus-Einfluss steht, kann beim besten Willen nicht seine Muskeln entspannen!).

In den Endsehnen eines jeden Muskels sitzen die **Golgi-Sehnenapparate**, die die Spannung des Muskels messen, denn jede Art von Kontraktion führt zu einer Spannung an der Sehne. So ist das ZNS stets genauestens informiert über den Spannungszustand der einzelnen Muskeln und über den Verkürzungsgrad.

Das Rückenmark selbst hat auch ein paar Tricks auf Lager, die Bewegung auf einfache Weise zu regeln. So gibt z. B. jedes Axon, das ein bahnendes Signal zu einem Muskel sendet, eine Kollaterale ab, die die eigene Nervenzelle im Rückenmark über ein hyperpolarisierendes Signal für eine kurze Zeit unansprechbar macht (refraktär). Dies verhindert eine ungezügelte Dauerkontraktion. Dieser Trick heißt **Rekurrente Hemmung.**

Außerdem wird im Rückenmark, wenn ein bahnendes Signal an einen Muskel abgegeben wird, automatisch gleichzeitig der Antagonist gehemmt. Dies ist die sog. **„Antagonistenhemmung“** und dient so weiterhin der koordinierten Bewegung. Für Therapeuten ist die Antagonisten-Hemmung von großer Bedeutung: Möchten wir einen Muskel *entspannen*, z. B. die Rückenmuskulatur, müssen wir den Antagonisten tonisieren, in diesem Fall die Bauchmuskeln anregen (verspannter Agonist hemmt die Arbeit des Antagonisten). Oder möchten wir einen Muskelaufbau des Antagonisten, müssen wir nur den Agonisten entspannen. Wollen wir also die Rückenmuskulatur trainieren, müssen wir lediglich die Bauchmuskeln detonisieren. Dieses Beispiel lässt sich auf jede Muskelgruppe beziehen und funktioniert absolut verlässlich.

Der Muskeleigenreflex ist nun eine einfache Sache, etwas anders sieht es mit den **Fremdreflexen** aus. Dabei wird nicht ein einziger Muskel gesteuert, sondern mehrere Muskelgruppen. Die Reaktion des Bewegungsapparates auf Gleichgewichtsinformationen ist ein Fremdreflex, das automatische Wegspringen eines Pferdes, wenn ein ranghöheres Tier mit gebleckten Zähnen auf das Pferd zurast, das Ausschlagen, wenn sich in der Achillessehne des Pferdes ein Tier verbissen hat usw.

Für Reiter ist der Fremdreflex besonders interessant, weil das Pferd auf kleine Signale Bewegungsmanöver durchführt. Hierauf beruhen zudem auch alle sogenannten „Verhaltensstörungen“, bei denen das Pferd reflexartig Bewegungsmuster wiederholt, die als Antwort des ZNS auf einen Reiz hervorgerufen wurden (dunkles Einsperren des Pferdes ergibt einen Stressreiz auf das Gehirn, welches zum Koppen führt als Kompensationsantwort des Organismus).

Für eine Bewegung wird im Gehirn nicht ein Kontraktionsplan für jeden einzelnen Muskel erstellt, sondern es werden ganze Muskelgruppen aktiviert. Diese Muskeln arbeiten gezielt an einer Aufgabe, sie ziehen gleichsam alle an einem Strang, so nennt man diese Gesamtschaltung auch **„Muskelkette“**. So gibt es die Muskelkette der Beuger des Vorderbeines, eine Streckerkette des Hinterbeines, die Streckerkette der Wirbelsäule (das Pferd drückt den Rücken durch), die Flexorkette aller ventralen Muskeln (bocken) usw.

Für Therapeuten bedeutet das: Möchte ich einen bestimmten Muskel trainieren, so muss ich schauen, in welcher Kette befindet sich der Muskel, welche Aufgabe hat diese Kette und wie kann ich diese Muskelkette aktivieren. Zum Trainieren der Kruppenmuskulatur weiß ich, dass diese in die Streckerkette des Hinterbeines gehört, welche die Aufgabe des Vorwärtsstemmens des Pferdes hat. Also wird mein Trainingsplan mit Tempianreiten aus dem Stand, Bergaufklettern, Galopp und Springen bestückt sein.

Das Gelenk selbst ist reichlich mit Stellungsrezeptoren ausgestattet. Vor allen Dingen **Gelenkkapsel** und **Gelenkbänder** melden sehr frühzeitig und sehr schnell die Position des Gelenkes im Raum, sobald es sich aus der individuellen Nullstellung entfernt. Das Rückenmark bekommt in einer Geschwindigkeit von etwa 120 m/s Aufschluss darüber, in welchem Winkel das Gelenk sich nun befindet, unter wie viel Zug oder auch unter wie viel Druck aus welchem Winkel es steht. Sofort wird im Rückenmark (und Gehirn) eine Antwort auf diese Information errechnet. Meistens ist die Antwort eine muskuläre.

So ergeben sich für Therapeuten viele Nutzungsmöglichkeiten, auf das Bewegungssystem einzuwirken. Wenn z. B. eine Muskelentspannung erforderlich ist, wird das Gelenk entreizt. Besonders effektvoll geschieht dies durch Traktionen im bestimmten „Wellenrhythmus" aus der Nullstellung des Gelenkes (S. 146). Ist aber ein vermehrter Tonus der Muskulatur gefragt, so wird das Gelenk unter Druck gesetzt. Diese Stauchung führt zu einem lokal erhöhten Muskeltonus. Auch Bandagen machen sich in diesem Sinne nützlich: Durch das feste Umwickeln werden Gelenkrezeptoren gereizt, die eine vermehrte Muskelspannung zur Folge haben. Umgreifen sie einmal fest ihr Handgelenk, dann spüren sie die Muskelspannung in dem umfassten Arm. Das Umknicken kann übrigens niemals durch Bandagen verhindert werden, das haben Untersuchungen an Sportlern ergeben. Durch den erhöhten Muskeltonus, der durch eine Bandage hervorgerufen worden ist, hält das Gelenk jedoch mehr Gefahren aus, bis dessen Rezeptoren nach 20–30 Minuten adaptieren (sich an den Reiz gewöhnen), nun wirkt die Bandage nicht mehr als Schutz, sondern nur noch als Verhinderer der Blutzufuhr und als Wärmestauer.

2.3.3 Nozizeption

Jeder Schmerzreiz, oder genauer gesagt jede Meldung eines Rezeptors über einen drohenden Schaden (**Noxe**), verursacht in erster Priorität eine Veränderung des Bewegungsverhaltens. Wenn man beispielsweise ein (vermeintlich) gesundes Pferd im Schritt unter dem Reiter betrachtet, so wird man sehr häufig eine kleine Taktunreinheit erkennen. Es gibt immer irgendein Bein, dessen Stützphase kürzer ist, als die der anderen drei Beine. Das hat nichts mit einer mangelhaften Ausbildung zu tun oder mit einem schlechten Reiter, sondern mit der **Nozizeption**, der Wahrnehmung von Schmerzreizen. Durch das verkürzte Auftreten wird die betroffene Extremität etwas weniger belastet, was durch einen nozizeptiven Reiz von ganz distal bis proximal von der Wirbelsäule kommen kann. Neurorezeptoren liegen überall im Gewebe verteilt, besonders aber an ventralen Weichteilen, den Sinnesorganen und in den Gelenkkapseln.

Es gibt verschiedene Arten neuronaler Rezeptoren. Sie sind jeweils spezialisiert darauf, verschiedene Reize wahrzunehmen, wie Druck, Wärme oder chemische Reize. Früher ging man davon aus, dass für die Übertragung von Schmerzreizen eine eigene Rezeptorgruppe zuständig ist. Man nannte sie **Nozizeptoren**. Inzwischen weiß man jedoch, dass jeder Reiz, den ein Rezeptor empfängt, als „Schmerz" empfunden werden kann. Ausschlaggebend dafür sind allein die Stärke des Reizes und die Länge der Einwirkung. Allerdings wird der Begriff des Nozizeptors auch weiterhin häufig verwendet.

Übrigens: **Im Rückenmark wird Nozizeption durch Mechanozeption gehemmt**. Das bedeutet, dass mechanische Meldungen den Schmerzmeldungen gegenüber bevorzugt behandelt werden, oder: Mechanische Reize hemmen (hyperpolarisieren) Schmerzreize. Das ist eine Einrichtung der Natur, die den Organismus befähigt, noch wegzulaufen oder sich zu verteidigen, obwohl der Organismus verletzt ist. Diese Einrichtung ist auch der Grund dafür, warum ein Pferd mit Rückenschmerzen vor dem Reiten beim Putzen im Fell zuckt und nach dem Reiten beim Putzen nicht mehr zuckt. So merke sich der junge Therapeut: **Untersuche das Pferd am besten vor dem Reiten und wenn es morgens aus der Box geführt wird!**

3 Die Bewegungen des Pferdes

3.1 Schritt

Der Schritt ist eine äußerst ökonomische Fortbewegungsform, die das freie Pferd übrigens bis 30 km am Tag durchführt! Für Knorpelernährung, Knochenbildung, Muskelkraft, Verdauung (und Psyche) ist diese stetige Bewegung im Schritt essenziell!

3.1.1 Schrittfolge

Grundsätzlich kann bei jedem Tritt des Pferdes von einer **Schwebephase** und einer **Stützphase** gesprochen werden. Dabei werden diese Phasen weiterhin unterteilt in:

- Beginn der **Schwebephase** – Gliedmaße in Extension, aber vom Boden abgehoben
- **Durchschwungphase** – Gliedmaße angezogen
- **Vorschwungphase** – Gliedmaße in der Luft nach vorn gestreckt
- **Aufstützphase** – Gliedmaße berührt den Boden und nimmt Gewicht auf
- **Stützphase** – gesamtes Pferdegewicht stützt sich auf dieses Bein
- **Abstützphase** – Gliedmaße stemmt sich gegen den Boden nach vorn

In mancher Literatur werden diese Phasen noch weiter unterteilt, aber mit den sechs Untergruppen kann man sich schon ganz gut ausdrücken. Übrigens hat jede Extremität in der Vorschwungphase eine leichte Außenrotation, die sich dann in der Abstützphase in eine Innenrotation verwandelt. Dieses Phänomen ist bei uns Menschen besonders gut zu sehen. Es dient der Verschraubung innerhalb der Gliedmaßensäule und trägt somit auf ökonomische Art zur Stabilität bei (vermutlich ist diese Verschraubung bei uns Menschen ausgeprägter, da wir insgesamt beweglichere, aber damit auch instabilere Gliedmaßen besitzen).

1. Das Pferd beginnt z. B. mit dem Abschub links hinten (die Kruppe ist nach links geneigt), die Kruppe bewegt sich nach rechts und wölbt sich rechts nach oben auf, ebenso die Lende.
2. Das rechte Hinterbein schwingt vor.
3. Die „Aufwölbungswelle" geht nach vorn bis zur rechten Schulter.
4. Das rechte Vorderbein hebt ab und schwingt vor.
5. Das rechte Hinterbein setzt auf und schiebt nun den Körper vorwärts.
6. Das rechte Vorderbein geht nun in die Stützphase. Bei großen Pferden spürt der Reiter einen leichten Ruck unter seinem rechten Gesäß.
7. Die rechte Kruppe wird nun tiefer,
8. die linke wölbt sich auf,
9. da nun das linke Hinterbein vor schwingt.
10. Diese Wellenbewebung geht durch bis zur linken Schulter.
11. Das linke Vorderbein hebt ab,
12. das linke Hinterbein setzt auf und schiebt den Körper nach vorn …

Die vordere Brustwirbelsäule bewegt sich dabei folgendermaßen: Wenn das rechte Vorderbein vor schwingt, stützt das linke Hinterbein den Körper. Die BWS macht dabei eine Lateroflexion nach rechts und eine Rotation nach links (d. h.: der ventrale Wirbelkörper dreht sich nach links, die Dornfortsätze zeigen nach rechts). Die schräge ventrale Muskelkette von vorn links nach hinten rechts unterstützt nun die herabhängende Stange (Wirbelsäule), das rechte Vorderbein kann aufgehoben werden. Die Rotationsrichtung kehrt sich um, ebenso die Lateroflexionsrichtung, die von der ventralen Muskulatur solange aufrecht erhalten bleibt, bis das rechte Vorderbein aufstützt.

Dieselbe Bewegung der Hinterhand von Menschensicht aus: Als Reiter spürt man (hier links) ein Tiefsinken des linken Gesäßes, sogleich geht das rechte Becken hoch und wird nach vorn geschoben. Man spürt eine diagonale Wellenbewegung, die von links hinten nach rechts vorn geht und umgekehrt. Dieses Wissen und Erspüren ist beim Reiten sehr wichtig, da sie durch die gezielt platzierte Hilfe mit Schenkel und Zügel jeweils die Hinterbeine in ihren Tritten verlängern, verkürzen, versammeln oder seitwärts treten lassen können.

Wenn Ihnen die Beschreibung der Schrittfolge zu kompliziert ist, dann krabbeln sie doch einfach mal langsam auf dem Fußboden. Als Mensch machen sie automatisch dieselbe Fußungsfolge, wenn sie sich in den Vierfüßlerstand begeben.

Da beim Pferd (und auch beim Menschen) die Seitbiegung automatisch mit einer Rotation verbunden ist und Schritt tatsächlich die Bewegung mit der meisten Lateroflexion ist, findet im Schritt eine Menge Bewegung in der Wirbelsäule statt, die gut zu sehen ist, wenn man von oben auf das Schritt gehende Pferd sieht. Übrigens ist die Bewegung des Pferderückens ähnlich der Bewegung unseres Beckens beim Gehen. Der gute Reiter weiß, dass unter seinem Gesäß eine Bewegungskombination nach vor und rück (Flexion und Extension), eine zur Seite (Lateroflexion des Menschen und Rotation des Pferdes) und eine Drehung jeweils nach rechts und dann nach links vor (Rotation des Menschen und Lateroflexion des Pferdes) gibt. Das ist auch der Grund, warum das Reiten für gehbehinderte Menschen so wertvoll ist: Da sich die Bewegungen des Pferderückens auf das Becken des Menschen übertragen, genau in der Form, wie der Mensch es zum Gehen braucht. Die natürlichen Bewegungen des Vorwärtsganges werden auf den Menschen „gebahnt", dessen Lendenwirbel gelockert und die „Gehmuskeln" des Rumpfes gestärkt.

Beim entspannten Schritt geht, wie eingangs erwähnt, der Kopf des Pferdes jeweils nach rechts und links. Es ist vielmehr eine Rotation aus dem Atlantoaxialgelenk nach rechts und links, ein Pendeln. Ist das Pferd verspannt, pendelt aufgrund des erhöhten Muskeltonus der Hals nicht mehr oder der Übergang C 1/2 ist blockiert.

3.1.2 Dreitakt Schritt

Reiter wissen: Schritt gibt es in verschiedenen Varianten. So gibt es einen verkürzten Tritt, den wir in der Versammlung sehen wollen und einen zügigen Schritt, den das Pferd auf dem Nachhauseweg gern einlegt und den hier beschriebenen „normalen" Schritt. Dabei muss man wissen, dass die gelehrte Fußungsfolge des Dreitaktes in diesen Varianten keinesfalls immer ein klarer Dreitakt ist. Der zügige Schritt hat dabei durchaus dem Passgang ähnliche Formen, der normale Schritt hat stets nur in jeder zweiten Fußungsphase einen Dreitakt und nur der versammelte Schritt hat einen klaren Dreitakt, in dem aber die Wirbelsäule nicht mehr locker schwingt.

> Wenn ein normal gezüchtetes Warmblut im Laufe seines Lebens als Reitpferd plötzlich Pass geht, sollte sich der Besitzer schwere Sorgen machen.

Dieses Pferd hat ein erhebliches Rückenproblem. Manchmal geht ein Pferd bergab im Pass und bergauf im Schritt. Dafür gibt es eine Erklärung: Der normale Schritt geht, wie beschrieben (S. 18), mit allerhand Lateroflexion und Rotation in den Wirbelgelenken einher. Ist diese Bewegung in einem der kleinen Wirbelsäulengelenke schmerzhaft blockiert, kann die Wirbelsäule dieses eine, oder auch einige, steife Segmente durch eine Mehrbewegung in den noch funktionierenden Segmenten ausgleichen. Ist aber eine erhebliche Blockierung in vielen Wirbelsäulengelenken eingetreten, dann bleibt dem Pferd nur noch die Fortbewegung im Passgang, der, solange er nicht zum Rennen genutzt wird, mit weit weniger Wirbelsäulenbewegung einhergeht, als der gewöhnliche Schritt.

Gerade beim Bergabgehen ist es für die kaudale Wirbelsäule wichtig, sich rund zu machen, damit die Hinterbeine sich unter den Bauch schieben können und je ein Hinterbein den gesamten Rumpf kräftig abstützen kann, damit das andere in Ruhe nach einem geeigneten Halteplatz für den Huf suchen kann. Dabei entsteht eine nicht unerhebliche Bewegung im Rücken, was an der sich wechselseitig deutlich absenkenden Kruppe gut zu sehen ist. Wird diese Bewegung durch eine Blockierung (oder auch Muskelverspannung) in der Wirbelsäule verhindert, bleibt dem Pferd nur der Passgang bergab. Den Pferdebesitzern fällt der Passgang oft nicht auf.

3.2 Trab

Der Trab soll ja bekanntlich ein diagonaler Zweitakt sein. Dieses ist beim Beobachten eines Trab gehenden Pferdes durchaus zu bestätigen. Jedoch gibt es sowohl Untersuchungen, als auch genaue Bilder und Videoanalysen, die bestätigen, dass das entsprechende Vorderbein ein wenig früher auffußt als das entsprechende diagonale Hinterbein. So hat das Vorderbein für einen Moment das gesamte Pferd zu tragen. Besonders im schnelleren Trab soll diese minimale Taktverschiebung vorkommen.

Auch im Trab gibt es Taktvarianten, den flotten Trab und den versammelten Trab. Letzterer weist eine Dreitaktkomponente auf, erstere hat eine Schwebephase, in der also die Gliedmaßen für einen Moment in der Luft sind.

Das Röhrbein eines Hinterbeines sollte in der Schwebephase parallel mit dem Unterarm des diagonalen Vorderbeines verlaufen.

Hinkt der Metakarpus des Hinterbeines der Parallelität zum Radius nach, kann von einem Hangbeinproblem des entsprechenden Hinterbeines ausgegangen werden.

3.2.1 Der Muskeleinsatz im Trab

Die schnelle und diagonale Fußfolge des Trabes ist nur möglich, wenn die Muskeln des Rumpfes einen erhöhten Tonus aufbauen, sich also anspannen. Dann wird die schnellere Aktion für die Gliedmaßen frei. Sie können dieses an sich selbst ausprobieren: Joggen sie einfach los. Und schon werden sie merken, dass sie ihre Ellenbogen an den Rumpf drücken und dass sie ihren Nacken etwas nach hinten hin festmachen. Auch ihre Beckenbewegung ist lange nicht mehr so „hüftschwingend", wie im Schritt. Und genau das macht unser Pferd: Das Becken wird fest, die Wirbelsäule wird fest, die Bauchmuskeln spannen sich an, die Rückenmuskeln machen sich fest und der Hals wird angehoben.

Wer also glaubt, er könne sein Pferd im Trab besonders gut gymnastisieren, liegt völlig daneben!

Es ist für ein Pferd schon ziemlich viel verlangt, mit lockerer Kruppe den gesamten Rumpf kräftig vorzuschieben und dabei noch den Hals entspannt fallen zu lassen. Um dieses Kunststück wider der natürlichen Bewegungsform zu vollbringen, bedarf es eines enormen Einsatzes der Hankenbeugemuskeln der Hinterhand und eines absolut losgelassenen Rückens, was ausschließlich nur durch absolutes Wohlfühlen im Rücken gelingt, wenn also weder Sattel noch Reiter in irgendeiner Weise Unbehagen ausüben. Erst dann ist das Pferd befähigt, mit herabgesenktem Hals zu traben. Lassen sie dieses Pferd aber auf die Weide, trabt es wie alle normalen Pferde: mit Rumpfspannung und daraus resultierender erhöhter Kopfhaltung. Übrigens ist aus diesem Grund auch der Schweif des Pferdes im Trab in der Regel mehr abgehoben als im Schritt. Es ist die allgemeine Bahnung aller Streckmuskeln des Tieres, die auch die Schwanzhebermuskeln zu ihrem Tonus aktivieren.

Angeblich trabt das wilde Pferd bzw. das Zebra weit seltener als wir im Allgemeinen annehmen, zumindest offenbar niemals in der oben angesprochenen Wunschhaltung mit kraftvollem Schub aus der Hinterhand, Rückenaufwölbung und gesenktem Hals (es sei denn, man ist Hengst und hat gerade etwas Besonderes vor). Die Hauptbewegung des Wildpferdes ist Schritt, und wenn es mal sein muss, wird galoppiert. Trab scheint eher für die Zwischenreprisen genutzt zu werden, also als Zwischenstufe von Schritt zu Galopp und von Galopp zu Schritt. Ich kann das nicht beurteilen, da ich noch nicht das Glück hatte, Wildpferde zu beobachten, jedenfalls, denke ich, wird ein Wildpferd niemals am Stück eine Stunde traben und in einer bestimmten (abgesenkten) Kopfhaltung schon gar nicht!

Bei einem an der Longe trabenden Pferd kann man sehr schön das Muskelspiel des Rückens eines schlanken Pferdes beobachten: Im Wechselspiel spannt der M. longissimus, M. iliocostalis und M. spinalis an. Der Rücken schwingt. Dies ist die normale „Rückentätigkeit" einer gesunden Pferdewirbelsäule. Der Reiter kann dann weich einsitzen und spürt deutlich die Rotationsbewegung der losgelassenen Pferdewirbelsäule, was in einem wechselseitigen seitlichem Abkippen des Reiterbeckens gespürt werden kann.

Trab ist eine gute Gangart, um einem schlappen Weidepferd insgesamt mehr Muskeltonus zu geben, da die allgemein erhöhte Rumpfspannung mehr Festigkeit in den Weidebauch bringt und diesen alsdann schlanker erscheinen lässt.

Im Trab müssen die Gliedmaßen im diagonalen Wechselspiel (bzw. die Vordergliedmaße etwas zuvor) nach der Schwebephase den gesamten Rumpf tragen, was für die Sehnen, distalen Gelenke und Knochen gegenüber dem Dreitakt Schritt ohne Schwebephase eine erhebliche Mehrbelastung bedeutet. Dies trifft umso mehr für das so genannte weichgefesselte Pferd mit flachen Trachten und langen Zehen zu. Dosiert eingesetzt kann aber durch den Trab dem jungen Pferd mehr Festigkeit in den Gliedmaßen trainiert werden, für ein besseres Knochenwachstum und erhöhte Bildung von Knorpelgewebe. Diese Vorgänge dauern vier bis sechs Monate, dienen aber durchaus der Stärkung des jungen Weidepferdes zur Tragfähigkeit als Reitpferd.

3.2.2 Schrittfolge

Auch im Trab gibt es die diagonale Welle, die von hinten links nach vorn rechts und umgekehrt verläuft:

1. Das linke Hinterbein schiebt das Pferd vorwärts, die linke Kruppe ist tiefer, die rechte höher. Das rechte Hinterbein schwingt vor,
2. gleichzeitig hebt sich die linke Schulter zu Beginn ihrer Durchschwungphase.
3. Das linke Vorderbein streckt sich in der Luft vor und ist kurz vor dem Auffußen.
4. Das linke Hinterbein verlässt den Boden.
5. Alsdann treten rechtes Hinterbein und linkes Vorderbein auf.
6. Das linke Hinterbein schwingt vor,
7. die linke Kruppe erhöht sich, die rechte senkt sich ab.
8. Die linke Schulter geht hoch, da das linke Vorderbein gerade vom Boden hebt,
9. während das rechte sich nach vorn streckt.
10. Linkes Hinterbein und rechtes Vorderbein fußen auf.
11. Alsbald schiebt das linke Hinterbein den Rumpf vorwärts ...

3.3 Galopp

Le cheval, so heißt das Pferd auf französisch. Wenn man Cheval langsam ausspricht, sieht man förmlich das erhabene stolze Pferd vor sich her galoppieren. Galopp ist vom Steppentier Pferd zur Perfektion entwickelt worden. Es ist der Galopp, der es schnell macht und den es lange ausdauernd durchhalten kann, so ist es vor Raubtieren geschützt. Ein Trick dabei ist die Anpassung des Atemrhythmus im Galopp:

In den Schwebephasen der Vorderbeine wird eingeatmet und in den Stützphasen der Vorderbeine wird die Luft automatisch ausgepresst, das Pferd atmet aus.

Die Gliedmaßen, besonders die palmaren Strukturen der Fessel und der Rumpfhalteapparat, insbesondere der M. serratus ventralis, müssen zu Beginn der Abstützphase des jeweiligen Vorderbeines eine enorme Last aushalten, und zwar bis zum Fünffachen des Eigengewichtes. Einzigartig beim Pferd ist die sehnige Durchsetzung dieser Haltemuskeln, die es dem „Cheval" ermöglichen, mühelos dem Raubtier davon zu laufen, während dieses wegen seines hohen fleischigen Anteils seiner Muskeln recht bald ermüdet und sich hechelnd niederlegen muss. Dafür hat das Raubtier eine größere Bewegungsfreiheit.

Es ist immer wieder erstaunlich, wenn man Wildpferde beobachtet, oder auch Cowboys im Gebirge, mit welchen Geschwindigkeiten diese auf felsigem unebenen Untergrund galoppieren können. Uns Menschen wäre da schon so mancher „Haxen" gebrochen. Dieses Ausbalancieren ist sicherlich durch die gute Propriozeption des Pferdes möglich, aber mindestens so wichtig ist eine in sich bewegliche Wirbelsäule, denn das Aufsetzen der einzelnen Gliedmaßen auf erhebliche Bodenunregelmäßigkeiten in je nach Situation verlangender Ab- oder Adduktion, verlangt eine entsprechende Biegsamkeit der Wirbelsäule. Wenn Sie also meinen, ein rückengesundes Pferd unter sich zu haben, können Sie es ruhig wagen, einen unebenen Hügel herunter zu galoppieren, wenn sie das Pferd in seiner Beweglichkeit keineswegs stören, also das Gesäß aus dem Sattel nehmen, die Zügel lang lassen und absolut ruhig und im

Gleichgewicht mit dem Oberkörper sitzen. Wenn ihr Pferd aber an manchen Stellen der Wirbelsäule steife Abschnitte hat, sollten sie dieses Experiment lieber lassen!

3.3.1 Dreitakt Galopp

Bekanntlich soll ja der Galopp ein Dreitakt sein. Aber auch hier gibt es, je nach Geschwindigkeit, erhebliche Varianten, je nachdem, ob es sich um einen versammelten Galopp, Mittelgalopp oder Renngalopp handelt. Allen Varianten ist aber der Seitenbezug gemeinsam, d. h., das Pferd galoppiert grundsätzlich Links- oder Rechtsgalopp. Das bedeutet, dass entweder die linke oder die rechte Seite weiter vorgreift, und dann die andere Seite die Stützlast trägt. Bei einem flotten Rechtsgalopp heißt das:

1. Abschub linkes Hinterbein,
2. Vorschwung rechtes Hinterbein,
3. Aufsetzen und ebenfalls Vorschub des rechten Hinterbeines,
4. Schwebephase,
5. Landen linkes Vorderbein,
6. dann rechts Vorderbein.

Der Reiter spürt eine deutliche Wellenbewegung hierbei von links hinten nach rechts vorn. Dabei muss man wissen, dass die Hauptstützlast und der Antrieb aus dem äußeren Hinterbein kommen. Wenn also das Pferd den Rechtsgalopp nicht gern anbietet, kann das bedeuten, dass es Probleme im linken Hinterbein oder Becken hat. Es kann aber auch bedeuten, dass es ein Problem in der linken Vorhand hat, denn dieses Vorderbein unterliegt beim Rechtsgalopp ebenfalls einer vermehrten Stützbelastung.

Beim langsameren Galopp schiebt das linke Hinterbein und dann setzen rechtes Hinterbein und linkes Vorderbein gleichzeitig auf. Das rechte Hinterbein beginnt nun zu schieben, während linkes Hinterbein und rechtes Vorderbein in der Luft sind, dann beide Vorderbeine aufsetzen, beide Hinterbeine abheben, dann beide Vorderbeine abheben, um allesamt in die Schwebephase zu kommen, bis das linke Hinterbein wieder fußt und vorschiebt. Der Galopp des Pferdes gleicht unserem Polkaschritt, nur mit dem Unterschied, dass unsere Vorderbeine dabei immer in der Luft sind.

Im Renngalopp kommt schließlich gar keine Dreitaktphase mehr vor. Jeweils die Hinterbeine und dann die Vorderbeine berühren nacheinander den Boden – eine erhebliche Belastung der Vordergliedmaße, die den gesamten Körper und den Aufpralldruck abfangen muss.

3.3.2 Die Wirbelsäule im Galopp

Die Bewegung der Wirbelsäule in der Sagittalebene: Im Moment des Vorschwingens der Hinterbeine, besonders kurz vor deren Auffußen, ist die Lendenwirbelsäule maximal gebeugt, was auch Sinn macht, denn nur durch die maximale Beugung der Lendenwirbelsäule (via M. psoas major), können die Hinterbeine überhaupt erst soweit vorgreifen. Das Aufwölben des Rückens steigert sich noch kurzfristig, in dem Moment, in dem die Hinterhufe in den Boden gestemmt werden. Beim Auffußen der Vorderbeine, also im Moment der Schwungphase der Hinterbeine, ist die Wirbelsäule maximal gestreckt, besonders eben im „gestreckten Galopp". Alte Gemälde von Jagden zeigen die Pferde in dieser Galoppphase des Streckens. So ist der Galopp eine wertvolle Therapiehilfe, wenn es um das Aufwölben des Pferderückens geht (Voraussetzung: Der Reiter lässt den Rücken aufwölben!).

Seit- und Rotationsbewegungen sind im Galopp eher weniger vorhanden. Es wird gerade so viel Rotation zugelassen, wie es für die Bewegungen der Gliedmaßen nötig ist. So hat der ungeübte Reiter zunächst Schwierigkeiten, den Links- oder Rechtsgalopp zu fühlen, erst der geübte Reiter mit seinem ausbalancierten Sitz kann ein weiches einschmiegsames Becken haben, dass diese diagonale Wellenbewegung spürt und eindeutig die jeweilige Galoppform identifizieren kann, was für die korrekte Hilfengebung unbedingt erforderlich ist.

3.3.3 Galopp und Biegung

Galoppiert unser Pferd (Abb. 3.**1**) durch eine Kurve, was im Reitplatz der Normalzustand ist und in freier Natur eher selten vorkommt, ergibt sich für das Pferd ein Problem: die Fliehkraft. Die Fliehkraft drängt Pferd und Reiter in hohen Geschwindigkeiten nach außen, was Reitanfänger nur zu gut wissen. Die Lösung: den gesamten Körper nach innen stemmen. Und dieses kann mit zwei

Abb. 3.1 Bei der korrekten Biegung im Galopp belastet das Pferd das innere Hinterbein in Hankenbiegung und wölbt seinen Rücken auf, um die Lateroflexion durchführen zu können.

Varianten vollzogen werden. Variante eins: Die Wirbelsäule ist steif (wie im schnellen Galopp mit wenigen versammelnden Komponenten). Dann muss sie sich mehr in die Kurve legen, aber den Hals nach außen nehmen, um die Gleichgewichtslage besser austarieren zu können. Solche Pferde bevorzugen bei diesem Manöver den Außengalopp, damit sie sich besser in die Kurve legen können, zwangsläufig kommt dabei der Hals mehr nach außen. Das Pferd mag diese Art von Kurve am liebsten möglichst klein, mehr als Wendemanöver ausgeführt, als einen Zirkel durchlaufen. Reiter, die Pferde korrigieren oder einreiten, kennen dieses Szenario. Sie streben natürlich Variante zwei an: Die innere Hinterhand nimmt mehr Last auf, die Rückenmuskeln sind entspannt geschmeidig, das Pferd ist in seiner Balance und ist nun sogar fähig, den Hals nach innen zu biegen. Diese Variante erfordert erheblich mehr Kraft aus der Hinterhand, nicht nur um den gesamten Rumpf auf der inneren Hand zu tragen. Nur durch vermehrtes Untertreten der Hinterbeine kann die Wirbelsäule sich aufrichten, und nur so gehen die Gelenkflächen der Facettengelenke etwas auseinander und sind zu einem Gleitspiel (Joint play) fähig, so dass nun die Wirbelsäule sich überhaupt biegen *kann*.

Für ein junges Pferd ist das korrekte Galoppieren auf dem Zirkel viel verlangt und wenn es dann auch noch einen Reiter ausbalancieren muss ist das besonders schwer. Es ist besser, es darf seine ersten Galopperfahrungen mit Reiter auf gerader Strecke draußen üben, und es übt die Balance auf dem Zirkel zunächst an der Longe mit freiem Hals.

3.3.4 Die Balancierstangen Schweif und Hals

Gerade im Galopp auf unebenem Gelände oder in der Kurve wird die Funktion des Schweifes sichtbar:

Der Schweif ist eine Balancierstange.

Nun weiß ich nicht, wie Pferde galoppieren, dessen Schweif kupiert wurde. Sicherlich können diese galoppieren wie andere Pferde auch. Ich kann mir jedoch einen vermehrten Rumpftonus vorstellen, der versucht, wacklige Situationen auszugleichen. Ebenso verhält es sich übrigens, wenn die Halsbewegung des Pferdes im Galopp, besonders im Gelände, eingeschränkt ist, wie durch ein Martingal z. B. Wie der Tänzer auf dem Drahtseil ohne Stange, muss nun das Anspannen der Rumpfmuskulatur für das nötige Gleichgewicht sorgen.

Bei jedem Galopp aber fällt die Halsbewegung in der Sagittalebene auf: Der Hals streckt sich rhythmisch vor und zurück. Diese Halsbewegung ist zum einen dem Gleichgewicht dienlich, und zum anderen eine Folge der Muskelspannung. Der Hals geht nach oben, wenn das Pferd im Galopp seine Schwebephase hat. Die Rumpfmuskeln, also besonders Bauch- und Rückenmuskeln, erhöhen den Tonus, damit die Gliedmaßen frei schwingen können. Die Anspannung der Rückenstrecker hebt natürlich auch den Hals. Betrachtet man nun die Vorderbeine als Mittelpunkt einer Waage, ist es zum Ausgleich nahezu zwingend, dass sich der

Hals nun weit vorstreckt, ansonsten würden die Hinterbeine aufgrund ihres Übergewichtes alsbald auf den Boden plumpsen, noch bevor sie sich krümmen und nach vorn ausfahren können.

3.4 Springen

Der Sprung über ein Hindernis ist nichts anderes als ein vergrößerter Galoppsprung. Der Einsatz der Hinterhand, der Kruppe und der Rückenmuskeln ist hierbei um ein Vielfaches höher (enorme Druckbelastung des Sprunggelenkes) als beim normalen Absprung (Abschwung) im Galopp. Die Landephase beim Sprung setzt aber erheblich mehr Aufprallkräfte frei als ein gewöhnlicher Galoppsprung (Durchsacken der Fessel, Druck auf den Karpus, Zugbelastung der inneren Schulterblattmuskulatur und Hyperextension des zervikothorakalen Überganges).Vorteilhaft beim Springen ist sicherlich die Schwebephase über das Hindernis, was so manche Blockierung der Wirbelsäule lösen kann. Interessanterweise mögen viele Warmblutpferde gern springen und gehen die Tage nach der Springstunde gelöster im Viereck. Ebenso interessant sind neuere Studien, bei denen Springpferde so gut wie keine Kissing-spine-Syndrome (S. 82) haben, jedoch Dressurpferde im ausgeprägtem Maße von den Wirbelsäulenveränderungen betroffen sind. Springpferde galoppieren (Flexion der Wirbelsäule) in ihrem Alltag öfter als Dressurpferde (Extension der Wirbelsäule), die mehr im Trab geritten werden.

> Springen in Maßen scheint unseren Pferden gut zu tun, so lange die Gliedmaßen standhalten.

3.5 Biegung

Schüler der Pferdephysiotherapie sind jedes Mal aufs Neue erstaunt, wenn sie das erste Mal die maximale Seitbiegung der Wirbelsäule eines Pferdes prüfen sollen: Es kommt nur ganz wenig Bewegungsmöglichkeit zur Seite dabei heraus, namentlich maximal 20 °. Und was wir doch so gern unter dem Sattel verlangen, die Biegung in den Ecken, in den Seitengängen, Kruppe herein, all das *kann* das Pferd tatsächlich nur zu einem geringen Ausmaß ausüben.

> Die absolute maximale Seitbiegung bei einem jungen Pferd ist erreicht, wenn es sich mit seinen Zähnen an seiner Kruppe schubbern kann.

Dafür sind einige Vormanöver notwendig: geeigneten stabilen Platz suchen, Hinterbeine etwas breiter aufstellen, Vorderbeine soweit als möglich spreizen, am besten schon in die Richtung, in die man möchte, dann, langsam, um nicht hinzufallen, den Hals gezielt Richtung Kruppe lenken und sich dann genüsslich beknabbern. Ein erwachsenes Pferd tut sich mit so einem Manöver schwer, wenn es überhaupt noch möglich ist. Es bevorzugt das Beknabbern in der Partnertechnik, zur Not geht es mit einem Baum auch.

Das Pferd hat seine Beweglichkeit zu Gunsten der Geschwindigkeit und Ausdauer eingetauscht. Nur ein Tier, dessen Muskeln fest sind und in eine Richtung ausgerichtet sind, kann wirklich hohe Geschwindigkeiten erreichen, und nur wenn diese Muskeln stark sehnig durchsetzt sind, also wenige fleischige Anteile haben, die Sauerstoff benötigen, kann das Tier lange Zeit die Geschwindigkeit aufrecht erhalten. Sehnige Durchsetzung macht eben steif. So ist das Pferd grundsätzlich in seinem Rumpf wenig biegbar. Ein wildlebendes Pferd biegt sich in seinem Alltag lange nicht so intensiv und ausgiebig, wie wir es von einem Reitpferd verlangen. Die alltägliche Biegung des Wildpferdes beschränkt sich wohl auf das Grasen, bei dem abwechselnd der Hals mal nach links, mal nach rechts unten gestreckt wird. Fohlen, junge Pferde und Hengste biegen sich bei ihren Spielen und Kämpfen in freier Natur mehr als die gewöhnliche Herdenstute, die sich mehr bei der gegenseitigen Sozialpflege biegt.

Der Hals des Pferdes ist bekanntlich der biegsamste Teil der Wirbelsäule des Pferdes. Jederzeit kann das Pferd sich mit dem Maul in Gurt- und Sattellage berühren. Diese Biegemanöver sind jedoch nur von kurzer Dauer und mehr mit Schwung ausgeführt, um beispielsweise ein lästiges Insekt zu vertreiben. Die Brustwirbelsäule, ist wie bereits erwähnt und wissenschaftlich bestätigt, tatsächlich ein recht biegsamer Abschnitt. Die Wirbel Th 10–14 sind dabei besonders beweglich, wohingegen die LWS so gut wie keine Seitbiegung mehr ausführen kann. Alle Reitfiguren, die wir von unserem Pferd verlangen, die mit Biegung einhergehen, werden also, und können nur dort, von dem Bereich ausgeführt werden, auf dem wir ausgerechnet sitzen.

Seitwärtsbiegung geht automatisch mit Rotation einher. Das Pferd kann die verlangte Bewegung aber umso besser ausführen, eigentlich überhaupt erst, wenn gleichzeitig der Wirbelsäulenabschnitt etwas gebeugt wird. Probieren Sie es selber aus: Stellen Sie sich aufrecht hin und schieben eine Hand soweit es geht seitlich an der Hosennaht herunter, merken sie sich den erreichten Stand und wiederholen diese Bewegung mit rundem Rücken. Nun kommt ihre Hand tatsächlich etwas weiter herunter. Das weitere Bewegungsausmaß in Beugung hat natürlich eine einfache biomechanische Erklärung. In Flexion gleiten die Gelenkflächen der Wirbelbogenfacettengelenke mehr auseinander, nun ist mehr Joint play möglich und damit auch eine weitere Seitbiegung. Das bedeutet in der reiterlichen Konsequenz:

Nur das rückenentspannte Pferd mit ventraler Aktivität kann sich biegen!

Der geringste Schmerz, das kleinste bisschen Unbehagen unter dem Sattel verhindert das Aufwölben und erschwert die Biegung! Oder umgekehrt für Therapeuten: Wenn ein Pferd regelmäßig unter dem Sattel oder in der Bodenarbeit sachgerecht leicht gebogen wird, wölbt sich automatisch auch dessen Wirbelsäule etwas auf, was für die Knorpelflächen der Wirbelgelenke, der Nervenlöcher und für die aufrichtenden Muskeln (hier die schrägen Bauchmuskeln) therapeutisch sehr nützlich ist.

Die Rückenmuskeln sind ja bekanntlich nicht zum Tragen des Reitergewichtes da, sondern um die kleinen Wirbel adäquat der Balance entsprechend zu bewegen. Verlange ich von meinem Pferd regelmäßige lockere Biegung in verschiedene Richtungen, mobilisiere ich automatisch die Wirbelsäule des Pferdes. Dies ist therapeutisch im Stand ausgeführt viel mühsamer. Manche Pferde können sich in der Wirbelsäule nicht biegen, weil sie Blockierungen, Muskelverspannungen oder ganz einfach Schmerzen haben. Andere wollen nicht, weil Biegung und damit Rückenaufwölbung mit Muskelanstrengung (Bauchmuskulatur) verbunden ist (häufig bei fetten Pferden mit eigener Meinung!). Diese Pferde lösen die verlangte Aufgabe mit einem Trick: Sie knicken sich einfach im zervikothorakalen Übergang ab, biegen brav ihren Hals und erledigen die restlichen Teile der Aufgabe mit Beinarbeit. Der ungeübte Reiter bemerkt das nicht und reitet so ein Pferd mit Schmerzen in der Vorhand an (Abb. 3.**2**).

Ein Pferd, was sich nicht seitlich biegen kann oder will und nun mit höheren Tempi, also Trab oder Galopp, um eine Kurve soll, muss sich nun etwas einfallen lassen, wenn es nicht hinfallen will: Als erstes wirft es sich in die Kurve hinein, wie der Motorradfahrer es auch tun muss. Und wie der Motorradfahrer muss es zwecks Gleichgewichtswahrung zur Balance seinen Kopf gerade, also nach außen, richten. Wenn das wegen Zügel- oder Longenzug nicht geht, müssen die Gliedmaßen für die Balance sorgen. Die Pferde kreuzen ihre Hinterbeine über die Mittellinie und rotieren in der Stützphase ihre Vorderbeine um ihre Achse (Abb. 3.**3**).

Das ist auf die Dauer ungünstig für das innere Sprunggelenk und die innere Fessel mit ihren Gleichbeinen, dem Strahlbein und den dazu gehörigen Weichteilen, besonders den Beugesehnen, in denen das Os accessorium hängt.

Ein Pferd aber, dass seinen Rücken aufwölbt und seine Hinterhandmuskeln einsetzt, wird in der verlangten Biegung sein inneres Hinterbein nicht kreuzen, sondern lotrecht unter den Rumpf stellen, es wird seine Hinterhandmuskeln aktivieren, die via Kruppenmuskeln, Beckengürtelmuskulatur und Einsatz der Bauchmuskulatur den Rücken heben, die Facettengelenke kommen ins Joint play und Biegung ist nun mühelos möglich. Diese Variante ist für das Pferd zweifellos anstrengender.

3.6 Bergauf

Mit meinem Pferd Kaschan habe ich einmal für einige Zeit in der bergigen Eifel gewohnt. Unsere Ausritte gingen gewöhnlich stets in dieselbe Richtung bergan aus dem Ort hinaus. Und Kaschan schleppte sich immer so schwer voran. Ich dachte, er hatte keine Lust, durch den Wald zu reiten und

Abb. 3.2 Sitz und Schenkel fordern das Pferd nicht zur Biegung auf, so eilt es in Hyperextension unter dem Reiter davon.

Abb. 3.3 Durch das Kreuzen der Hinterbeine umgeht das Pferd die anstrengende Hankenbiegung und das Aufwölben des Rückens mit Seitbiegung.

forderte ihn stets auf, sich doch nicht so gehen zu lassen. Da ein „Pferdemensch“ in der Regel selten ohne Pferd durch den Wald spaziert, bin ich erst etwa ein halbes Jahr später dazu gekommen, dort spazieren zu gehen. Meine Güte, ist das anstrengend hier. Erst jetzt bemerkte ich, dass dieser Weg eine beträchtliche Steigung hatte. Der Muskelkater am nächsten Tag ließ mich ahnen, welche Muskeln Kaschan mit Mühe die Anhöhe überwinden ließen.

So sind es besonders die Hinterhandstrecker und die Beckengürtelmuskulatur, die das Pferd die Steigung hinauf schieben. Der Vorteil beim Bergaufsteigen des Pferdes ist das Aufwölben des Rückens (was natürlich nur möglich ist, wenn der Reiter das Gesäß entlastet und die Zügel frei gibt).

Die aufrichtenden Muskeln, deren Aktivität wir gern bei einem ausbalancierten Galopp und in versammelten Gängen mit Vorwärtsschub (Passage) sehen wollen, werden beim Bergaufsteigen gezielt ohne vieles „Geübe“ auf dem Reitplatz trainiert.

Nun aber ist es wichtig, das Pferd tatsächlich zum Schieben zu veranlassen. Pferde mit steifem Rücken neigen dazu, Anhöhen mit schnellem Tempo überwinden zu wollen. Sie bevorzugen die Kraftanstrengung der Extremitäten, anstatt ihren Rücken zu wölben und sich Schritt für Schritt hinauf zu schieben. Entweder haben sie nie gelernt, ihren Rücken zu wölben oder sie können es einfach nicht.

Beim Bergauf und im Zug wird die Funktion des M. latissimus dorsi sichtbar. Er verankert sich am Vorderarm und zieht nun durch seine zweite Verankerung an der Wirbelsäule das gesamte Pferd nach vorn. Aus diesem Grund haben wohl Pferde, die besonders in Bergregionen vor dem Zug gehen sollen, wie z. B. die alte Haflingerrasse, eine besonders aufrechte, steile Schulter. Der Latissimus ist so angenähert und kann so größere Kraftanstrengungen vollbringen.

Der Nachteil des Bergaufsteigens und der Arbeit im Zug, die muskulär ähnlich sind, ist die enorme Belastung des Tarsus, besonders der Talusrolle.

3.7 Bergab

Wenn Du ein junges Pferd in die Versammlung führen willst, brauchst Du es nur bergab zu reiten und darauf zu achten, dass sein Hals flexibel in der Beugung bleibt. Mache Deinen Hintern leicht, richte Deinen Oberkörper auf und bremse das Pferd sachte vorn am Gebiss.

Das funktioniert tatsächlich. Ohne Gezerre auf dem Reitplatz können so vorzüglich die Muskeln für die versammelnden Gänge trainiert werden.

Nun aber gibt es Unterschiede beim Bergabreiten. Nur ein Pferd, welches sicher in seiner Balance ist, kann gelassen eine Anhöhe herab gehen. Zu diesem Zweck muss es seine Hinterbeine weit „unter den Bauch schieben“, also vorsetzen. Um dieses aber zu können, muss es seinen Rücken aufwölben, und dieses muss es auch mechanisch können (schwerer, sich nach hinten lehnender Reiter, klemmender Sattel, Blockierungen, Muskelverspannungen im Rücken lassen dies nicht zu). Die Hinterbeine werden nur dann unter den Schwerpunkt treten, wenn diese überhaupt die Last aufnehmen können. Also alle beteiligten Gelenke müssen schmerzfrei und voll funktionsfähig sein, das betrifft: Fessel, Sprunggelenk, Knie, Hüfte, ISG. Und die Muskeln müssen stark genug sein, die Last aufzunehmen. Das sind im Speziellen: der M. quadriceps femoris und der M. biceps femoris. Der Quadrizeps zieht was er kann von vorn, um ein Absacken des Knies zu verhindern. Der Bizeps zieht von hinten das Knie zurück. Dieses Problem der Lastaufnahme hat meine junge Haflingerstute Heidi beim Bergabgehen ganz einfach gelöst: Bocken, Reiter abwerfen und schnell runter rasen, statt langsam versammelnd sich herunter zu schieben.

Heidi hat also die andere Variante vorgemacht, die viel einfacher ist und deutlich weniger Anstrengung kostet: Wenn ein Pferd nicht die Hinterbeine „unter den Bauch schieben“ mag oder kann und wenn ein Pferd nicht seinen Rücken aufwölben mag oder kann, muss es irgendwie anders mit seinem Reiter bergab gelangen. Die eine Möglichkeiten ist der Serpentinengang, sofern man einen Hügel hat, auf dem das möglich ist. Die andere Möglichkeiten ist, herunter zu rennen, noch eine Variante ist seitliches Trippeln. Viele Pferde haben beim Bergabgehen den Kopf erhöht, als Zeichen der allgemeinen Rückenspannung, und „flexen" so gering als möglich, so viel als nötig die Hinterbeine, schieben diese aber nicht nach vorn, sondern stemmen ihr Abrutschgewicht lieber mit den Vorderbeinen ab. In diesem Fall bekommen wir eine erhebliche Belastung im zervikothorakalen Übergang (Kopf hoch, Vorderbeine nach vorn, Reitergewicht drückt WS-Stab nach vorn unten).

Beim Bergabgehen treten viele Wirbelsäulenprobleme und Hinterhandaffektionen deutlicher auf.

3.8 Das Pferd in freier Natur und unter dem Reiter – Ein Vergleich

Nun machen wir Menschen uns ja allerhand Gedanken über das Wohlergehen unserer Pferde. Wir studieren Bücher wie dieses, wir gehen auf Kurse und lernen fachgerechtes Reiten und optimale Fütterung, Hufbalance, wir lernen die verschiedenen Sattelpassformen kennen, und inzwischen lernen wir, das Pferd an seiner Wirbelsäule zu untersuchen und zu behandeln. Wir suchen nach den Ursachen, warum denn nun gerade dieses Pferd ein Sehnenproblem entwickelt hat, warum gerade dieses Pferd ein Rückenproblem hat usw. Wir suchen die Ursachen in einer schlechten Sattelpassform, an der Zäumung, an der Reitweise und sonst wo. Jedoch die eigentliche Ursache von sehr vielen Problemen am Bewegungsapparat (und an anderen Krankheiten auch) ist die Domestikation. Die meisten Rückenprobleme des Pferdes beruhen einfach auf der Tatsache, dass *wir Menschen* das Pferd gezüchtet haben, dass wir Menschen es füttern, dass wir Menschen dessen Hufe kürzen, dass wir Menschen es einzäunen und dass wir Menschen es zu unseren Diensten nutzen. Das Pferd lebt nicht mehr in seiner natürlichen Umgebung, und in vielen Fällen hat es vermutlich auch keine Chance mehr, in freier Natur zu überleben.

Klarer werden die angeführten Argumente, wenn das alltägliche Leben des Wild- und Hauspferdes gegenüber gestellt wird (Tab. 3.**1**).

Tab. 3.1 Veränderte Bedingungen für das Pferd

Pferd in freier Natur	**Pferd in Menschenhand**
30 km am Tag Schritt	maximal 5 km am Tag Schritt
kein Reitergewicht	Bewegung täglich nur mit Reitergewicht
selten Trab	Bewegung die meiste Zeit im Trab
öfter Galopp	weniger Galopp
ab und zu schnelle Flucht, auch länger dauernde Flucht	selten langes schnelles Durchgaloppieren
nicht so häufig plötzliche Ausscherbewegung wegen eines Artgenossen	im Offenstall und kleiner Weide häufiges plötzliches Ausweichen oder Angreifen
wenig Biegung	viel Biegung (meist mit Reitergewicht)
20 Stunden pro Tag Grasen	manche Pferde grasen nie, manche leben auf der Weide, jedoch nur 6 Monate im Jahr
Wälzen jederzeit möglich	Wälzen nicht jederzeit möglich
freie Halshaltung zum ausbalancieren	häufig fixierte Halshaltung in Hyperflexion
selten Versammlung, nur bei Hengsten	Versammlung (auch Springen, Stopp, Spin, Zug) wird oft verlangt
unregelmäßiger Boden	gerader Boden

3.8.1 Quantität Schritt

Der Hauptunterschied zwischen einem domestizierten und einem wilden Pferd ist schlichtweg die Quantität der Bewegung. Das wilde Pferd befindet sich eigentlich immer in Bewegung, das domestizierte Pferd dagegen äußerst wenig. Auch ganzjähriger Weidegang kann diesen Mangel nicht ausgleichen. Schritt, besonders der entspannende Schritt ohne Reitergewicht, ist für das Pferd essenziell. Es benötigt diese Bewegung dringend für seinen Verdauungsapparat, und es benötigt diese Bewegung für seinen Hufmechanismus. Aber es benötigt den Schritt genauso essenziell für seine Gelenke. Der Gelenkknorpel wird in seinem Wachstum gefördert, die Gelenkkapsel bildet in Bewegung genügend schützende und ernährende Gelenkschmiere, die Ligamente bleiben fest und elastisch zugleich (gute Festigkeit bei geschmeidiger Dehnbarkeit), der Knochen wird gefestigt durch Bildung von mehr Knochensubstanz und die Muskeln rund um die Gelenke werden optimal gestärkt.

> Jeder quantitative Mangel an Bewegung, besonders eben Schritt, führt zwangsläufig zu Problemen im Bewegungsapparat!

3.8.2 Reitergewicht

Natürlich ist das Pferd ursprünglich nicht auf der Welt, damit wir es reiten. Ist es aber nun mal in Menschenhand, müssen wir es reiten – allein schon aus dem Grund des allgemeinen Bewegungsmangels. Und aus demselbigen Grund müssen wir es eines Tages einreiten oder einfahren. Wir müssen seine Tragemuskeln trainieren. Das Pferd trägt uns zunächst mit einer allgemeinen Rumpfverkrampfung, u. a. sind seine Rückenmuskeln nach einigen Sekunden Aufsitzen hernach bretthart. Und dieses ist unabhängig davon, wie alt das Pferd ist und wie viel wir schon durch Bodenarbeit die Rückenmuskeln gestärkt haben.

> Muskeln können nur genau die Arbeit verrichten, für die sie trainiert worden sind.

Und wollen wir die Muskeln des Pferdes darin stärken, dass sie uns tragen können, dann geht es nur, indem wir den Muskeln einen Gewichtsreiz geben, wir müssen uns also auf das Pferd setzen. Also, zunächst verkrampft das Pferd bei den ersten Malen Aufsitzen seinen Rücken. Bei den nächsten Malen kommt es auf die Idee, seinen Rücken aufzuwölben. Dazu benutzt es seine ventrale Muskulatur (wenn dieses sehr plötzlich geschieht, dann versucht unser Pferdchen zu bocken). Die Brust- und Bauchmuskeln sind zu Anfang aber nur für einige Minuten fähig, den Reiter zu tragen. Am besten können Serratus und Bauch arbeiten, wenn sie sich verkürzen können und den Rücken aufwölben. Schmerzt aber der Rücken, z. B. durch einen schlecht passenden Sattel, dann arbeitet der Bauch in mühsamer exzentrischer Spannung. Die beste Möglichkeit für das Pferd ist dann das Abwerfen des Reiters.

Das Pferd lernt dann schnell (besonders wenn es einen weichen und langen Rücken hat), dass es seinen Kopf nur nach vorn und unten zu strecken braucht, um den Rücken aufzurichten und um den Reiter zu tragen, vorausgesetzt die Zügel sind lang genug und der Rücken schmerzt nicht. Mit der Zeit entwickelt unser junges Pferd Takt, und wenn der Reiter auch noch auf den natürlichen Schwung des Pferdes achtet, schwingt es seine Hinterbeine weit genug vor, wobei dann die Hinterhandstrecker und Kruppenmuskeln gedehnt werden. Die LWS beugt sich etwas, und es entsteht ein Zug am Lig. supraspinale, der Rücken wölbt sich auf. Wieder ein Schritt weiter, den Reiter müheloser zu tragen. Der Reiter versteht es, sein Pferd nach und nach in die Versammlung zu führen, es sind mindestens 6 Monate seit dem ersten Aufsitzen vergangen. Durch die Hankenbiegung werden ebenso die o. g. Muskeln aktiviert und zusätzlich der M. longissimus dorsi, der das Pferd von hinten verankert hoch hebt. Wenn nun (ganz zum Schluss!) noch der Nacken des Pferdes sich stolz aufwölbt, spannt es durch Muskelzug des M. splenius am Spinalband bzw. dieser Muskel zieht die ersten Dornfortsätze nach kranial und hebt so den Rücken an. Endgradige Versammlung ist allerdings anstrengend und kann nur einige Minuten vom Pferd durchgehalten werden.

Werden in der Ausbildung des Pferdes einige Schritte übergangen bzw. einige Schritte nicht ausgiebig gefestigt, kommt es unweigerlich zu Problemen in der Pferdewirbelsäule.

So kann man eigentlich sagen, dass nahezu jedes gerittene Pferd ein Rückenproblem hat!

Das Pferd trägt in vielen Fällen den Reiter einfach nur durch maximale Rumpfspannung und ist dankbar für jeden Moment des freien Zügels, da es seinen Hals mal strecken kann und seine Rumpfmuskeln entspannen kann.

3.8.3 Trab

Das wilde Pferd trabt angeblich selten. Wie dem auch sei – der Reiter sollte wissen, dass die Hufkissen und die Gelenkknorpel mindestens 20 Minuten Schritt brauchen, bis sie soweit mit Flüssigkeit gefüllt sind, dass diese ohne Schaden zu nehmen, den Reiter im Trab und Galopp tragen können. 20 Minuten Schritt, das ist schon eine ganz schön lange Zeit für eine gewöhnliche Reitstunde. Die Reitstunde, auch das Longieren, findet hauptsächlich im Trab statt. Wieso eigentlich? Für das Pferd ungünstig, da es natürlicherweise eine hohe Kopfhaltung (mit Krampf heruntergezogen oder -gebunden), eine hohe Rumpfspannung (wenig Biegung, wenig Flexion) und viel Belastung auf die Extremitäten hat. Und für den Reiter ungünstig, weil, wohl wegen der Rumpfspannung, im allgemeinen nicht so weich zu sitzen wie Galopp oder Schritt. Trab war die Gangart, die in Vorstellungen für Königshäuser und zum Paradieren vor dem Volk wichtig waren. Trab ist eine präsentative Gangart. Piaffe und Passage kommen aus dem Trab. Es scheint noch das Erbe alter europäischer Reitschulen zu sein, stundenlang Trab zu üben. Nun hat Trab allerdings den Vorteil, dass der Rumpf des Pferdes zu einem festen Tonus kommt, wichtig nach dem Schrittreiten für die Festigkeit der Wirbelsäule.

3.8.4 Galopp

Nun meint man, dass doch das Reitpferd viel galoppieren soll. Doch beim genaueren Nachfragen an den Pferdebesitzer beim Therapietermin, staunt man, wie wenig im allgemeinen galoppiert wird. Springpferde sind wohl die Hauspferde, die am meisten galoppieren. Freizeitpferde galoppieren weit weniger und meist ist der Galopp nur im Ausritt eingeplant, der dann oft höhere Geschwindigkeiten annimmt. Auch bei Westernpferden dürfte man meinen, dass viel galoppiert wird. Das mag für Reiningpferde gelten, die in der Regel in Profihand sind. Die meisten Westernpferde verbringen ihr Leben als Freizeitpferd, auf dem Trailplatz oder im Jog. Kutschpferde galoppieren äußerst selten. Wenige Turnierfahrpferde gehen Galopp vor dem Wagen, die restlichen verbringen ihr Fahrleben mit Trab und Schritt auf der Straße. Galopp auf dem Reitplatz ist eigentlich nur angenehm zu reiten, wenn das Pferd in seiner Balance ist und sich von hinten tragen kann. So ist es nur allzu verständlich, dass der Galopp keine so beliebte Gangart ist, zumal viele Freizeitreiter im Galopp die Kontrolle ihres Pferdes zu verlieren drohen.

Gerade der Galopp ist für die Pferdewirbelsäule eine wertvolle Gangart.

Der gesamte Rücken wird automatisch aufgewölbt, die aufrichtenden Muskeln werden von allein trainiert, ohne mühsames Versammeln im Trab.

3.8.5 Schneller und andauernder Galopp

Das Pferd ist zu hohen Geschwindigkeiten auf ebenem harten Boden geboren. Das heißt nun nicht, wir sollen alle unsere Pferde auf die Rennbahn schicken. Der schnelle Galopp hat natürlich auch seine Nachteile, besonders, wenn ein Reiter darauf sitzt, der womöglich noch an den Zügeln zieht. Der größte Nachteil des Renngalopps ist sicherlich die Belastung der distalen Extremitäten. Pferde, die nicht locker „durchcantern" können, sondern Galopp mit Reiter nur in Höchstgeschwindigkeit kennen, sind auf das Äußerste verspannt. Die Wirbelsäule bei solchen Tieren befindet sich in fixierter Streckstellung und es finden sich viele Probleme im zervikothorakalen Übergang, wohl durch die enorme Aufprallbelastung in Extensionsstellung während der Landephase der Vorderbeine.

Der Vorteil des Renngalopps ist die optimale rhythmische Dehnung aller Muskeln des Pferdes.

Ein Pferd, welches gelegentlich seine Höchstgeschwindigkeit erreicht, ist insgesamt geschmeidiger als ein Pferd, welches ausschließlich brav seine Dressurlektionen im Viereck ausführt.

Es ist also durchaus sinnvoll, den Galopp seines Pferdes ab und zu verstärken zu lassen.

3.8.6 Ausscherbewegungen

Als mein Pferd in einem großen Offenstall untergebracht war, bemerkte ich die außerordentlich häufigen Lahmheiten der anderen Pferde und auch deren ungemein häufiges plötzliches Hin- und Herspringen in ihrem Auslauf. Zugegeben, es waren eigentlich zu viele Pferde auf zu wenig Raum untergebracht. Aber als ich den Stall meines Wohnungsnachbarn sah, war ich ganz angetan: Dort liefen seine Pferde auf noch engerem Raum aber in vollendeter Harmonie zusammen. Kein Zähnefletschen, kein Auskeilen, kein Quitschen, trabten sie gleich wie ein Taubenflug harmonisch im Kreis umher. Diese Pferde aber waren alle einer Rasse, alle eines Alters und alle miteinander verwandt. Bei meinem Pferd aber waren verschiedenste Rassen, verschiedensten Alters mit erheblicher Fluktuation untergebracht. Durch diese entstandene Unruhe waren die ranghöheren Tiere ständig damit beschäftigt, die rangniederen Tiere zu unterdrücken und die rangniederen suchten vergebens einen ruhigen Platz und scherten ständig aus. Die Folge sind erhebliche Muskelverspannungen, da die Tiere nie vollends ausruhen können (freies Liegen war nicht möglich) und Lahmheiten aufgrund der häufigen Abscher- und Rotationsbelastungen. Interessant ist die Studie der Typ-III-Pferde (siehe *M. Schäfer*), der Vorfahren der Berberpferde und der meisten heutigen Warmblutpferde. Diese Pferdetypen lebten offenbar einzelgängerisch, ähnlich den heutigen Grevy-Zebras, da man niemals deren Skelette gruppenweise gefunden hat. Diese Tiere hatten der Studie zufolge eine Art Revier, welches sie hartnäckig gegen fremde Pferde verteidigten, wohl auch gegen Raubtiere. Diese Typ-III-Pferde sollen also recht aggressiv gewesen sein. Tatsächlich haben Warmblüter, die dem Typ III ähnlich sind, offenbar Schwierigkeiten in der Gruppe, auch lassen viele von diesen Tieren ihren Pfleger ungern in ihre Box.

Das Pferdeleben in freier Wildbahn ist in diesem Punkt jedenfalls immens ruhiger, als das der Pferde im modernen Offenstall. So gibt es Studien, die belegen, dass die Aggression innerhalb der Tiere ab einer gemischten Gruppenstärke von etwa 30 Tieren auf 30 ha rapide abnimmt (Lindner, 1999). Bei 20 Pferden und weniger ist immer mit überdurchschnittlichen Rangordnungskämpfen zu rechnen.

3.8.7 Biegung

Wie schon beschrieben, biegen sich wildlebende Pferde lange nicht so häufig und intensiv, wie wir es von unseren Reitpferden verlangen (S. 24). Eine gewisse Biegung bei unseren Pferden ist aber ein Muss, um dessen Wirbelsäulenflexion zu fördern, zur Aktivität der Bauchmuskeln und um deren Wirbelsäulenbeweglichkeit zu erhalten.

3.8.8 Grasen

Nun mag das Argument kommen, dass das eine oder andere Pferd ganzjährig auf der Weide ist. Dagegen muss ich fragen, wo in Deutschland gibt es denn ganzjährig etwas zu grasen? Zumindest im Winter muss zugefüttert werden, dann findet das Fressen im Stehen auf der Stelle statt. Die ganzjährig auf der Weide gehaltenen Pferde dürften in unserem Breitengrad eher die Ausnahme in unserer deutschen Pferdepopulation sein und eher Ponyrassen angehören.

Grasen ist die beste Rückendehnung, die es gibt. Kein therapeutischer Handgriff, keine versammelnde Gangart, kein Sprung kommt der Effektivität des Grasens gleich. Ein richtiges entspannendes Fallenlassen der gesamten Rückenlinie ist erst beim Grasen gegeben.

So halte ich das wenigstens einige Stunden am Tag mögliche Grasen für essenziell für die Rückengesundheit des Pferdes.

Wenn Sie beim Grasen genau auf die Lendenwirbelsäule des Pferdes schauen, können Sie bemerken, wie diese sich beim Abzupfen des Grases leicht anhebt. Es ist, als ob die Lendenwirbelsäule sich so selbst bei jedem Büschel Gras einen kleinen Manipulationsstoß Richtung Flexion geben würde.

3.8.9 Wälzen

Beim Wälzen massiert sich das Pferd selbst seine Rumpfmuskeln, es lockert jeden einzelnen Wirbel seines Rückgrates. Das wild lebende Pferd kann, wenn nicht gerade Gefahr in Verzug ist, sich jederzeit niederlegen und seinen Rücken lockern. Das ist bei unserem behüteten Pferd keineswegs jederzeit so der Fall (Ausnahme sind die Weidepferde, solange die Weide geeignete Wälzflecken besitzt). Wenn wir einige Stunden körperlich schwer gearbeitet haben, so tut uns das gut, uns hinsetzen zu können oder unserer Glieder oder unseren Rücken zu strecken und zu verbiegen. Viele unserer Mitmenschen können auf ihrer stehenden Arbeitsstelle das nicht tun, sie müssen warten, bis sie Feierabend haben und dann dem Verlangen ihres Körpers nach Entspannung nachgeben können. Dürften diese Arbeiter sich aber des öfteren frei bewegen, sich mal kurz niedersetzen, so wie es deren Körper verlangt, könnten sie viel länger ihren Dienst tun und wären nicht so häufig wegen Rückenleiden krankgeschrieben.

3.8.10 Freie Halshaltung

Es ist durchaus wichtig, das Pferd an den Zügel zu stellen. Da wir es nun einmal reiten, müssen wir seine Muskeln in der Weise stärken, dass sie uns tragen können. Und dieses geht nur über die Aufrichtung des Pferdes. Seine aufrichtenden Muskeln aktivieren wir durch Spannen des Bogens, der Rückenlinie heißt. Durch Aktivierung der Hinterhand spannen wir den hinteren Teil des Bogens, durch Aufrichtung der Vorhand spannen wir den vorderen Teil des Bogens. Der Bogen wölbt sich auf. Wird aber am Zügel inadäquater Druck ausgeübt, wird in keinem der Fälle der Bogen wirklich gespannt, sondern irgendwo abgeknickt.

> Die Spannung des Bogens kann nur aus der natürlichen Selbsthaltung des Pferdes erfolgen, nach Erreichen von Takt und Losgelassenheit wird allmählich erst die Hinterhand aktiviert und später an der Vorhand sanft gehalten.

So gibt es einen berühmten Spruch der alten Reitschule, den sich Reiter hinter die Ohren und in die Hände schreiben sollten:

> Du musst hinten Zentnerkraft entwickeln, um sie vorn in Milligramm einzufangen!

Die Spannung des Bogens wird immer mal wieder aufgegeben, damit es seine Muskeln entspannen kann, vielleicht durch einen lockeren Vorwärtstrab, einen erfrischenden Galopp. Spannung braucht es vorn überhaupt nicht, wenn das Pferd doch von allein seinen Hals aufrichtend wölbt – bei gut gerittenen Pferden eine ganz selbstverständliche Sache.

Zug am Bit ist dem Pferd in jedem Fall unangenehm. Passt das Bit schlecht, gibt es Probleme im Maul, oder ist das Bit gar beschädigt, oder wird unangemessen an den Zügeln gezogen (das Pferd steht still und noch immer zerrt der Reiter an den Zügeln herum!), oder es wird einfach zu stark gezogen, oder das arme Pferd hängt in irgendwelchen Hilfszügeln eingepfercht (nichts gegen sachgemäße Anwendung durch professionelle Hände!), dann hat das Pferd nun ein Problem: Der Druck im Maul, die Schmerzen, das kann so nicht weiter gehen (Abb. 3.**4**). Es sucht nach Lösungswegen und derer hat es viele:

- Das Maul hart machen, die Kiefer also aufeinander pressen. Ein lockeres Durch-das-Genick-treten ist durch den Zug der langen Zungenbeinmuskeln in den Ganaschen nun nicht mehr

Abb. 3.**4** Beizäumung im Stand.

möglich. Dies hat die direkte Folge eines verhaltenen Ganges.

- Abknicken in den Kopfgelenken. Da freut sich der Mensch, da er meint, das Pferd gibt nach. Das aber vollzieht in den Kopfgelenken eine Bewegung, die dort eigentlich gar nicht in diesem Ausmaß möglich ist. Jedem Reiter wünsche ich dann einen Atlas und einen Axis als Präparat in der Hand, die er nun beugen soll. Mit Schrecken würde er erkennen, wie nah der Axisdorn an das Rückenmark reicht. Typisch für Hilfszügelpferde sind übrigens stärkste Muskelverspannungen, mit massiven Triggerpoints und Schmerzen über den Kopfgelenken, die bis zum Steigen beim Berühren eines sonst braven Pferdes führen können. Dort setzen viele Muskeln von kaudal kommend an und von dort ziehen die kurzen Nackenmuskel an den Schädel. Diese Muskeln *müssen* so gut es geht ihren Tonus aufbauen, um weitestgehend die Kopfgelenke in ihrer Führung zu behalten. Zudem arbeiten diese Muskelgruppen dauerhaft in gedehnter Stellung, was keine Muskelfaser lange aushält ohne Schaden zu nehmen.
- Abknicken um den 3. Halswirbel. Diese Idee des Pferdes kommt den Wünschen des Reiters recht nahe. Mit der Zeit jedoch degenerieren die Facettengelenke.
- Den Weg vom Maul zu den Reiterhänden oder Hilfszügelverschnallung verkürzen durch Lordosierung in der kaudalen HWS. Das merkt der Reiter so schnell nicht und oben knickt es einfach in den Kopfgelenken ab. Die Wirbelgelenke der kaudalen HWS geraten so unter Druck, deren Gelenkknorpel schmirgelt sich ab und deren Nervenlöcher werden enger, sog. ungeklärte Lahmheiten, sind die Folge. Die Muskeln, die eine solche vermehrte Lordosierung verursachen, allen voran der M. splenius, verspannen dauerhaft und entwickeln Triggerpunkte.
- Abknicken im Übergang zwischen HWS und BWS nach ventral. Dies ist eine sehr häufige versteckte Variante. Normalerweise sollte sich bei der erblichen Versammlung (deren Resultat die Beizäumungshaltung ist) die gesamte Vorhand anheben. Die Folge sind Blockierungen und Nervenirritation am zervicothorakalen Übergang.
- Lordosierung in der BWS. Das ist die genialste Lösungsmöglichkeit des Pferdes, um dem unangenehmen Druck im Maul zu entgehen oder um hinten nicht so mächtig schieben zu müssen und um die anstrengende Hankenbiegung herum zu kommen. Vorn sieht alles so aus, wie der Mensch es haben möchte, hinten wird meinetwegen auch kräftig gerudert, so kommt kein Verdacht auf. Sehr viele M- und S-Dressurpferde verbringen mit diesem Trick ihr Leben. Beweis sind zwei groß angelegte Studien, die Kissing-spine-Befunde besonders bei Dressurpferden vorgefunden haben (Rieland, 2002)!

> Ehrliche, gute Aufrichtung *kann* ein Pferd nun einmal nicht eine ganze Stunde aufrecht erhalten!

Irgendwann holt sich seine Muskulatur seine Pausen, es sackt im Rumpf ab und die Wirbel hyperextendieren, übrigens besonders häufig um Th 14.

Reiten Sie ihr Pferd gar immer ohne Anlehnung, bekommen Sie auch Probleme im Rücken des Pferdes. Die aufrichtenden Muskeln werden nur ungenügend aktiviert, der Rücken sackt durch. Ideal ist die leichte Anlehnung mit einem Wechsel der Zügelstellung in lang und kurz und Biegung.

Soviel zum Thema Beizäumungshaltung.

Nun pendelt beim entspannt gehenden Pferd der Hals hin und her. Pendelt der Hals z. B. nach links, wird der rechte M. brachiocephalicus gedehnt und das Anheben der Schulter ist nun eine einfache Sache. Kommt nun aber der Reiter und übt Spannung auf die Zügel aus, ist es mit dem Hals- und Kopfpendeln vorbei, nun hat der M. brachiacephalicus keine entspannende Vordehnung mehr.

Ein junges Pferd hat Schwierigkeiten genug, den Reiter irgendwie auf seinem Rücken zu balancieren und nun muss es auch noch Manöver ausführen, die es aus seiner Natur nicht kennt, wie gebogen um Kurven laufen. Um sich auszutarieren, um Losgelassenheit zu üben, um Balance zu entwickeln, um in der Seele entspannt zu bleiben, braucht es unbedingt seine Balanicierstange Hals zur freien Verfügung. Ist das nicht der Fall, muss es einen erhöhten Rumpftonus aufbauen, um nicht hinzufallen. Losgelassenheit ist so nicht möglich (mehr dazu siehe in „Biegung" und „Galopp").

3.8.11 Versammlung

In der freien Natur ist es nur der Hengst, der seine Muskeln versammelt und das nicht jeden Tag für eine Stunde, sondern nur gelegentlich. Seine Muskeln und Gelenke sind genau für diesen Zweck ausgelegt. Nun ist es aber so, dass die Versammlung für ein jedes Reitpferd angestrebtes Ziel bleiben sollte, eben weil es den Reiter tragen muss. Die Gelenke des Pferdes, besonders die distale vordere Extremität und der Tarsus sind für diese unnatürliche Belastung nicht geschaffen. Sie müssen in ihrer Festigkeit langsam gestärkt werden. Ebenso verhält es sich mit der Muskulatur.

3.8.12 Bodenbeschaffenheit

Ist Ihnen schon einmal aufgefallen, dass unsere domestizierten Pferde (und auch wir Menschen) stets auf ebenem Boden laufen? Unsere Körper sind aber für den unebenen Boden gemacht. Ein unebener Boden bedeutet für die Gliedmaßen eine stetig wechselnde Druckbelastung auf die Gelenkknorpel, eine geschmeidig erhaltende Dehnung der gelenkumspannenden Bänder und Sehnen, einen stetigen Dehnreiz auf die Ligamente und damit eine Aktivierung der gelenkumspannenden Muskulatur. Der unebene Boden erhält auf natürliche Weise die Festigkeit und zugleich die Geschmeidigkeit der Extremitäten und der Wirbelsäule, die die balancierenden Bewegungen der Extremitäten einleitet und zulässt.

> Auf unebenem Terrain werden auf natürliche Weise die Wirbel mobilisiert und die schrägen Bauchmuskeln aktiviert.

4 Pathophysiologie des Bewegungsapparates

Erst wenn Aufbau und Funktion der Pferdewirbelsäule verstanden werden, ist Diagnostik und Therapie möglich. Dabei komme ich als Autor nicht umhin, Ihnen anatomische und funktionelle Einzelheiten Region für Region genau zu umschreiben. Das Betrachten eines einzelnen Wirbelsäulenabschnitts in der Pathophysiologie und in der Therapie jedoch ist nur die halbe Wahrheit, denn erst der Überblick über die Zusammenhänge der Gesamtheit des Bewegungsapparates macht einen guten Therapeuten aus.

Zu Anfang bleibt Ihnen jedoch nichts anderes übrig, als zunächst Einzelteil für Einzelteil genau zu betrachten, um schließlich und allmählich das gesamte Mosaik zu erkennen. So versuche ich als Autor, Ihnen diese vermeintlich trockene Thematik lebendig und spannend herüber zu bringen, denn: Natur ist aufregend.

4.1 Temporo-mandibular-hyoidal-okzipital(TMHO)-Region

Tatsächlich wird die einzelne Umschreibung ausschließlich des Kiefers, der Zähne, des Zungenbeines, der Zungenmuskulatur, der sphenobasilären Synchondrose (SBS), des Okziputs und des Atlas allein nicht der wirklichen Funktion gerecht. Dieser Kopfbereich ist so eng funktionell verwurzelt, dass ich persönlich den Begriff TMHO-Region verwenden möchte (Abb. 4.**1a**).

Das Zungenbein hat etwas mit dem Gleichgewicht zu tun, hört man im Osteopathieunterricht. Bei Pferden mit schwerer Ataxie entdeckte man Frakturen am Zungenbein. Das erste Kopfgelenk beeinflusst den Muskeltonus des gesamten Körpers. Zahnsanierungen gehen nach Berichten der Reiter mit erheblichen Verbesserungen der Reitqualitäten einher.

Wie hängen alle diese Aussagen zusammen? Muss man das glauben? Kann ich wirklich mit meiner Hände Arbeit das Gleichgewicht, die Mus-

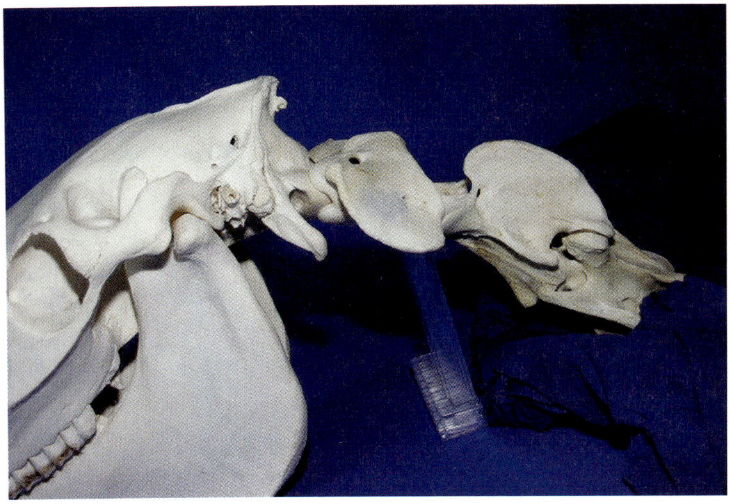

Abb. 4.**1a** Die Kopfgelenksregion mit Kiefer, Atlas und Axis.

kelspannung und die Reiteigenschaften des Pferdes nur an der Therapie einer Region beeinflussen?

Wenn wir das Os temporale, an dem der Kiefer und das Zungenbein und die Cochlea verbunden sind, an einem Schädelpräparat aufmerksam betrachten, entdecken wir an der ventralen Fläche filigrane Strukturen: Löcher, direkte Verbindungen zum Gehirn und Fortsätze, wovon der eine Fortsatz die Gelenkfläche zum Zungenbein bildet. Wenn wir nun nachlesen, dass diese filigranen Strukturen die Paukenhöhle und die Schnecke (Hören) beinhalten, ahnen wir die Bedeutung dieser Region. Dann entdecken wir, dass das Temporale direkt mit dem Sphenoid und dem Okziput in Verbindung steht, Knochen, die in der kraniosakralen Therapie eine entscheidende Rolle spielen, denn Okziput und Sphenoid sind mittels der sphenobasilären Synchondrose verbunden, die durchaus eine gewisse Verschieblichkeit aufweist. Je nach Stellung der SBS entstehen anhand der Dura mater entsprechende Zugspannungen im Schädel. Diese Zugspannungen „zerren" an anderen Schädelknochen und verursachen Krankheitsdispositionen (via Hypophyse) und Verhaltensänderungen (Frontallappen).

Wenn wir Schädel und Unterkiefer in vitro in die Hand nehmen, stellen wir fest, wie wacklig diese Verbindung ist. Nur durch Muskeln und feste Weichteile (Kapseln und Bänder) kann das Kiefergelenk (und auch das Zungenbein) zusammengehalten werden. Weichteile aber haben viele Propriozeptoren verborgen, die direkt mit dem motorischen ZNS Verbindung haben.

4.1.1 Knöchernes Skelett

Das Os temporale setzt sich zusammen aus der Schläfenbeinschuppe (Pars squamosa), die den lateralen Teil der Schädelhöhle mitbildet, und lateral aus dem Jochfortsatz (Proc. zygomaticus). Direkt unterhalb dieses Jochfortsatzes befindet sich die Gelenkfläche für das Kiefergelenk. In der kranialen Verbindung zum Okzipitale befindet sich ein Spalt, der Meatus temporalis, der Platz für eine Abflussvene des Gehirns in sich birgt.

Nach ventral hin steht das Schläfenbein mit dem Os sphenoidale in Verbindung. Das Os basisphenoidale (Keilbein), welches mittig zwischen den beiden Ossa temporale liegt, besteht aus zwei Flügeln und dem mittig gelegenen Korpus, der mit dem Okziput die sphenobasiläre Synchondrose (SBS) bildet (Abb. 4.**1b**).

Die SBS sollte beim gesunden Organismus in gerader Linie von einem Knochen zum anderen übergehen. Im Krankheitsfalle (Hypohyse in unmittelbarer Nähe) ergeben sich Flexionsstellungen (sehr häufig), Extensionsstellungen, Torsionsstellungen

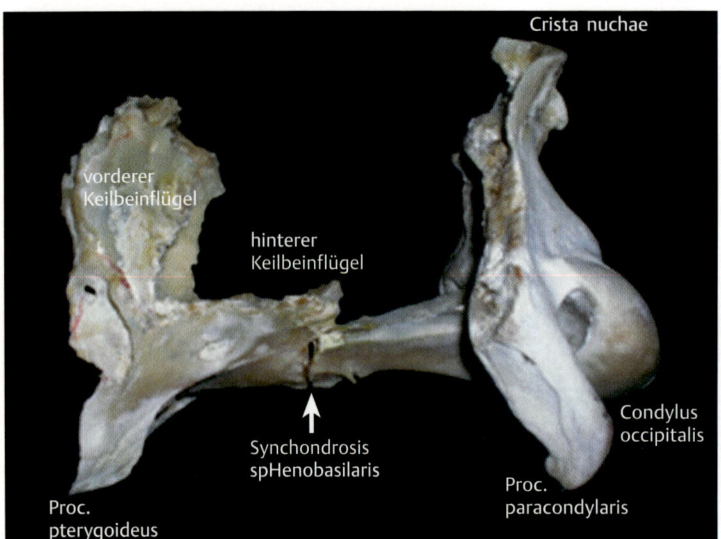

Abb. 4.**1b** Die Sphenobasiläre Synchondrose.

(häufig) und Lateralverschiebungen. Verschiebungen in der SBS gehen immer mit einem chronisch kranken Pferd einher. Oft ist dieses Pferd kopfscheu.

Ventrokaudal befindet sich das Petrosum (Innenohr) und das Tympanum (Paukenhöhle). Das Petrosum geht eine gelenkige Verbindung mit dem Zungenbein ein.

Das Zungenbein (Hyoideum) ist ein langgestreckter H-förmiger Knochen, der sich zwischen den Unterkieferästen gelegen bis auf Höhe der Molaren vorstreckt. Das Hyoideum ist kranial mit dem Temporale und kaudal mit dem Schildknorpel verbunden. Die gelenkigen Verbindungen sind lockerer Natur.

Der Unterkiefer (Mandibula) hängt mittels Kiefergelenk am Temporale. Die Kiefergelenksfläche des Unterkieferastes ist bikonvex, bildet also einen leichten Hügel, die Artikulationsfläche des Temporale ist dagegen bikonkav. Das Ergebnis ist ein sehr bewegliches Gelenk, welches nicht nur geöffnet und geschlossen werden kann, sondern sich auch vor und zurück bewegen kann. Die laterale Mahlbewegung des Pferdemauls kommt durch die wechselseitige Seitwärtsverschiebung der beiden Unterkieferäste mit kleiner Begleitrotation zustande. Die Gelenkflächen des Kiefergelenks werden durch einen Discus articularis (also eine Art Meniskus) stabilisiert.

Direkt rostral der Gelenkfläche hebt sich ein großer langgestreckter Fortsatz, der Proc. coronoideus mandibularis, in die Höhe. Beim Fressen sind die wechselseitigen Bewegungen der Unterkieferäste in diesen Kuhlen über den Augen gut sichtbar. Die Mahlbewegungen des Kiefergelenkes sind kreisend. Das Pferd kaut also stets im oder entgegen des Unterzeigersinns.

4.1.2 Muskuläre Verbindungen

Drei kräftige Muskeln bewegen das Kiefergelenk:

1. der M. masseter, der von der Crista facialis (Angesichtsleiste) kommend breitflächig zum Unterkieferast zieht. Der Masseter ist vorwiegend für das kräftige Schließen des Maules zuständig.
2. die Mm. pterygoidei entspringen von den Keilbeinflügeln (Sphenoid!) und ziehen je an die mediale Fläche der Unterkieferäste. Diese „inneren" Kaumuskeln verursachen die Lateralverschiebung im Kiefergelenk.
3. der M. temporalis entspringt der Fossa temporalis (auf der Schläfenbeinschuppe) und der rostralen Fläche der Crista nuchae und zieht an den Proc. coronoideus des Unterkiefers. Der M. temporalis kann aus dieser Stellung Schließbewegungen des Kiefergelenkes steuern.

Das Zungenbein wird vom M. occipitohyoideus an seine Verankerung am Temporale gepresst, maulwärts wird es vom M. geniohyoideus gezogen. Bewegungen kaudalwärts für den Schluckakt werden von langen Muskeln, die vom Hyoideum zur Brust ziehen, verursacht: M. sternohyoideus, M. omohyoideus und der M. sternothyroideus.

Funktionell in diese Region eingebettet sind der M. longus capitis, der vom Tuberculum musculare (ventrale Schädelbasisfläche, gebildet vom Sphenoid) zu C 3–5 zieht und der M. sternocephalicus, der vom Unterkieferast zum Sternum zieht.

Von der Sternumspitze ziehen also drei Muskeln in die Zungenbein- und Kieferregion: Sternohyoideus, Sternothyroideus und Sternocephalicus. Alle diese Muskeln sind lang, dünn, mit longitudinalen fleischigen Fasern ausgestattet und entsprechend schwach in der Kraftentwicklung. Es sind reine Bewegungsmuskeln, die für den Schluckakt vorgesehen sind. Jedoch vermögen sie bei festgedrückter Zunge und festgehaltenem Kiefer den Brustkorb mit anzuheben, was bei einer zu schweren oder andauernden Reiterlast notwendig wird.

Die Crista nuchae auf dem Okziput wird kaudalwärts gezogen durch 1. die langen Nackenmuskeln, 2. alle Muskeln, die am Lig. nuchae ziehen, 3. den M. obliquus capitis cranialis und den M. rectus capitis (brevis et longus) und 4. den M. occipitohyoideus. Stabilisierend für das Atlantookzipitalgelenk und antagonistisch zur Kaudaldrehung des Okziput wirken die kurzen lateralen und ventralen Muskeln von C 0/1: M. rectus capitis lateralis, der vom Arcus ventralis atlantis zum Proc. paracondylaris zieht und der M. rectus capitis ventralis, auch von der inneren Atlasflügelfläche kommend und zur Basis des Okziput ziehend.

Vom Oberarm kommt der M. brachiocephalicus, der an den Proc. mastoideus zieht. Sein Synergist ist der M. omotransversarius.

4.1.3 Biomechanik und Pathophysiologie der TMHO-Region

Gewöhnlicherweise trägt das wilde Pferd seinen Kopf direkt über dem Boden, genau genommen etwa 16 Stunden täglich, um seinen Nahrungsbedarf an Gräsern zu decken. Dabei führt es mit dem Atlantookzipitalgelenk kleine Lateralbewegungen durch, um die Gräser schräg abzupfen zu können. Diese kleine Seitbewegung führen der M. obliquus capitis cranialis und der M. rectus capitis lateralis durch. Die kurzen Streckmuskeln (und die langen Nackenmuskeln) sind für das Vorführen des Maules über den Boden und das Anheben des Kopfes zuständig. Die kleinen kurzen ventralen Muskeln beugen C 0/1 kurzfristig, was beim Nicken, Scheuern der Nase am Bein und Abzupfen der Gräser Richtung kaudal in kleinen Bewegungen zuständig ist. Insgesamt sind die Bewegungen und Muskelzugrichtungen in C 0/1 rein bewegungsorientiert und in allen Achsen ausgewogen.

Ebenso verhält es sich mit dem Kiefergelenk, welches 16 Stunden täglich eine kreisrunde Mahlbewegung durchführt. M. masseter, M. temporalis und Mm. pterygoidei sind also ständig damit beschäftigt, sich wechselseitig zu kontrahieren. Obwohl diese wegen ihrer anstrengenden Mahlarbeit sehnig durchsetzt sind, sind die Kiefermuskeln doch wegen ihren andauernden Gebrauchs gut durchblutet.

Die langen und kurzen Zungenbeinmuskeln sind zum Schlucken da, für die Bewegungen der Zunge und zur Wahrung des Gleichgewichts (beobachte das Zungenspiel beim übenden Seiltänzer).

Nun aber stellen wir uns ein domestiziertes Pferd vor, welches 2-mal täglich mit Heu und Kraftfutter gefüttert wird, auf Spänen steht, eine Außenbox hat und 1-mal täglich für 1 Stunde vorwiegend auf dem Platz „Dressur" geritten wird:

Dieses Pferd senkt seinen Kopf über dem Boden maximal acht Stunden täglich und es führt *keine* Abzupfbewegungen aus.

> So sind allein aus der Tatsache, dass es seinen Kopf öfter in der freien Luft trägt und dass die kurzen Ventral- und Lateralbewegungen von C 0/1 fehlen, die kleinen Nackenmuskeln mehr in Spannung, als von der Natur ursprünglich vorgesehen.

Die Crista nuchae des Okziputs wird kaudalwärts gezogen, es wird ein Druck über das Sphenoid auf das Temporale ausgeübt, in dem nun die Gelenkflächen des Kiefers und des Zungenbeins mehr Druck bekommen.

Der Kaudalzug an der Crista nuchae wird durch die erzwungene Beizäumungshaltung verschärft, da die kurzen Nackenmuskeln, die eigentlich für Feinbewegungen geschaffen sind, nun in Dauerdehnstellung den Schädel halten müssen. Zudem tendiert das Durchschnittspferd dazu, sich gegen den Zügel zu drücken, es schiebt also das Maul nach vorn gegen das Bit, wiederum durch Spannung der Nackenmuskeln verursacht.

Die Kiefergelenke dieser Pferde werden lange nicht so viel bewegt wie in freier Natur. Die Knorpelzellen werden weniger massiert, Gelenkflüssigkeit wird weniger produziert und die Kiefermuskeln werden nicht mehr so durchblutet und geschmeidig gehalten. Hinzu kommt die Zügelführung des Reiters am Ende von Seilen (Zügeln) eines oft unangenehmen Gegenstandes im Maul (Trense), die den Unterkiefer heraus zu hebeln drohen. Masseter, Temoralis und Pterygoideus müssen dagegen ziehen. Dies führt zu noch mehr Druck im Kiefergelenk (Knorpelzellen!, intraartikuläre Biochemie!, Neuroreflektorische Reflexmechanismen!).

Oder das Pferd ist gefügig (Kandare in Anfängerhänden!) und hält die eine verlangte Stunde die Kopfgelenke in Flexion, dann kommt die Stunde des M. capitis longus: Dieser zieht zentral vom Sphenoid (Tuberculum musculare) zu C 3 und 4 (und 5). Der Trainer sieht den „falschen Knick", der Physiotherapeut die C 3/4-Blockade. Außerdem besteht ein Hypertonus in den langen Zungenbeinmuskeln. Entspanntes Zungenbewegen und Gleichgewichthalten ist so schwerlich möglich.

Eine Blockierung der Halsbasis (z. B. durch unehrliche Beizäumungshaltung) geht ebenfalls mit einer vermehrten Spannung der langen Zungenbeinmuskeln einher. Kurze Tritte verwundern so nicht.

So manche Reithalfter machen die Kaubewegung bzw. zumindest einen lockeren Kiefer mechanisch nicht möglich.

Nicht die Zähne sollten in diesem Beispiel geraspelt werden, sondern der Reiter sollte hochqualifizierten Unterricht erhalten!

Betrachten wir einen Dauertonus der Mm. pterygoidei, verstehen wir Verhaltensauffälligkeiten des Pferdes, vielleicht sogar auch Kopfschmerzen, da diese an den Flügel des Spenoids ansetzen. Wieder wird die Flexionsstellung der SBS gefördert.

Häufig aber findet man einen erhöhten Muskeltonus mit Bewegungseinschränkung über nur einem Kiefergelenk, dazu in der Regel auf derselben Seite eine Blockierung in C 0/1. Als erstes denkt man natürlich an die Zähne, aber es gibt noch andere Ursachen: die Sakrumstellung ist gleich der Atlasstellung. Steht z. B. das Sakrum links tiefer (also rechts höher), ist auch der Atlas rechts höher. Dies führt früher oder später zu einer Blockierung im rechten Atlantookzipitalgelenk mit Hypertonus der kleinen lateralen Kopfgelenksmuskeln, die zu einem Hypertonus der Kiefergelenksmuskeln führen (evtl. über den Temporalis, wovon dann der Pterygoideus das Sphenoid zu sich herunterzieht (Gleichgewichtsprobleme durch Torsionsläsion der SBS).

Das Zungenbein zusammen mit den Kiefergelenken und dem Atlantookzipitalgelenk trägt wesentlich für den Spannungszustand des Körpers bei. Nur mit einer lockeren TMHO-Region können Sie selbst balancieren.

Abb. 4.**2** Die natürliche Beizäumung geschieht ohne passive Hebel und stets nur für kurze Zeit – Pferd in natürlicher Versammlung.

Drücken Sie doch einmal ihre Kiefer zusammen und pressen ihre Zungen an den Gaumen. Sie werden spüren, wie diese unangenehme steife Spannung sich über ihren ganzen Hals, zum Rücken, ja zum ganzen Körper hinzieht. Wie sollen Sie nun als Pferd den Rücken loslassen, sich aktiv aufrichten, sich im Galopp durch enge Kurven biegen und Lektionen in Seitengängen durchführen? Das geht nur mit viel Wollen und extremer Anspannung der gesamten Körpermuskulatur (Abb. 4.**2**).

4.2 Halswirbelsäule

Die Halswirbel des Pferdes sind mächtige Knochen. Sie haben sehr kleine, eigentlich nur noch rudimentär vorhandene Quer- und Dornfortsätze, jedoch riesige Artikulationsflächen zum jeweiligen Nachbarhalswirbel. Das macht auch Sinn, denn der Hals ist für das Pferd das, was für uns der Arm ist: Er dient der Sensorik. Somit ist die Halswirbelsäule auch der beweglichste Teil der Pferdewirbelsäule. Mit dem Hals kann das Pferd sich praktisch überall hin bewegen, weit nach oben, zur weiten Blickorientierung, weit nach unten zwischen die Beine, um seinen Kopf an den Beinen zu reiben und weit zur Seite, um sich bis hin zur Kruppe zu beknabbern. Für die Feineinstellung von Maul und Nase sind die Kopfgelenke zuständig, namentlich der erste und zweite Halswirbel, Atlas und Axis.

4.2.1 Kopfgelenke, C 1–C 2

Wenn man ein Pferd beobachtet, welches aus seiner offenen Boxentür heraus mit seinem Maul an einem herabhängenden Gegenstand spielt, sieht man, wie geschickt es dabei seinen Kopf bewegt: Hier ein bisschen Drehung, dort eine bisschen Beugung, noch ein wenig Seitbiegung, dann wieder eine kleine Streckung, damit es mit seinen Maulspalten etwas erfassen kann, so ist das faszinierend und lehrreich zugleich. Die Bewegungen der Kopfgelenke sind ein komplexes Zusammenspiel, bei der dem Atlantookzipitalgelenk hauptsächlich eine Seitbeugung und eine kleine Beugung und Streckung zukommt, mit nur geringer Rotation, dem Atlantoaxialgelenk jedoch die Hauptdrehung, Seitbiegung und Beugung und Streckung zufällt.

Zum Hören muss das Pferd den Kopf nicht unbedingt bewegen, denn es kann sehr gut weit um sich herum hören. Dazu kann es seine vielen Ohrmuskeln einsetzen, um die Lauscher in die optimale Auffangrichtung zu positionieren. Zum Sehen ist eine sehr genaue Einstellung auch nicht immer nötig, denn das Pferd hat einen recht weiten Blickwinkel und es orientiert sich zudem viel am Gehör.

Wir Menschen benutzen unsere Hand, um jemanden zu begrüßen, um etwas zu „begreifen" um etwas zu gestalten. Das Pferd hat zu diesem Zweck sein Maul. Mit Lippen und Zunge steht dem Pferd eine somato-sensorische Reizaufnahme zur Verfügung, die es zum Kontakt und zur diffizilen Nahrungsaufnahme erstaunlich gut nutzt. Zu diesem Zweck muss das Maul stets in einem optimalen Winkel positioniert werden. Dazu benötigt es die Bewegungsmöglichkeit der Kopfgelenke, namentlich die Verbindungen zwischen Okziput, Atlas, Axis und dem 3. Halswirbel. Diese insgesamt 7 Gelenke kann man in ihrer Bedeutung für das Pferd letztendlich vergleichen mit unserer Handwurzel, die ja stets den Winkel unseres wichtigen Werkzeuges Hand genau positionieren muss, damit unsere Finger gute Arbeit leisten können. So müssen die Kopfgelenke des Pferdes funktionieren, um dem Pferdemaul gute Tastmöglichkeiten zu geben. Dieses Zusammenspiel ist besonders schön zu sehen, wenn das Pferd unter einem Baum steht und nach geeignetem Blattwerk sucht, oder wenn es aus der Box heraus an einem Gegenstand neben oder über sich spielt, oder einem Boxennachbar an dessen Halfter herumzupft.

Aber auch zur Mimik wird die Beweglichkeit dieser Region gebraucht, wie dem Kopfschütteln oder Nicken, zur Stellung des Kopfes im Raum bei kniffligen Gleichgewichtssituationen, damit der Kopf stets dieselbe Ruheposition behalten kann.

Atlantookzipitalgelenk – Anatomie und Biomechanik

Betrachtet man die Gelenkflächen des Hinterhaupts, so fallen zwei riesige konvexe halbeiförmige Gelenkflächen auf, deren Pendant die konkaven weit ausladenden innen gelegenen Atlasgelenkflächen darstellen. Stülpt man den Atlas auf das Hinterhaupt und versucht den ersten Halswirbel zu drehen, so ist das kaum möglich. Recht gut geht jedoch das Hoch- und Runtergleiten, dabei geraten aber die Gelenkflächen auseinander, der Atlas scheint sich herauszuhebeln. D. h., gleitet man den Atlas nach oben (Extension), hat man das Gefühl, der untere (ventrale Teil) hebelt heraus. Bei einer aktiven Extension (die Nase des Pferdes geht nach oben), werden aufgrund des Druckes der spannenden Nackenmuskulatur die dorsalen Gelenkflächen zwischen Hinterhaupt und Atlas zusammengedrückt und die ventralen auseinandergehebelt. Dies geschieht auch, wenn das Pferd die Nase in der Senkrechten hat und die Nackenmuskeln isometrisch (konzentrisch) anspannt. Die Bewegung in C 0/1 bleibt die Gleiche. Anders ist es, wenn das Pferd aktiv, also von selbst seinen Nacken beugt (z. B. beim Schnappen nach einer Fliege an der Brust): Die ventrale Kehlmuskulatur drückt nun die unteren Gelenkflächen zwischen Hinterhaupt und Atlas zusammen und hebelt die dorsalen auseinander (was einer Erleichterung gleichkommt, wenn in den meisten Fällen das Pferd die dorsalen Atlantookzipitalflächen in Kompression hat).

Leicht gelingt die seitliche Verschiebung, also die Lateroflexion, bei der die Gelenkflächen optimal ineinander zu gleiten scheinen. Dabei dreht sich der Atlas etwas in die gleiche Richtung, wenn auch minimal. Die Flexion–Extension ist die eigentliche Passion des Atlantookzipitalgelenkes, Rotationen fallen dem Atlantoaxialgelenk als Hauptaufgabe zu.

In der Palpation in vivo ist das Atlantookzipitalgelenk tatsächlich insgesamt wenig beweglich, weit weniger als beim Menschen.

Und dieses verwundert nicht, denn hier ist der riesengroße äußerst schwere Schädel des Pferdes angebracht, hier enden die Massen der kaudalen Muskelzüge, die von allen Richtungen an dem Gelenk „zerren“. Es *muss* also eine gewisse Stabilität geben, die durch die mächtigen Bandzüge rund um das Atlantookzipitalgelenk gewährleistet wird. Der enorme breite Atlasflügel ist zudem nicht zufällig so breit ausladend: An ihm ziehen viele Muskelzüge, die logischerweise vornehmlich eine Lateroflexion bewirken und sie schützen wie „Adlers Fittiche“ das Foramen magnum des Schädels.

■ Atlantoaxialgelenk – Anatomie und Biomechanik

Beim Atlantoaxialgelenk (Abb. 4.**3**) dagegen ist die Situation einfacher und übersichtlicher: Steckt man den Axis mit seinem Zahn (Dens axis) in den Atlas, bemerkt man ausgedehnte Bewegungsmöglichkeiten in allen Achsen. Hält man Atlas und Axis zusammengesteckt in der Hand, muss man diese zwei Wirbel gut festhalten, denn sie kippen in alle Richtungen. Somit ahnt man die Bedeutung dieses Gelenkes für das Pferd. Mit Hilfe von C 1/2 stellt es sein Maul, seine Augen und Ohren exakt so ein, dass sie ideal für die sensorischen Reize eingestellt sind und das Maul so beim Fressen die optimale Position bekommt.

Besonders aber fällt die leicht mögliche Rotationsbewegung auf, bei der automatisch der Axis in eine Lateroflexion kippt. D. h.: Drehe ich den Axis nach rechts, so dass der Dornfortsatz nach links fällt, dann kippt der Axis automatisch nach links. Ebenso passiert das umgekehrt: Bewege ich den Axis nach links in die Seitbeugung, kippt automatisch der Dornfortsatz des Axis auch nach links.

Hier im Atlantoaxialgelenk wird die Koppelung der Seitbiegung mit der Rotation besonders deutlich.

Auch eine Beugung und Streckung ist weiträumig möglich. Bei einem korrekt aufgerichteten Pferd bildet der Dornfortsatz des zweiten Halswirbels den höchsten Punkt des Pferdes, bei einem passiv beigezäumten Pferd bildet der vierte Halswirbel den höchsten Punkt.

Bei einem entsprechend hohen Tonus der Nackenmuskulatur wird der Dens des Axis auf die Rotationsgelenkfläche des Atlas gedrückt. Wenn man bedenkt, wie viele Muskeln von kaudal kommend an dem Dornfortsatz des Axis ziehen, dann wird einem klar, wie viel Druck eigentlich auf der kleinen Rotationsfläche des Dens axis liegt. Dieser Druck verschwindet sofort, wenn die Anspannung der dorsalen Nackenmuskulatur wegfällt (bei frei gewählter Halshaltung des Pferdes) und das Pferd aktiv seinen Kopf flektiert, ausschließlich also die ventrale Muskulatur der Kehle arbeitet (Antagonistenhemmung).

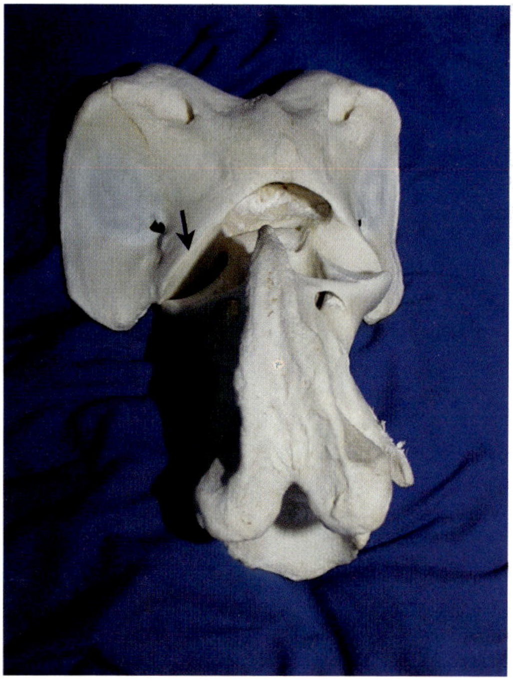

Abb. 4.**3** Rotation rechts mit Seitneigung links im Atlantoaxialgelenk links. Atlas in Lateroflexion und Rotation links, C 1/2 links in Konvergenz (Pfeil), Axis in Lateroflexion links und Rotation rechts.

Beim Zupfen der Gräser sind die Kopfgelenke unter Traktion bzw. geraten während der Abzupfbewegung in kurze minimale Kompression.

Diese Bewegung 16 Stunden pro Tag ist für die Knorpelflächen der Kopfgelenke essenziell.

Kopfgelenksmuskeln

Als „Kopfgelenksbeweger" sind in erster Linie die kurzen Nackenmuskeln gemeint, die jeweils von Atlas oder Axis zum Hinterhaupt ziehen und je nach Lage eine bestimmte Bewegung verursachen. Im eigentlichen Sinne gehören zu den Kopfgelenksbewegern noch eine ganze Reihe von Halsmuskeln, die vom Rumpf und von der Schulter kommen und am Okziput ansetzen. Im Allgemeinen sind diese aber nicht für die o. g. Feineinstellung bestimmt, sondern verursachen eine Kopfbewegung, die im gesamten Zusammenspiel der Bewegung des ganzen Körpers Sinn machen, meistens zum Zweck des Gleichgewichtes. Eine ganze Reihe von Hals- und auch Rumpfmuskeln sind direkt oder indirekt mit dem breiten Nackenband, dem Lig. nuchae, verbunden, welches ebenfalls über den Axisdornfortsatz zieht und an der Crista nuchae ansetzt. Ein jeder Muskel, der irgendwo am Rumpf zieht und irgendwie mit dem Lig. nuchae verbunden ist, bewirkt also ein Strecken in den Kopfgelenken, der Kopf geht nach oben, zumindest entsteht eine Spannung Richtung Extension (mit Kompression in den dorsalen Gelenkanteilen in C 0/1 und C 1/2). Ziehen lange Halsmuskeln, die entweder an den Atlasflügel gelangen oder an den Axisdornfortsatz, nur von einer Seite, dann bewirken diese natürlich ein Kippen des jeweiligen Wirbels.

Die kleinen Nackenmuskeln des Pferdes sind unter anderem der M. rectus capitis dorsalis major und der M. rectus capitis dorsalis minor. Ersterer zieht vom Axisdornfortsatz zur Hinterhauptschuppe und verursacht somit natürlich eine Spannung Richtung Streckung. Diese beiden kleinen Muskeln liegen in der Tiefe und sind beim Pferd nicht besonders kräftig ausgebildet.

Die wichtigsten Nackenmuskeln für die Bewegung sind: der M. obliquus capitis cranialis, der vom Atlasflügel zur Crista nuchae zieht, und der M. obliquus capitis caudalis, der vom Axisdorn jeweils zum Atlasflügel zieht. Der kleine Muskel (M. obl. cranialis), der jeweils rechts und links schräg vom Atlasflügel zur Crista nuchae zieht, ist oberhalb des Atlasflügels gut zu fühlen. Einseitig arbeitet er für die Rotation bzw. Lateroflexion des Atlas. Beidseitige Kontraktion verursacht logischerweise eine Streckung in den am weitesten kranialen Gelenken des Pferdes. Der hintere schräge Muskel (M. obl. caudalis), der vom Axisdornfortsatz zum Atlasflügel zieht, ist der optimale Dreher für den zweiten Halswirbel. Dabei wirken bei einer geplanten Dreh- und Seitbewegung z. B. nach links beide Muskeln auf einer Seite gemeinsam: Der linke M. obliquus capitis cranialis zieht den linken Atlasflügel nach oben und vorn, der linke M. obl. capitis caudalis zieht den Axisdorn nach schräg vorn unten. Dabei entsteht die typische Seitbewegung in den Kopfgelenken, wobei das biomechanische Gesetz hier deutlich wird: Bei Neigung des Atlas zu einer Seite (hier nach links) dreht dieser sich zur Bewegungsrichtung mit (hier nach links), bei Seitneigung des Axis gegenüber dem Atlas (hier nach links), dreht sich der Axis in die andere Richtung (hier nach rechts). Diese beiden schrägen Muskeln und die Gelenkflächenanordnung verursachen diese Kombinationsbewegung. Damit ist auch zu erklären, warum die Kopfgelenke in den meisten Fällen insgesamt auf einer Seite blockiert sind: Entsteht eine Blockierung in C 0/1 links, dann ist reflektorisch der gleichseitige M. obliquus cranialis hyperton geschaltet, der den Atlas nach links zieht und nach links oben. Mitgeschaltet ist der M. obliquus caudalis, der den Axisdornfortsatz nach links unten zieht (auch der nach vorn gezogene Atlasflügel nimmt über diesen Muskel per Zug den Axisdornfortsatz mit nach ventrokranial) und somit eine Lateroflexion nach links auslöst und schließlich ebenfalls zu einer Blockierung links führt.

Des weiteren befinden sich an kurzen Nackenmuskeln der M. rectus capitis lateralis, der in der Tiefe des Atlasflügels liegt und zum Processus paracondylaris (gut tastbar am Pferdeschädel) zieht. Einseitig hilft dieser Muskel bei der Seitneigung des Atlas gegenüber dem Hinterhaupt. Häufig ist dieser Muskel bei einer Blockierung des Atlantookzipitalgelenkes verspannt, was der Untersucher leicht spüren kann, wenn er mit seinem Mittelfinger seitlich nicht mehr zwischen Atlas und Hinterhaupt kommt. Der M. rectus capitis ventralis liegt gar noch tiefer als der laterale. Dieser zieht ebenfalls von der Ventralfläche des Ala atlantis bis hin zum Tuberculum musculare, an der Schädelbasis, etwa in Höhe zwischen den Ganaschen. Dorthin zieht ebenfalls der M. longus capitis, der aber von den Querfortsätzen der C 2–4 kommt und aus diesem Grund eine kräftige Beugung durchführen kann, die zur Entlastung der dorsalen Gelenkflächen der Kopfgelenke so wichtig ist, während der M. rectus capitis ventralis wohl nur eine schwache Flexion verursachen kann und vermutlich mehr als Stabilisator zwischen erstem Halswirbel und Schädel dient.

■ Pathophysiologie der Kopfgelenke

Die Gelenke zwischen Hinterhaupt, erstem Halswirbel und zweitem Halswirbel leiden unter einer unsachgemäßen Zügelführung des Reiters.

Bedenken Sie den großen schweren Schädel mit seinem langem Hebel, bei dem allein schon bei natürlichen Bewegungen des Pferdes allerhand Druck und Scherkräfte auf die in Relation relativ kleinen Kopfgelenke wirken. Ein Zug am Maulwinkel per Zügel (oder auch per Seil am Halfter) vervielfacht die pathologischen Kräfte auf die Knorpelflächen der Kopfgelenke.

Physiologischerweise bewegt das Pferd seinen Kopf täglich mehrfach in verschiedenen Richtungen, dabei entstehen wenig Drücke, beim Grasen gar entlastende Traktion. Ein domestiziertes Reitpferd muss seinen Schädel zumindest eine Stunde am Tag in einer vom Reiter gewünschten Haltung tragen. In der Regel ist es die Beizäumungshaltung, die einen Hypertonus in den Nackenstreckern verursacht, auch isometrisch (exzentrisch), z. B. durch Gegenhalten des Zügelzugs, und somit zur vermehrten Kompression in den dorsalen Anteilen der Kopfgelenksflächen führt. Denn ein für das Pferd unangenehmer Zügelzug „hebelt" den Unterkiefer aus, es muss mit seiner Kaumuskulatur gegenspannen, was dann per Reflex ebenfalls zu einem Hypertonus der kurzen Nackenmuskeln führt.

Ein Pferd, welches hinter dem Zügel geht, entlastet somit seinen Schmerz sowohl in den Kopfgelenken als auch in den Kiefern.

Der vermehrte Tonus der Kehlmuskeln führt zu einer Extensionsläsion der SBS. Bitte bedenken Sie, dass die kurzen Nackenmuskeln aus longitudinalen Muskelfasern bestehen, die für eine isometrische, gar exzentrische Arbeit nicht geschaffen sind. Sie geraten sehr schnell in eine Stoffwechselendlage, verkrampfen und schmerzen. Die Kopfgelenksbeweger sind eben Bewegungsmuskeln und keine statischen Muskeln, da diese rein fleischig sind und kaum Sehnenanteile besitzen.

Die meisten Kopfgelenksblockierungen treten einseitig auf, wobei eine Tendenz festzustellen ist, dass letztendlich beide Seiten blockiert sind, aber eine deutlich in der Symptomatik überwiegt. Wie kommt das? Beide Anteile sind doch bei einer unsachgemäßen Zügelführung betroffen?

Zum einen hat das Pferd, wie wir auch, eine Händigkeit. Eine Körperseite ist stützend, die andere bewegend. Auf der stützenden Seite herrscht vermehrter Muskeltonus. Der Reiter ist nun ebenfalls händig und bevorzugt somit eine Seite mit vermehrtem Tonus in den Händen und Armen.

Blockierungen im zervikothorakalen Übergang (die wiederum viele verschiedene Ursachen hat) führen über die langen Kopf-Arm-Muskeln zu einer gleichseitigen Blockierung in den Kopfgelenken.

Einseitige Kieferprobleme lassen eine Seite vom Atlantookzipitalgelenk blockieren.

Sakrum und Atlas stehen stets gleich im Raum. Ist das Sakrum rechts tiefer, dann steht auch der Atlas rechts mit seinem Flügel tiefer und links höher. Das führt zu einer Blockierung im linken Atlantookzipitalgelenk.

Ein Trauma, wie ein Sturz oder ein heftiger Zug am Halfter u. a. ist natürlich auch ein Faktor für eine einseitige Kopfgelenksblockierung. In der täglichen Praxis treten diese Gründe jedoch mehr in den Hintergrund. Ein dauerhafter einseitiger Muskelzug, der die intraartikuläre Physiologie stört, ist der Hauptgrund einer Blockierung.

So können Haltungsbedingungen auch Ursachen für einseitige Kopfgelenksblockierung sein, wie bei meinem Pferd z. B., das in seinem Pensionsstall immer nach rechts schauen muss, wenn es etwas vom Hofgeschehen mitbekommen will.

Es gibt also viele Gründe, warum ausgerechnet die Kopfgelenke auf einer Seite blockieren.

4.2.2 Mittlere Halswirbelsäule, C 3–C 5, Anatomie und Biomechanik

In der Gesamtbetrachtung nimmt die Halswirbelsäule die Form einer sich aufwölbenden Schlange ein, wenn das Pferd seinen Hals aufrecht trägt. Das kaudale Ende ist nach ventral hin gebogen, es bildet eine Lordose aus, während es um den dritten Halswirbel herum sich nach oben hin aufwölbt, dort bildet sich eine Kyphose. In der Natur ist eine Lordose besonders für Beuge- und Streckbewegungen geeignet und eine Kyphose ideal für Rotationsbewegungen. Tatsächlich finden in der unteren Halswirbelsäule hauptsächlich ein Beugen (Grasen) und Strecken (Laufen) statt. Der kyphotische Abschnitt ist wie bereits besprochen für die Feineinstellung Motorik des Pferdes zuständig, entsprechend unserer Handwurzel, dort müssen viel Rotationsbewegungen durchführbar sein.

Der Hals in seiner Gesamtheit ist äußerst beweglich. Das ist für das Pferd sehr wichtig, denn Rumpf und Gliedmaßen haben ihre Beweglichkeit zu Gunsten einer schnellen Fluchtmöglichkeit aufgegeben, so bleibt nur der Hals zur Kontaktaufnahme.

> Wie der Schweif hat der Hals die wichtige Funktion der Gleichgewichtserhaltung.

Gut ist dies zu sehen, wenn das Pferd im Galopp eine enge Wendung passieren muss: Der Körper neigt sich in die Kurve und droht nach innen zu kippen, wenn der Hals nun nicht nach außen balancieren würde.

Vom 3.–6. Halswirbel scheinen alle Wirbel gleich auszusehen. Sie haben, wie bereits erwähnt, sehr breite Gelenkflächen, die 45 ° schräg im Raum stehen und sehr flach sind. Dies bedeutet in der Funktion zunächst einmal ein Verhindern der reinen Rotation, aber optimales Ineinanderschieben, bei der Seitbiegung. Dabei vollführt der jeweils kaudale Wirbel eine sehr kleine Rotation zur Gegenseite. Auch ein Beugen und Strecken ist zwischen den einzelnen Wirbeln gut möglich. Die Flächen der Extremitas cranialis et caudalis der Wirbelkörper, an die die Bandscheiben angeheftet sind, sind auffällig konvex bzw. konkav geformt. Dies ist ein weiteres Indiz für die ausgesprochene Bewegungsmöglichkeit der Halswirbel, besonders in der Lateroflexion, Extension und Flexion (Abb. 4.**4**).

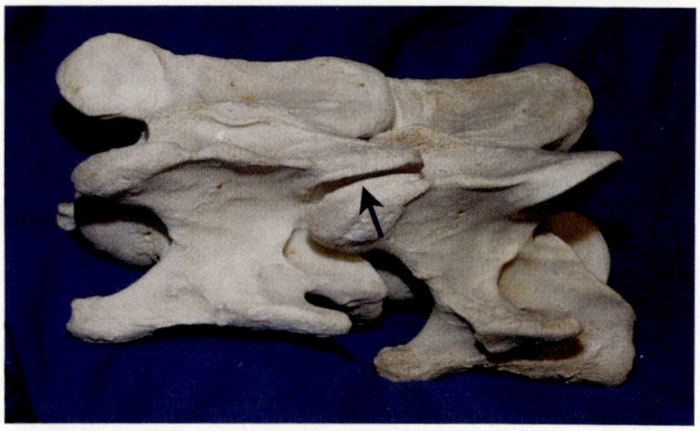

Abb. 4.**4** Fünfter und sechster Halswirbel von links lateral. Art. invertebrale C 5/6 links (Pfeil).

Die Bewegungsmöglichkeit zwischen dem zweiten und dritten Halswirbel fällt etwas geringer aus, als die zwischen den dritten und sechsten Halswirbeln. Erst durch eine relative Stabilität des Nachbarwirbels, kann das nächstgelegene Gelenk weitreichende Bewegungen durchführen. Dies dürfte eine Begründung sein, warum die Bewegung zwischen C 2 und 3 stabiler gehalten wird, damit zwischen eins und zwei das Gelenkspiel klar geführt werden kann.

Der dritte und vierte Halswirbel ist funktionell sowohl der Kopfgelenksregion als auch mit dem Kiefer und Zungenbein verbunden (TMHO-Region), da diese ventrolateral als Verankerungsfläche des M. longus colli dienen, der zum ventralen Bogen des Atlas zieht. Normalerweise sind C 3 und C 4 „Ruhewirbel", sozusagen ein ruhiges Zwischenstück zwischen der bewegungsreichen Lordose und der bewegungsreichen Kyphose. Die „moderne" Reitweise mit der übertriebenen Beizäumungshaltung zwingt dieser Region jedoch eine aktive Flexion auf, bei der über den Dauertonus des M. longus colli und den Nackenstrecker, welche sich in exzentrischer Muskelspannung befinden, die Gelenkflächen zwischen C 3 und C 4 in Kompression drücken und die schließlich blockieren.

Der fünfte Halswirbel korrespondiert mit der Halsbasis, kann aber durchaus auch eigene Blockierungstendenzen aufweisen.

■ Muskeln des Halses

Nackenstrecker

Die Strecker des Halses liegen allesamt beidseits des Nackens und dienen also dem Heben des langen Halses und des schweren Kopfes. Zu diesem Zweck bedarf es kaudal einer guten Verankerung, wozu die langen ersten Brustwirbeldornfortsätze dienen.

Die Nackenstrecker arbeiten mit den Rückenstreckern synergistisch zusammen, da diese in der Streckerkette gemeinsam gebahnt werden (Abb. 4.**5**). In der Regel arbeiten die Nackenstrecker von kaudal aus (Punctum fixum), um von dort fest verankert den Hals anzuheben (Punctum mobile).

Die Nackenmuskeln können aber auch umgekehrt arbeiten: Wird der Hals von kranial her stabilisiert, durch Senken der Nase (Dehnung des Nackenstranges) und Aufwölben des Halses (durch die ventrale Halsmuskulatur) sowie durch Feststellen der Stange (durch Kontraktion wirbelnaher Muskeln wie Mm. multifidi, M. longus colli), dann können die Nackenmuskeln den Rücken aufwölben. Das Pferd kann diese Art der Anspannung der Nackenstrecker auf zweierlei Weise nutzen, um den Reiter zu tragen: 1. Durch Dehnen und Senken des Halses, also das bewährte „Vorwärts – Abwärts“, wozu es nicht allzu große Muskelanspannung benötigt, da es einfach seinen Hebel verlängert. 2. Kann oder will das Pferd sich nicht lang machen, dann stellt es einfach alle Halsmuskeln fest und benutzt nun die Nackenstrecker, um den Reiter zu tragen. Pferde mit kurzem Rücken und kräftigem Hals können das auf diese Weise recht lange tun. Tragen Pferde auf diese Weise den Reiter, können Sie einen sehr langen Triggerpoint direkt unterhalb des Mähnekamms tasten. Solch verspannte Nackenmuskeln *können* sich dann nicht mehr dehnen.

Ziehen die Nackenmuskeln jeweils einzeln auf einer Seite ergibt die Kontraktion natürlich eine Seitbiegung des Halses.

Zu diesen Muskeln zählen der M. trapezius, der M. splenius, der M. rhomboideus, der M. serratus ventralis cervicis, der M. semispinalis, der M. longissimus, der M. spinalis und der M. omotransversarius. Diese Nackenstreckermuskeln sind nach Sichtbarkeit bzw. von außen nach innen aufgezählt worden.

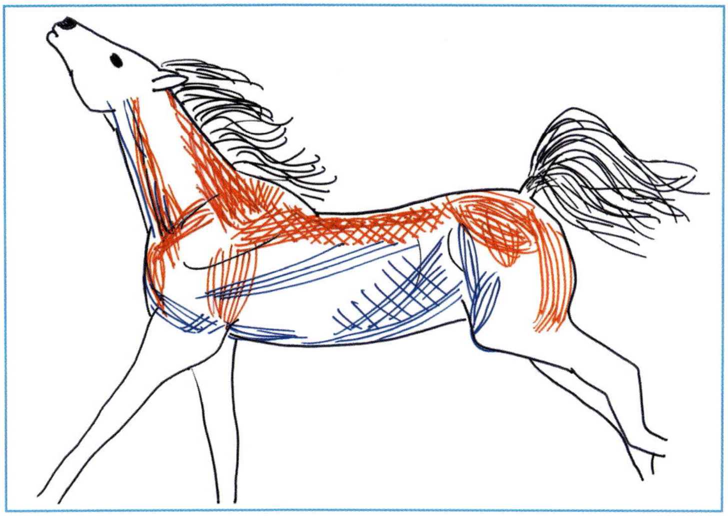

Abb. 4.**5** Wenn alle Streckermuskeln gebahnt sind (rot), werden alle Beugemuskeln gehemmt (blau).

Muskeln, die den Hals stabilisieren

Dieses können nur Muskelfasern verrichten, die nah an den Wirbelkörpern liegen. Alle Muskeln des Halses in ihrer gemeinsamen Arbeit stabilisieren den Hals, jedoch gibt es zwei Muskeln, die dieser Aufgabe besonders nachkommen: Der M. multifidi cervicis und der M. longus colli. Die Aufgabe der Stabilisation ist besonders wichtig: Viele Muskeln, die vom Hals aus an Rücken, Schulterblatt oder Oberarm ziehen, können ihre Funktion überhaupt erst aufnehmen, wenn die bewegliche Gliederkette Hals festgestellt ist.

Halsbeuger

Zunächst einmal fragt man sich, warum es überhaupt Halsbeuger gibt und dann auch noch so viele. Der Hals muss doch gar nicht aktiv gebeugt bzw. heruntergezogen werden, das erledigt die Schwerkraft doch schon mühelos. Na ja, ein paar Muskeln zum Nicken, um das Maul an die Brust zu ziehen und vielleicht um die Schulter mit vor zu ziehen, aber so viele? Nun stellen wir uns einmal vor, die Nackenstrecker ziehen gemeinsam, um den Hals aufzurichten, den Rücken aufzuwölben oder den Kopf zu heben. Sie liegen allesamt oberhalb einer Gliederkette, die zudem nach unten hin hohl ist. Die Gliederkette würde doch in sich zusammenklappen und dann wäre der Zug der Nackenmuskeln wirkungslos. Die seitliche Stabilisation durch Multifidi und Longus colli nützen da wenig. Es braucht ein ventrales Widerlager zur adäquaten Arbeit der Nackenmuskeln.

Dieser Aufgabe werden die Mm. scaleni am besten gerecht, die von der ersten Rippe kommend an den letzten vier Halswirbeln festmachen. Sie wölben in wunderbarer Weise den Hals auf. Sie heben zusammen mit der Schultergürtelmuskulatur (besonders Pektoralis und Subklavius) das Brustbein an und vermindern so die tiefe Lordose am zervikothorakalen Übergang. Ein jeder Reiter sollte bemüht sein, die Scaleni zu trainieren, welche nur bei insgesamter Aufrichtung von der Hinterhand kommend sich an der Aufrichtungsinnervation beteiligen. Durch bloßes Zusammenziehen des Halses arbeiten diese nicht!

Pathophysiologie der mittleren Halswirbelsäule

Nur zwei ursächliche Faktoren für Blockierungen an der mittleren Halswirbelsäule gibt es zu vermerken, die nicht direkt mit dem Reiter und der Zügelführung zu tun haben:

1. Blockierungen des zervikothorakalen Überganges durch Stürze, Hufimbalancen, Vorhandlahmheiten, die sich über den Zug der Muskeln der Halsbasis auf C 6 bis C 5 auswirken. Auf dem Hauptstützbein des Pferdes befinden sich die Muskeln der Halsbasis im Dauertonus. Die Gelenkflächen des gleichseitigen CTÜ bis C 5 geraten in Dauerkompression.
2. Heftige Stürze, die aber selten sind, und in den meisten Fällen an anderen Teilen der Wirbelsäule eine deutlichere Symptomatik zeigen sowie intensive Rangeleien mit Artgenossen, besonders unter Junghengsten. Diese Faktoren verursachen eine extreme Symptomatik mit von „Nicht mehr Bewegen können" des Pferdes über „Kann den Hals nicht mehr zum Fressen senken", die bis hin zu Ataxien führen können.

Die mittlere Halswirbelsäule wird in den meisten Fällen durch die Reiterei und Fahrerei in Mitleidenschaft gezogen. C 3 und C 4 korrespondieren, wie erwähnt, eng mit den Kopfgelenken, dem Kiefer und dem Zungenbein. Bedingt durch einen Hypertonus des M. longus colli, der durch Hyperflexion dem unnachgiebigem Zügeldruck im Maul entgehen will. Dabei entsteht der sog. „falsche Knick", bei dem der vierte Halswirbel den höchsten Punkt des gerittenen Pferdes bildet. Die Blockierungen an C 3 und C 4 sind meist recht resistent und spielen für die TMHO-Region eine entscheidende Rolle. Direkt oberhalb am Mähnenkamm befindet sich in den Nackenstreckern oft ein langgestreckter schmerzhafter Triggerpoint als Ausdruck der Stoffwechselendlage der exzentrisch arbeitenden Nackenmuskulatur bei geforderter Beizäumungshaltung. Die Händigkeit wie auch die bevorzugte Blockierung einer Kopfgelenksseite führt zur Blockierung von C 3 und C 4 auf einer Seite.

C 5 ist selten allein betroffen, sondern hängt in der Regel zusammen mit C 6 in einer Blockierung der Halsbasis.

Oft aber erscheinen C 4–C 6 beiderseits prominent, wir sprechen dann vom sog. „Hirschhals". Im Zusammenhang finden wir eine sehr verspannte, dünn erscheinende Nackenmuskulatur und manchmal auch einen sog. „Axthieb" über dem zweiten Brustwirbel. Bei manchen Pferden ist diese Erscheinung rassebedingt, jedoch unerwünscht und Ausdruck dessen, dass dieses Pferd schlecht ausbalanciert ist, schlecht an den Hilfen steht und Schwierigkeiten hat, einen Reiter zu tragen: Ein solches Pferd trägt den Reiter durch einen Hypertonus der Nackenmuskulatur, mit dem es versucht, die Dornfortsätze aufzurichten. Als Widerlager ist die ventrale Halsmuskulatur stark angespannt, welche dann deutlich hervortritt (Abb. 4.**6**).

Blockierte Halswirbel erscheinen prominent, heraustretend, was durch den reflektorisch lokalen Muskelhartspann zu erklären ist.

In den wenigsten Fällen hat ein ausgeprägter Hirschhals nicht die Ursache am mangelnden Willen des Pferdes, sich vorwärts–abwärts zu strecken, sondern vielmehr ist es entweder in seiner Tragefähigkeit erschöpft (schmale Araber mit schwerem Reiter), oder es *kann* aufgrund von Blockierungen im CTÜ oder der tragenden WS oder wegen Satteldrucks nicht seinen Rücken aufwölben, oder es wird einfach zu wenig Schwung von hinten entwickelt (Ponyrassen).

Auch ein künstlich beigezäumtes Pferd, also ein solches, welches nicht ehrlich von hinten nach vorn aufgerichtet ist, sondern sich hinter dem Zügel verkriecht entwickelt einen „Hirschhals", also eine Hyperlordose in der unteren Halswirbelsäule, um dem andauernden unangenehmen Druck im Maul zu entgehen (Abb. 4.**7**).

Ansonsten spielt die mittlere Halswirbelsäule in der Kausalität von Erkrankungen des Bewegungsapparates eher eine kleinere Rolle, in den meisten Fällen sind Blockierungen zwischen C 3 und C 6 sekundär.

4.3 Zervikothorakaler Übergang, C 6–Th 2

4.3.1 Anatomie und Biomechanik

Korrekt anatomisch wird der Übergang zwischen Halswirbelsäule und Brustwirbelsäule als das Segment zwischen dem siebenten Halswirbel und dem ersten Brustwirbel beschrieben, denn dort gibt es viele anatomische Auffälligkeiten:

Der 7. Halswirbel ist kranial ein normaler Halswirbel und kaudal ein Brustwirbel. Dies bedeutet: 1. An seinem kaudalen Ende bildet sich auf beiden Seiten seines Corpus eine Hälfte der Gelenkflächen für die 1. Rippe aus (die zweite Gelenkflächenhälfte liegt auf dem ersten Brustwirbel), die ja bekanntlich unten am Brustbein festgemacht

Abb. 4.**6** Prominent erscheinende Halswirbel deuten auf eine Blockierung hin.

Abb. 4.**7** Hyperlordose der mittleren Halswirbelsäule.

ist und 2. Das kaudale Ende ist kaum noch beweglich, die kaudalen Gelenkflächen werden flach, auch die Wölbung des Wirbelkörpers für die Bandscheibe flacht sich ab.

Die Artikulationsflächen nach kranial, also zum sechsten Halswirbel, sind genau 45 ° schräg in den Raum gestellt. Dies ist der optimale Winkel für bestmögliche Bewegung in Lateroflexion, kombiniert mit Rotation und Flexion und Extension.

45 °-Winkel in der Wirbelsäule sind immer Ausdruck besonderer Beweglichkeit.

Der erste Brustwirbel nimmt in der gesamten Wirbelsäule eine Sonderstellung ein – vorn noch Halswirbel, hinten schon Brustwirbel (Abb. **4.8**). Dies bedeutet: kranial weit ausladende Gelenkfortsätze mit breiten großen Gelenkflächen und weiter lateraler Bewegungsmöglichkeit. Am Wirbelkörper und Querfortsatz selbst befinden sich die Gelenkflächen für die erste Rippe. Das erste Rippenpaar geht steil nach unten und setzt direkt auf dem Sternum auf. Das Sternum trägt demnach mit der ersten Rippe den ersten Brustwirbel, der weit nach oben 45 ° schräge Gelenkflächen aufweist, auf dem der siebente Halswirbel balanciert, der wiederum die gesamte Halswirbelsäule mit Schädel und Muskeln zu balancieren hat. Gewaltige Kräfte ruhen auf den Gelenkflächen des ersten Brustwirbels, dem ersten Rippenpaar und auf dem Sternum.

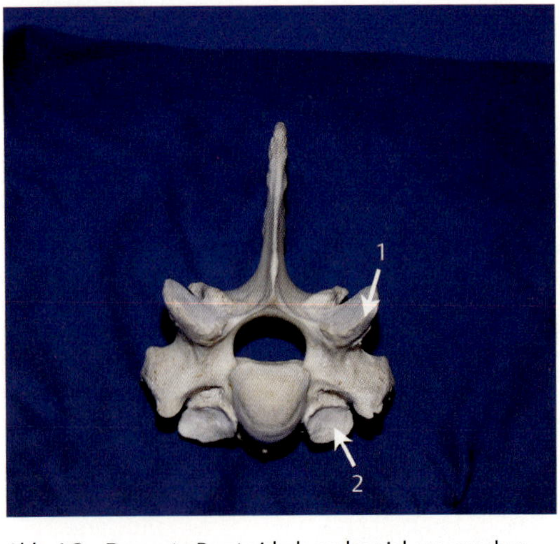

Abb. 4.8 Der erste Brustwirbel von kranial aus gesehen. Artikulationsfläche für HWK 7 (1), Artikulationfläche für das Rippenköpfchen T1 (2).

Der erste Brustwirbel gleicht einem Artisten im Zirkus, der die Arme streckt und in dessen Händen ein anderer Artist Handstand macht.

Die kraniale Brustwirbelsäule ist keinesfalls starr, wie man aufgrund der am Sternum fixierten Rippen glauben mag. Tatsächlich ist die vordere Brustwirbelsäule trotz der enormen Tragkraft und Zugkraft (vom Nacken aus und vom Boden aus) relativ beweglich. So sprechen wir vom funktionellen Übergang zwischen Hals- und Brustwirbelsäule und begrenzen diesen hier vom sechsten Halswirbel zum zweiten Brustwirbel. Es ist jedoch kein Fehler, wenn Kollegen behaupten, der zervikothorakale Übergang reiche vom fünften Halswirbel bis zum fünften Brustwirbel, denn funktionell gesehen haben sie recht. Die Bewegungen der Hinterhand und Vorhand laufen über viele Segmente. Und bei Funktionsstörungen, die in der Regel durch eine Hyperextension und/oder Derotation bedingt sind, sind tatsächlich die Segmente bis zu dieser Spanne hin betroffen.

4.3.2 Pathophysiologie

Als ich 1995 mit meiner osteopathischen Arbeit am Pferd begann, war der CTÜ für mich eine unbedeutende Region. Das mochte wohl daran liegen, dass ich damals keine aussagekräftigen Tests kannte und mich auf die Palpation, Inspektion und Anamnese verlassen musste. Mit den Jahren habe ich mich eingehender mit dem CTÜ beschäftigt, habe verifizierbare Tests herausgefunden und stelle nun fest, wie bedeutend die Region von C 6 bis Th 2, die Halsbasis, für das Reitpferd ist:

Die Pferde haben also vier Gliedmaßen. Die hinteren stützen über die Hüftpfannen das Becken, in dessen Mitte das Sakrum eingekeilt ist, an dem die Stange Wirbelsäule hängt. Zwischen den vorderen Gliedmaßen hängt ein fassförmiger Kasten, genannt Thorax, in sehnigen Platten herum. Angehoben wird der Kasten von Muskeln, die ventral davon liegen (Mm. pectorales, Mm. serrati). Vorn aufgepfropft und befestigt ist eine lange schwere Stange, die „Halswirbelsäule“ heißt. Die Muskeln, die die Halsstange an den Thorax befestigen, kön-

Abb. 4.9 Eine Blockierung der Halsbasis verursacht einen hypertonen Muskelzug bis zu den Kopfgelenken und bis zur mittleren Brustwirbelsäule.

nen diese Region mit anheben (M. sternohyoideus, M. omohyoideus, M. sternocephalicus, Mm. scaleni) oder herunterdrücken (M. splenius, M. semispinalis, M. longissimus cervicis) (Abb. 4.9).

Sitzt nun ein Reiter auf dem Thorax, droht dieses „Fass" nach unten hin durchzusacken. Die pektorale Muskulatur muss nun arbeiten, um das Gewicht anzuheben. Leichter ist es, wenn das Pferd nun den Hals lang machen kann (freie Zügelführung) und die pektorale bzw. die gesamte ventrale Muskulatur (geschaltet in einer Kette) im Muskelstoffwechsel gut versorgt ist und arbeiten kann. Dies bezeichne ich als „Tragkraft" des Pferdes. Die pektorale Muskulatur muss natürlich auch geschaltet, gebahnt sein. Ist aber die Streckmuskulatur, also die dorsale Muskelkette, aus irgendeinem Grund vordergründig gebahnt, dann wird via Antagonistenhemmung die ventrale und pektorale Muskelgruppe weggeschaltet und das Unheil nimmt seinen Lauf: eine Extensionsblockierung des zervikothorakalen Überganges. Damit bleibt dann die unglückliche neurogene Schaltung (Extensoren gebahnt, Flexoren gehemmt) bis auf weiteres bestehen und führt zu all den Problemen, die uns im Reitpferdealltag so bekannt sind:

- Verweigert Beizäumungshaltung (mechanisch nicht möglich)
- tritt nicht vorwärts und unter (Flexion ist nicht möglich, die Bewegung kann nicht bis nach vorn durchschwingen),
- eilt (kann sich nicht rund machen, hat keine eigene Balance mehr),
- mag nicht traben (dabei entsteht noch mehr Extension im CTÜ),
- verweigert Sprung (kann nicht flektieren –und auch nicht bocken!),
- hat chronische Lahmheiten der Vorderbeine (Nervenwurzelreizungen).

In den meisten Fällen ist der CTÜ einseitig betont blockiert. Dabei finden Sie dann einen reflektorischen sekundären, oder manchmal auch im Fall eines überlasteten Stützbeines einen primären Muskelhartspann der kranialen Brustmuskulatur. Besonders also der M. brachiocephalicus, M. omotransversarius, M. serratus cervicis und auch der M. subclavius sind dann einseitig hyperton geschaltet. Diese Muskeln aber ziehen die Skapula nach kranial, besonders der M. subclavius, was dann gut von dorsokaudal zu sehen ist: Die Skapula auf der betroffenen CTÜ-blockierten Seite wirkt wegen der Rotation höher und prominenter als auf der anderen Seite.

Das entsprechende Vorderbein weist eine eingeschränkte Retroflexion auf. Das Pferd wird im entspannten Schritt den Hals zur blockierten Seite vermindert schwenken.

Den bisher schlimmsten Fall einer Blockierung der Halsbasis hatte ich vor einigen Jahren. In der Anamnese hieß es: „Mein S-Dressur-Pferd kann nicht mehr traben, es galoppiert dann vorn und trabt hinten". Dieses in herkömmlicher Dauerversammlung gerittene Pferd hatte Zahnprobleme, magerte ab, der Sattel rutschte tiefer und klemmte die Schulterblätter ein und gleichzeitig hatte der Besitzer Hüftprobleme und stand kurz vor einer beidseitigen Operation seiner Hüftgelenke (dies verursacht massive Adduktorenspannung des Reiters). Die sowieso schon durch die stets geforderte Versammlung in Mitleidenschaft gezogene Halswirbelsäule (Hyperlordose in C 5–Th 2) wurde durch den schmerzenden Sattel und die schmerzenden Reiterschenkel noch mehr in die Lordose gedrückt. Die Abmagerung führte zeitgleich zu einer verminderten Tragkraft des Pferdes, bis die massive Blockierung manifest wurde. (Kiefer- und Zahnprobleme stören die Energie des Magenmeridians, die den Pectoralis energetisch versorgen!). In der Therapie war natürlich neben dem 4-wöchigen Reitverbot, dem Anpassen eines neuen Sattels und der Behandlung der Zähne ein breiiges Nahrungsangebot wichtig (Rübenschnitzel, Mash), um dem Pferd die Kraft wieder zu geben sowie die Manuelle Therapie des extrem blockierten CTÜ wichtig. Bereits nach zwei Wochen konnte das Pferd im Freilauf fröhlich galoppieren und traben und sogar bocken.

Eine weitere sehr häufige Ursache für Blockierungen der Halsbasis einseitig sind die bei fast jedem Reitpferd einmal vorkommenden Verletzungen der Vorderbeine. Hierbei wird das verletzte Bein entlastet, das gesunde Bein stützt. Die gesamte Schultermuskulatur des stützenden Beines gerät in einen Dauerhypertonus und zieht so die Facettengelenke zusammen. Es bildet sich eine Blockierung aus. Diese Derotation ist leicht von vorn am Sternum zu sehen, welches sich dann zum Stützbein hin neigt.

4.4 Brustwirbelsäule

4.4.1 Anatomie und Biomechanik

Die Brustwirbelsäule (Abb. 4.**10**) ist der erstaunlichste Abschnitt der Wirbelsäule des Pferdes. Am erstaunlichsten für einen Beobachter sind die enorm langen Dornfortsätze der vorderen Brustwirbel, die nur einen relativ kleinen Wirbelkörper besitzen. Der Brustwirbelkörper an sich ist äußerst filigran. Viele kleine Gelenkflächen zeigen sich dem Betrachter, die Querfortsätze sind dabei kaum auszumachen.

Für Humanmediziner besticht die Geradheit der equiden Wirbelsäule, das leichte dorsale Ansteigen des kaudalen „Stabendes" fällt auf.

Am erstaunlichsten ist jedoch die tatsächliche Beweglichkeit der mittleren Brustwirbelsäule: Ob-

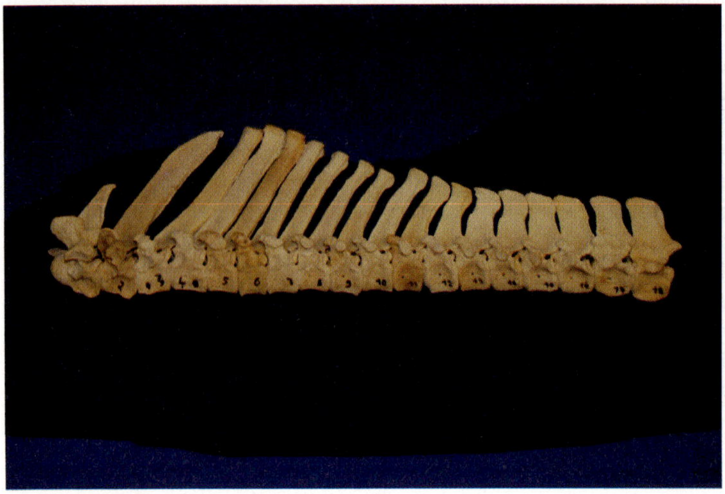

Abb. 4.**10** Die Brustwirbelsäule des Pferdes.

wohl jeder Brustwirbel ein Rippenpaar besitzt, welches ventral am Brustbein direkt oder indirekt oder gar nicht (18. Rippe) festgemacht ist, ist der Abschnitt um den 14. Brustwirbel mit Lateroflexion und Rotation enorm beweglich.

In der Literatur wird im Allgemeinen von einer sehr geringen Beweglichkeit der Brustwirbelsäule gesprochen, eben weil die Rippen mit dem Sternum einen festen Thorax bilden, einen Schutzpanzer, in dem lebenswichtige Organe, namentlich Herz und Lunge, aufbewahrt werden. Die aufmerksame Beobachtung natürlicher Pferdebewegungen lässt aber Zweifel an der Starrheit der Brustwirbelsäule aufkommen: Betrachten wir z. B. die Bewegung eines Pferdes, welches einen blitzschnellen Sprung zur Seite macht. Die Vorderbeine drücken das Pferd zu einer Seite, während die Hinterbeine noch in die ursprüngliche andere Richtung zeigen (typische Bewegung beim „Cutting“ aus dem Westernreitsport). Diese massive Rumpfrotation wird in der mittleren bis hinteren BWS durchgeführt. Und denken wir an das weite Ausholen des Hengstes mit einem Vorderbein, bei dem sich die gesamte Vorhand aufbaut, indem die Brustwirbelsäule sich hohl absenkt oder betrachten wir die Anfangsphase des Steigens, bei dem die Vorderbeine vom Boden abgehoben werden, indem sich der Rücken zunächst hohl durchbiegt, bevor der gesamte Rumpf nach hinten verschoben wird, damit die Hinterbeine die Last aufnehmen können. Wie schön sich der gesamte Rücken streckt, wenn das Pferd bei einem Galoppsprung seine Vorderbeine weit nach vorn ausholt, oder das Beobachten der seitlichen Gesamtbiegung des Pferdes, wie schön anmutig es aussieht, wenn ein Hengst sich pirouettenartig wendet oder einfach, wenn das Pferd voller Lebensfreude auf der neuen Koppel sich ausbockt und dabei seinen Rücken nach oben rund windet. All diese Bewegungen haben ihre Hauptamplitude um den 14. Brustwirbel herum, an der Stelle, an der sich die Neigerichtung der Dornfortsätze umkehrt und wo der Rücken des Pferdes dem Betrachter die tiefste Stelle zeigt. Diese Beobachtungen an Skelett, Bewegung und beim Untersuchen des Pferdes bestätigen die französischen Pferdetierärzte Denoix und Palloix in einer Untersuchung an präparierten Brustwirbelsäulen des Pferdes in einer außerordentlichen Beweglichkeit der BWS.

Allein das bloße Beobachten des Widerristes im Schritt vom Sitz auf dem blanken Pferderücken zeigt uns die gute Beweglichkeit der vorderen Brustwirbelsäule in Rotation und Lateroflexion. Die Untersuchungen von *van Weeren* bestätigen diese Beobachtungen objektiv.

Ein Brustwirbel ist vor allen Dingen daran zu erkennen, dass er sehr kleine Querfortsätze hat, an seinem Wirbelkörper je kranial und kaudal eine Hälfte einer Gelenkfläche zum Rippenköpfchen aufweist, und am Wirbelbogen je eine Gelenkfläche zum Rippenhöcker besitzt. Auffällig sind die enorm langen Dornfortsätze vom Th 2 (5fache Länge des Wirbelkörpers) bis ca. zum Th 11–12 (doppelte Länge des Wirbelkörpers). Die Dornfortsätze kommen sich an ihren Spitzen sehr nah, so dass sog. Kissing-spine-Syndrome nicht verwundern. Beim ersten Betrachten der equiden Brustwirbelsäule fragt man sich: Warum hat das Pferd so sehr lange Dornfortsätze? Natürlich muss die Antwort eine biologische sein. Des Rätsels Lösung beginnt, wenn man sich die Zähne des Pferdes ansieht und um dessen Geschichte weiß. Nur durch Ausbildung massiver langer Zähne, die bei Abrieb vom Kiefer aus nachschieben können, kann das Tier in einer Grassteppe überleben. Dazu benötigt es aber breite Kiefer, die Platz für die Mahlwerkzeuge bieten sowie auch eine lange Zahnreihe, die das Gras zermalmen kann. Der große Schädel ist eine logische Konsequenz. Dieser Schädel muss aber auch getragen werden und mehr noch zu einem weitem Blick über die Steppe hochgehalten werden. Dazu benötigt es einen langen Hals, kräftige Muskeln, die schließlich irgendwo verankert sein müssen, eben schlussendlich an den Dornfortsätzen der ersten Brustwirbel (via breites Nackenband). Es benötigt also einen kräftigen Hebel um den großen Schädel mit den mächtigen Kiefern zu halten, das ist die Aufgabe der langen Dornfortsätze von Th 2–10. Unterstrichen wird diese Tatsache durch die schräge Ausrichtung der Dornfortsätze nach hinten, die so einen Zug erleichtern.

Interessantes bemerkt man, wenn man die einzelnen Brustwirbelpräparate (Abb. 4.**11a–c**), die verstreut auf dem Tisch liegen, zusammenstecken möchte: Es fällt schwer die vorderen Brustwirbel in ihrer genauen Position und Lage ausfindig zu machen, sie scheinen nur wackelig ineinander zu passen, während die Brustwirbel ab Th 15 eindeu-

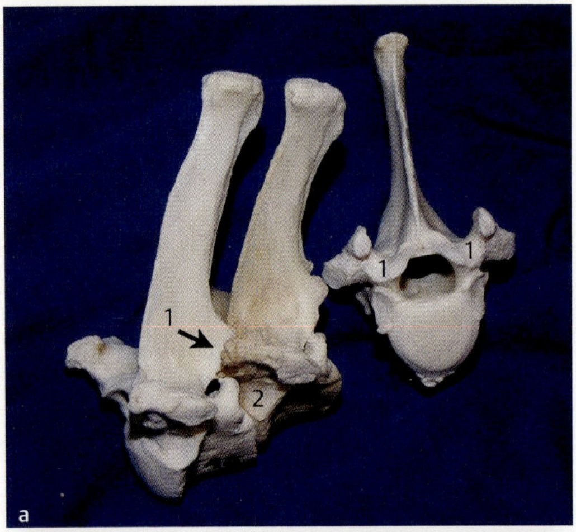

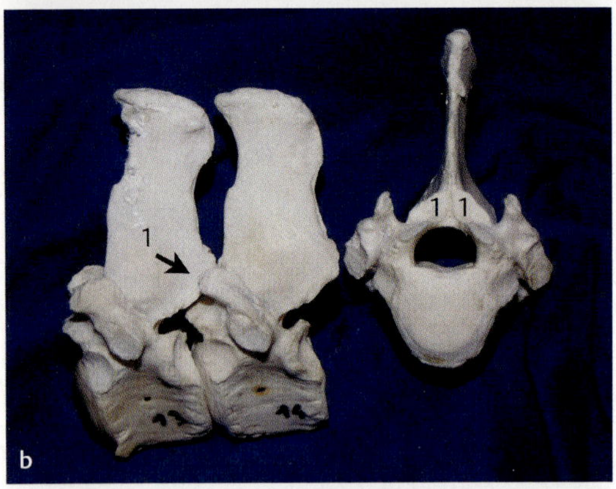

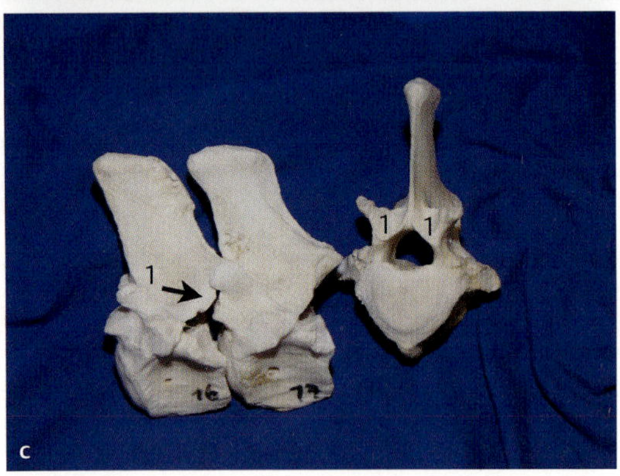

Abb. 4.**11a–c**
a Facettengelenke Th 10–12 lassen viel Rotation zu
b Facettengelenke Th 13–15, in denen die Rotation gut geführt wird
c Facettengelenke Th 16–18 mit eingeschränkter Rotation und Lateroflexion.

tig ineinander verzahnt und leicht zuzuordnen sind. Dies unterstützt meine Vermutung, dass der Bereich der vorderen Brustwirbelsäule äußerst mobil ist und weitgehend aktiv von der kräftigen Vorhandmuskulatur stabilisiert wird, und weniger die Stabilisation durch knöcherne Strukturen stattfindet.

So fällt im weiteren Verlauf die Umkehr der gekippten Processus spinosi auf: Kopfwärts des Th 14 zeigen die Spinosi nach hinten, steißwärts des Th 14 zeigen die Spinosi nach vorn. Diese Erscheinung ist auf den ersten Blick ebenfalls schwer verständlich. Die Antwort gibt uns die Beobachtung der natürlichen Bewegungen des Pferdes: in der Ausholphase des Galopps, im weiten Vortreten eines Vorderbeines, im Beginn des Steigens, im Ausschlagen beider Hinterbeine zugleich. In all diesen Bewegungen biegt das Pferd seine Wirbelsäule um den Th 14 herum nach unten durch. Wäre die Wirbelsäule dort steif, könnten diese Bewegungen nicht oder nicht in diesem Ausmaß durchgeführt werden. Es ist, als ob die Natur dort eine Art Sollbruchstelle eingebaut hätte: Bewegungen nach ventral sind gut möglich, werden aber ab einer gewissen Amplitude vom Zusammenstoßen der Dornfortsätze verhindert.

Als kinematischer Untersucher der Wirbelsäule des Pferdes fällt bei der Prüfung der Gesamtlateroflexion der equiden Wirbelsäule auf, dass das Maximum der Beweglichkeit um den Th 14 herum liegt. Eine Antwort ist die schon erwähnte Beobachtung der natürlichen Bewegungen des Pferdes, die andere Antwort gibt das Betrachten und Spielen mit den Th 13–15 in den Händen. Es fällt eine „Wackeligkeit" in diesen Wirbeln auf. Die Bewegungsmöglichkeiten für die Rotation und Seitbiegung ist enorm, Flexion und Extension dagegen vermindert möglich. Nimmt man dazu vergleichend Th 16–18 in die Hände, ist dort nur noch sehr wenig Seitbiegung möglich, ebenso ist die Rotationsmöglichkeit ist deutlich eingeschränkter. Das Gelenkspiel zwischen Th 10–12 dagegen ist wieder leichter, hier ist auch mehr Beugung und Streckung möglich, jedoch weit geringere Beweglichkeit in Seitbiegung und Rotation. Betrachtet man die Anordnung der Gelenkflächen in den Wirbelbogengelenken, sieht man eine sehr flache und schräge Ausrichtung nach hinten. Rotation ist so leicht möglich.

Th 1 bis Th 12 jedoch bremst der proximale korpusnahe Teil des Dornfortsatzes, der kranial eine kleine Zacke aufweist, in der eine Furche des kranialen Dornes, die nach kaudal zeigt, genau hineinpasst und so Seitbiegung und Rotation einschränkt. Ab Th 16 ist diese Region in dieser Form gar noch ausgeprägter und zusätzlich sind die Gelenkflächen nunmehr nicht mehr flach, sondern deutlich konvex (kranialer Teil) und konkav (kaudaler Teil), so dass allein durch diese Gelenkform die Beweglichkeit Richtung Rotation deutlich eingeschränkt ist. Th 13–15 jedoch haben an dieser Stelle eine Rotationserleichterung eingebaut: Die flachen Gelenkflächen werden dort noch einmal horizontal hochgebogen, eine optimale Möglichkeit zur Drehung ist nun gegeben. Es ist schon fantastisch, wie die Natur an klitzekleinen Wirbelveränderungen die Bewegungsmöglichkeiten des gesamten Tieres vorschreibt.

Wie an der Halswirbelsäule beschrieben gilt auch in der Brustwirbelsäule das Gesetz:

> Bei Seitbiegung in die eine Richtung rotiert der Wirbel in die andere Richtung!

Dabei wird die Rotationsrichtung stets vom ventralen Wirbelkörper (also von unten) aus beschrieben wird. Bei Seitbiegung nach links rotiert der Wirbel also nach rechts, d. h., der entsprechende Dornfortsatz zeigt dann nach links. Diese Regel ist für jeden Untersucher und Therapeuten an einer Wirbelsäule unbedingt zu merken, denn durch dieses Bewegungsgesetz sind später Funktionsstörungen in der Wirbelsäule aufzuspüren und entsprechend zu behandeln.

4.4.2 Muskeln des Rumpfes

Die ersten Wirbeltiere waren nun mal allesamt Wassertiere. Sie besaßen lediglich einen Rumpf, der durch rhythmische Seitenbewegungen mit einem Ruhezentrum am vorderen Rumpf vorwärts kam. Gliedmaßen haben sich erst bei den ersten Landgängen gebildet und dienten vornehmlich dazu, den Rumpf in die Höhe zu stemmen und diesen über das Land zu bewegen. Zurück zum Rumpf: Die Wirbelkette, ursprünglich gebaut als Rückenmarkschutz, muss in erster Linie stabilisiert werden und in zweiter Linie müssen damit koordinierte Bewegungen möglich werden. Als erste Lösung zum Zweck der Stabilisation dienen die zahlreichen Bandsysteme, die in vielfacher Anordnung um die Wirbelkörper herum liegen.

Ähnlich wie die Bandsysteme sind die zahlreichen Muskeln rund um die Wirbelsäule angeordnet. Sie dienen zunächst der Stabilisation des Stabes der „Wirbelsäule“ heißt. Die vielen kleinen Rückenmuskeln können aber auch einzelne Wirbel gezielt bewegen, da ihre Fasern von Wirbel zu Wirbel springen. Die Bewegungen der Brustwirbelsäule laufen dabei von hinten nach vorn, und zwar in dem typischen „Echsenmuster“: Linkes Hinterbein vorn, Welle von hinten links in das Ruhezentrum BWS, Umschlagen der Bewegung um den 14. Brustwirbel rechtes Vorderbein vorn.

In schnelleren Gangarten, besonders im Trab, stabilisieren die Rückenmuskeln den Rumpf, damit die Gliedmaßen freies Spiel haben, um schneller und koordinierter wirken zu können.

Zwei Muskeln kommen insbesondere die Aufgabe des Aufwölbens, des Streckens und der Feinkoordination zu: Der M. longissimus und die Gesamtheit der Mm. multifidi. Beide reichen insgesamt von der Lende bis zum Kopf, ihre Fasern sind schräg angeordnet, jedoch jeweils genau entgegengesetzt.

Der Muskel, der von hinten beginnt, ist der M. longissimus. Seine Muskelzacken ziehen von den kaudalen Proscessus spinosi über mehrere Wirbel schräg an die Querfortsätze kranial gelegener Wirbel. Würde nur eine einzige Faser isoliert ziehen, würde der vordere Wirbel eine Seitneigung und eine Rotation durchführen, wenn der kaudale Teil der Wirbelsäule fixiert sein würde. Wäre der kraniale Teil fixiert, würde die einzelne Faser den kaudalen Wirbel schräg zu sich am Dornfortsatz herunterziehen. Isoliert spannt eine Faser jedoch nur bei lokalem schmerzhaften Druck an (was dauerhaft bei einem Triggerpoint der Fall ist). Ist die Hinterhand des Pferdes fixiert, in den meisten Fällen durch Spannung der Hinterhandmuskeln, ziehen die Longissimusfasern jeweils links und rechts den vorderen Wirbel etwas zu sich hoch, der Rücken wölbt sich auf. Ist aber das Pferd hinten nicht fixiert, sondern vorn, ziehen die Longissimusfasern jeweils rechts und links die kaudalen

Wirbel zu sich herunter, der Rücken wird durchgedrückt.

Wie angekündigt ist das Pendant zum Longissimus der Multifidimuskel. Die Fasern dieses Muskels, der ebenfalls vom Hals bis zur Lende reicht, ziehen vom kranialen Spinosus jeweils zum kaudalen Querfortsatz. Ist das Pferd kranial fixiert, heben die Multifidifasern den Rücken an, ist das Pferd kaudal fixiert, drücken die M. multifidi den Rücken durch. Die Mm. multifidi liegen medial, also der Wirbelsäule mehr an, die Fasern sind kürzer, so ist die Hubwirkung geringer als die des M. longissimus.

Dies mag zunächst verwirren, macht im Zusammenspiel aber Sinn: Der Stab Wirbelsäule, an dem wie bekannt allerhand Gewicht hängt, droht nach unten abzusinken. Die Wirbelsäule ist vorn an Hals und Schulter und hinten an der Kruppe festgemacht. Nun benötigt es jeweils zwei Muskeln, die von den Enden her die Wirbelsäule hochziehen bzw. vor einem Absinken bewahren, und das verrichten jeweils der M. longissimus dorsi und die Mm. multifidi. Besonders schön ist das Aufwölben des Rückens bei einem imponierendem Hengst zu sehen, der seinen Hals wölbt und etwas nach unten senkt, dadurch bekommt der Multifidi eine Vordehnung. Und wenn der Hengst seine Kruppe tief absenkt, bekommt der Longissimus eine Vordehnung (Muskeln arbeiten am kräftigsten aus leicht vorgedehnter Stellung). Und nicht nur das können diese zwei Rückenmuskeln: Durch die schräge Anordnung ihrer Fasern, ziehen sie jeweils auf einer Seite wellenförmig genau so an den Wirbeln, wie die Gelenke die Bewegung vorgeben, die Wellenbewegung von hinten nach vorn wird möglich. Longissimus und Multifidi liegen in der Tiefe und sind nicht direkt sichtbar.

Am besten sichtbar von den Rückenmuskeln ist der M. spinalis, der bei Hengsten und manchen Kaltblutrassen als seitlicher Strang neben der Wirbelsäule zu sehen ist. Bei vielen Pferden ist er zudem im Trab zu beobachten, wobei er sich rhythmisch links und rechts sichtbar kontrahiert. Auch der Spinalis hat einen zervicalen, einen thorakalen und einen lumbalen Teil. Ansatz und Ursprung ist bei diesem Muskeln stets einfach zu merken: Er zieht von einem Dornfortsatz zum nächsten. Er kann die Wirbelsäule mit den ventralen Synergisten versteifen, und wenn der Spinalis isoliert arbeitet, streckt er natürlich die Wirbelsäule durch.

Direkt lateral des Longissimus liegt der M. iliocostalis. Er zieht jeweils von den Querfortsätzen nach vorn auf eine laterale Muskelmarke. So kann er, genau wie der M. longissimus, von hinten den Rumpf hochziehen. Da er an den Rippen ansetzt, ist er zudem ein guter Ausatemmuskel.

4.4.3 Pathophysiologie

Das größte Problem für die Brustwirbelsäule sind die Blockierungstendenzen Richtung Extension durch ein Missverhältnis von Belastbarkeit und Belastung bezüglich der Tragefähigkeit des Pferderückens.

Dabei spielen ein zu hohes Reitergewicht bzw. eine quantitative Erschöpfung der ventralen Muskelkette die eine Rolle, die andere bedeutendere Rolle jedoch kommt der mangelnden Eigenbalance des Pferdes zu, die durch Zügelzug und Unbalance des Reiters gestört wird. Immer dann, wenn das Pferd sich selbst nicht balancieren kann, das bedeutet Hals und Rücken so einsetzen kann, dass es den Reiter durch Kurven und andere Bewegungen manövrieren kann, dann ist es gezwungen, seine Rumpfmuskeln insgesamt fest zu machen, was immer mit einem gewissen Tonus der Rückenmuskulatur und des Nackens einhergeht.

Erst bei absolut entspanntem Rücken ist das freie Spiel der kleinen Rückenmuskeln möglich, die dann die einzelnen Wirbel je nach Bewegung und Manöver optimal in Position bringen, um das Gleichgewicht des Pferdes zu wahren.

> Der Rücken kann aber nur entspannt sein, wenn es keinen Störfaktor gibt und die ventrale und pektorale Muskulatur gut arbeiten kann. Erreicht wird dies durch angepasste Zügelhilfen, passenden Sattel, weiche Hilfen, ruhigen Sitz und Schwungentwicklung aus der Hinterhand.

Ein solcher Reiter versteht es zudem, sein Pferd zu biegen. Zum Biegen benötigt das Pferd die schrägen Bauchmuskeln, die auf diese Weise zur Arbeit animiert werden, die ventrale Muskulatur wird gebahnt, die Rückenmuskulatur wird gehemmt.

Können die kleinen Rückenmuskeln auf diese Weise frei arbeiten, entwickelt sich eine gut ausgeprägte Rückenregion, die wir so gern bei einem Reitpferd sehen. Finden Sie jedoch eine atrophierte Rückenmuskulatur vor, dann wissen Sie immer, dass dieses Pferd wenig gebogen wird, wenig Schwung von hinten entwickelt, es in seiner Tragkraft erschöpft ist, vielleicht auch, weil sein Hals stets zusammengeschoben wird, es sich nicht ehrlich dehnen darf, sondern vielmehr in eine künstliche sogenannte „Vorwärts-Abwärts-Haltung“ gezwungen wird, in der es dem Druck im Pferdemaul entgeht und in der BWS hyperlordosiert.

Auch ein Pferd, was die meiste Reitpferdezeit im Schritt oder Trab verbringt, entwickelt wenig Kontraktilität der Bauchmuskulatur. Galopp lässt die Bauchmuskeln effektiv verkürzen und wölbt auf natürliche Weise den Rücken auf.

Durch eine einseitige Stützbeinbelastung, einen schiefen Sattel und einen schiefen Sitz des Reiters bildet sich ein schiefer Thorax aus, der von dorsokaudal gut zu sehen ist: Sie finden dann eine Thoraxhälfte abgeflacht, die andere ausgeprägter. Dann können Sie davon ausgehen, dass die Dornfortsätze der Brustwirbelsäule zur abgeflachten Seite hin geneigt sind und dort die Facettengelenke, als auch die Kostotransversalgelenke komprimiert, blockiert, sind.

Einzelne Brustwirbel sind selten allein blockiert, jedoch auch möglich. Meistens treten die Funktionsstörungen der Brustwirbel in einer Reihe auf.

Auch selten ist eine Flexionsblockierung, die jedoch bei Ponyrassen in Höhe von Th 12–16 durchaus vorkommt. Ponys haben einen kürzeren Rücken und einen kräftigeren Hals. Diese können einen Reiter recht lange durch bloße Anspannung der Rumpfmuskeln tragen, sind also nicht so schnell darauf angewiesen, ihren Hals zu strecken und Schwung von hinten zu entwickeln. So ist es dann durchaus möglich, dass diese einen gewissen Hypertonus der kleinen Rückenmuskeln und Bauchmuskeln in der Form aufbauen, dass diese die Sattellage in Flexion fixieren. Diese Art der Blockierung ist selten schmerzhaft, da die Facettengelenke in Divergenz stehen.

Bedenklich ist eine absolut fixierte BWS, bei der weder eine Lateroflexion, noch eine Flexion und auch keine Extension (kein Nachfedern bei festem Druck paraspinal) auslösbar ist. In diesem Fall hat das Pferd alle seine kleinen Rückenmuskeln hyperton geschaltet und lässt überhaupt keine Beweglichkeit mehr zu. Das ist die letzte Schutzstufe der tragenden Wirbelsäule vor weiteren Erschütterungen Richtung Extension.

Eine blockierte Rippe (fühlbarer lateralisierter Rippenbogen) geht übrigens immer mit einem blockierten Brustwirbel einher, da das Kostotransversalgelenk immer mit einer Extension bzw. einer Kippung eines Brustwirbels korrespondiert.

An der Brustwirbelsäule tritt eine Extensionsblockierung von Th 17 und Th 18 am häufigsten auf. Dort enden viele Sättel, dort sitzen viele Reiter und dort finden die letzten Rippen keinen Halt mehr am Thorax. Th 17 manchmal, Th 18 immer schwebt frei und ist allein durch die muskuläre Stabilisation von ventral aus angewiesen. Ausgerechnet der 17. und 18. Brustwirbel korrespondieren energetisch mit der Bauchmuskulatur, die dann bei Funktionsstörungen der letzten Brustwirbel nicht nur unter der Antagonistenhemmung zu leiden haben, sondern auch energetisch unterversorgt werden.

4.5 Thorax und Rippen

4.5.1 Anatomie und Biomechanik

Evolutionstechnisch gesehen gab es zunächst nur den Rumpf. Dieser ist nun angehoben und an den vier Gliedmaßen befestigt, damit das Lebewesen sich schneller und effektiver fortbewegen kann. Das Pferd ist ein Meister seines Fachs, was die effiziente, sichere und elegante Fortbewegung betrifft. Die wichtigsten Überlebensorgane, Herz und Lunge, sind im Thorax eingepackt. Der aus Sternum, Rippen und Brustwirbel bestehende Brustkorb ist keineswegs so starr, wie allgemein angenommen. Obwohl der Brustkorb den großen Pferdehals tragen muss und enorme Scher- und Druckkräfte vom Boden aus aushalten muss, so sind doch seine Gelenke an Brustbein, Rippen und Brustwirbel außerordentlich beweglich. Der Thorax selbst wird von zahlreichen Muskelgruppen bewandet: Von den Zwischenrippenmuskeln, den Mm. intercostales externi und interni, von den Rippenhebern, den Mm. levatores costarum und M. iliocostalis und von dem Halteapparat, den M. serratus dorsalis cranialis und M. serratus dorsalis caudalis. Nach kaudal hin wird der Thorax vom Diaphragma hin abgegrenzt, kranial von der schmalen Anordnung des ersten Rippenpaares und von den kranialen Brustmuskeln (M. serratus cervicis, M. brachiocephalicus, M. omotransversarius, M. subclavius, M. pectoralis descendens).

Der bedeutendste Atemmuskel ist das Zwerchfell, das Diaphragma, das eine gewaltige Kuppel innerhalb des Brustraumes bildet, wobei das Kuppeldach nach kranial zeigt. Zieht sich dieser Muskel zusammen, senkt sich das Kuppeldach erheblich ab, es entsteht ein enormer Sog in den Lungen, die Luft kann einströmen. Entspannt sich das Zwerchfell wieder, wird die Luft automatisch nach außen gedrückt. Das Diaphragma trennt bekanntlich den Thoraxraum mit Herz und Lunge vom Bauchraum mit den Verdauungsorganen. Bei der mächtigen Bewegung des Zwerchfells werden natürlich auch die Bauchorgane „massiert". Sogar für die Wirbelsäule stellt das Diaphragma eine biomechanische Stütze dar: In Inspirationsstellung entsteht Druck auf den Bauchraum, die Wirbel werden nach oben gedrückt. Dieses Wissen ist therapeutisch bzw. diagnostisch von Wert, wenn das Pferd einen Karpfenrücken aufweist und/oder unter dauerndem Symphatikotonus steht. Bei einem stressbedingten Dauersymphatikotonus steht das Zwerchfell vermehrt in Inspirationsstellung. Dies bedeutet für den Thorax: Unterdruck intrathorakal, die Brustwirbelkörper werden in Extension gezogen und dort fixiert. Die Rippen bleiben in Inspirationsstellung, sind also ständig nach lateral geklappt und ziehen so zusätzlich die Brustwirbelkörper etwas nach unten. Der intraabdominelle Druck erhöht sich, die Lendenwirbel werden nach dorsal gedrückt, es bildet sich ein Karpfenrücken aus.

4.5.2 Sternum

Das Sternum des Pferdes könnte Sagen- und Geschichtenerzählern von Pferdemythen neuen Ideenstoff geben: Es gleicht dem Bug eines Schiffes, das sich elegant durch die Brandung der See wälzt. Jeder, der das erste Mal das Brustbein des

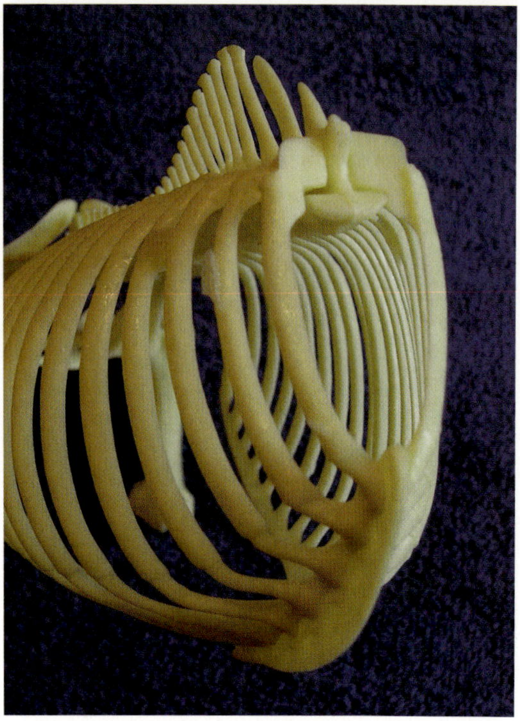

Abb. 4.**12** Der Thorax von rechts vorne.

Pferdes abtastet, ist erstaunt, wie spitz zulaufend es ist und wie weit es nach kranial an der Brust hochgeht (Abb. 4.**12**). Kaudal endet es bereits in der Gurtlage. Das Brustbein hat zwei Aufgaben: 1. Befestigungsanlage für die Rippen und 2. Verankerung für die Brustmuskeln. Interessant ist dabei die Lage der Gelenkflächen für das erste Rippenpaar: Es zeigt waagerecht nach oben. Von hier wird letztendlich die gesamte Halswirbelsäule getragen.

Die Brustbeingelenke bis zur achten Rippe stellen eine Verbindung zwischen den Gelenkflächen des Brustbeines und der Rippenknorpel dar (die Rippen sind nicht vollständig knöchern, sondern einige Zentimeter vor Kontakt mit dem Sternum knorpelig. Rippe 9 bis 16–17 sind nicht direkt mit dem Brustbein verbunden, sondern in den knorpeligen Arcus costalis, dem Rippenbogen eingeflochten.

Rippen

Die Brustwirbelsäule stellt die obere Schweißnaht des Brustkorbes dar, an deren Wirbelkörper jeweils rechts und links die Rippen „herauskommen", in einem mehr oder minder breiten Bogen nach unten wandern, um unten am Brustbein festzumachen. Die Rippe nimmt ihren Lauf also vom Wirbelkörper, aus einer mehr oder minder flachen Gelenkpfanne und macht alsgleich einen Knick nach oben (Angulus costae), wobei sie vor diesem Knick noch einmal am Querfortsatz festmacht, bevor sie den Weg nach unten zum Brustkorb nimmt. Dies mag zunächst verwundern, warum doch dieser lange gebogene Knochenstab noch einmal am Querfortsatz festmacht. Der Brustkorb jedoch ist geschaffen worden, um lebenswichtige Organe, namentlich Herz und Lunge, zu schützen. Wären die Rippen nur einmal festgemacht, wäre doch auch bei noch so perfekter Struktur der Gelenke und noch so guter ligamentärer Absicherung immer noch eine Luxationsgefahr gegeben, oder eine zu große Beweglichkeit, denn schützen kann nur, was wirklich stabil ist. So sind die kranialen Rippen auch deutlich breitflächiger als die kaudalen. Dabei müssen aber die Rippen eine Bewegung für die Atmung zulassen und das ist ganz gut gelöst worden:

Hat man einmal „Rippchen" in der Hand (z. B. bei einem Grillabend) und spielt mit der Möglichkeit der Bewegung herum, so fällt eine komische Drehbewegung auf, wenn man die Rippe abspreizen will: Es ist die sogenannte „Eimerhenkelbewegung" der Rippen, wo mit minimaler Bewegungsmöglichkeit im Laufe des langen Hebels eine gute Bewegung nach lateral durch eine kleine Rotation in den Gelenkflächen am Wirbelkörper erreicht wird. Die Lunge wird auseinander gezogen, es bildet sich ein Unterdruck in der Lunge und der Sog der Luft in die Lungen kann beginnen. Diese Bewegung der Rippen zur Seite ist an den Flanken des Pferdes besonders gut sichtbar. Hier ist die letzte und manchmal auch die vorletzte Rippe gar nicht mehr ventral verankert und kann nun weit nach lateral ausholen. Die Natur hat diese Beweglichkeit gefördert, in dem weiter kaudal die Rippengelenkflächen immer flacher werden und so Verschiebungen in sich leichter werden.

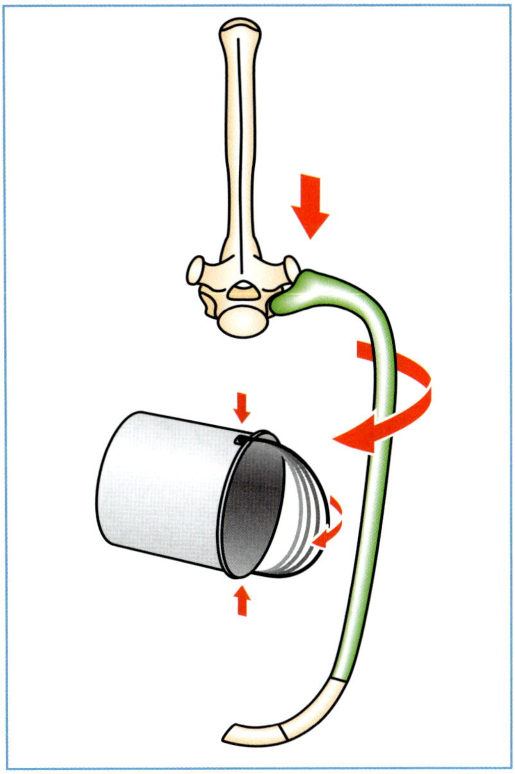

Abb. 4.**13** Die Bewegung der Rippen gleicht der eines Eimerhenkels.

Auch die Abstände der Gelenke vom Wirbelkörper und Rippenfortsatz werden nach kaudal hin kleiner. Der „Eimerhenkel" bekommt weniger straffe Führung, es ist mehr Bewegung für die Atmung möglich (Abb. 4.**13**).

Die Form des Thoraxdurchmessers des Pferdes zeigt dieses ebenfalls deutlich: Vorn ist der Brustkorb langgezogen und schmal mit breiten unbeweglichen Rippen und hinten nimmt der Brustkorb deutlich an runder Gestalt zu mit schmaleren Rippenleisten.

4.5.3 Aufhängeapparat

Für uns Reiter und Therapeuten sollte das Augenmerk besonders dem Aufhängeapparat des Pferdes gelten, denn die Funktion der tragenden Muskulatur des Reitpferdes entscheidet, ob das Pferd Probleme im Rücken bekommt oder nicht.

Abb. 4.**14** Die Tragemuskeln des Pferdes.

Die Aufhängung von iliakal ist bekannt: die Bauchmuskeln, die alle vom Beckenring zum Thorax ziehen, heben nicht nur den Brustkorb an, sondern stabilisieren zudem die Lendenwirbelsäule (Abb. 4.**14**).

So haben die Bauchmuskeln sehnige Anteile, aber das allein genügt zum adäquaten und mühelosen Tragen, besonders zu Beginn der Stützphase in schnellen Gangarten, nicht. Es ist vielmehr deren Anordnung. Wieder hat die Natur durch äußerst geschickten Ansatz und Ursprung der einzelnen Fasern größtmögliche Effektivität bei geringster Kraftanstrengung erreicht:

Die Bauchmuskelfasern der vier verschiedenen Muskeln liegen in einem Rautenmuster quer übereinander. Malt man die Fasernanordnung auf ein Papier, erkennt man zwei Netze, die übereinander liegen. Die Eingeweide des Pferdes ruhen in einer perfekt durchflochtenen Hängematte!

Die zwei schiefen Bauchmuskeln bilden das erste Netz: M. obliquus externus abdominis, der mit seinen Fasern von vorn oben nach hinten unten zieht und der M. obliquus internus abdominis, der mit seinen Fasern von hinten oben nach vorn unten zieht.

Diese zwei Muskelsysteme ziehen diagonal schräg über den gesamten Bauch. Und dieses schräge Zusammenarbeiten macht auch Sinn, denn die Bewegungen des Pferdes sind schräg diagonal: Wenn das linke Vorderbein auffußt (im Schritt), spannt der Bauchgurt von rechts vorn bis hinten links an, das rechte Hinterbein kann frei vorschwingen und flektieren. In dieser Bewegungsphase bildet die Diagonale rechts vorn – hinten links die stabile Stützsäule.

Das zweite Netz wird durch den M. rectus abdominus und den M. transversus abdominus gebildet. Der Rektus ist sicherlich der Hauptträger des Bauches. Der lange M. rectus abdominus kann den Rücken von allen Bauchmuskeln am effektivsten aufwölben, was besonders schön am Ende der Schwingphase im Galopp zu sehen ist (Abb. 4.**15**).

Der quere Partner ist der M. transverus abdominus, der von den breiten Querfortsätzen der Lendenwirbelsäule zieht. Der Transversus bildet gleichsam einen gürtelförmigen Tragegurt des

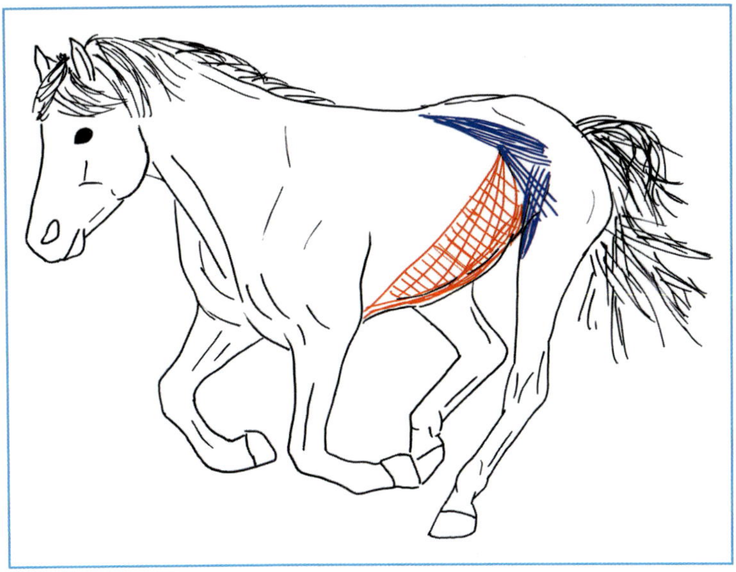

Abb. 4.15 Bauchmuskeln und Hinterhandprotraktoren.

Bauches. Selbst ist dieser Muskel ja nicht stabil verankert, wenn nicht gerade der Psoas und der Quadratus lumborum gegenhalten. So wird die Hauptfunktion des Transversus in der Bauchpresse beschrieben, wie Defäkation und Geburt. Rektus und Transversus bilden ein rechtwinkliges Gitter.

Sehr häufig sind die Bauchmuskeln nicht mehr in der Lage, sich normal zu kontrahieren, um ihrer Funktion, der Aufwölbung des Rückens, nach zu kommen. Zum einen sind diese per Antagonistenhemmung „weggeschaltet", wenn die Rückenmuskulatur hyperton gebahnt ist, zum anderen *können* diese sich nicht verkürzen, wenn dorsal Extensionsblockierungen, ein drückender Sattel, ein klemmender und zu schwerer Reiter den Bauch nach unten hin drücken. Die Tragkraft des Bauches wird sehr oft überschätzt, so dass diese dann in Stoffwechselendlagen gerät, was den bisherigen Zustand der Extensionsblockierungen verschlimmert und die Rückenschmerzen resistent werden lässt.

Das Pferd sollte dazu animiert werden, per Hinterhandschub und Tragkraft der Hinterhand den Reiter vermehrt zu tragen. Das schont die Kräfte der Bauchmuskulatur.

Die Hinterhand kann aber nur dann vom Pferd aktiv eingesetzt werden, wenn die Bewegung von hinten nach vorn frei durchlaufen kann. Jede Blockierung, jeder nicht passende Sattel, jeder plumpsende Reiter und jeder inadäquate Zügelzug hemmen jedoch den freien Vorwärtsschub der Hinterhand.

Der pektorale Blickwinkel des Aufhängeapparates steht bislang unter den Therapeuten in einem Schattendasein, ich halte aber die Brustmuskulatur für das Tragtier Pferd für äußerst wichtig, denn in den allermeisten Fällen trägt das Pferd doch den Reiter mit der Vorhand, auch wenn wir Reiter danach streben, dass das Pferd mehr und mehr Last auf der Hinterhand aufnehmen soll. Namentlich der Brustmuskel in seiner Gesamtheit hält das schwankende Sternum, die Schlussleiste des Thorax, oben: M. pectoralis descendens, M. pectoralis transversus, M. pectoralis profundus.

Der transversale und der profunde Anteil des M. pectoralis sind in ihrer Funktion oftmals überfordert, was sich in palpablen Verspannungen derselben äußert. Auch das klamme Gehen nach dem Gurten ist ein Zeichen, das der M. pectoralis profundus in seiner Aufgabe überlastet ist.

Die Mm. serrati sind besonders bei jungen Springpferden überfordert, die den gesamten Thorax in der Landephase stabilisieren. Mikrorisse der Mm. serrati sollen keine Seltenheit sein, was nach massiven ersten Sprüngen an einem eingesunkenen Thorax (Widerrist sackt zwischen den Scapulae nach ventral) zu sehen ist.

Junge hochgewachsene talentierte Warmblüter sind in ihrer pektoralen Tragkraft oft überfordert: Sie sehen dann ein Pferd mit schmaler Brust vor sich in bodenweiter Stellung, hinter den Olekrani gelangen sie mit ihrer flachen Hand tief und ohne Widerstand in das Gewebe hinein, zugleich fällt ihnen ein ventralisierter Thorax auf, und in der Anamnese hören Sie von heftigem Bocken im Galopp und nach kleinen Sprüngen.

Normalerweise ist die lange Kehlmuskulatur nicht für das Anheben des Thorax gedacht. Sackt dieser aber weit herunter und ist M. serratus und M. pectoralis mit seiner Kraft am Ende, dann helfen die langen Kehlmuskeln, das Sternum anzuheben. Dies können sie dann am besten, wenn der Kopf festgestellt ist und Kiefer und Zunge aneinandergepresst sind. Auch die Mm. scalenii helfen hierbei mit. Das Pferd bildet dann einen Hirschhals aus, denn so können diese Tragehilfsmuskeln am besten arbeiten.

Wir Reiter wollen jedoch, dass das Pferd seinen Thorax, mit uns oben auf, viel kraftsparender und leichter trägt. Das ist ganz einfach möglich: Es benötigt lediglich einen freien Hals, den es sich nach Belieben strecken kann. So kann es auf passive Art und Weise den Rücken wölben und den Thorax und uns tragen. Zum anderen benötigt es freien Hinterhandschub, der ebenfalls aufgrund der Dehnung der gesamten Streckerkette den Rücken wölbt. Ist das Pferd ausbalanciert und nach Jahren Grundausbildung kräftig genug und die ventrale Tragkraft entsprechend trainiert, dann hebt es uns zusätzlich mit pektoraler und ventraler Kraft an, macht die Vorhand frei, setzt die Hinterhand unter und kann die erhabenen Schritte zeigen, die wir so gern sehen wollen.

4.5.4 Rippenpathophysiologie

Den kranialen Rippen kommt neben der Atemfunktion via „Eimerhenkelbewegung" eine Tragefunktion des Halses hinzu, neben einer Abpufferfunktion von Palma-manus-Kräften. Die freie Beweglichkeit der Rippen ist sehr häufig durch Gurte, klemmende Sättel und einen Hypertonus der Nackenstrecker gestört. Ebenso gerät die Atemmuskulatur der Rennpferde oft in Stoffwechselendlagen, die dann verspannen und die freie Rippenbeweglichkeit einschränken, was wiederum die Leistungsfähigkeit des Rennpferdes beeinträchtigt.

Stürze führen sehr häufig zu Blockierungen der Rippengelenke einseitig, und zwar dort, wohin die meiste Kompression an den Rippenbögen stattgefunden hat, so dass die Kostotransversalgelenke zusammengedrückt werden.

In den allermeisten Fällen aber werden die Rippengelenke durch Extensionsblockierungen der BWS in Mitleidenschaft gezogen: Gerät ein Wirbelkörper in eine Extensionslage, dann entsteht beiderseits der Kostotransversalgelenke ein erhöhter Kompressionsdruck. Da die Rippe nicht nach ventral hin ausweichen kann, drückt die Kompressionskraft den „Eimerhenkel" nach außen, was dann schließlich tastbar ist. So geraten dann eine ganze Reihe von Rippengelenke in Kompression, immer dann, wenn die Tragkraft des Pferdes erschöpft ist und der Thorax nach ventral sackt. Es bildet sich ein fassförmiger Thorax aus, bei dem die Sattellage wie herausgeschnitzt erscheint: Eine ganze Reihe von Brustwirbeln sind in Extension fixiert und drücken allesamt ihre paarigen Rippen nach lateral (Abb. 4.**16**).

Steht ein einzelner Brustwirbel in Rotation fixiert, dann wird das Kostotransversalgelenk komprimiert, wohin der Dornfortsatz zeigt. Die komprimierte Rippe rotiert nach lateral und ist durch seine Prominenz leicht zu tasten. Die paarige Rippe auf der anderen Seite wird nach oben gezogen und ist mitunter auch leichter zu tasten. Ein Reifenring des Fasses hat sich also verdreht.

Ein ganzer Teil von „Reifenringen" verdreht sich, wenn der Thorax in sich schief ist. Das ist bei Stützbeinverlagerung der Fall. Sie sehen dann eine verschieden hohe Schulterblatthöhe und ein nach lateral hin verschobenes Sternum. Bei einem solchen Thorax sind mehrere Rippen und Brustwirbel blockiert. Sie können auch davon ausgehen, dass bei einem verdrehten Brustkorb auch die langen Kehlmuskeln verspannt sind, da diese passiv ver-

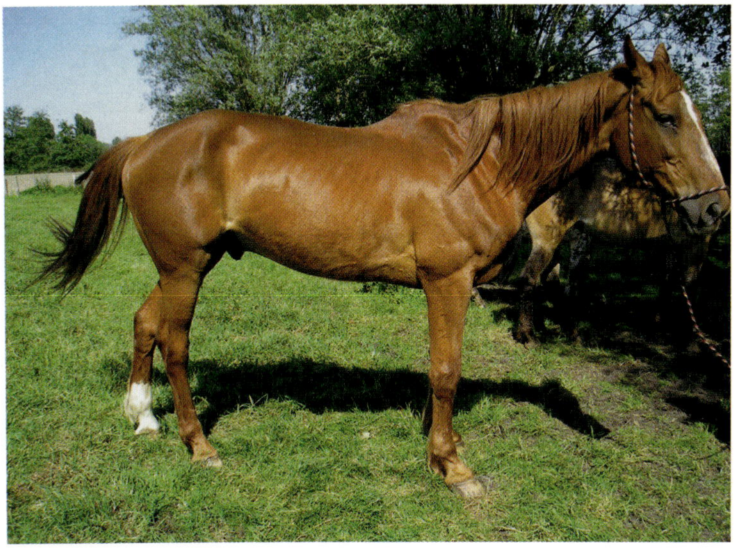

Abb. 4.**16** Ausgeprägte Extensionsblockierungen der Brustwirbelsäule.

Abb. 4.**17** Ein häufiges Problem: Nozizeptive Reize im rechten Vorderbein lassen den gesamten Thorax auf der rechten Seite tiefer fallen, der Reiter hat das Gefühl, schief zu sitzen, zudem entwickelt sich eine Blockierung im linken Becken, der Schweif wird schief gegragen.

längert worden sind (Arbeit unter Verlängerung der Muskelfaser) und diese helfen wollen, die Misere anzuheben, denn das mindert die Scherkräfte. Solche Pferde entwickeln Gurtenzwänge, die bis zum Hinwerfen des Angurtens ausarten können. Nun stellen Sie sich selbst einen in sich verwrungen Brustkorb vor, an dem die Lunge und das Herz in ihren Faszien gezerrt sind. Allein dieser Zustand engt die Atmung ein. Jetzt aber kommt jemand mit einem Gürtel um ihre Brust und zieht diesen zu. Was machen Sie dann?

Einen solch verdrehten Thorax finden Sie sehr häufig bei inkongruenten Hufen und bei Verletzungen der vorderen Extremitäten. Schiefe Sättel (und die sind gar nicht so selten) können ebenfalls diesen Zustand hervorrufen und natürlich Stürze (Abb. 4.**17**).

4.6 Die Vorhand

Obwohl die Extremitäten anatomisch gesehen nicht zur Wirbelsäule gehören, sind diese doch via Weichteile, namentlich die tiefen Faszien und die sie umfassenden Muskelpakete, funktionell gesehen sehr eng mit der Wirbelsäule verbunden. Jede Bewegung einer Extremität führt zu einer Bewegung in der Wirbelsäule. Allein durch die bloße Gewichtsverlagerung von einer Extremität zur anderen, was bei jedem Schritt in der Fortbewegung des Pferdes stattfindet, kommt es zu einem Einfluss auf die Wirbelsäule.

Das Pferd steht also auf vier Stützsäulen.

Jede Veränderung in den Stützsäulen bezüglich Länge, Muskelzug und Propriozeption zieht eine Veränderung in der Wirbelsäule nach sich.

So ist es wichtig, auch die Anatomie und Biomechanik der Extremitäten zu beleuchten, im besonderen im Zusammenhang mit der Wirbelsäule.

4.6.1 Biomechanik und Pathophysiologie der Vorhand im Bezug zur Wirbelsäule

Für den Osteopathen ist jede Stützbeinverlagerung interessant. So betrachtet er zunächst die Brust des Pferdes, ob das Sternum zu einer Seite hin verlagert ist, dann folgt der Blick von hinten oben auf die Schultern des Pferdes, ob es da Inkongruenzen gibt, dann wird der Thorax von oben betrachtet, ob dieser vielleicht auf einer Seite deutlich abgeflacht ist und somit in seiner Gesamtheit derotiert. Alle diese Veränderungen sprechen dann für eine einseitige Stützbeinbelastung, die das ganze Pferd in die Schiefe ziehen: Blockierung im zervikothorakalen Übergang auf der Stützbeinseite, gleichseitige Blockierung der Kopfgelenke aufgrund des Muskelzuges der Halsbasis, Derotation des Thorax mit Kompression der Facettengelenke der gesamten tragenden Wirbelsäule auf der Hangbeinseite, Entlastung des diagonalen Hinterbeines bezüglich der entlasteten vorderen Extremität mit Folge der Derotation der Lendenwirbelsäule Richtung hängendes Hinterbein mit Folge der Kompression der gleichseitigen Facettengelenke. Das diagonale Hinterbein des vorderen Stützbeines wird ebenfalls vermehrt belastet, was dann zu einer Blockierung in den gleichseitigen Beckengelenken führt. Dieses beschriebene Bild ist ein sehr häufiger Befund in der täglichen Praxis. Solange das Pferd mit diesem Befund gut geritten, gehalten und gefüttert wird, kann es diese Schiefe für den Durchschnittsreiter unsichtbar kompensieren, sobald aber Alter, Schwäche, Krankheit oder andere Veränderungen für das Pferd hinzu kommen, die noch mehr Energie kosten, so wird das Aufrechterhalten der Kompensation immer schwieriger und die latenten Blockierungen werden manifest und auch für den Laien sichtbar.

So sind also die vorderen Extremitäten für den Osteopathen von großer Wichtigkeit. Dabei ist es für den neurogen denkenden Therapeuten nicht wichtig, ob objektive Veränderungen in den Gliedmaßen nachweisbar sind, sondern vielmehr sind propriozeptive-nozizeptive Dauerreize von Belang, die zur geringen Stützbeinveränderung führen.

Aus diesem Grund wird die Gleitfähigkeit einer jeden Faszie, Sehne und einer jeden Knorpelfläche der vorderen Extremität sorgfältig überprüft.

Aufgrund eines mangelnden Hufmanagements kommt es bei unseren Pferden sehr häufig zu Überlastungen und Erkrankungen der palmaren Strukturen des Vorderbeines. Die Muskel- und Sehnenkette ist jedoch für den Osteopathen recht interessant:

Fragen wir uns doch einmal, warum das Pferd so einen massiven M. triceps brachii besitzt.

In der Literatur gibt es als Funktion nur die Angabe über eine Extension des Ellbogengelenkes und Beugung des Schultergelenkes, doch dafür bedarf es nicht eines so großen Kraftaufwands. Dem großen kräftigen Trizeps stehen nur kleinere Muskeln kranial des Schulterblattes als Antagonisten gegenüber, die zudem am schlechteren Hebelwinkel sitzen. Würde der Trizeps all seine Kraft walten lassen, würde er doch das Schulterblatt zu sich herunterziehen, die Säule Skapula – Humerus droht dann zusammen zu klappen. Das dürfte nicht der Sinn der Natur sein. Wie ich mich dann mit den Hinterhandmuskeln beschäftigte und erkannte, warum der mächtige Kalkaneus da war, nämlich als Verankerungsstelle mächtiger Muskelmassen, die von dort das ganze Pferd anheben, kam mir der Geistesblitz: Der Grund für das große Olekranon und den mächtigen Trizeps ist nur im gesamten Zusammenspiel erkennbar: Am Schulterblatt sind kräftige Muskeln angebracht, die den Hals heben, namentlich der M. trapezius lateral und der M. rhomboideus medial. Die Muskeln können jedoch nur dann effektiv ziehen, wenn diese eine fixe Verankerungsstelle haben. Und das ist die Aufgabe des Triceps, der stets die Skapula nach kaudal zieht, der also gewissermaßen ein Gegengewicht gegen den Hals darstellt.

Nun, da am medialen Condylus humeri die langen Beugemuskeln des Vorderbeines entspringen (M. flexor digitorum superficialis und profundus), die am Kronbein und Hufbein festmachen, kann man sogar behaupten, der Kopf des Pferdes werde letztendlich vom Hufbein aus angehoben!

Zumindest aber hat die Spannung des Nackens eine Auswirkung auf die Trizepskette. Denn es fällt auf, dass schlecht gerittene Pferde neben einem verspannten Nacken massive Triggerpoints im M. triceps aufweisen und zudem häufig an Erkrankungen der palmaren Strukturen leiden, oder war vielleicht der propriozeptive Reiz palmar aufgrund zu langer Zehen primär, der dann den Nacken verspannen lässt?

Ein Pferd mit chronischen palmaren Schmerzen pflegt seine Vordergliedmaßen in Ruhe beiderseits in Protraktion, also vorständig abzustellen. Dies führt zu einer vermehrten Extensionsstellung in der mittleren Brustwirbelsäule mit Bahnung der Rückenmuskulatur und Abschaltung der ventralen Muskulatur mit den entsprechenden Folgen.

Pferde, die ausgesprochen vorbiegig dastehen, wollen entweder einem Schmerz durch Verkürzung der palmaren Strukturen ausweichen, oder haben eine Bewegungseinschränkung im Os accessorium, oder haben eine starke Blockierung im zervikothorakalen Übergang oder alles zusammen. Solche Pferde weisen meistens auch allerhand Funktionsstörungen in der Hinterhand auf, so dass diese nicht fähig ist, Last aufzunehmen. In der Therapie kümmere ich mich zunächst um die Hinterhand bzw. das Becken, dann steht nach einer Woche die Vorhand schon etwas lotrechter da. Eine Behandlung am CTÜ und evtl. eine Hufkorrektur, und schon ist das zuvor chronisch lahme Pferd wieder einsatzfähig.

Pferde, die in der Hangbeinphase „bügeln", d. h. die distalen Gliedmaßen nach außen führen und die Karpalgelenke nach innen drehen, weisen einen erhöhten Tonus in der subskapulären Muskulatur auf. Aus irgendeinem Grund kann die Gliedmaße nicht entspannt in Hängephase vorgeführt werden.

Können die Vorderbeine nicht weit genug vorgeführt werden, wie im verstärktem Trab verlangt, dann könnte es an einem Hypertonus des M. latissimus dorsi liegen, der evtl. durch einen Rückenschmerz reflektorisch verspannt ist. Besondere Vorsicht ist bei Dehnung desselben geboten, denn hierbei werden in Extension blockierte Wirbelsegmente noch mehr in Kompression gezogen!

Ein bevorzugtes Stützbein hat neben dem schon beschriebenen Hypertonus der kranialen Brustmuskulatur, und der subskapulären Muskulatur („bügeln") auch einen Hypertonus des gleichseitigen Trizeps (palmare Strukturen!) und einen Hypertonus des gleichseitgen M. latissimus dorsi zur Folge. Der breite Rückenmuskel aber inseriert an der Facia thoracolumbalis, die am Ilium festgemacht ist. So kann das Becken auf einer Seite vorgezogen werden, mit der Folge einer Blockierung des gleichseitigen lumbosakralen Übergangs und der Lendenwirbelfacettengelenke, da diese in Lateroflexion komprimiert werden.

4.7 Die Lendenwirbelsäule des Pferdes

4.7.1 Anatomie und Biomechanik

Ein Lendenwirbel des Pferdes fasziniert mich besonders. Es ist, als ob der Lendenwirbel Flügel hätte und durch die Luft fliegt. Die Flügel, also die Querfortsätze des Lendenwirbels, haben tatsächlich eine Wölbung nach unten, wie die Flügel eines Vogels. Die Querfortsätze der Lendenwirbelsäule des Pferdes sind sicherlich nicht für den Flug bestimmt, sondern dienen vielmehr dem Schutz der Baucheingeweide und den Muskeln als Ansatzfläche, besonders dem M. abdominis transversus (Abb. 4.**19a, b**).

Die Lendenwirbelsäule des Pferdes ist nicht sonderlich beweglich. Eine Seitbiegung wird recht bald durch die Querfortsätze behindert, eine Rotation ist durch die eingekerbte gebogene Form

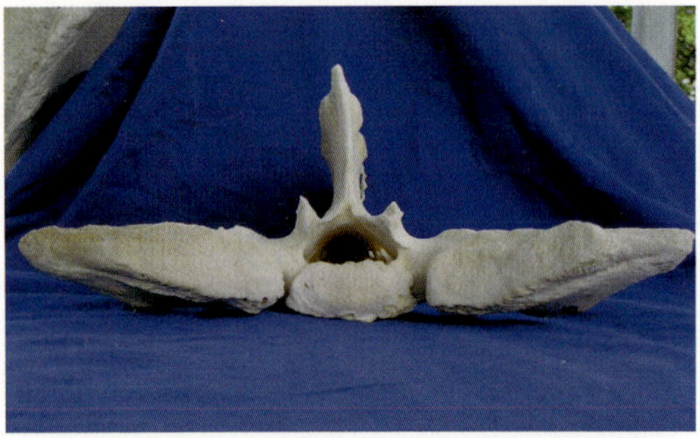

Abb. 4.18 Sechster Lendenwirbel von kaudal betrachtet mit arthrotischen und schiefen Gelenkflächen.

nach kaudoventral der Gelenkfortsätze nicht möglich. Die Gelenkflächen der gesamten equiden LWS stehen also vertikal in der Sagittalebene.

Diese Tatsache verwundert, denn bei Betrachtung der letzten zwei Lendenwirbel in Verbindung mit dem Sakrum fallen die dem Pferd eigentypischen in der Frontalebene stehenden Gelenkflächen an den Querfortsätzen auf, die eigentlich für eine Rotationsbewegung gebaut sein dürften. Tatsächlich ist dort so gut wie keine Rotation möglich (allenfalls eine minimale Rotationsmöglichkeit in flektierter Stellung). Sie dienen vielmehr einer besseren Führung der letzten Wirbel in Beugung und Streckung. Von hier aus startet das katapultartige Wegschnellen des Pferdes auf der Flucht (Abb. 4.**18**).

Die Lendenwirbelsäule des Pferdes ist demnach für Beugung und Streckung gemacht, was der Beobachtung von natürlichen Bewegungen eines Vierfüßlers gleichkommt: Im Galopp ist ein Aufwölben und Absenken des Rückens gut sichtbar. Dabei gleiten die Facettengelenke optimal geführt gerade und zielgerichtet in ihren vorgegebenen Knorpelflächen.

Der geübte Untersucher und Reiter aber weiß, dass gewisse Seitbiegungen und Rotationen in der Lendenwirbelsäule des Pferdes möglich sind. Es ist vielmehr ein Gesamtspiel von allen kleinen Gelenken eines jeden Wirbels, der zum Ausmaß der Bewegung führt und schließlich an Th 14 endet bzw. umschlägt. Das entspannt Schritt gehende Pferd von oben betrachtet, macht uns diese Bewegung am lockeren Wedeln seines Schweifes und

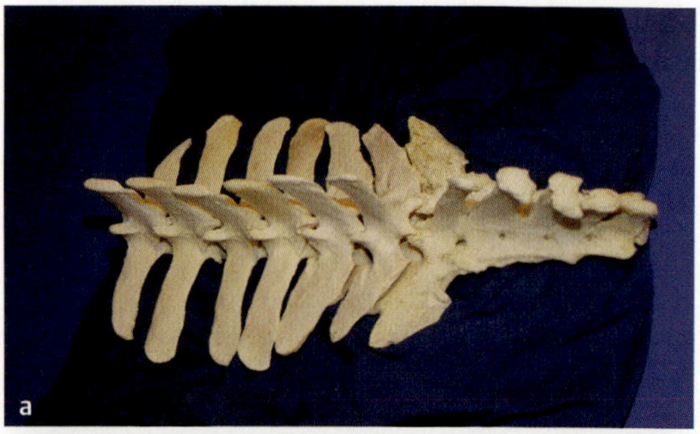

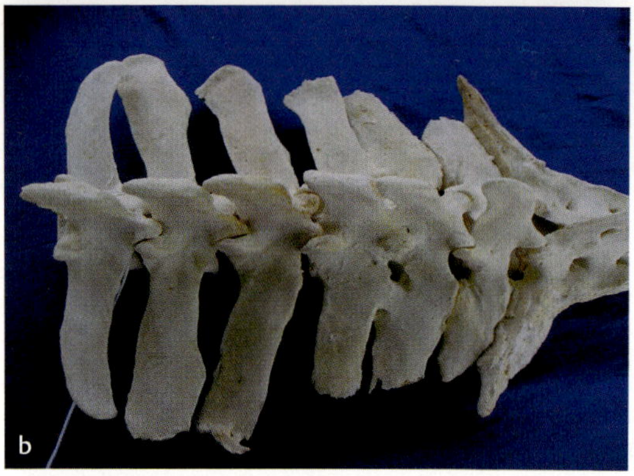

Abb. 4.19 a, b
a Die Lendenwirbelsäule des Pferdes mit Sakrum.
b Eine degenerativ veränderte Lendenwirbelsäule mit Sakrum.

dem rhythmischen Abkippen der Kruppe zu je einer Seite deutlich. So bin ich weiterhin der Meinung, dass die sichtbare Rotation der Kruppe mit dem Schweifwedeln eine Bewegung ist, die zum Teil aus einer Nutation in den Iliosakralgelenken kommt, zu einem sehr kleinen Teil aus der mittleren Lendenwirbelsäule, nichts aus dem lumbosakralen Übergang und die meiste Bewegung aus der mittleren Brustwirbelsäule stammt.

Auch ist ein gewisses „Joint play" zwischen den einzelnen Lendenwirbeln bei passiver Lateroflexion spürbar. Übrigens ist die Gesamtseitbiegung des Pferdes weit geringer als in Reiterkreisen meist angenommen bzw. verlangt wird. Sie beträgt maximal 20° Seitbiegung von der Längsachse aus gemessen.

L 5–6 (das Pferd hat also in der Regel sechs Lendenwirbel, mit Ausnahme des reinen Arabers, der nur fünf besitzt) sind bei einer Vielzahl erwachsener Tiere miteinander verwachsen. Die o. g. großen breiten vertikal stehenden Gelenkflächen an den Querfortsätzen ankylosieren bei vielen Pferden ab dem 10. Lebensjahr (übrigens auch bei Skelettfunden, die weit vor der domestizierten Zeit gelebt haben), somit ist dort also bei den meisten ausgebildeten Reitpferden keine Bewegung mehr möglich (Abb. 4.**31**).

4.7.2 Thorakolumbaler Übergang

Der Übergang von der Brust- zur Lendenwirbelsäule, der sog. thorakolumbale Übergang (ThLÜ), ist beim Pferd weit weniger beweglich als allgemein angenommen. Beim Menschen ist dieser Wirbelsäulenabschnitt einer der beweglichsten, und man dürfte theoretisch eine große Beweglichkeit annehmen, wenn man den (vermeintlich) steifen Thorax im Gegenzug zur (vermeintlich) freieren LWS betrachtet. In Wirklichkeit ist dieser Übergang recht unauffällig, was Wirbelform und Funktion betrifft. Das macht in der Natur auch Sinn, denn es hängt an diesem Stab, den wir Wirbelsäule nennen, ein beträchtliches Gewicht der Baucheingeweide und manchmal sogar ein Fohlen. Würde dieser Übergang so beweglich, wie wir Humanmediziner uns das im ersten Moment vorstellen, würde das Pferd entweder an dieser Stelle einen Knick nach unten ausbilden, was unglücklich für das Rückenmark wäre, oder es gäbe rundherum massive Muskelmassen, die versuchen, das Gerüst zusammenzuhalten. Also tut die Natur gut daran, diesen Abschnitt unbeweglich und fest zu halten. Der Unterschied zwischen den letzten Brustwirbeln zu den ersten Lendenwirbeln stellen nun lediglich die langen Querfortsätze der Lendenwirbel dar. Die Facettengelenke dagegen unterscheiden sich in der Region in nichts.

Interessant ist der L 3, der beim Pferd sehr häufig blockiert ist und den man beim Zusammenstecken der vielen Wirbel zunächst nicht so richtig einsortieren kann, da er nicht so recht auf den L 4 passt. So kann ich nur vermuten, dass zwischen L 3 und 4 eine breite Bandscheibe liegt, die dort diesem Wirbel mehr Bewegung verleiht, was im Angesicht der Tatsache, dass L 5–6 häufig ankylosieren, Sinn macht. So kommt dem dritten Lendenwirbel des Pferdes offenbar mehr Bewegung zu als den anderen Wirbeln. Ein Ausdruck dessen könnten die häufigen Rotationsblockierungen des domestizierten Pferdes sein, die gerade dann entstehen, wenn das Pferd mit seinen Hinterbeinen auf eine Seite wegrutscht. Diese Rotationsbewegung durchläuft die Kruppe, nimmt L 6 und L5 aufgrund ihrer Verankerung mit, während L 4/5 und dann L 3 die erste Bewegungsmöglichkeit ist, an der es zu einer Blockierung kommen kann.

4.7.3 Muskulatur der Lendenwirbelsäule

Die frei in der Luft hängende Stange muss nun durch kräftige Muskelzüge stabilisiert werden, zugleich muss aber noch ein feines Gelenkspiel zwischen den Wirbeln zwecks Wahrung des Gleichgewichtes möglich sein, und auch eine kräftige Flexion und Extension für den Galopp müssen möglich sein, die stabilisierend geführt werden müssen. Als auch eine gewisse Rotation, z. B. beim Galopp, welche durch das Aufwölben einer einseitigen Lendenseite schön sichtbar ist.

Die kleinen Rückenmuskeln sind hier in der LWS, genau wie in der BWS lediglich für die feine Beweglichkeit zuständig. Die Rückenmuskeln können dann am besten arbeiten, wenn die antagonistische Muskulatur aktiv ist: Bauch- und Kruppenmuskulatur. Diese beiden Muskelgruppen flektieren effektiv die Lende – der M. rectus abdominis, der an der Symphyse festmacht und so das gesamte Becken flektiert, und der M. abdominis obliquos externus, der vom Rippenbogen zur Linea alba zieht, der zusammen mit dem M. abdominis obliquos internus (vom Tuber coxae zur Linea alba) ein rautenförmiges Fasernetz bildet und so den Bauch trägt.

Ist das Knie fixiert bzw. steht das Hinterbein auf dem Boden, können die Hinterhandstrecker (M. biceps femoris, M. semimembranosus, M. semitendinosus) vom Unterschenkel aus den Tuber ischiadicum und die Sakrumspitze nach unten ziehen und so die Lende aufrichten. In die Kette eingeschaltet sind dann die kräftigen Kruppenmuskeln: M. glutaeus intermedius, M. glutaeus maximus, M. glutaeus accessorius und der M. glutaeus medius. Diese vom Trochanter major kommenden Muskelmassen ziehen an das Ilium und richten dieses auf. Bemerkenswert ist dabei der M. glutaeus medius, der mächtigste von allen, der weit in den Rücken reichende Fasern hat. Dieser kräftige Kruppenmuskel strahlt mit einem großen Teil seiner Fasern in Höhe des Tuber coxae, medial davon, in den M. longissimus dorsi ein. Dies unterstreicht seine Aufgabe, den Rücken von hinten aus anzuheben.

Hinterhandstrecker, Kruppenmuskeln und M. rectus abdominis können jedoch nur dann arbeiten, wenn das Becken nicht in sich verhakt ist oder schmerzt. Am leichtesten können diese Muskeln ihre Arbeit verrichten, wenn diese regelmäßig in Dehnstellung kommen (weit vorgreifende Hinterbeine für die Extensoren und weit abschiebende Hinterbeine für die Ventralflexoren), was eine schwungvolle Gangart, Galopp, ein kleiner Sprung, Stangenarbeit oder unebenes Gelände am besten bietet.

Für die Lende von Bedeutung sind weiterhin die kleinen ventralen wirbelnahen Muskeln, die hier besprochen werden:

M. psoas major und M. iliacus werden üblicherweise zusammengefasst als M. iliopsoas, da ihre Fasern medial an den Beckenschaufeln verschmelzen und sie stets gemeinsam in einer funktionellen Aufgabe an einem Strang ziehen. Der M. psoas major ist der Muskelanteil, der ventral an den Lendenwirbelkörpern zieht, der sogar Fasern bis zu den letzten ventralen Brustwirbelkörpern einstrahlen lässt. Sein Ansatz ist der Trochanter minor. Die Hauptfunktion dieses Muskels ist das Aufwölben der Lendenwirbelsäule, ein Rundmachen, was dem weiteren Vorführen der Hintergliedmaßen dient, besonders gut im schnellen Galopp in der Schwingphase zu sehen. Hat das Pferd aber seine Hinterbeine nach hinten ausgestreckt und zieht nun der Psoas, dann zieht er die Wirbelkörper nach ventral, der Rücken wird durchgedrückt. Jedem Reiter wird nun klar, dass der Psoas wohl der Muskel ist, der einen zu weit hinten sitzenden Reiter auf einem weit hinten auf der Lendenwirbelsäule liegenden Sattel die LWS vor dem Niederbruch rettet. Der Psoas (und auch die Bauchmuskeln) spannen, was sie können um Schlimmstes zu verhindern. Dabei kann es passieren, dass einzelne Lendenwirbel nach oben gedrückt werden – ein sicheres Indiz für Rückenprobleme des Pferdes.

Der M. iliacus kommt von der Facies iliaca und zieht an den kleinen Trochanter des Femurs. Er ist sicherlich der effektivste Beuger des Hüftgelenkes, wenn das Bein keinen Bodenkontakt hat. Steht die Hintergliedmaße aber fest und zieht der Iliacus, wird die Kruppe stark abgerundet. Pferde mit extremen Schmerzen in Knie, Hüfte oder LWS stehen so da.

Der M. quadratus lumborum kommt vom Beckenkamm und zieht jeweils seitlich an die Lendenwirbelkörper und dessen Querfortsätze an. Da er eine Tendenz nach ventral hat, hilft dieser, wenn die LWS bereits gebeugt ist, weiter zu beugen bzw. in dieser Stellung zu stabilisieren. Ansonsten liegt seine Aufgabe in einer geführten Lateroflexion und insgesamter Stabilisation der Lendenwirbelsäule.

4.7.4 Pathophysiologie

Erfahrenen Therapeuten dürfte aufgefallen sein, dass der dritte Lendenwirbel sehr häufig mit seinem Dornfortsatz nach rechts gekippt ist. Eine Erklärung dafür liefert der belgische Osteopath Alen: Auf der rechten Lendenseite befindet sich das Zäkum des Pferdes, welches aber durch moderne Haltungsbedingungen und Fütterungsweisen sowie Nahrungszusammensetzung in den wenigsten Fällen physiologisch arbeiten kann. Faszien vom Zäkum gelangen zur LWS, und da L 3 der beweglichste der Lendenwirbel ist, kippt eben dieser nach rechts und verursacht auf diese Weise eine Verengung des Foramen intervertebralia nebst Kompression des rechten Facettengelenkes L3/4 und führt so zu einer Nervenwurzelreizung, die die rechte Hintergliedmaße schonen lässt, was zu einer weiteren Derotation der Lende führt (weitere Dornfortsätze der Lendenwirbelsäule kippen nach rechts) und so das linke Hinterbein mehr stützen lässt, was schließlich zu einer Blockierung des linken Iliosakralgelenkes führt. Eine durchaus interessante Betrachtungsweise, die dem Praxisalltag recht nahe kommt.

Die mittlere Lendenwirbelsäule, L 2–L 5, leidet selten an Extensionsblockierungen. Dieser Abschnitt steht häufig in Flexion fixiert und ist muskulärer Ausdruck dessen, dass zu Beginn oder am Ende der Lendenwirbelsäule die Wirbel Richtung Extension gedrückt werden. Die ventrale wirbelnahe Muskulatur (M. psoas, M. quadratus lumborum) sowie auch M. longissimus mit Zug von kaudal heben die mittlere LWS kompensatorisch an, da gerade hier ein Flexionsspiel leicht möglich ist. Eine sog. „karpfige" LWS ist für mich immer ein Zeichen, dass es anderswo ein Problem Richtung Extension gibt.

Die Wirbelkörper der mittleren Lendenwirbelsäule neigen vielmehr zu einer Derotationsblockierung (Abb. 4.**20**).

Die Dornfortsätze neigen dann in die Richtung, in der das Hinterbein mehr geschont wird, also öfter herabhängt, eine kürze Stützbeinphase aufweist, und später dann eine zehenweite Stellung des entsprechenden Hinterhufes mit insgesamter Außenrotation des Hinterbeines. Nach dorthin, wohin die Dornfortsätze zeigen, ist dann die Lateroflexion vermindert, was sich im Pendeln der Kruppe äußert, die dann die Seitbiegung zur komprimierten Seite meidet (dorthin, wohin die Dornfortsätze zeigen, sind die Facettengelenke komprimiert, blockiert, und die Nervenwurzellöcher verengt), und beim Ablegen zum Wälzen sich lieber auf die erkrankte Seite ablegt, da diese in Konvexität gezogen wird. Ein Überkreuzen des Hinterbeines auf der komprimierten Seite ist ebenfalls eingeschränkt, weil dann die Rotation der Dornfortsätze, und damit die Kompression, verstärkt werden würde. Ebenfalls hat das Pferd Schwierigkeiten, die betroffene hintere Extremität zu extendieren, was sich in der Bewegung und auch beim Schmied zeigt. Neben der Kompression der Facettengelenke spielt hier auch ein reflektorischer Hypertonus des M. psoas eine Rolle.

L 1 dagegen ist zusammen mit Th 18 sehr oft in Extension blockiert. Wie erwähnt, ist ursächlich der hinten aufliegende Sattel, der hinten sitzende Reiter, eine plumpsende Reitweise, wenig Schub der Hinterhand, wenig Galopp und wenig Bauchspannung (z. B. bei stundenlangen Schrittausritten) daran beteiligt.

L 6 ist ebenfalls sehr sehr oft in Extension fixiert, was in der Pathophysiologie des lumbosakralen Überganges näher besprochen wird. Die Hauptursache für diese schmerzende Blockierung ist schlichtweg die Trageerschöpfung.

4.8 Lumbosakraler Übergang

L 6 und S 1 bilden das gut tastbare Spatium lumbosacrale. An dieser Stelle neigen sich die Dornfortsätze wieder in eine andere Richtung: die lumbalen Spinosi wenden sich nach kranial, die sakralen Spinosi zeigen nach kaudal. Das Spatium lumbosacrale liegt auf einer Linie der Tubera coxae und der Tubera sacralia.

Das kraniale Ende des Sakrums weist auf seinen Flügeln zwei große konvexe Knorpelflächen auf, auf die die konkaven Knorpelflächen der Querfortsätze des sechsten Lendenwirbels passen. Diese zwei großen Gelenkflächen sind ideal für Beugung und Streckung gemacht. Die entsprechenden Facettengelenke von L 6/S 1 sind in der Sagittalebene eingekerbt und lassen nur eine Beugung und Streckung zu, die dann aber aufgrund der Einkerbung gut geführt und effektiv ist, was bei einem katapultartigem Davonschnellen im Galopp notwendig ist.

Rotation in diesem Gebiet ist so gut wie nicht möglich. Allenfalls bei einer Verkantung des Sakrums, wobei ein Sakrumflügel ventralwärts zum entsprechenden Querfortsatz des sechsten Lendenwirbels rutscht, findet eine minimale Begleit-

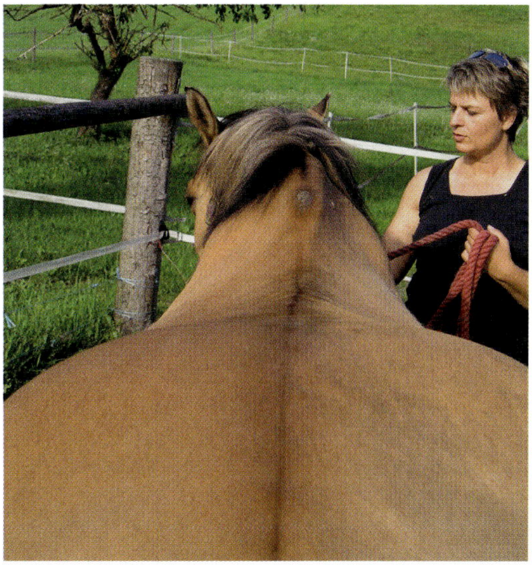

Abb. 4.**20** sichtbar derotierte Wirbel in der tragenden Wirbelsäule.

rotation statt. Diese Verkantungssituation in dem lumbalen Transversalgelenk ist für das Pferd sehr schmerzhaft.

Das Sakrum kippt immer dann zu einer Seite, wenn es zu einer gleichseitigen Blockierung des Iliosakralgelenkes kommt, entweder durch eine erhöhte Stützbelastung desselben Hinterbeines oder durch einen vermehrten einseitigen Hypertonus eines Muskels, der an den Beckenring angreift und das Becken mitsamt Sakrum in eine Richtung dreht.

Eine direkte Kompression auf den lumbosakralen Übergang verursacht in diesem Sinn der einseitige Zug des M. latissimus dorsi, der evtl. durch eine erhöhte Stützbelastung eines Vorderbeines hyperton geworden ist. Der breite Rückenmuskel zieht dann über die an der Beckenleiste inserierenden Fascia thoracolumbalis und komprimiert so direkt das lumbale Transversalgelenk.

Immer dann, wenn das Pferd in seiner Tragefähigkeit erschöpft ist, sackt die Stange Wirbelsäule, die in ihrer Gesamtheit direkt auf dem kranialen Gelenkfortsatz des Sakrums ruht, nach unten durch und komprimiert die Facettengelenke des LSÜ. Diese Region leidet demnach sehr häufig unter hartnäckigen Extensionsblockierungen, die im schlimmsten Fall ataktische Bewegungsmuster in der Hinterhand verursachen. In jedem Fall aber hat das Pferd Schwierigkeiten, seine Hinterbeine nach vorn zu schwingen. Ebenfalls fällt ein ruhiger „Canter-Galopp" schwer, natürlich auch das Angaloppieren selbst (Abb. 4.**21**).

4.9 Sakrum und Beckenring

4.9.1 Beckenring

Die beiden Hüftbeine sind ventral über die langgestreckte Symphyse knöchern verbunden, die natürlich absolut keine Bewegung zulassen kann (anders als beim Menschen, der eine schmale und knorpelige Symphyse besitzt) und dorsal über die Kreuzbein-Darmbein-Gelenke via Sakrum miteinander verbunden, in denen durchaus eine gewisse Nutationsbewegung möglich ist.

Rund um den Beckenring setzen zahlreiche, teilweise gewaltige und lange Muskelzüge an, die allesamt die Stellung des Beckens verändern können:

Am Os pubis, an der Symphyse setzt zum einen der M. rectus abdominus an, der das Becken mit seinem Zug aufrichtet. Ebenfalls an der Symphyse, mehr lateral, sowie am Os pubis, setzen die Adduktoren an, die ebenfalls in ihrer Gesamtheit den Beckenring aufrichten können, einzeln gezogen jedoch das Becken kippen können. Immer, wenn das Pferd auf einem Bein steht, zieht jeweils nur eine Adduktorengruppe (neben den lateral gelegenen Muskeln), die dann das Pubis zu sich nach lateral herüber zieht. Das linke Becken erscheint dann höher.

Das Becken tiefer zieht einseitig der M. tensor fascie latae, der vom Knie kommend an dem Tuber coxae inseriert. Immer, wenn das Hüftgelenk, häufiger aber das Kniegelenk, Probleme haben, zieht dieser Muskel das Becken nach vorn und unten

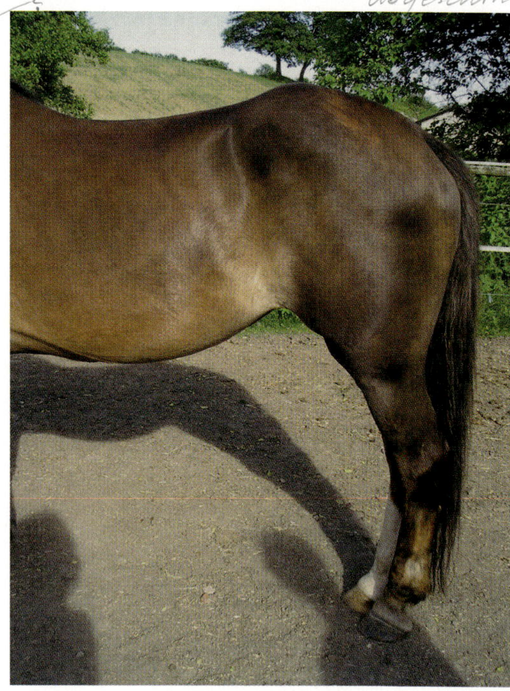

Abb. 4.**21** Die Extensionsblockierung des LSÜ ist sehr häufig. Die hier gezeigte besteht wohl schon seit langer Zeit.

und komprimiert so das gleichseitige ISG und das lumbosakrale Facettengelenk.

Der M. latissimus dorsi zieht von vorn an dem Beckenkamm (via Fascia thoracolumbalis), an dem sich der M. longissimus dorsi, der M. quadratus lumborum mit anschließt. Dies lässt eine Beckenhälfte kranialisieren, was das lumbale Transversalgelenk komprimiert.

Von kaudal ziehen die Hinterhandstrecker, namentlich die ischiokrurale Muskelgruppe, die am Tuber ischiadicum inseriert. Einseitig gezogen richten diese die entsprechende Beckenseite auf.

Der M. obliquus internus abdominis kommt von der Linea alba und vom Rippenbogen und zieht zum Tuber coxae. Dieser kann sehr effektiv das Becken nach vorn kippen. Beidseitig gezogen kann dieser Muskel den lumbosakralen Übergang und das Sakrum auf diese Weise in Extension ziehen, was immer dann bei schmerzhafter Verspannung in Dehnstellung durch Extensionsblockierungen in der restlichen tragenden Wirbelsäule der Fall ist.

4.9.2 Sakrum

Das Sakrum ist gleichsam zwischen den beiden Beckenschaufeln eingekeilt, die den Druck des Bodens über den Femurkopf über die Acetabuli in den Beckenring erhalten. Über die Boomerang-förmigen daumengroßen iliosakralen Gelenkflächen ist das Sakrum ca. eine handbreit tief gelegen mit dem Beckenring verbunden. Diese kleinen Gelenkflächen lassen kleine Nutationsbewegungen Richtung Flexion (Sakrumbasis richtet sich auf, Sakrumspitze geht herunter) und Extension (Sakrumbasis senkt sich ab und Sarumspitze richtet sich auf) und Rotation zu, wobei dann eine Sakrumseite nach unten bzw. nach oben wandert. Diese Bewegungsausmaße sind sehr gering und nur mit Erfahrung und Konzentration erfühlbar bei einem ruhig stehenden Pferd, wenn das Sakrum sich in eine entsprechende Richtung fixiert, blockiert, hat.

So kann es auch passieren, dass es in seiner Gesamtheit nach ventral „rutscht". Dies ist immer dann der Fall, wenn einem jungen noch nicht tragfähigem Pferd zuviel Gewicht zugemutet wird.

Meistens ist das Sakrum in Extension (Basis nach ventral) gezogen mit Tendenz zu einer Seite, die tiefer steht. Das ist dann die blockierte ISG-Seite und auch dort, wo das lumbale Transversalgelenk komprimiert ist bzw. sich ein Sakrumflügel an den Querfortsatz des sechsten Lendenwirbels verkeilt.

Die mächtigen Muskelgruppen der Hinterhand benötigen eine Verankerungsfläche, die möglichst stabil ist. So erklärt sich die Form des Sakrums, die mit ihren aufragenden Dornfortsätzen je links und rechts lateral eine offene Dreiecksfläche bildet – genug Platz für die Muskulatur mit ausreichender Verankerungsfläche. Unterstrichen wird diese Funktion durch die zahlreichen festen Ligamente, die sich rund um das Sakrum befinden. Das Lig. sacrotuberale latum stellt eine Verlängerung des Sakrums nach kaudoventral in seiner Funktion dar, denn auch hier verankern sich die großen Muskelgruppen der Hinterhand.

So gleicht das Sakrum letztendlich dem obersten Punkt eines Krans, an dessen Ecke eine Umlenkrolle sitzt, über die die Zugkräfte das Gewicht vorn anheben.

> Das Sakrum darf also nicht in sich gelenkig sein.

Unterstrichen wird diese Eigenschaft durch die Anordnung der Dornfortsätze am Sakrum. Diese zeigen, wie die Spinosi der vorderen BWS, nach hinten, um so wie den Nackenmuskeln vorn, hier den Rückenmuskeln genug Verankerungsmöglichkeit zu geben, um den Rumpf mühelos anzuheben.

4.9.3 Sakrokokzygealer Übergang (SCÜ)

Wenig beachtet, aber doch von funktioneller Bedeutung, ist der eher unauffällige Übergang vom Kreuzbein zu den vorderen Schwanzwirbeln. Hat man das Sakrum und die ersten vorderen Schwanzwirbel in der Hand, so kann man nur auf eine lockere Verbindung zwischen diesen beiden Knochen schließen. In vivo jedoch ist keinerlei Beweglichkeit palpabel. Auf der Kruppe befindet sich der SCÜ etwa auf halber Strecke zwischen dem höchsten Punkt der Kruppe und dem

Schweifansatz und ist dort schwer palpabel. In den meisten Fällen folgen die vorderen Schwanzwirbel den Bewegungen bzw. den Nutationsverstellungen, des Kreuzbeines. In einigen Fällen jedoch sind die vorderen Schwanzwirbel gegenüber dem Kreuzbein im sakrokokzygealen Übergang gegenrotiert. Ist dies der Fall, dann muss erst osteopathisch diese Gegenrotation aufgehoben werden, damit es langfristig zu einer Lösung der Beckenblockierung kommen kann (Abb. 4.**22**).

Am SCÜ sind bei einigen Pferden Erhöhungen oder Vertiefungen entweder das sakralen oder des kokzygealen Anteils zu tasten.

Auch Schmerzen in diesem Bereich kommen vor.

Häufig sieht man dort eine Verdickung auf der Kruppe, die das Pferd ein Leben lang mit sich trägt und offenbar nicht stört.

4.10 Iliosakralgelenke

Es ist schon unglaublich, wenn man das blanke Becken des Pferdes betrachtet und die Gelenkflächen für das Iliosakralgelenk betrachtet, zudem

Abb. 4.**22** Der Übergang vom Sakrum zu den vorderen Schwanzwirbeln kann ebenfalls Funktionsstörungen aufweisen.

auf diesen Flächen der Rumpf ruht

wenn man weiß, dass an diesen Gelenkflächen eigentlich das ganze Pferd aufgehangen ist. Es ist verständlich, dass in den Kreuzbein-Darmbein-Gelenken keine Bewegungen möglich sein dürfen, denn dann wäre die Beckenstruktur nur schwer zusammen zu halten, der Stab „Wirbelsäule“ würde nach unten durchplumpsen. Zudem gibt es keine Muskeln, die das ISG direkt stabilisieren, also Verbindungen, die vom Sakrum zum Ilium gelangen, sondern lediglich die kräftigen Ligg. elioscralia ventralia und dorsalia, die jeweils ventral und dorsal vom Sakrum zum Ilium ziehen.

Allenfalls ein geringes Federspiel (sog. „Joint play“) ist in den Kreuz-Darmbein-Gelenken möglich.

Lange Zeit wurde gar diskutiert, ob diese in der Tiefe liegende Verbindung zwischen Sakrum und Ilium tatsächlich ein echtes Gelenk sei. Die Definition eines Gelenkes der Knorpelflächen und der Gelenkkapsel ist jedoch gegeben, so fällt diese Struktur in den arthrogenen Bereich. Natürlich muss ein gewisses Nachfedern in den Kreuz-Darmbein-Gelenken möglich sein, denn in den natürlichen Bewegungen der Hinterhand des Pferdes kommen durchaus einmal grenzwertige Situationen vor, in denen ein oder zwei Hinterbeine weit nach vorn rutschen oder nach hinten oder zu einer Seite. Ein Nachgeben in den ISG`s hält die Bewegung geschmeidig, lässt sie nicht abrupt abbrechen. Ein Gleichgewicht kann gewahrt bleiben, das Pferd fällt nicht so schnell um, die Muskeln haben die Chance, durch ihren Zug das Pferd wieder in sein Gleichgewicht zu bringen. Und fällt das Pferd auf eine Seite, dann verhindert ein Nachfedern in den ISG's eine Fraktur des Beckens.

Jedoch ist die elegante seitlich abkippende Kruppenbewegung in Schritt und Trab gut sichtbar. Wie wir nun wissen, ist sehr wenig Bewegungsspiel in der Lendenwirbelsäule möglich. Und wir Untersucher wissen zudem, dass sich eine Blockierung eines ISG durch eine Rigidität der betroffenen Beckenseite auszeichnet, d. h., das kontralaterale Becken kippt nicht wie gewöhnlich in der Vorwärtsbewegung nach unten ab. So darf davon ausgegangen werden, dass in den Kreuzbein-Darmbein-Gelenken erheblich mehr Spiel möglich ist, als bisher angenommen.

Was genau findet hier z.B. in der Passage statt?

4.10.1 Pathophysiologie

Eine Blockierung eines Iliosakralgelenkes, geht, wie alle Blockierungen, mit einer vermehrten Kompression der Gelenkflächen einher. Diese kann ihre Ursache in einem Sturz haben, jedoch in den meisten Fällen in einer vermehrten Stützbelastung des betroffenen Hinterbeines. Bei dieser verstärkten Kompression rutscht das Sakrum in Relation zum Ilium etwas tiefer, bzw. das Ilium erscheint höher. Bei dieser Blockierung gerät der M. iliacus in Hartspann, der versucht, ein weiteres Absinken zu verhindern. Der M. iliacus geht weiter kaudal in den M. psoas über. Ein Hypertonus des M. iliopsoas verhindert die Extension des Hinterbeines, was in der Vorwärtsbewegung sichtbar wird.

Ebenso ist ein erhöhter Tonus der gleichseitigen Adduktoren zu vermerken, die das Os pubis an das betroffene Hinterbein ziehen und das Ilium so scheinbar hoch drücken.

Das Sakrum, mit der funktionellen Verlängerung in den vorderen Schwanzwirbeln, kippt also zur blockierten Seite etwas tiefer (falls links die Blockierung ist, fällt der linke Sakrumflügel tiefer und das Sakrum macht eine Rechtsrotation um eine sagittale Achse), was folglich eine Lateroflexion der vorderen Schwanzwirbel zur Gegenseite auslöst (in diesem Fall eine Seitbiegung nach links), der Schweif zeigt dann zur blockierten Seite (also hier nach links). Diese Mitbewegung des Sakrums, als auch der Schweifzug, wird durch die ventralen Schwanzmuskeln mitbedingt, die ebenfalls reflektorisch hyperton geschaltet sind.

Die Sakrumhälfte, die tiefer „rutscht", wird aufgrund der medialen Iliumform auch nach vorn geschoben. Das Sakrumflügel gleitet zwangsläufig, der vermehrten Kompression an der transversalen Gelenkfläche des sechsten Lendenwirbels ausweichend, mit seiner konvexen Fläche nach unten, was zu einer schmerzhaften Verkantung im transversalen Lumbalgelenk führt Abb. 4.**23 a, b**).

> In den meisten Fällen ist das Sakrum einseitig blockiert, manchmal aber auch beidseitig, wobei dann eine Seite überwiegt.

Bei beidseitiger Blockierung spreche ich von einer insgesamten Verkantung des Beckens, was mit einer massiven Extensionsblockierung des LSÜ und einer Extensionsstellung des Sakrums einhergeht. Oft ist in einem solchen Fall das Sakrum in seiner Gesamtheit ventralisiert. Dieses Pferd ist in seiner Tragkraft bei weitem überschätzt worden und hat schwungvolle freie Vorwärtstritte der Hinterhand nicht kennen gelernt.

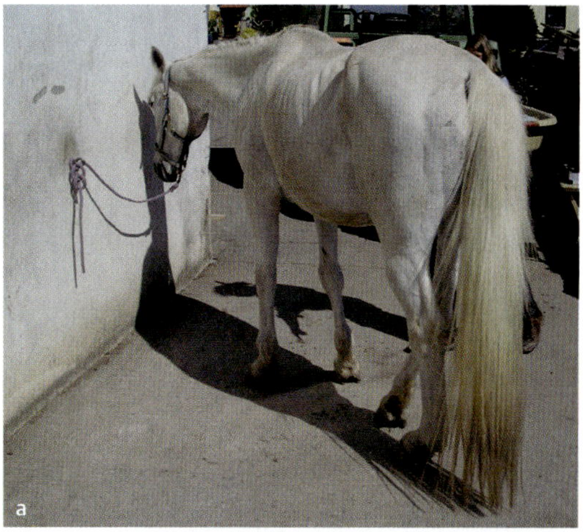

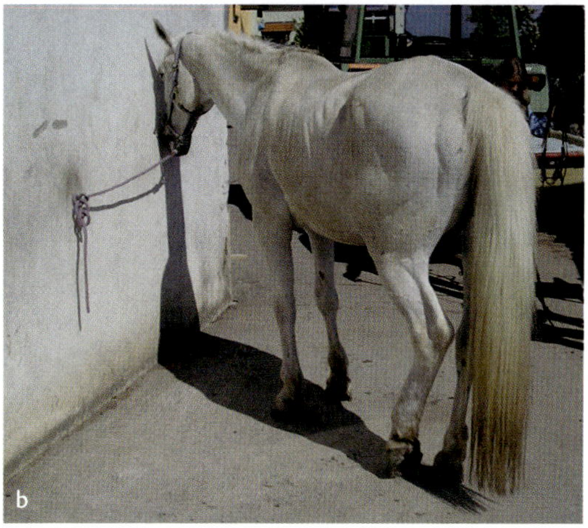

Abb. 4.**23 a, b** Im Fall einer Blockierung eines Iliosakralgelenkes wird die kontralaterale Abkippbewegung neuroreflektorisch verhindert. Das rechte ISG ist blockiert und verhindert das Absinken der linken Beckenseite.
a Entlastung hinten rechts,
b Entlastung hinten links.

4.11 Vordere Schwanzwirbel

Die Schwanzwirbel beginnen etwa in der Mitte der Kruppe und ziehen sich mit ihren Wirbeln bis zum Ende der Schweifrübe. Hält man das Präparat der vorderen Schwanzwirbel in der Hand, so ist man verwundert, wie diese nach kranial und kaudal hin konvex geformten Knöchelchen in der Kruppe zu so einer Festigkeit gelangen können, so dass sogar große Muskelmassen daran festmachen können. So kommt der Betrachter der losen Schwanzwirbel (Vertebrae caudales) in den Händen zu dem Schluss, dass die Bandsysteme der Kruppe rund um die vorderen Schwanzwirbel eine enorme Spannkraft haben müssen. Erst ab Beginn der Schweifrübe ist bekanntlich eine Beweglichkeit in alle Richtungen möglich.

> Der Schweif des Pferdes stellt eine nicht unbedeutende Gleichgewichtsstange des Pferdes dar, was bei einem Pferd im rasanten Galopp in engen Wendungen oder auf unebenen Terrain schön zu beobachten ist.

Die aktiven Bewegungen des Schweifes werden von den rund um die vorderen Schwanzwirbel gelegenen Schwanzmuskeln gesteuert. Diese sind, wie alle anderen Muskeln des Bewegungsapparates, reflektorisch hyperton geschaltet, wenn insbesondere das Sakrum, aber auch der LSÜ schmerzhafte Funktionsstörungen haben (Abb. 4.**22**).

Des öfteren sieht man an der Wurzel der Schweifrübe eine Auftreibung, die in den meisten Fällen leicht erwärmt ist. Wenn dieser Bereich nicht gerade im Sommer durch eine intensive Fliegenabwehr gereizt ist, dann ist die Schwellung ein Indiz für ein funktionsgestörtes Becken. Dabei sind mir die genauen Zusammenhänge noch nicht eindeutig klar. Sicherlich aber spielen intrapelvikane Faszienzüge sowie auch hyperton geschaltete kokzygeale Muskeln eine Rolle, deren Zugkräfte sich auf die Schweifwurzel auswirken, die dann ödematös aufquillt. In diesem Zusammenhang stelle ich dann eine Extensionsstellung des Sakrums zusammen mit einer Extensionsblockierung des lumbosakralen Überganges fest.

Sehr häufig tastet man einen Knick in der Schweifrübe, was die Frage nach Luxationen zwischen den einzelnen vorderen Schwanzwirbeln aufwirft. Keine Seltenheit und auch nicht verwunderlich, wenn man die vorderen Schwanzwirbel in den Händen hält: Die Wirbel sind sehr klein und sind mit relativ großen Bandscheiben miteinander verbunden. So ist viel Bewegung in den frei hängenden vorderen Schwanzwirbeln möglich, aber ebenso auch ist die Möglichkeit der Subluxation gegeben.

> Gern nehme ich bei der Untersuchung die Spitze der Schweifrübe in die Hand und bewege die einzelnen Knöchelchen gegeneinander. Lassen sich die letzten vorderen Schwanzwirbel kaum gegeneinander bewegen, dann gehe ich von einem insgesamt rigiden Becken aus.

4.12 Die Hinterhand

4.12.1 Muskeln

Stellen Sie sich eine Schubkarre vor. Die Ladefläche stellt den schweren Rumpf des Pferdes dar, das eine Rad die Vorderbeine. Wenn Sie nun eine vollbeladene Schubkarre den Misthaufen hinauffahren, dann bilden Ihre Beine den Vorwärtsantrieb und stützen abfangend links und rechts auf, je nach dem, wie wackelig es vorn wird.

> Die Arbeit Ihrer Beine beim Schieben einer beladenen Schubkarre ist vergleichbar mit der Funktion der Hinterbeine des Pferdes.

■ Hinterhandstrecker

In der Literatur wird die Funktion der Hinterhandstrecker im allgemeinen als „Extension“ angegeben. Diese Funktion wird jedoch nur zum Ausschlagen und Sichstrecken benötigt, wenn die Gliedmaße nicht den Boden berührt. Vielmehr dienen die Streckmuskeln der Hinterhand einem Nach-vorn-stemmen des Pferdes. Wenn der Hinterhuf sich in den Boden stemmt und alle hinten gelegenen Muskeln aktiviert werden, drücken sie das Pferd nach vorn oder wenn die Vorwärtsbewegung behindert wird, nach oben (Abb. 4.**24**).

Abb. 4.24 Die Hinterhandstrecker sorgen für den Vorwärtsschub.

Der M. gluteaus medius, vom Darmbein kommend, strahlt in die Kruppe bis hin zur Lende in den M. longissimus dorsi ein, der von hinten nach vorn das gesamte Pferd (die Wirbelsäule) anhebt.

Der wohl kräftigste Muskel der Hinterhand ist der mit seinen zwei Furchen inmitten der „Hinterbacke“ gut sichtbare M. biceps femoris. Seine Verankerungsstellen sind oben das Kreuzbein, die vorderen Schwanzwirbel und das sich ebenfalls dort befindliche Lig. sacrotuberale latum und unten die proximale Tibia und das laterale Seitenband des Kniegelenkes. Der Bizeps femoris ist ein exzellenter Schieber des Pferdes nach vorn, zumal er zugleich das Kniegelenk streckt. Dies sind seine auf den ersten Blick sichtbaren Funktionen. Jedoch, der Bizeps kann noch mehr: Er verhindert ein Einsinken der Hintergliedmaße, ganz einfach indem dieser stetig bestrebt ist, das Kniegelenk nach kaudal hin zu spannen. So ist dieser Muskel gerade in der Hankenbiegung in Aktion, und mehr noch, wenn aus der vollsten Hankenbiegung (Piaffe) der Vorwärtsschub erfolgt (Passage).

Am gleichen Hebel ziehen die beiden Partner M. semimembranosus und M. semitendinosus, die das Relief kaudal des Bizeps, direkt neben dem Schweif ausfüllen.

Der M. quadriceps femoris ist Beuger und Strecker. Er beugt in der Hüfte und streckt im Knie. In erster Linie aber dient er dem „Auftrieb“, der Aufrichtung der Hintergliedmaße. Seine Funktion ist ähnlich dem M. biceps brachii an der Vorhand: Ziehen sich seine Fasern zusammen, die von rund um den Femur stammen (M. vastus medialis, M. vastus lateralis, M. vastus intermedius) und allesamt in die Retinakula am Femuropatellargelenk ansetzen, die wiederum an der Tuberositas tibia (proximoventrale Tibia) ansetzt, drücken sie den Kniegelenkswinkel nach hinten, die Hinterhand richtet sich auf. Der lange Kopf des Quadrizeps, der M. rectus femoris, zieht über das Hüftgelenk und macht somit am Becken fest und strahlt bodenwärts in die Retinacula patellae ein. So ist die Funktion dieses langen Teils des Oberschenkelmuskels klar: Er beugt das frei schwingende Bein in der Hüfte, hebt das Femur nach vorn und streckt noch in der Luft das Kniegelenk. Die Hintergliedmaße hat dann einen Tritt nach vorn ausgeführt. Nun kommt der Quadrizeps aber wieder in Funktion: Nach dem Aufsetzen droht die hintere Gliedmaßensäule zusammen zu sacken. Das wenden die drei kurzen Köpfe des Quadrizeps ab, indem sie den Femur über den Hebel des Kniegelenkes wieder aufrichten. Mehr noch: Sie stabilisieren das Kniegelenk in Hankenbiegung. Manchmal ist es nötig, dass ein Hinterbein längere Zeit tief gestellt ist, in einer rasanten Wendung z. B., beim Steigen und bei den Imponiertritten der Hengste. Unter Spannung verlängert sich der Quadrizeps und verhindert so ein Zusammenklappen im Kniegelenk.

Flexion

Für die Flexion der Hinterhand bedarf es nicht so mächtiger Muskelgruppen, denn es gilt lediglich das frei schwingende Hinterbein nach vorn zu führen. Der M. rectus femoris, als langer Anteil des M. quadriceps femoris, wurde dahingehend soeben besprochen.

Der M. tensor fasciae latae kommt vom Hüfthöcker (Tuber coxae) und zieht an die Fascia lata. Dieser Muskel ist teilweise als vertikaler Strang am vorderen Teil der Hinterhandbacke gut zu sehen, besonders bei Pferden mit Rückenschmerzen zeichnet sich dieser Muskel ab. So hat der Tensor fasciae latae eine gute Winkelposition, um das Knie anzuheben.

M. psoas major und M. iliacus werden üblicherweise zusammengefasst als M. iliopsoas, da ihre Fasern medial der Beckenschaufeln verschmelzen und sie stets gemeinsam in einer funktionellen Aufgabe an einem Strang ziehen. Der M. psoas major ist der Muskelanteil, der seitlich und ventral an den Lendenwirbelkörpern zieht, der sogar Fasern bis zu den letzten ventralen Brustwirbelkörpern einstrahlen lässt. Die Hauptfunktion dieses Muskels ist das Aufwölben der Lendenwirbelsäule, ein Rundmachen, was dem weiteren Vorführen der Hintergliedmaßen dient, besonders gut im schnellen Galopp in der Schwingphase zu sehen. Hat das Pferd aber seine Hinterbeine nach hinten ausgestreckt und zieht nun der Psoas, dann zieht er die Wirbelkörper nach ventral, der Rücken wird durchgedrückt. Jedem Reiter wird nun klar, dass der Psoas wohl der Muskel ist, der einen zu weit hinten sitzenden Reiter auf einem weit hinten auf der Brustwirbelsäule liegenden Sattel die LWS vor dem Niederbruch rettet. Der Psoas (und auch die Bauchmuskeln) spannen, was sie können, um Schlimmstes zu verhindern. Dabei kann es passieren, dass die mittlere Lendenwirbelsäule nach oben gedrückt wird – ein sicherer Indiz für Rückenprobleme des Pferdes. Der M. iliacus kommt von der Facies iliaca und zieht an den kleinen Trochanter des Femurs. Er ist sicherlich der effektivste Beuger des Hüftgelenkes, wenn das Bein keinen Bodenkontakt hat. Steht die Hintergliedmaße aber fest und zieht der Iliakus, wird die Kruppe stark abgerundet. Pferde mit extremen Schmerzen in Knie, Hüfte oder LWS stehen so da.

Abduktion

Zur Abspreizung benötigt das Pferd kräftige Muskeln zum deutlichen lateralen Absetzen der Gliedmaße sowie auch ein paar Feineinsteller, die den Huf genau in der entsprechenden Rotation platzieren. Für diese Funktion des Beines hatte ich einmal ein einprägendes Erlebnis mit meinem Pferd Kaschan: Der kleine Araber Kaschan war gerade 1 Jahr alt, es war tiefer Winter und ich hatte noch keinen Stall gefunden, in dem er auf die Koppel mit Kameraden durfte. Also ließ ich ihn täglich auf dem Reitplatz frei laufen. Der tief versandete Platz war eines Tages hart gefroren, kleine Berge und Täler, Schluchten, Spalten und Erhebungen zeichneten sich im Platzboden ab. Mir blieb keine Wahl, ich ließ meinen kleinen Kaschan auf den Platz, in der Hoffnung, er würde vorsichtig trapsen und nur Schritt gehen. Kaum aber machte ich ihn los, rannte er wie eh und je im Galopp auf dem Platz hin und her, auf dem ich zuvor ein paar mal im Knöchel umknickte. Bei genauem Hinsehen konnte man erstaunt feststellen, wie genau er seine Beine direkt auf die Erhebungen platzierte. Diese Beobachtung war für mich sehr lehrreich (besonders für das Gleichgewichtsverständnis für ein ausbalanciertes Pferd, dessen Wirbelsäule und Bewegungen nicht durch den Reiter gestört werden).

Für diese Feineinstellung sind zahlreiche kleine Muskeln zuständig, die unmittelbar am Hüftgelenk rundherum des Femurkopfes sitzen. Sie haben zwar keine große Hebelwirkung, können aber das in der Luft befindliche Bein gezielt in Rotation, Abduktion, Adduktion, Flexion und Extension steuern. Es sind die Muskeln: M gemelli, M. quadratus femoris, M. obturatorius internus und M. obturatorius externus.

Für die kräftigere Abduktion sind die Kruppenmuskeln zuständig, die Glutaen: M. gluteaus medius, M. glutaeus accesorius, M. glutaeus superficialis. Der erst genannte vollführt eine kräftige Extension, da er, wie bereits besprochen, in den

Longissimus einstrahlt. Die anderen Glutaen helfen wohl bei der Extension mit, wenn der Winkel gerade günstig steht (volle Streckung der Hintergliedmaßen), ansonsten aber sind sie gute Abduktoren, da sie vom Becken kommend an den Trochanter major ziehen. Im normalen „Ruhewinkel“ der Hüfte sind sie sogar Beuger des Hüftgelenkes.

■ Adduktion

Die Bedeutung der gern vergessenen Muskelgruppe der Adduktoren, die stark fleischig zwischen den Schenkeln liegen, wird in der Literatur im Allgemeinen nicht so gewürdigt. Sie sind die eigentlichen Bewahrer des Gleichgewichtes, die Hüter der Hinterhandstabilität. Bei jedem Wegleiten eines Hinterbeines zur Seite, dessen Gelegenheit in der Natur häufig vorkommt, ziehen sie die Gliedmaßen wieder unter den Rumpf. Das Abspreizen eines Beines ist überhaupt erst möglich, wenn kräftige Adduktoren diese Bewegung stabilisieren, ansonsten würde jedes außerhalb des Lotes unter dem Körpergewicht befindliche Bein wegrutschen. Dressurreiter wünschen sich natürlich eine energische klare Adduktion der Hinterbeine für die Seitengänge (was diese natürlich nur dann vollbringen können, wenn die Abduktoren nicht verspannt sind!), jedoch dieses ist, wie erwähnt, nicht die Aufgabe dieser kräftigen Muskelgruppe, sondern vielmehr die Stabilisation und das Heranziehen des Rumpfes auf das abduzierte Bein. Die Adduktorengruppe kommt von dem Bereich rund um die Symphyse und zieht zur Facies corpora des Femurs. Es sind die Mm. adductores, M. gracilis, M. sartorius. Der Sartorius hat dabei noch innenrotatorische Funktion, was im Abschub der Hintergliedmaße wichtig ist: Der Huf setzt mit einer leichten Außenrotation auf, in der Stützphase dreht sich der Huf und bohrt sich so in den Boden hinein, bis es in der Abschubphase zur Innenrotation kommt. Es entsteht in der Gliedmaße durch die Muskelzüge eine Art Verschraubung, die der Extremität adäquate Stabilität verleiht.

4.12.2 Pathophysiologie

Aufgrund der statischen Verhältnisse spielen die hinteren Extremitäten für den Vierfüßler Pferd eine wichtige Rolle. Die zwei Stützsäulen, bestehend aus Zehe, Sprunggelenk, Unterschenkel, Knie, Oberschenkel und Hüftgelenk übertragen die Druckkräfte vom Boden direkt auf das Becken, worin das Sakrum hängt, auf der die Wirbelsäule ruht. Wird nun eine hintere Gliedmaße aus propriozeptiven-nozizeptiven Gründen weniger belastet, dann muss folglich die andere Gliedmaße mehr Stützlast aufnehmen. Das Becken wird nun über den Druck von unten aus derotiert. Die Symphyse wandert zum Stützbein hin.

> So interessiert bei der osteopathischen Untersuchung der Hinterbeine die Gleitfähigkeit einer jeden Knorpelfläche, einer jeden Faszie, einer jeden Sehne. Diese feinen Funktionsstörungen sind viel früher palpabel als es Röntgenbilder zeigen könnten.

Sichtbare Hinweise auf verminderte Belastung eines Hinterbeines ist eine Außenrotationsstellung aus dem Hüftgelenk sowie folgend eine zehenweite Stellung der distalen Extremität bzw. eine zehenweite Form der Hufe.

Sehen wir beide hintere Zehen in zehenweiter Stellung, sehen wir lange Zehen und flache Trachten und beobachten einen schlurfenden Gang der Hintergliedmaße, dann können wir davon ausgehen, dass dieses Pferd insgesamt wenig Bewegung hat, wenig vorwärts geritten wird und eine schwach ausgebildete Hinterhand besitzt – denn ein Pferd, welches reichlich bewegt wird und mit viel Schwung geritten wird, rollt seine Zehe vorn vermehrt ab, es hat mehr Spannung in den Hinterhandstreckern, die dann die Trachten mit aufrichten.

Mangelndes Hufmanagment führt auch zu diesem für den Pferderücken schädlichen Schlurfgang.

Eine bodenenge Stellung einer Hintergliedmaße deutet auf ein ausgesprochenes Stützbein hin, welches dann Überlastungen unterworfen ist.

Muskelzüge von der hinteren Gliedmaße ausgehend, die am Beckenring festmachen, haben direkten Einfluss auf die Beckenstellung und die Wirbelsäule (siehe Beckenring und Sakrum).

Hüftgelenk

Die Hüftgelenke des Pferdes sind recht stabil, dementsprechend vor Luxationen abgesichert, aber auch erstaunlich beweglich. Alle Bewegungen, natürlich besonders Flexion und Extension, aber auch Ab- und Adduktion sowie Rotation sind möglich. Die Bewegungen, besonders aber in der Frontalebene, werden durch sehr stabile Bänder weitgehend verhindert bzw. „in Schach“ gehalten.

Nur in seinen Endstellungen nimmt das Hüftgelenk Einfluss auf Stellung und Bewegung der Wirbelsäule.

Das Hüftgelenk ist selten arthrotisch und funktionell betroffen, wohl aufgrund seiner Stabilität. Das Fehlen von objektiven Diagnoseverfahren mag aber auch dazu beitragen, dass das Hüftgelenk in der Veterinärmedizin eine geringere Rolle spielt.

Stürze auf eine Beckenseite, die ja in einem Pferdeleben nicht allzu selten sind, können jedoch das Hüftgelenk verletzen, zumindest Knorpelzellen heraussprengen und so zu einer frühzeitigen Arthrose führen. Eine alte Azetabulumfraktur, die den Femurkopf aufgrund seines inkongruenten Zusammenwachsens erheblich „zerschmirgelt“ hat, konnte ich bei einem lahm gehenden Schlachtpferd herauspräparieren.

Kniegelenk

Das Femorotibialgelenk ist durch plötzliche Abscherbewegungen, Bodenunregelmäßigkeiten beim Stoppen, Stürzen mit seinen Kreuz- und Seitenbändern sowie Menisken mit Verletzungen häufiger betroffen. Sie fühlen dann einen reflektorisch hypotonen M. quadriceps femoris, der in der Tiefe Triggerpoints besitzt.

Die bekannte Luxationserkrankung des Femoropatellargelenkes spielt im Großpferdebereich eine geringere Rolle.

Ein nicht mehr voll leistungsfähiges Kniegelenk kann keine versammelnden Kräfte mehr auffangen.

Sprunggelenk

Wenn das Pferd mit einem Hinterbein abschiebt, dann liegen alle Druckkräfte und auch das gesamte Gewicht des Pferdes auf dem Sprunggelenk. Bekanntlicherweise ist das Tarsalgelenk des Pferdes sehr häufig degenerativen Prozessen unterlegen. Neben der verminderten Stützfähigkeit des betroffenen Beines hat eine Spaterkrankung vor allen Dingen die Folgen, dass dieses Pferd seine Hinterhand nicht mehr zum Tragen des Reiters voll einsetzen kann, das bedeutet, dass die Tragfähigkeit des Tieres sich vermindert.

4.13 Typische Problemstellungen

Nachdem wir uns eingehend mit der Grundkonstruktion des Pferdes, der Wirbelsäule, der Gelenke, der Funktion der Muskulatur und dem des Nervensystems auseinandergesetzt haben, können wir die pathologischen Mechanismen des Bewegungsapparates näher beleuchten. Diese lassen sich in ihrer Ursache mit einem Satz zusammenfassen:

Jede Funktionsstörung des Bewegungsapparates entsteht aus einem Missverhältnis zwischen Belastung und Belastbarkeit.

Entweder war die Struktur gesund und normal belastbar, woraufhin aber entweder ein Gelenkdruck zu stark, zu schief, zu langanhaltend war, ohne dass sich danach das Gelenk rehabilitieren (erholen) konnte. Oder die Muskulatur musste zu lange im anaeroben Bereich arbeiten mit zu kurzer Erholungsphase. Die ermüdete Muskulatur kann das Gelenk dann nicht mehr achsengerecht stabilisieren, was zu einem erhöhten und schiefen Gelenkdruck führt. Eine solche trotzdem weiterhin belastete Muskulatur bildet Insertionstendopathien und Triggerpunkte (Dauerkrampf der intrafusalen Faser, S. 12) aus.

Oder die Struktur war wegen Bewegungsmangels (Aufstallen), innerer Erkrankungen (z. B. Elektrolytverschiebungen) oder abgeheilter traumatischer Ereignisse (z. B. Frakturen, Rupturen etc.) weniger belastbar. „Normale“ Belastungen führen dann zu o. g. Problemkreisen.

Oder es wurden Bewegungen durchgeführt, die für den equinen Bewegungsapparat in dieser Häufigkeit und Form normalerweise selten und dann nur kurzzeitig ausgeführt werden (z. B. Cutting, Barrel Race, Springen, zirzensische Lektionen usw.).

Ich setze als Maßstab für die Physiologie des Pferdes das natürliche wilde Leben des Pferdes in der freien Natur an, wobei mir die heutigen Zebras in Afrika als Meßlatte für die Normalität gelten.

Aus dieser Perspektive betrachtet, setzt eine Aufstallung bereits die Belastbarkeit herunter. Aber auch Exterieureigenschaften und Futterzusammensetzung beeinflussen die Belastbarkeit.

Bei einem domestiziertem Pferd kann eine halbe Stunde Trab ausgebunden an der Longe eine zu hohe Belastung für den Bewegungsapparat darstellen, da:

1. Trab 30 Minuten durchweg und
2. im Kreis und
3. in einer bestimmten Halshaltung in der freien Natur

nicht vorkommt.

War der Belastungsreiz zu hoch bzw. die Erholungsphase zu kurz, reagieren die Gelenke der Wirbelsäule zunächst mit:

1. Hypertonus der umspannenden Muskulatur,
2. veränderten Bewegungsmustern („Ausweichmechanismen"),
3. dann mit Blockierungen
4. und schließlich mit degenerativen Veränderungen.

4.13.1 Veränderte Bewegungsmuster

Zunächst also versucht das Pferd, eine überlastete Struktur weniger zu belasten. Die Überlastungen kommen entweder von einer zu hohen, zu langen oder zu unphysiologischen Anforderung, oder die Belastbarkeit ist wegen Exterieureigenschaften, Hufimbalance oder Traumata heruntergesetzt.

Der Versuch, die Belastung zu minimieren drückt sich in verschiedenen Veränderungen der Bewegungsmuster des Pferdes aus:

Gangunregelmäßigkeiten

Schmerzen bzw. nozizeptive Meldungen im unteren Bereich der Gliedmaßen führen zu Verkürzungen in der Stützphase des betroffenen Beines, die vom Besitzer selten bemerkt werden. Die Stützphase des jeweils kontralateralen Beines verlängert sich relativ. Die „helfende" Extremität wird vermehrt belastet, was später (nach Wochen) zu Blockierungen in den zugehörigen Wirbelsegmenten führt. Der Thorax bzw. das Becken derotiert entsprechend zum vermehrt stützenden Bein hin, was wiederum später zu Derotationsblockierungen an der Wirbelsäule führt (S. 80).

Siehe auch Befundaufnahme Gang (S. 111).

Biegeschwierigkeiten

Wirbelsäulenabschnitte, die eine Überlastung erfahren haben, lassen sich nicht mehr zur belasteten Seite biegen. Das Pferd biegt dann kompensatorisch andere Abschnitte vermehrt. Z. B. bei Kopfgelenksblockierungen biegt sich das Pferd vermehrt im zervikothorakalen Übergang (CTÜ), bei einer Blockierung der kaudalen Lendenwirbelsäule biegt es sich vermehrt in den mittleren und kranialen Brustwirbelsäulenbereichen.

Vorhandbelastungen

Ein Pferd, welches vorwiegend „auf der Vorhand läuft", seinen Schwerpunkt also nicht nach hinten zu schieben vermag, *kann* in der Hinterhand eventuell keine Last aufnehmen, da das Becken Funktionsstörungen hat oder die hintere Extremität degenerative Veränderungen durchmacht oder gar die Hufstellung eine Lastaufnahme unmöglich macht (z. B. lange Zehen, flache Trachten).

Festgehaltener Rücken

Nozizeptive Reize an der Pferdewirbelsäule veranlassen die nahe liegende umspannende Rückenmuskulatur zur Verspannung. Dieser Hypertonus schützt die Wirbelsäule vor weiteren Reizen. Ein solcher Rücken *kann* sich nicht biegen. Pferde mit ausgeprägtem „Hirschhals", durchgedrücktem Rücken und säbelbeinigem Stand bilden sich dann aus, wenn diese unter dem Reiter „weglaufen" und „sich den Hilfen entziehen".

Diesen veränderten Bewegungsmustern folgen in der Regel Blockierungen in den neu überlasteten Gebieten.

4.13.2 Blockierungen

Definition:

Eine „Blockierung" ist eine reversibel gestörte Gelenkfunktion im Sinne einer Bewegungseinschränkung.
Eine „Blockade" ist eine irreversible Bewegungseinschränkung im Sinne einer Ankylosierung.

Also, irgendetwas bewegt sich nicht mehr in einem Gelenk und das Ganze ist reversibel. Das bedeutet, dass eine oder mehrere Bewegungsrichtungen des Gelenkes nicht mehr ausführbar sind. Die Flexion oder die Extension oder die Lateroflexion mit kombinierter Rotation in einer Richtung oder gar in beide, funktioniert nicht mehr vollständig.

Dabei wird der Schweregrad einer Blockierung folgendermaßen eingeteilt (Tab. 4.**1**):

Tab. 4.1 Einteilung des Schweregrads von Gelenkblockierungen

Grad I	leichte Blockierung	leicht reversibel, auch spontan möglich
Grad II	deutliche Blockierung	nur durch Mobilisation reversibel
Grad III	starke Blockierung	nur durch Manipulation reversibel

Natürlich gibt es fließende Übergänge. Auch eine Grad-III-Blockierung kann sich spontan lösen, bei einem Sturz z. B., oder eine Grad-III-Blockierung kann auch durch geschickte und langwierige Mobilisationen erfolgreich behandelt werden, wobei eine Manipulation meistens zuerst die Grad-I-Blockierung beseitigt, während die Grad-II- und Grad-III-Blockierungen daneben liegend in ihrer Festigkeit beharren.

Was genau passiert in einem Gelenk im Fall einer Blockierung? Diese Frage ist nach heutigem Wissensstand noch nicht vollständig geklärt worden. Jedoch gibt es einige Erklärungsmodelle, die alle für sich schlüssig sind. Zunächst einmal haben wir folgendes Phänomen: In der klinischen Untersuchung zeigt sich die Blockierung in einer Bewegungseinschränkung in eine Richtung, während die andere Richtung frei ist. Ist z. B. die Lateroflexion im Atlantookzipitalgelenk nach links gestört, ist diese nach rechts frei. Das ruft in einem mechanisch denkenden Menschen zunächst einmal Verwirrung hervor: Wenn doch die Articulatio atlantooccipitalis nach links „eingeklemmt" ist, kann es sich doch nicht einfach nach rechts bewegen? Weil es klemmt, kann es doch auch nicht auseinander gleiten? Ist es nun bewegungseingeschränkt oder nicht?

Nun muss man wissen, dass eine Blockierung ein Mischgeschehen von
- knorpelig-knöchernen Störungen,
- Veränderungen im Muskeltonus und
- nervös-reflektorischen Störungen ist.

Die nervös-reflektorischen Störungen bedingen die Veränderungen im Muskeltonus, welcher mit der Zeit zu knorpeligen Veränderungen führt.

Das muss genauer erklärt werden:

Ein Reiz führt über die Nozizeption zu einer reflektorischen Veränderung des Muskeltonus, meistens zu einem lokalen Hypertonus der Muskelfasern direkt über dem Gelenk. Bleibt dieser Zustand eine Zeit lang bestehen, dann können diese hyperton geschalteten Fasern einen Triggerpoint ausbilden, der das ganze Geschehen dann autonom aufrechterhält. Die antagonistische Muskulatur wird (via Antagonistenhemmung) hypoton geschaltet. Dieses kann man gut fühlen, denn direkt über dem betroffenen Gelenk ist das Gewebe hart und oft auch druckdolent und auf der anderen Seite ist es weich (antagonistische Muskulatur). Wird ein Gelenkknorpel einige Zeit nicht bewegt, herrscht also (durch den hypertonen Muskelzug) eine Dauerkompression, so kommt es früher oder später zu Adhäsionen der beiden Knorpelflächen aneinander (durch Lösen dieser Adhäsion bei der Manipulation soll es zu einem Knackgeräusch kommen). Bleibt dieser Zustand noch eine weitere Zeit bestehen, dann sind degenerative Änderungen im Spiel, also echte struktu-

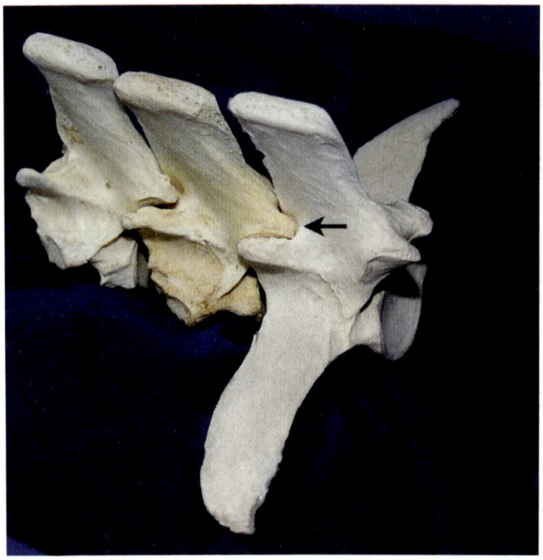

Abb. 4.**25** Extensionsblockierung L 1/Th 18. Th 18 in Rechtsrotation (Mitte), Th 18/L 1 links in Konvergenz (Pfeil).

relle Umbauten, die dann als Blockade bezeichnet werden, also irreversibel sind (Abb. 4.**25**).

Wieso aber ist nun eine Bewegungsrichtung blockiert, während die konträre Bewegungsrichtung mühelos durchführbar ist? Ist doch auf der einen Seite, z. B. links, ein reflektorischer Muskeltonus vorhanden, so dürfte doch logischerweise eine Bewegung nach rechts auch nicht durchführbar sein – zum einen wegen der Blockierung links und zum anderen wegen des Hartspanns links. Und doch kann nach rechts bewegt werden. Die Antwort ist allein im Nervensystem zu suchen. Es signalisiert: „nach links lasse ich nicht zu, alle Muskeln rund um das Gelenk mache ich ‚dicht' (während in Ruhe links der Dauertonus bleibt), nach rechts okay, bitte schön, das ist genehmigt, keine reflektorische Gegenantwort. Nur so ist dieses Phänomen erklärbar".

Woher aber kommt so ein Reiz, der zu einer Blockierung führt? Auch hier sind die Ursachen vielfältig. Stets aber löst ein Reiz die Nozizeption aus, die dem Zentralnervensystem (ZNS) einen drohenden Schaden meldet. Wird das Gelenk eventuell zu stark komprimiert, wie bei einem Sturz, oder zu lange komprimiert, wie eine geforderte Dauerstellung des Reiters mit Gelenkverkantung, oder wird extreme Bewegung verlangt wie beim „Riegeln" des Reiters, oder es hat zu kurze Ruhephasen, so dass die Rundummuskulatur nicht relaxen kann, oder es verändert seine chemische intraartikuläre Zusammensetzung (evtl. durch die Überbelastung), dann melden die reichlich in Gelenkkapseln und Ligamenten enthaltenden Rezeptoren drohenden Schaden und dann folgt die nervös-reflektorische Kaskade der Blockierung (S. 17).

Kurz gesagt:

> Ein jegliches Problem im Bewegungsapparat hat stets eine einzige Ursache: ein Missverhältnis zwischen Belastung und Belastbarkeit. Entweder war die Belastung zu hoch oder die Belastbarkeit zu niedrig.

Eine zu niedrige Belastbarkeit finden Sie bei aufgestallten Pferden, im toxischen Stoffwechsel, nach Traumata, in Störfeldern usw.

Man könnte auch sagen:

> Ein Entfernen von der physiologischen Bewegung in seiner Qualität (harmonischen Natürlichkeit) und Quantität (nicht zu viel und nicht zu wenig Bewegung) führt zu Blockierungen und später zu Degenerationen.

So einfach ist das!

Grundsätzlich werden die Blockierungen neben ihren Graden I–III zusätzlich nach ihrer Stellung benannt. So unterscheiden wir Derotationsblockierungen (wie oben beschrieben), Extensionsblockierungen und Flexionsblockierungen. Dabei sind die **Extensionsblockierungen** (fixierte Stellung der Facettengelenke in einer Extensionsstellung; die Gelenkflächen sind angenähert) die schwerwiegendsten, da diese eine „Rundumkompression" mit allen ihren Folgen verursachen, häufig dabei noch etwas gekippt (derotiert sind) und schwer zu lösen sind. Sie verursachen die heftigste Symptomatik, auch wenn es sich um Fehlstellungen von hundertstel Millimetern handelt, und neigen zu chronifizieren (Abb. 4.**26**).

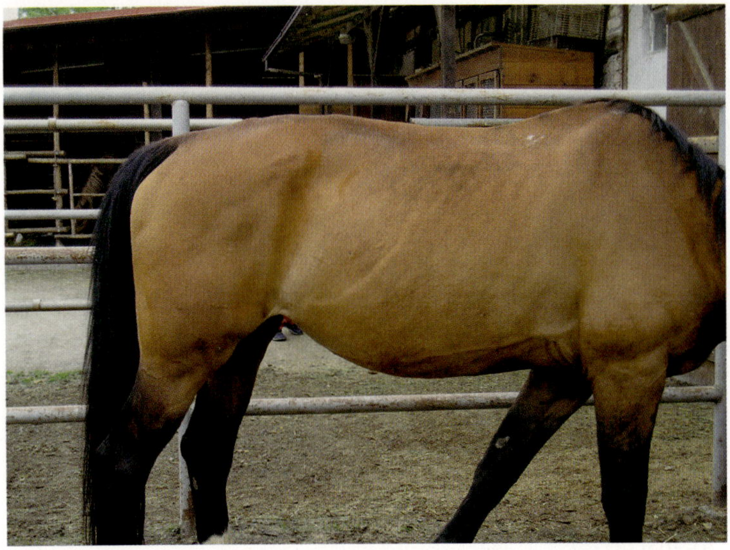

Abb. 4.**26** Karpfenrücken durch eine fixierte Extensionsstellung der BWS.

Die **Flexionsblockierungen** (fixierte Stellung der Facettengelenke in einer Flexionsstellung; die Gelenkflächen sind voneinander entfernt) sind weniger Blockierungen im klassischen Sinne der knorpelig-knöchernen Adhäsion, sondern eher muskulär fixierte Stellungen im Sinne einer Kompensation wegen einer Extensionsblockierung weiter kranial. Besonders häufig ist die LWS des Pferdes betroffen, die durch ihren Muskelzug Richtung Flexion versucht, eine weiter kranial gelegene Extensionsblockierung „hochzuheben". Die Flexionsblockierungen sind aber oft neben ihrer sichtbaren Fehlstellung asymptomatisch, es sei denn deren Ursache ist eine akute Derotationsblockierung durch einen Sturz z. B.. Auch hierbei ist die fixierte Flexion ein Kompensationsvorgang, der Körper versucht dem Druck durch eine Divergenz nachzugeben.

Die Funktionsstörungen in **Derotationsstellung** (fixierte Stellung eines Wirbels in einer Rotations- und kombinierten Lateroflexionsstellung) sind sehr häufig. Sie verursachen eine deutliche Symptomatik und sind in den meisten Fällen einfach zu lösen.

4.13.3 Schlüsselwirbel

Nun ist es so, dass bestimmte Wirbel früher zu Blockierung neigen als andere Wirbelregionen. Es sind vor allem Abschnitte, die besonders vielen Bewegungen und/oder Druckbelastungen ausgesetzt sind, Abschnitte also, an denen sich Bewegungen umkehren. Diese Regionen sind beim Pferd im Besonderen: die Kopfgelenke, der zerikothorakale Übergang, Th 9–Th 14, der lumbosakrale Übergang (LSÜ) und die Iliosakralgelenke (ISG). Diese Regionen wiederum beeinflussen Teile der restlichen Wirbelsäule. So werden diese Regionen der Wirbelsäule als „Schlüsselwirbel" bezeichnet. Blockierungen von Schlüsselwirbeln führen zu Blockierungen nachbarschaftlicher Wirbel. Und Blockierungen in den Zwischenregionen wiederum führen zu Blockierungen in den Schlüsselregionen.

> Therapeutisch werden Sie keinen nachhaltigen Behandlungserfolg haben, solange noch Blockierungen in den Schlüsselregionen vorhanden sind.

Dabei fallen dem Kreuzbein (Os sacrum), dem zervikothorakalen Übergang und dem Atlas die „Hauptschlüssel" zu (Abb. 4.**27**). Das Kreuzbein beeinflusst mit seiner Stellung die gesamte Wirbelsäule, da von hier aus alle Wirbel dachziegelartig übereinander gelegt sind. Ist das Kreuzbein beispielsweise rechts tiefer gestellt, dann zieht es auch das rechte L 6/S 1-Segment mit in die Tiefe, welches in die Extensionsstellung gerät und später dann blockiert. Das linke L 6/S 1-Segment gerät durch die Hochstellung ebenfalls in Kompression.

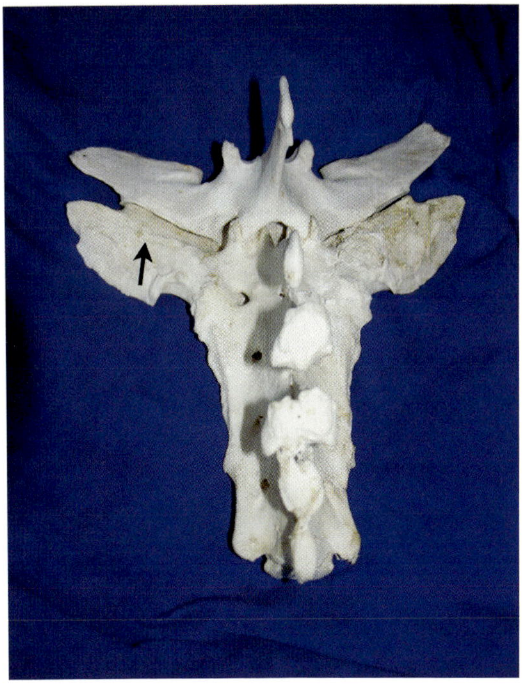

Abb. 4.27 Das Sakrum ist nach rechts rotiert, der linke Sakrumflügel rutscht in das linke Transversalgelenk und nimmt so den sechsten Lendenwirbel mit in die Rotation, das linke lumbosakrale Transversalgelenk blockiert. L 6/S 1 transversal links in Konvergenz (Pfeil).

Ist aber L 6 kräftig nach links rotiert (Dornfortsatz nach rechts), dann lindert es die Kompression. Diese Fehlstellung führt zu Kompensationsmechanismen in der LWS, die bis zum CTÜ, und durch den Zug der Halsmuskulatur bis zu den Kopfgelenken vorlaufen kann.

Umgekehrt aber beeinflusst die Stellung des Atlas den Muskeltonus des gesamten Körpers und via kraniosakrales System die Stellung des Kreuzbeins. Interessant ist, dass das Kreuzbein dieselbe Stellung wie der Atlas einnimmt. Ist der Atlas also links höher (und links blockiert), ist das Sakrum auch links höher gestellt, und somit rechts tiefer, was eine ISG-Blockierung rechts hervorruft.

Blockierungen des zervikothorakalen Überganges verursachen über den Muskelzug Blockierungen in den Kopfgelenken und Extensionsblockierungen bis Th 14.

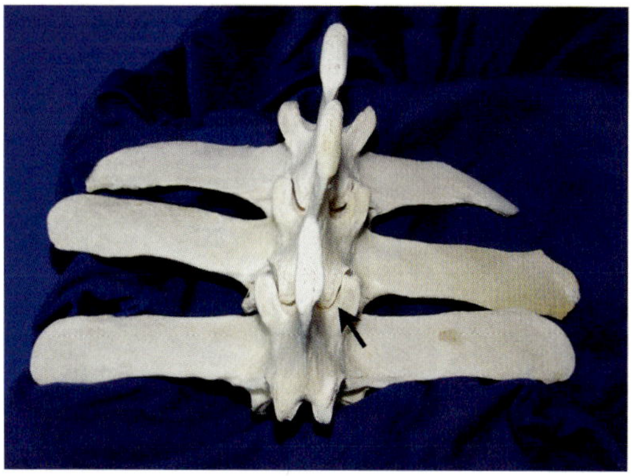

Abb. 4.28 Blockierung. L 2/3 rechts (Pfeil).

Alles hängt zusammen und beeinflusst sich gegenseitig.

Betrachten wir noch einmal die Biomechanik einer Blockierung genauer: Angenommen L 1 steht mit seinem Dornfortsatz nach rechts. Da die Facettengelenke von hinten nach vorn dachziegelartig übereinander liegen, bedeutet das, dass das rechte Facettengelenk zwischen L 1 und L 2 komprimiert ist, das linke aber in Divergenz (die Gelenkflächen entfernen sich voneinander) steht. Das Facettengelenk L 1/Th 18 links jedoch steht in Konvergenz (die Gelenkflächen nähern sich einander an), die aber geringer ausfällt, da durch die Bandsysteme die kranialen Wirbel mitgezogen werden (Abb. 4.**28**).

4.13.4 Degenerationen

Der Knorpelstoffwechsel lebt von der Bewegung, und zwar von der gleichmäßigen über die gesamte Knorpelfläche verteilten Bewegung. Eine gewisse Anpassung an Mehrbelastung oder Minderbelastung ist hierbei möglich (Abb. 4.**29**).

Wird der Knorpel aber dauerhaft zu hohem Druck ausgesetzt, hat er zu kurze Regenerationsphasen, oder leidet er unter intraartikulären chemischen Veränderungen, dann verliert der Knorpel an Elastizität und Spannkraft. Chondrozyten (Knorpelzellen) sterben ab. Der Knorpel verliert an Struktur. Das Gelenk reagiert mit einer Entzündung und der Schmerzreiz führt zusätzlich als Schutzreflex zu einer Blockierung. Das Gelenk wird durch die An-

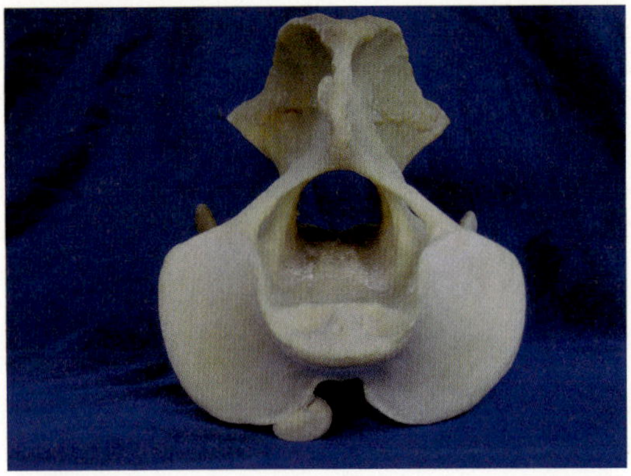

Abb. 4.29 Spondylophyt am Axis.

schwellung instabil, was wiederum zu einem erhöhten Schutztonus der Muskulatur führt. Irgendwann beruhigt sich die Entzündung wieder, die Knorpelfläche ist aber nicht mehr so glatt, bei der nächsten erhöhten Belastung wiederholt sich der Mechanismus. Der Organismus reagiert dann irgendwann mit knöchernen Zubildungen, d. h., an den Gelenkrändern wächst Knochengewebe aufeinander zu. Unglücklicherweise dauert dieser Vorgang Jahre und ist schmerzhaft (Abb. 4.**30**).

Äußerst misslich ist es, wenn so ein Knochenzuwachs, Osteophyt, als so genannter Spondylophyt in das Foramen intervertebrale hineinwächst, durch welches die Nervenwurzel aus dem Rückenmarkskanal heraustritt, um die Peripherie zu innervieren (Abb. 4.**31**).

Ein bekannter degenerativer Vorgang an der tragenden Pferdewirbelsäule wird „Kissing-spine-Syndrom“ genannt und kommt bei Reitpferden, insbesondere bei Dressur- und Freizeitpferden (seltener bei Springpferden), besonders häufig vor. Interessanterweise aber führen diese knöchernen Zubildungen nicht zwangsläufig zu klinischen Schmerzsyndromen, wie nun verschiedene Studien bewiesen haben.

Die Zwischenwirbelbänder sind bei einem Reitpferd besonderen Belastungen ausgesetzt, da sie vom Reiter verlangte abnorme Bewegungen bremsen müssen zum Schutz der Facettengelenke. So kommt es insbesondere am Lig. longitudinale ventrale des Öfteren zu kleinen Rupturen, die dann ossifizieren (verknöchern). Eine frisch rupturierte Stelle dürfte für die betroffenen Wirbel eine dramatische Situation darstellen, da die Wirbel nun beim Tragen des Reiters nach ventral abzusacken drohen.

An den Stellen, an denen die Bänder (Ligamente) und Muskeln am Knochen festmachen, wird beim Reitpferd viel gezerrt. Besonders die Ligamente und Muskeln des Nackenbereiches entwickeln dann Ansatzdesmopathien, die äußerst schmerzhaft sind.

Erhebliche Überbelastungen und Frakturen führen zu erheblichen Anpassungen des Knochengewebes an die neue Situation. Bei der Diagnosestellung, besonders von älteren Pferden, sollte stets an die Möglichkeiten von strukturellen Verände-

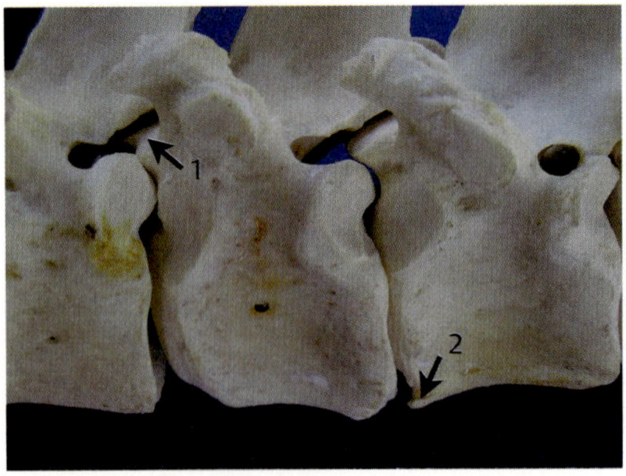

Abb. 4.30 Ankylosierungsprozesse am Lig. ventrale. Spondylophytenbildung am Foramen invertebrale (1), Osteophytenbildung (2).

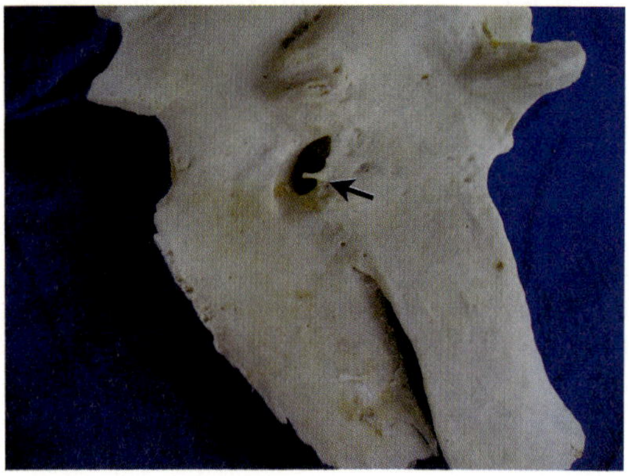

Abb. 4.31 Spondylophyt irritiert Nervenaustrittsloch.

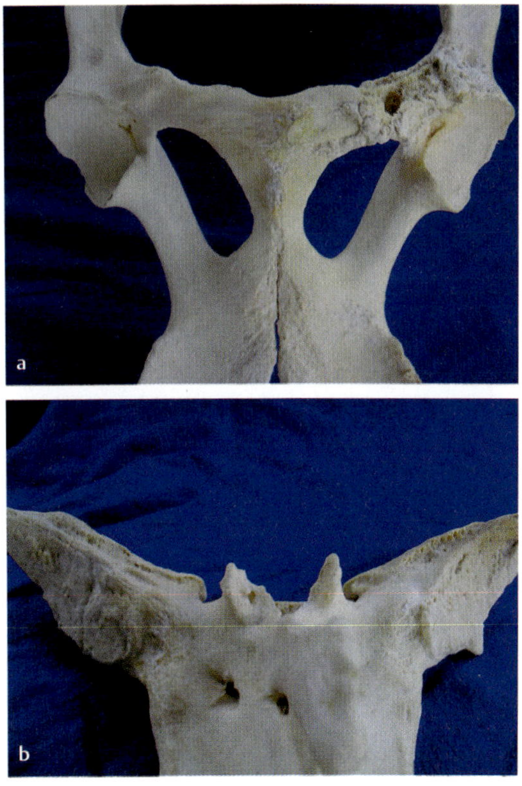

Abb. 4.32 a, b
a Ein umstrukturiertes Ossis pubis,
b arthrotische schiefe Gelenkflächen am Sakrum.

rungen gedacht werden, die natürlich irreversibel sind (Abb. 4.**32 a, b**).

Nicht alle Probleme, die wir tasten können, sind zu lösen.

So müssen wir bei der Untersuchung und Behandlung des Pferdes immer bedenken, dass ein verdrehter Wirbel vielleicht gar nicht verdreht ist, sondern dessen Dornfortsatz schief gewachsen ist, oder dessen Gelenkfortsätze unterschiedlich geformt sind. Eine Bewegungseinschränkung kann auch eine Knochenzubildung bedeuten, nicht immer eine „normale" Blockierung.

Bildgebende Verfahren sind beim Pferd wenig aufschlussreich. Im Röntgenbild sind nur die Dornfortsätze sichtbar, in wenigen Kliniken in Deutschland, und unter Vollnarkose, können vereinzelt in der Halswirbelsäule computertomographische Bilder angefertigt werden. Erste Arbeiten beschäftigen sich mit der sonographischen Darstellung des knöchernen Beckenskelettes von rektal.

Zugleich muss man wissen, dass die klinischen Erscheinungen nicht gleich dem Befund im Röntgenbild sind. Ein Pferd mit einem Röntgenbild, welches erhebliche Degenerationen aufweist, kann im klinischen Untersuchungsbefund weitgehend symptomlos sein. Ein anderes Pferd aber, mit deutlicher Schmerzsymptomatik, kann ein absolut unauffälliges Röntgenbild zeigen.

Ob das Pferd Schmerzen und Bewegungsstörungen hat oder nicht, hängt von seinen individuellen Kompensationsmechanismen ab. Die Manuelle Therapie versucht, der Wirbelsäule des Pferdes wieder zu ihrer eigenen Kompensationsfähigkeit zu verhelfen, nicht um blockierte Wirbel wieder „gerade zu richten".

5 Spezifische Probleme des Pferdes als Reittier

Von nicht zu unterschätzender Bedeutung für die Wirbelsäule des Pferdes sind für das domestizierte Pferd gegebene Faktoren, die wir Menschen dem Tier vorgeben. Oft sind Haltung, Umgang, Ernährung, Exterieur (Zucht) und besonders die Hufstellung von entscheidender Bedeutung in der Ursache und damit der Prognose für das am Rücken erkrankte Pferd.

5.1 Haltungsbedingungen

> Boxengröße, Helligkeit, Einstreu, Lärm, Gesellschaft, Weidegang, Paddock – all diese Faktoren spielen eine entscheidende Rolle dabei, ob das Pferd unter dem Reiter ruhig, gelassen, aufmerksam und fleißig gehen kann.

Die zwei vegetativen Grundsysteme Parasymphatikus und Symphatikus beeinflussen den Muskeltonus, die Durchblutung, und die Atmung des Pferdes. Ein durch Haltung und Umgang gestresstes Pferd erhöht den Symphatikotonus, das bedeutet, dass der Muskeltonus, insbesondere der Streckmuskulatur, wegen einer erhöhten Fluchtbereitschaft bzw. Aggression erhöht ist. Das Diaphragma steht in Inspirationsstellung, verursacht so einen intrathorakalen Unterdruck, der die BWS in Extension zieht, und einen intraabdominalen Überdruck, der zum einen die Verdauung behindert, zum anderen die LWS nach oben hin hinausdrückt, und diese in Flexion fixiert.

Das Zwerchfell eines unter Sympathikotonus stehenden Pferdes bewegt sich vermehrt in der Inspirationsstellung, d. h., die Kuppel des Diaphragmas ist flacher.

Es konnte nachgewiesen werden, dass eine Einstreu mit wenig Spänen und mangelndem Mistmanagment sowie eine geringe Boxengröße zu einer Verkürzung, gar Vermeidung des Ablegens führt. Die wenigen Stunden, in denen das Pferd vollständig alle Muskeln und Wirbelgelenke relaxieren kann, schränken sich weiterhin ein bzw. fallen sogar weg. Eventuelle Überlastungen des Tages an Knorpelflächen, Muskelfasern, Faszien und Sehnen bekommen weniger Chance, sich vollständig zu rehabilitieren, degenerative Veränderungen am Bewegungsapparat können sich so schneller entwickeln.

Eine Fütterung des Raufutters aus einer Raufe hat den Nachteil, dass das Pferd sich für jeden Heuhalm nach oben strecken muss. Das Tier der Steppe ist jedoch für das Abzupfen der Gräser vom Boden aus geboren, wobei es seine dorsale Muskelkette dehnt. Beobachten Sie einmal ein grasendes Pferd: Während es das Gras mit den Zähnen abzupft, können Sie ein leichtes Anheben des Rückens erkennen. Dabei kommt es zu minimalen, aber doch vorhandenen, Automobilisationen Richtung Flexion. Bei der Fütterung aus der Raufe bekommt die Wirbelsäule jedes Mal einen Extensionsreiz, biomechanisch und bahnend für die Streckmuskulatur.

Viele domestizierte Pferde entwickeln aufgrund der Futterzusammensetzung (und Züchtung) Zahnprobleme. Das Eintauchen des Heus in Wasser schließt die Halme ein wenig auf, das Kauen und die Verdauung fallen leichter. Zudem sollte bedacht werden, dass das Gras, das natürliche Futter des Pferdes, einen erheblich höheren Feuchtanteil besitzt. Ist die Tränke nun 1 bis 2 Meter von der Heulage entfernt, gewöhnen sich viele Pferde an, die Vorderbeine zu spreizen, um so den Eintauchvorgang bequemer und schneller durchführen zu können. Das bodenweite Stehen jedoch begünstigt Huffehlformen, in denen ein Huf steil wird (hohe Trachte, kurze Zehe), der andere aber abflacht (niedrige Trachte, lange Zehe). Eine Derotation des Thorax ist die logische Folge, deren Auswirkungen in der Pathophysiologie Thorax besprochen worden sind.

Moderne Offenställe mit Laufhaltung haben zwar den Vorteil, dass das Pferd stetig an der frischen Luft ist, dass es unter Artgenossen ist und sich ständig im Schritt bewegen kann, jedoch gibt es doch auch einige nicht unerhebliche Nachteile, die den Bewegungsapparat des Pferdes erheblich negativ beeinflussen:

1. Der harte Boden, der aus hygienischen Verhältnissen sauber gehalten werden muss. Dies macht unphysiologische Erschütterungen in den Gliedmaßen, die sich bis zur Wirbelsäule erstrecken.
2. Das Barfußgehen, da aus Unfallverhütungsmaßnahmen Offenstallpferde unbeschlagen sein sollen. Nicht jedes Pferd kann aufgrund seiner Hufform und seiner Gliedmaßenstellung barfußgehen. Viele müssen, um proximal einen normalen Bewegungsablauf entfalten zu können, korrekturmäßig beschlagen werden.
3. Viel Stehen, dominante Pferde sind damit beschäftigt, das eingestreute Territorium zu verteidigen, unterlegene Pferde haben so gut wie nie eine Chance, sich entspannt ablegen zu können.
4. Kein Trab oder Galopp. Pferdebesitzer unterschätzen die Bewegungsbedürftigkeit ihres Tieres. Ein schwungvoller Trab gerade aus, der regelmäßige Galopp ist essenziell für die Gesundheit der Pferdewirbelsäule, der Gesamtdurchblutung, des Lymphabflusses, des Herz-Kreislauf-Systems und für die Atmung. Offenstallhaltung ohne zusätzliche Bewegung ist einfach zu wenig, um ein Reitpferd gesund zu erhalten.
5. Kälte. Nicht jedes Pferd jeder Rasse wird mit Nässe und Kälte fertig. Die Pferde stehen nicht nur deswegen draußen im Regen, ohne den Stall zu benutzen, weil sie es draußen gemütlicher finden, sondern weil der Stress unter Artgenossen in einer Hütte einfach zu groß ist. Instinktmäßig bekommt es im Stall zu wenig von eventuellen Feinden mit und eine Flucht würde nicht schnell genug verlaufen. Es erträgt lieber den Regen als sich in enge dunkle Räume zu begeben. Pferde mit hohem Blutanteil entwickeln nicht unerhebliche Muskelverspannungen, Lungenprobleme und meines Erachtens eine Art rheumatische Bereitschaft für Gelenkerkrankungen, auch der Wirbelsäule, bei Kälte und Nässe.

Die Pferdepatienten, die nachts in einer großen hellen reichlich eingestreuten sauberen Box neben Artgenossen ohne Metallgitter stehen, die tagsüber mit einer gut verträglichen kleinen Gruppe eine große Weide zur Bewegung zu Verfügung haben, auf der auch ein raumgreifender Galopp möglich ist, die zudem mindestens 3-mal/Woche fachgerecht geritten werden, ein korrektes Hufmanagement erhalten, ein individuelles natürliches Futter aus Heu, Stroh, Hafer, Mineralien und natürlichem Saftfutter (Möhren, Rüben, Äpfel) erhalten, weisen bei weitem den besten Gesundheitszustand auf.

5.2 Umgang

Aber auch die Umgangssprache mit dem Tier spielt eine Rolle, ob es sich beim Reiten ängstlich verspannt oder so dominant ist, dass es die Hinterhandaktivität verweigert und den Reiter bei Unbehagen abwirft. In den meisten Fällen klappt die Kommunikation zwischen Pferd und Reiter nicht, da beide Parteien eine andere Sprache sprechen. Es ist Aufgabe des intelligenteren Menschen, die Sprache des Pferdes zu lernen, um stressfrei und klar mit seinem vierbeinigen Kameraden kommunizieren zu können. So würden sich viele Unklarheiten am Boden und unter dem Sattel in Luft auflösen und unser Pferd-Reiter-Paar könnte sich der Losgelassenheit, dem Takt und Schwung widmen.

5.3 Ernährung

Als ich vor 10 Jahren die Manuelle Therapie auf das Pferd übertrug, war für mich das Thema „Ernährung des Pferdes“ zweitrangig. Hauptsache mein Freizeitpferd erhielt Müslifutter, denn auch ich war Müslifan und es sah weder zu dick noch zu dünn aus. Mit ebensolchen einfachen Gedanken betrachtete ich meine Therapiepferde.

Dann befasste ich mich mit dem Werk von *Lebelt*: Verhaltensauffälligkeiten von Pferden, in dem bei jeder sogenannten Verhaltensstörung, z. B. Koppen und Weben, aber auch extreme Aggressionen und Ängste, immer wieder die Haltung und Ernährung eine entscheidende Rolle spielten: zu wenig Raufutter.

Das freilebende Pferd frisst 16 Stunden am Tag, dabei senkt es den Kopf, nimmt Gerüche der Erde, der Pflanzen und der Umgebung wahr, bewegt seine Zunge, schmeckt und zermalmt mit seinen Zähnen die groben Halme. Manchmal stöbert es im Geäst nach Blättern und Früchten und grünen Zweigen, manchmal stöbert es im Boden. Während dieses Fressvorganges legt das Pferd einige Kilometer pro Tag zurück. Das ist die eigentliche Hauptbeschäftigung unseres Pferdes.

Fehlen diese Sinnesreize, fehlen das Kauen, das Herumstöbern mit dem Maul, dann hat diese Unnatürlichkeit neben den Auswirkungen auf Verdauungssystem und Bewegungsapparat (denn es bekommt ja in den meisten Fällen keine andere Abwechslung als die Wand seiner Box) eben auch Auswirkungen auf die Psyche des Tieres.

Lebelt konnte in vielen Fällen nachweisen, dass eine ausreichende Menge an Raufutter, Stroheinstreu, hin und wieder ein Ast und genügend Bewegung, die meisten Verhaltensauffälligkeiten heilen bzw. erheblich bessern konnten.

Walter Salomon dann stand uns in seinem Kurs mit seinen umfangreichen Kenntnissen über die natürliche Nahrungsaufnahme des Pferdes, seinem Verdauungsstoffwechsel und die Folgen von Störungen zur Verfügung. Er ließ uns verschiedene Heu- und Strohsorten mit Händen, Augen und Nase begutachten, ebenso Hafer. Er öffnete uns den Blick, für Schimmelnester im Raufutter, die verantwortlich für Lungen- und Darmkrankheiten sind. Feinstängeliges kleereiches Heu macht Pferde dick, verstopft diese, übersäuert den Darm, lässt den Speichel weniger fließen und nutzt die Zähne nicht ab, und es hat früher Langeweile, weil es schneller seine Mahlzeit zerkleinert.

Dicke Pferde mit vollem Darm können sich schlecht biegen und haben Schwierigkeiten ihre Bauchmuskeln anzuspannen. Solche Pferde sind lauffaul, entwickeln wenig Schub aus der Hinterhand.

Ein übersäuerter Stoffwechsel lagert die überschüssige Säure schließlich in den Gelenken ab, Knorpelzellen werden zerstört.

Mais und die in Müslis und Pellets enthaltende Melasse haben dieselbe Wirkung wie kurzes kleereiches Heu. Jedoch zusätzlich lagern sich unverdaute Maisrückstände in den Lücken der Darmwand ab und wirken dort toxisch.

Pferde, die nicht galoppieren wollen, oder Schwierigkeiten haben, sich auf der rechten Seite zu biegen, oder stets auf der rechten Hand im Galopp das Bocken oder Ausschlagen beginnen, können einen verstopfen Darm haben. Manchmal steckt eine Vorphase einer Kolik dahinter. Entschlacken und Entsäuern (weniger Kraftfutter, viel Raufutter, viel Saftfutter) wirken da Wunder.

Im Therapeutenalltag stelle ich immer wieder fest, dass Pferde, die reichlich grobstängeliges Heu erhalten, auf einer sauberen Stroheinstreu stehen (evtl. kombiniert mit Spänen), Hafer und Saftfutter (z. B. Möhren, Äpfel, Rote Bete, Rüben) am lockersten und lauffreudigsten sind bei gleichzeitigem ausgeglichenen Temperament, ein glänzendes Fell entwickeln, der Mist am wenigsten stinkt und Lahmheiten am seltensten sind.

An dieser Stelle muss angeführt werden, dass das Kalzium-Phosphor-Verhältnis beachtet werden sollte, das etwa 1,5 (Ca) zu 1 (P) stehen sollte. Heu und Gras liefert genau dieses Verhältnis. Hafer und andere Kraftfutter jedoch verschieben das Verhältnis bis 4 : 1 zugunsten des Phosphors. D. h., dass bei einer solchen Fütterung das Pferd schnell übersäuert mit den entsprechenden Folgen für den Gelenkknorpel und die Knochen, denn Kalziummangel im Blut wird durch Entzug des Kalziums aus dem Knochen ausgeglichen, mit der Folge einer Osteoporose. So sollte neben dem ausreichendem Raufutter unbedingt ein Mineralzusatzpräparat gegeben werden, welches reich an Kalzium ist, um das ungünstige Ca:P-Verhältnis wieder auszugleichen.

Allein durch Beachten dieser Grundregeln habe ich schon so manchem Therapiepferd mit chronischen Wirbelsäulenproblemen mit dieser einfachen Weise der Fütterungsumstellung helfen können.

Laufunlust, Steifheit, Überregtheit, Nervosität, schnelles Schwitzen u. a. Auffälligkeiten des Reitpferdes, die für die Ausbildung von Wirbelsäulenproblemen eine gewichtige Rolle spielen, werden auch durch Mangel oder Überschuss an bestimmten Mineralien, Spurenelementen und Vitaminen verursacht, worauf ich an dieser Stelle an weiter führende Literatur verweisen möchte.

Ebenso möchte ich kurz auf die zunehmenden Umwelttoxine für das Pferd hinweisen, z. B. Metalle in Futtertrögen, Farben auf Stahl und Holzschutzmittel im Stall, Nitrate im Trinkwasser u. v. m., die alle das Verhalten, die Gesundheit und letztendlich auch die Wirbelsäule des Pferdes beeinflussen.

Nicht immer ist das Heil der Pferdewirbelsäule in einem deblockierten Wirbel zu suchen!

5.4 Exterieur

Manche Pferde sind so unglücklich gezüchtet, dass auftretende Rückenprobleme im Laufe des Reitpferdelebens eine logische Konsequenz ihres Körperbaus sind, es sei denn der Reiter versteht es das Pferd optimal zu gymnastisieren und dessen Muskulatur fachgerecht zu trainieren und im guten Zustand zu erhalten. Fehler im Hufmanagment (S. 88) und Sattelpassform (S. 94) werden bei diesen Pferden besonders frühzeitig und heftig quittiert. Hier möchte ich lediglich auf solche Konformatieformen eingehen, die in hohem Maße zu Wirbelsäulenstörungen führen, grundsätzlich aber gilt: Je mehr Gebäudemängel ein Pferd aufweist, desto mehr befindet es sich in einer Imbalance, desto unphysiologischer ziehen dessen Muskelketten und desto wahrscheinlicher werden Rückenprobleme (Abb. 5.**1**).

5.4.1 Der lange Rücken

Definition der Optimalform:

Die Länge vom höchsten Punkt des Widerristes zum höchsten Punkt der Kruppe sollte genau zweimal in die Länge vom Buggelenk zum Tuber ischiadicum passen.

Für ein Dressurpferd ist es in der heutigen Zeit von Vorteil, einen langen Rücken zu haben, da dieser im Trab schön schwingt, da das Pferd weitere Tritte zeigen kann. Da der weiche lange Rücken aber nicht so tragfähig ist, kommt das Pferd schneller auf die Idee, den Hals abzusenken, um den Reiter zu tragen. Ein Pferd mit langem Rücken erscheint großrahmiger. Nachteilig ist hierbei die schwierigere Versammlungsfähigkeit und schlechtere Biegungsfähigkeit im Vergleich zu bei einem Pferd mit kurzer Lendenwirbelsäule.

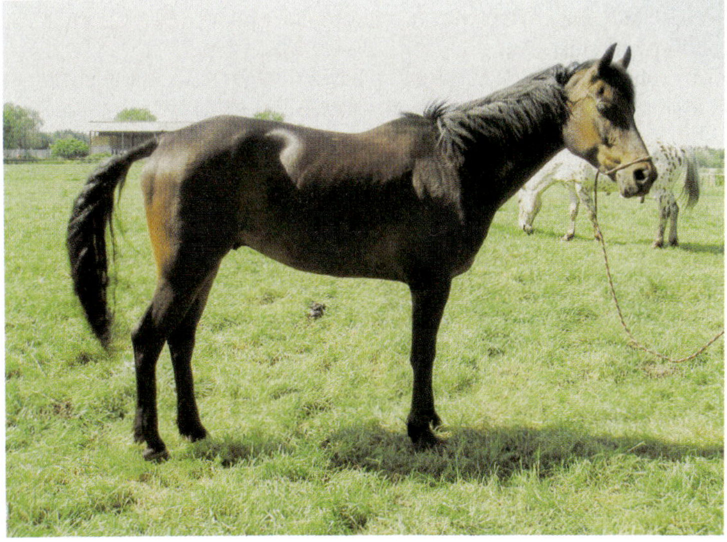

Abb. 5.**1** Eine Hinterhand mit kurzem Sakrum, steiler Stellung von Knie und Sprunggelenk sowie hinter dem Lot stehender Mittelfessel ist nur wenig tragfähig.

Pathophysiologisch betrachtet ist ein langer Rücken nicht so tragfähig wie ein kurzer Rücken und er neigt öfter zu Blockierungen.

5.4.2 Die tiefe Kruppe

Definition der Optimalform:

Der höchste Punkt des Widerristes und der höchste Punkt der Kruppe sollten auf einer horizontalen Linie liegen.

Ist die Kruppe im Verhältnis zur Vorhand deutlich tiefer gelegen, so muss eine solche Hinterhand für ihr Verhältnis mehr Hebelkräfte entwickeln, um den Rücken, den Reiter und die Vorhand zu tragen, als eine normgerecht entwickelte Kruppe. Die Hinterhand leidet an ihrer Tragfähigkeit, was besonders die Lendenwirbelsäule mit Funktionsstörungen in der Folge betrifft.

Diese Gebäudeform sieht man derzeit an sehr vielen „modern" gezüchteten Pferden. Dies mag verkaufstechnische Gründe haben, denn ein solches Pferd wirkt für den Laien imposanter, besonders im vorgezeigten „Auktionstrab", als ein harmonisch gebautes Pferd. Die Nachfrage fordert ein entsprechendes Angebot.

5.4.3 Zu hohe Kruppe

Dies betrifft besonders hoch gezüchtete Quarter horses, für die eine überbaute Kruppe zur Entwicklung von hohen Geschwindigkeiten in kurzer Zeit, ein enormes Untertreten im „Spin" und „Stop" von Vorteil ist. Ein solches Pferd in Freizeithänden mit wenig Galopp aber fällt in seinem Rücken zusammen. Die Schubkräfte sammeln sich am tiefsten Punkt des Rückens hinter dem Widerrist. Die mangelhaft ausgebildete Flexionskraft gegen die Schwerkraft läßt den Schwerpunkt nach unten sacken. Flache Trachten der Vorderhufe tun ihr Übriges dazu. Diese Pferde also entwickeln massive Extensionsprobleme am Ende des Widerristes, also um Th 9 bis Th 14 herum.

5.4.4 Nach hinten ausgezogene Hinterbeine

Definition der Optimalform:

Eine Lotlinie von der Spitze des Tuber ischiadicum zieht genau durch den senkrecht stehenden Metatarsus.

In Kombination mit dem langen Rücken, der tiefen Kruppe und mit einem zu kleinen Sakrum, tritt eine zu weit hinten gelegene Lotlinie der Hinterröhren regelmäßig gemeinsam auf. Der hintere Brückenpfeiler verschiebt sich also außerhalb seiner zu tragenden Last. Das hat eine Mehrbelastung der haltenden Hinterhandmuskulatur zur Folge, die Tragfähigkeit des Rückens wird gemindert. Diese Pferde neigen zu chronisch rezidivierenden Rückenproblemen aufgrund der mangelnden Tragkraft der Hinterhand.

5.5 Hufimbalancen

Grundsätzlich sollte die Form und Stellung des Hufes der des Fesselstandes des Pferdes entsprechen. D. h.:

Von lateral gesehen sollte die Zehenwand des Hufes einer Verlängerung der Fessel entsprechen. Eine Lotlinie vom Mittelpunkt des Fesselgelenkes sollte an das palmare bzw. plantare Ende der Trachte gelangen.

Von vorn gesehen sollte der Huf sich leicht schalenförmig erweitern. Die vertikale Mittellinie der Fessel sollte mit der vertikalen Mittellinie der Zehen gerade verlaufen.

Von unten gesehen sollte der Huf leicht hohl sein, einen vollen Strahl aufweisen und ein gesundes Horn zeigen.

Diese groben Grundregeln einer gesunden Hufstellung werden sehr häufig missachtet und haben doch so weitreichende Folgen für das Pferd.

Es verwundert mich immer wieder, wie manche Pferde ihre Reiter, ihre Haltungsbedingungen und ihren schlechten Sattel wegstecken. Befindet sich jedoch die Hufstellung nicht mehr in der Balance, stellen sich Lahmheiten, Muskelverspannungen, Imbalancen im Skelettsystem und Blockierungen in der Wirbelsäule früh ein. Über die Hälfte aller Therapiepferde (statistische Auswertung von 100 Befunden, Richter, 2003) hatten eine so schlechte Hufstellung, dass die Korrektur derselben entscheidend für den Erfolg der Wirbelsäulentherapie war!

Nun befinden wir uns hier in einem Buch über die Wirbelsäule des Pferdes und nicht über Lahmheiten der Extremitäten. Die Hufbalance aber spielt eine entscheidende Rolle in der Funktion der Wirbelsäule. Grundsätzlich ist es einleuchtend: „Wenn die Schuhe nicht passen, dann ist der Gang verspannt". Dieses trifft natürlich auch für das Pferd zu. Man kann die Problematik aber noch mehr differenzieren. Hierzu nun einige Beispiele.

5.5.1 Zu lange Zehen und zu niedrige Trachten an der Vorderextremität

Diese Imbalance kommt am häufigsten vor. Durch die Überlastungen an den palmaren Strukturen sucht das Pferd in fortgeschrittenen Stadien Entlastung durch eine Vorhaltung der Vorderbeine, was die Brustwirbelsäule mit den Jahren in eine Extensionsbelastung bringt (dabei spielt es für die Gelenke keine Rolle, ob sich die BWS tatsächlich in der Extension befindet oder ob sich nur der isometrische Muskelzug in diese Richtung bewegt).

Die palmaren Strukturen werden mit den ventralen Strukturen verwandt geschaltet, besonders aber mit den Brustflexoren (Mm. pectorales und serrati). Sind die langen Beugemuskeln der Vorderbeine nicht mehr in der Lage, sich normal zu kontrahieren, weil diese wegen überdehnter Stellung schmerzen, sind diese Muskeln zentral weggeschaltet. In dieser weggeschalteten, gehemmten Muskelkette befinden sich aber auch die Brustmuskeln, die nun nicht gebahnt sind. Würde die ventrale Muskulatur sich bei einem schmerzenden Vorderbein kräftig anspannen, so würde ja auch ein Zug auf die palmaren Strukturen gelangen, der aber den Schmerz und den Druck verstärkt. Vorbei ist es in diesem Fall mit Anheben des Rückens und Aufwölben des Nackens. Der zervikothorakale Übergang findet keinen Gegenhalt mehr und sackt nach unten, was wiederum die Nervenwurzel, die die Vorderextremität versorgt, beeinträchtigt.

5.5.2 Zu lange Zehen und zu niedrige Trachten an der Hinterextremität

Die Hinterhand ist für den Vorwärtsantrieb, den Schub, verantwortlich. Nun schiebt es sich aber mit langen Zehen und niedrigen Trachten recht schlecht, da der Abrollweg sehr lang wird. Die plantaren Strukturen überdehnen sich bei jedem Tritt. So ist es für die Propriozeption geschickter, diese überlasteten Strukturen wegzuschalten, was eine Hemmung der Streckmuskulatur (Hinterhandstrecker, Kruppenmuskeln, Rückenmuskeln) zur Folge hat (Abb. 5.**2**).

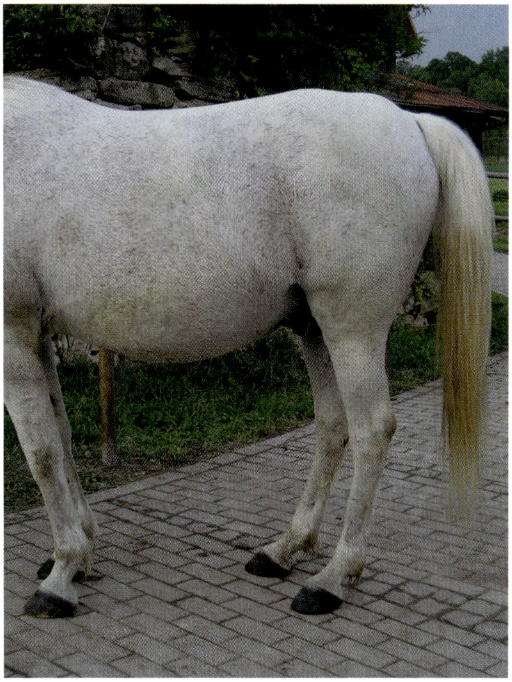

Abb. 5.**2** Die flachen Trachten der Hinterhand behindern das Pferd bei der Lastaufnahme, die Zugspannung der kaudalen Fascien und Muskeln führt zum Ödem an den vorderen Schwanzwirbeln.

Ausdruck dessen ist zudem die Außenrotationsstellung in den Hüften solcher Pferde. Eine außenrotierte Hüfte hat wenig Spannung, entwickelt wenig Kraft, die Kruppenmuskulatur atrophiert. Pferde mit flachen Trachten an den Hinterhufen schlurfen. Ein Aufbau der Kruppenmuskulatur ist also mit solchen Hinterhufen nicht möglich, da diese den Abschub und das effektive Tragen des Reiters verhindern (Abb. 5.**3**)!

Und noch etwas: Das Schildern, das Ausruhen auf einem Hinterbein, ist nur noch erschwert möglich, da die Röhre nicht mehr lotrecht stehen kann und so das Einhaken des medialen Kniescheibenbandes Schwierigkeiten macht. Dem Pferd ist so das natürliche Entspannen (Durchblutung, Lymphabfluss) der Hinterhandmuskeln verwehrt.

Ein weiterer Nachteil der langen Zehen und niedrigen Trachten der Hintergliedmaßen und des so bedingten Vorstellens der Hinterröhren ist eine Dauerkontraktion in gedehnter Stellung der Hinterhandstreckmuskeln, die dann so nicht mehr normal voll kontraktionsfähig sind.

Eine Hinterhand mit zu flachen Hufen ist nicht mehr funktionsfähig!

5.5.3 Zu hohe Trachten

Egal ob an der Vorhand oder Hinterhand, zu hohe Trachten erzeugen einen „Stöckelschuheffekt", der es dem Pferd nicht mehr erlaubt, seine Muskulatur entspannt einzusetzen. Ein Pferd auf vier Bockhufen ist steif wie ein Holzpferd und zeigt abgehackte steife Tritte mit wenig Vorwärtsbewegung. Eine natürliche Bewegung des Rückens ist wegen des Gleichgewicht haltenden kompensatorischen Hypertonus nicht mehr möglich.

Umgekehrt bedingt ein insgesamter Hypertonus des Pferdes hohe Trachten, da dieses verspannte Pferd keine weiten Schritte mehr durchführen kann. Ein Pferd mit sekundär entwickelten Bockhufen hat schon viele Jahre zuvor seine natürliche Rückenbewegung eingebüßt. Wenn ein solches Pferd erfolgreich mobilisiert wird und die zur Steifigkeit führenden Ursachen abgestellt worden sind, dann senken sich die Trachten allmählich wieder zu einer natürlichen Position ab.

Hohe Trachten erzeugen kleinere Schritte, solche Pferde unterliegen mehr Erschütterungen durch das Auffußen, als Pferde mit normal geformten Hufen. Je steiler die Fessel, umso stärker ist zudem der Stoß vom Boden hinauf zum Rumpf.

Bei einem jungen Pferd entstehen Bockhufe u. a. durch mangelnde Bewegung in der Aufzucht.

Zu bedenken sind typische steile Stellungen der distalen Phalanx bestimmter hoch im Blut stehender Rassen.

5.5.4 Beinlängendifferenzen

Echte, d. h. anatomische Beinlängendifferenzen mit verschieden langen Knochen kommen selten vor. Ursachen für anatomische Beinlängendifferenzen sind schwere abgeheilte Traumata der Knochenstruktur in den Extremitäten. Aber auch

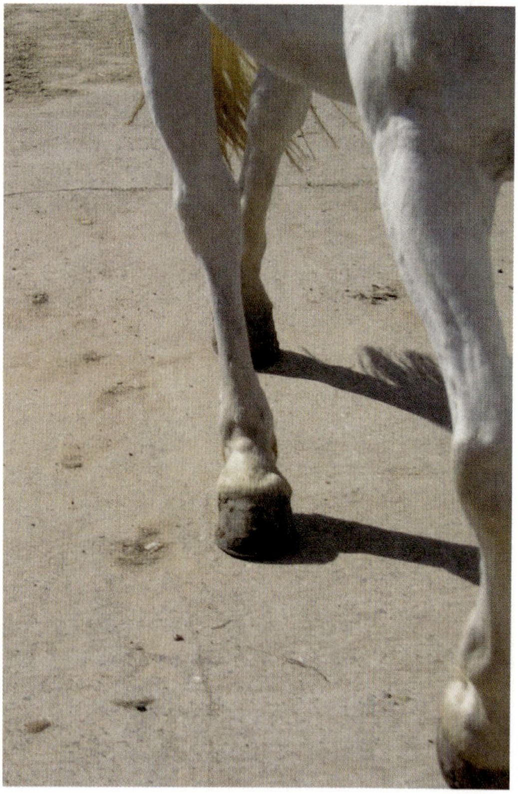

Abb. 5.**3** Langjährige Entlastung des rechten Hinterbeines führt zu einer Veränderung der Hufform: Flache Innentrachte mit valgischer Fessel.

eine Aufzucht mit wenig Bewegung, ausprägten Hangweiden und züchterisch sehr langen Beinen (bedingen das Vorstellen einer Gliedmaße beim Grasen) können Ursachen für unterschiedliche Knochenlängen sein.

Tatsächlich sind funktionelle Differenzen in den Beinlängen häufig bei Reitpferden vertreten, welche durch verschieden hohe Hufe und veränderte Winkel in den Schulter- bzw. Kniegelenken bedingt sind. Diese Differenzen in den Beinlängen verursachen Imbalancen des Skelettsystems und Derotationen in Rumpf und Wirbelsäule des Pferdes.

Ist z. B. die linke vordere Extremität 2 cm kürzer, so rotiert der gesamte BWS-Bereich nach rechts (von ventral aus gesehen). Da nun eine Rechtsrotation (Dornfortsätze kippen nach links) mit einer Linkslateroflexion einhergeht, entsteht für die linken Facettengelenke eine Kompressionssituation. Der gleiche Mechanismus gilt für die Hinterextremitäten.

Mobilisation hilft in diesen Fällen nicht wirklich, sondern nur ein guter Schmied. Die Ursachen der erworbenen Beinlängendifferenzen (Längenunterschiede ab 1 cm aufwärts) sind in den meisten Fällen verschieden hohe Trachten. Zu den Verursachern dieses Phänomens gehören die Selbstraspler und die Schmiede mit den „Silberblicken". Neben dieser Kritik kommen noch Stellungsfehler der Vorderextremitäten in Betracht: Wird ein Huf aus Schonungszwecken der palmaren bzw. plantaren Bereiche stets vorgestellt, flachen die Trachten ab, da diese vermehrt Druck erhalten und die Hufe wachsen länger heraus (Abb. 5.**4**).

Ein nächster Grund ist der des langfristigen Schonens einer Gliedmaße, also ein Gnadenbrotpferd. Das Hufhorn wird im Fall eines Dauerschmerzes der Extremität (oder des Rückens!) weniger belastet, es wächst vermehrt bzw. es hat weniger Abrieb. Schnell entwickelt sich dadurch ein Huf mit höheren Trachten.

Pferde, die chronisch lahm sind und/oder zu wenig Muskeltraining erhalten und/oder einen schiefen Sattel tragen und/oder eine echte Beinlängendifferenz haben, entwickeln in diesen Fällen häufig eine Hangdiagonale. Das ist die Diagonale, in der das chronische Problem dieses Pferdes in der entsprechend zu schonenden Extremität liegt. Die Schulter ist in diesen Fällen flacher und abstehender (auf der geschonten Seite) und die Kruppe liegt auf der anderen Seite tiefer. Die pathologischen (und therapieresistenten) Rotationen, die sich folglich an der Wirbelsäule bilden, sind oben bereits besprochen worden. Ein solches Pferd steht bevorzugt auf seiner Stützdiagonalen, also das gesündere Bein wird bevorzugt im Stand belastet, dessen Schulterblatt dann höher und enger am Rumpf steht. Das kontralaterale Becken steht somit auch höher. Dass auf einem solchen Rücken ein jeder Sattel schief liegt und der Reiter somit das Gefühl hat, schief zu sitzen ist eine logische Folge. Viele Pferde stehen in diesem diagonalen Status da (Abb. 5.**5**).

Zunächst ist bei solchen Pferden keine echte Beinlängendifferenz zu messen, sondern lediglich eine Gewichtsverlagerung festzustellen. Mit den Jahren jedoch ist mit dem Maßband eine tatsächliche Differenz nachzuweisen, die dann den derotierten unausbalancierten Zustand des Bewegungsapparates des Pferdes, insbesondere der Wirbelsäule aufrecht erhält. Eine echte Beinlängendifferenz zu korrigieren, ist nur in Zusammenarbeit mit einem guten Schmied, einem guten Reiter, einer optimalen Haltung mit viel natürlicher Bewegung und einem erfahrenden Therapeuten, der energetisch und strukturell das Pferd ausbalancieren kann, möglich.

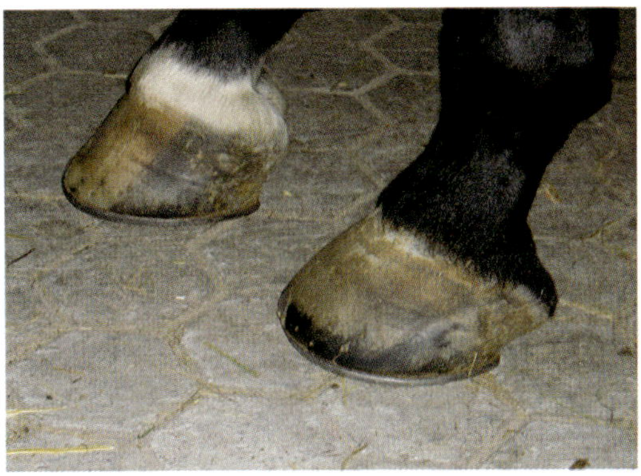

Abb. 5.**4** Unterschiedliche Trachtenhöhe der Vorderhufe.

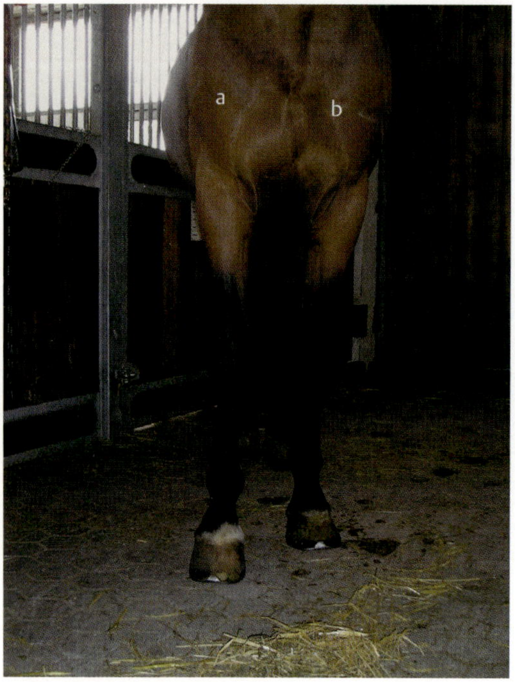

Abb. 5.5 Beinlängendifferenz vorn.

Geschichte aus der Praxis zur Beinlängendifferenz

Einer der Pioniere in der Beobachtung und Korrektur von Beinlängendifferenzen bei Pferden ist der amerikanische Schmied *Tony Gonzales*, der vor etwa 30 Jahren sein erstes Werk über dieses Thema veröffentlichte. In seinem Buch beschreibt er praxisnah die Geschehnisse rund um seine Beobachtungen:

Debby war sich sicher, dass ihr 7-jähriges Warmblut nicht taktrein lief. Aus diesem Grund beauftragte sie 2 Tierärzte, 3 Reittrainer und schließlich die Jury auf dem letzten erfolgreichen Dressurturnier, nach ihrem Pferd zu sehen. Jedoch alle Fachleute sahen keinen Grund zur Beunruhigung, sie konnten wirklich nichts Fehlerhaftes entdecken. Debby aber war sich sicher, dass etwas nicht stimmte, so rief sie den Hufschmied *Tony Gonzales* an, von dem sie schon so viel gehört hatte. Sie erzählte, dass ihr Pferd schwer zur Arbeit zu motivieren sei, dass es sich ungern nach rechts stellen ließ und insgesamt auf der rechten Seite steifer war. Nach links ging es sehr gern und es hatte die Tendenz, zu früh in die Linkswendungen zu fallen.

Tony sah sich das Pferd von allen Seiten an und sah gerade Beine und korrekt gestellte Hufe. Er ließ sich das Pferd in allen Gangarten vorführen, dann vorreiten. Nichts, absolut nichts Taktunreines oder Fehlerhaftes konnte er erkennen. „I began to wonder why God was picking me", dachte er bei sich. Bei einer engen Wendung jedoch bemerkte er, dass das Pferd die linke Schulter verändert vorführte und auf den Boden auftapste, als ob es in ein Loch träte, obwohl der Boden gerade und befestigt war. *Tony* fiel nun eine unterschiedliche Höhe der Karpalgelenke auf, aber er war sich nicht sicher, da die Sonne so schräg auf den Reitplatz einfiel. Sicherheitshalber maß er die Länge der Karpalgelenke zu den Hufspitzen, und tatsächlich: das rechte Vorderbein war ca. 1 cm länger als das linke. Debby's Pferd ging also noch nicht lahm, war aber auf dem Weg dorthin. Abgesprochen und getan: *Tony* beschlug das bis dahin barfuß gehende Pferd und glich die Beinlängendifferenz links in vollem Umfang mit einer Einlage zwischen Huf und Eisen aus. Fortan lief Debby's Warmblut taktklar und motiviert und alle waren zufrieden.

3 Wochen später rief Debby wieder an: Ihr Pferd ging stark lahm, der Tierarzt hat eine Entzündung des rechten hinteren Sprunggelenkes diagnostiziert. *Tony* sah sich das Pferd noch einmal an. Er hatte ziemliche Gewissensbisse, da er sich für die Lahmheit verantwortlich fühlte. Irgendwie musste die Gelenksentzündung hinten rechts mit der Erhöhung vorn links vor 3 Wochen zu tun haben.

Bei genauerem Hinsehen der Hinterhand fiel *Tony* auf, dass das rechte Hinterbein eine ganz andere Muskelbildung als das linke hatte. Die rechte Kruppe erschien etwas höher als die linke, das rechte Sprunggelenk stand etwas höher als das linke. Das rechte Hinterbein war also genauso länger wie das rechte Vorderbein. Das ganze Pferd war rechts höher (Anmerkung der Autorin: Dies ist eine seltene Begebenheit, auch für den erfahrenen *Tony Gonzales*, denn bei den meisten Beinlängendifferenzen steht in der Regel eine Diagonale höher und eine tiefer, demnach bilden viele Pferde eine Stütz- und eine Hangdiagonale aus, welche umso ausgeprägter ist, je weniger Muskelbildung das Pferd in seiner Mitte stabilisiert).

Tony wusste einfach keine Erklärung für das Problem mit der Hinterhand und suchte fieberhaft nach einem Zusammenhang mit seinem Beschlag. Zufällig sah er am Straßenrand ein Auto mit einem Platten auf einer Seite, was auch zu einer Achsenfehlstellung am Auto führt ... *Tony* vermutet, dass das Urproblem dieses Pferdes in der Hinterhand zu suchen ist ... Plötzlich war ihm klar: Das Erhöhen links vorn hat zu einer Mehrbelastung hinten rechts geführt, da die rechte hintere Extremität aus irgendeinem Grunde länger war und somit durch die Druckerhöhung auf dem Boden anfälliger für Mehrbelastungen war. Das linke Vorderbein hatte stets die „Unebenheit“ von hinten rechts zu kompensieren versucht.

Tony besprach alles mit Debby, versah ihr Pferd auch hinten links mit einer Einlage zwischen Huf und Eisen. Nach drei Tagen lief Debby's Pferd nun dauerhaft lahmfrei. Für *Tony* Gonzales war es eine Lektion, nun stets beide Beinlängen, die der Vorderextremität und die der Hinterextremität, zu prüfen. Der Hufschmied, so dachte er bei sich, ist mehr als nur ein „Hoofshoer“.

■ Diagnostik von Beinlängendifferenzen

> Der bloße Sichtbefund ist ein äußerst unsicherer Hinweis auf Beinlängendifferenzen des Pferdes.

Lichtverhältnisse, Fellfarben, Bodenunregelmäßigkeiten, nicht paralleler Stand sowie die Tendenz des Pferdes, ein bevorzugtes Stützbein zu belasten, können eine unterschiedliche Beinlänge vortäuschen.

In der praktischen Abmessung für den Sichtbefund benötigt man zunächst eine saubere und ebene Standfläche und den Parallelstand der zu messenden Extremitäten. Ein Hinweis auf eine Beinlängendifferenz der Vorderextremität kann die unterschiedliche Karpalgelenkshöhe, die unterschiedliche Form der Mm. pectoralii (Sicht von kranial) und die unterschiedliche Höhe der Skapulae (Sicht von dorsal) sein. Diese Befunde können aber auch auf eine Standbeinverlagerung hindeuten. Nur objektive Messmethoden liefern Beweise:

Vorderextremität

1. Zehenlänge
2. Trachtenlänge
3. Länge Mitte Karpalgelenk (auf dem Os carpale tertium, zwischen Os carpi radiale und intermedium) zur Mitte der Zehenspitze (Abb. 5.**6 a**)
4. Lotrechter Abstand des Tuberculum supraglenoidale zum Boden (Abb. 5.**6 b**)
5. Winkel Skapula – Humerus (höchster Punkt vom Widerrist zum Buggelenk, von dort zur Ellbogenspitze)

Hinterextremität

1. Zehenlänge
2. Trachtenlänge
3. Länge Mitte Sprunggelenk (auf dem Os tarsi centrale, unterhalb des Talus) zur Zehenspitze
4. Lotrechter Abstand des Tuber ischiadicum zum Boden
5. Kniegelenkswinkel (vom Tuber ischiadicum zur Patella, von dort zum Kalkaneus).

5.6 Das Pferd als Reittier

Nun ist es da, unser Freund und Kamerad, unsere Sehnsucht nach Freiheit, unser Naturerlebnis, unsere Freizeitbeschäftigung, unser Statusobjekt und unser Objekt für sportliches Streben. Wir haben es gezüchtet, gekauft und eingestellt und wir haben die Verantwortung für das wunderbare Lebewesen Pferd.

Sein natürlicher Körperbau wie Gliedmaßenstellung, Hufform, Zähne, der dem Pferd das freie Leben in der Natur ermöglicht, hat sich durch uns verändert. Die natürliche Umgebung, die Weite, die Wandermöglichkeiten für das wilde Pferd gibt es, zumindest hier in Europa, nicht mehr. Es ist nun da, und wir sind verantwortlich für das Wohlergehen des Pferdes, und so bleibt uns nichts anderes übrig, als es zu reiten, damit es seinem Bewegungsdrang nachkommen kann, damit die Verdauungsorgane arbeiten können, damit die Lunge belüftet wird, damit die Hufe massiert werden, damit die Beine durchblutet werden, damit die Muskulatur kräftig bleibt, uns zu tragen, denn

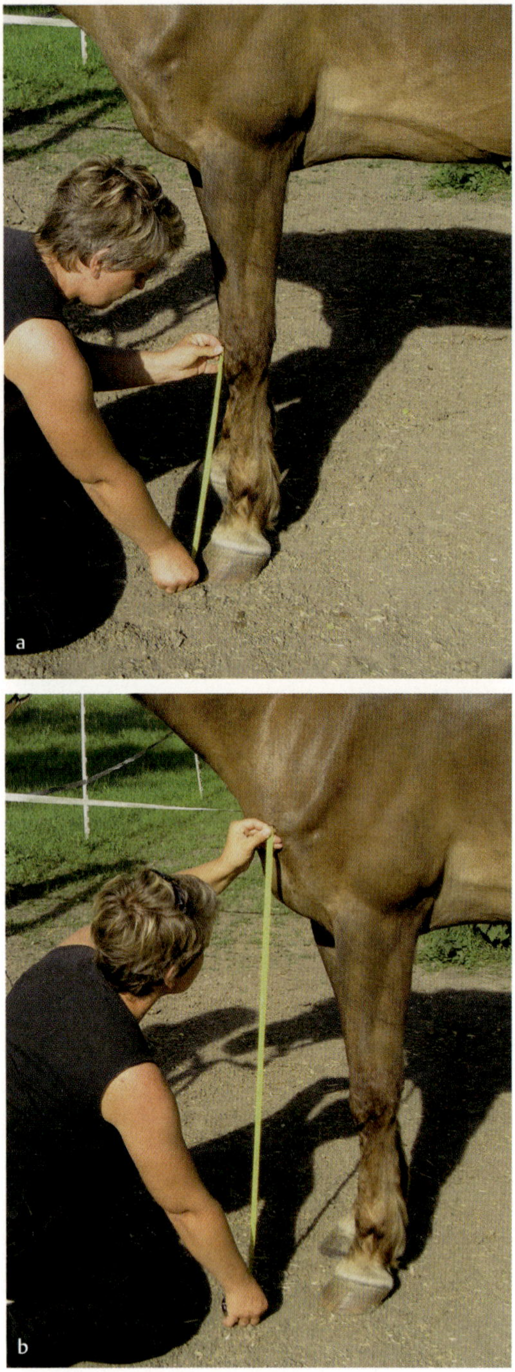

Abb. 5.6 a, b Die Länge des Lotes vom Buggelenk zum Boden (b) und vom Karpus zur Zehe (a) im Seitenvergleich liefert einen Hinweis auf eine echte Beinlängendifferenz der vorderen Extremität.

allein kann es die Wege, die es benötigt, eben nicht mehr gehen.

Natürlich setzt der gesunde Menschenverstand den Reiter und die Nutzung des Pferdes als Reittier als Hauptübel für die Erkrankungen des Pferderückens an, zumal wenn man solch ein Buch hier über die Erkrankungen des Pferderückens liest. Wer sich aber eine Zeit lang mit der Therapie von an Wirbelsäulen erkrankten Pferden beschäftigt und zudem selbst reitet und so seine eigene Erfahrungen gemacht hat und ebenso seine Reitkameraden und deren Pferde aufmerksam beobachtet, wird feststellen, dass ein gut gezüchtetes, gut gehaltenes, gut genährtes, gut beschlagenes und gut aufgezogenes und ausgebildetes Pferd Reiterfehler in Qualität und Quantität erstaunlich unbeschadet wegsteckt (heraufgesetzte Belastbarkeit). Sind die eben genannten Faktoren nicht so optimal gegeben, dann machen sich Fehler im Reitmanagement früher und im größeren Umfange bemerkbar (herabgesetzte Belastbarkeit).

So muss der Therapeut unabdingbar die Grundlagen der Reiterwelt verstehen, um dem Pferd nachhaltig helfen zu können, damit adäquate Anweisungen an den Reiter und Besitzer weiter gegeben werden können. Hierzu gehören im besonderen die Sattelpassform, das Zaumzeug und schließlich der Reiter selbst.

5.6.1 Sattelpassform

Definition einer optimalen Sattelpaßform:

> Der Sattel sollte mit möglichst breiter Auflagefläche auf dem Pferdrücken angeschmiegt liegen. Dabei sollte die Auflagefläche nicht medial der Kostotransversalgelenke liegen, die Brustwirbel sollen Platz zur Beweglichkeit haben. Die Schulterblätter sollen sich unter dem Sattel frei bewegen können und der Sattelbaum und Sitz darf nicht kaudal von Th 17 aufliegen.

Dies ist eine grobe Schnellinformation, die keineswegs einen Anspruch auf Vollständigkeit hat, denn viele Faktoren müssen bei der Anpassung eines Sattels berücksichtigt werden, wie z. B. Breite des Sattels, Form des Sattels in seiner Länge zum Pferderücken, Gurtlage, Steigbügelaufhängung, Sitz des Reiters, Zweck des Sattels (Sportart). Ein jedes Pferd hat einen anders geformten Rücken, der sich zudem je nach Alter, Ernährungs- und Trainingszustand stetig ändert. So ist es oftmals kostspielig, langwierig und manchmal unmöglich, einen optimal passenden Sattel für jedes Pferd zu bekommen. Fest aber steht, dass jedes zweite Reitpferd sich mit einem solch dermaßen schlecht passenden Sattel abgeben muss, dass dieser außerhalb der Kompromissfähigkeit liegt und pathologisch für den Rücken des Pferdes wirkt. Neben den finanziellen Grenzen des Besitzers tragen vor allem ungenügend geschulte Sattelverkäufer und Billighersteller zu dieser Misere bei. Hier möchte ich nur auf die besonders nachteiligen Sattelpassformen eingehen, die auch besonders oft anzutreffen sind. Hilfreich zur Beurteilung der Sattelpassform ist übrigens das Betrachten des Schwitzbildes unter der Satteldecke (Abb. 5.**7 a, b**).

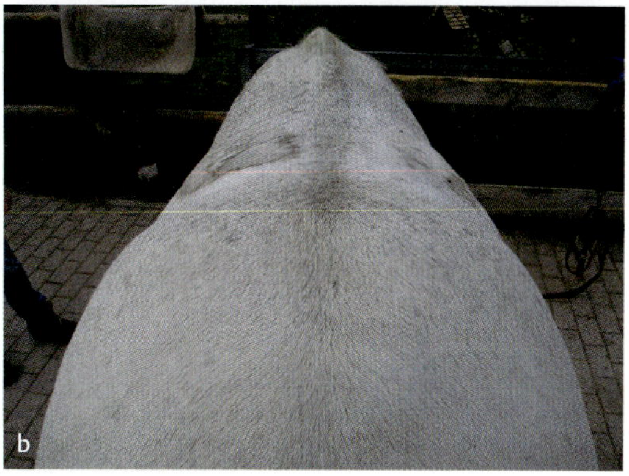

Abb. 5.**7 a, b** Das Schwitzbild einer Satteldecke birgt viele Informationen über die Passform des Sattels – dieser Sattel drückt hinten links.
a Satteldecke ungewaschen,
b Rücken direkt nach dem Reiten.

Im Schulterbereich zu eng

Lassen Sie sich doch einmal von jemandem zwischen die Schulterblätter pieksen. Sie werden ihren Rücken durchdrücken, zu mindestens aber ihre Schultern verspannen. Und sie werden ihren Rücken sicherlich nicht wohlig aufwölben. Neben den Einschränkungen im Gang also neigt ein solcher Sattel dazu, auch hinten erhöhten Druck zu entwickeln, eben weil dieses Pferd den Rücken schmerzhaft verspannt und seinen Rücken nicht „loslässt“ sondern eher nach unten hin durchdrückt. Der Sattel bildet dann eine Brücke und liegt somit nur vorn und hinten auf.

Im Schulterbereich zu weit

In diesem Fall rutscht nach einigen Minuten Reiten das Satteldach auf den Widerrist auf und drückt so direkt einige Brustwirbel nach unten. Dasselbe Phänomen tritt auch bei schweren Decken auf, die diesen Bereich nicht nur aufscheuern, sondern ebenfalls einige Dornfortsätze abwärts drücken. Denselben Effekt erzielen Sie, wenn die Satteldecke während des Reitens beiderseits vom Sattelleder nach unten gezogen wird. Dann drückt die Satteldecke die Dornfortsätze nach unten. Aus diesem Grund wird empfohlen, vor dem Angurten die Satteldecke der Länge nach in seiner Mittellinie nach oben zu ziehen, so dass ein Tunnel für das Rückgrat gebildet wird. Gelpads verursachen genau dieses Problem.

Kammer zu eng

Wenn man hinten durch die Sattelkammer nach vorn schaut, sollte man auf der ganzen Linie den Rücken des Pferdes sehen können. Weiterhin sollte der Sattelbaum mindestens etwas lateral der Rippengelenke auf dem Rücken zu liegen kommen. Ein Druck direkt auf oder medial des Kostotransversalgelenks verursacht eine Kompression, die zu einer Blockierung führt. So ist es vorteilhafter, wenn der Sattel etwas lateral der Rippengelenke zu liegen kommt, dann entsteht dort nicht nur keine Kompression, sondern eher

Abb. 5.8 a, b Dieser Sattel passt nicht.
a Abmessen der Sattellage mit einem Kurvenlineal,
b Vergleichen mit der Sattelpassform.

eine Traktion in den Rippengelenken, also eher eine Entlastung.

Die hauptsächlichste Seitbiegung und Rotation kommt aus der mittleren BWS, hier also balanciert sich das Pferd mit seinem Reiter in den geforderten engen Wendungen und gymnastischen Übungen aus. Werden hier aber die Wirbel in ihrer Funktion durch eine zu enge Kammer behindert, dann wird der Rücken steif und die Bauchmuskulatur hypoton geschaltet. Das Pferd *kann* sich nicht aufwölben und biegen. Ein Rückenproblem ist vorprogrammiert (Abb. 5.**8 a, b**).

Zu viel Druck auf die hintere Wirbelsäule

Ich kann Sattelhersteller und Sattelverkäufer einfach nicht verstehen, warum so viele Sättel im hinteren Sattelkissen eine deutliche Ausstülpung nach unten haben. In dieser Ausstülpung, die dem Pferd unmittelbar in die Lendengegend hineindrückt, vermag ich absolut keinen Sinn zu sehen. Nun ja, der Sattel soll fest angepasst auf dem Pferderücken aufliegen, er darf also nicht hin- und herrutschen. Aber warum müssen diese „Nasen“ denn noch einmal so richtig nach unten ins Fleisch hineinreichen?

> Idealerweise aber hat der Sattelbaum genau die geschwungene Form, wie der Rücken des Pferdes gebaut ist.

Demnach sollte der Sattel also auch etwas nach unten durchgeschwungen sein, um dann hinten eine leichte Tendenz nach oben zu bekommen, eben der Form des Pferderückens entsprechend. Über die Hälfte aller „Englisch“-Sattelbäume sind in ihrer Auflagefläche aber zu gerade und haben hinten diese Nase nach unten! Natürlich gibt es die anderen Sättel auch, die zu stark nach unten durchgebogen sind und in ihrer Mitte des Sattelbaumes den Pferderücken durchdrücken.

Dagegen neigen Westernsättel dazu, neben ihrer Überlänge, den Sitz des Reiters zu weit hinten zu postieren, so dass der Reiter kaudal dem Schwerpunkt (zur Erinnerung: Der Schwerpunkt des Pferdes liegt auf Höhe des Xyphoids auf der Linie vom Buggelenk zum Tuber ischiadicum) des Pferdes zu sitzen kommt. Mehr noch: Der Sitz solcher Sättel zwingt den Reiter in einen Rundrücken, aufrechtes Sitzen ist nicht mehr möglich und der Schwerpunkt des Reiters gelangt dann noch weiter nach hinten.

Nun hat das Pferd aber das Problem, die Lende nicht direkt stützen zu können. Einzig und allein die Muskulatur ist nun für das Tragen des Sattels und Reiters verantwortlich, da kein fester Thorax hier von ventral stabilisieren kann. So wird die Region ab Th 18 (letzte Rippe ist nicht mit dem Rippenbogen verbunden) für Extensionsblockierungen besonders anfällig.

Unglücklich für das Pferd, das einen Sattel tragen muss, der just auf diese Region drückt und zudem noch einen Reiter, der es wenig versteht, sein Pferd rund zu arbeiten, vorwärts zu reiten und es im leichten Sitz zu galoppieren. Es entstehen massive Extensionsblockierungen im thorakolumbalen Übergang.

■ Reiten ohne Sattel

Sitzt ein Anfänger auf dem blanken Pferderücken, so schwankt dieser zunächst in Biegungen und Wendungen stark hin und her und er gelangt so des öfteren an die Grenze des Herabfallens. Das Pferd muss diese Schwankungen durch einen vermehrten Gesamttonus abfangen. Diese wacklige rutschige Situation jedoch fördert im verstärktem Maße den harmonisch angepassten Sitz des jungen Reiters. Aus diesem Grunde empfehle ich zur Sitzverbesserung jedem Reiter, sich regelmäßig ohne Sattel auf sein Pferd zu setzen, sofern Sicherheit gewährleistet ist. Sitzt jedoch ein geübter Reiter auf dem blanken Pferderücken, der sein Pferd in allen Bewegungen und schnellen Wendungen einhändig lenken kann, ist er im Gleichgewicht auf seinem Pferd. Das Pferd kann sich unter dem Reiter frei bewegen und seine Balance und Muskulatur allein für die vom Reiter gestellte Aufgabe verwenden.

So liegt der Vorteil in dem Reiten ohne Sattel in der Gleichgewichtsschulung des Reiters und in der absolut freien Bewegungs- und Koordinationsmöglichkeit des Pferdes, da weder Gurt noch Sattelpauschen noch Sattelbaum irgendwo drücken oder behindern.

Wird der nicht vollständig in Harmonie mit dem Pferderücken sitzende Reiter jedoch ängstlich und hält sich durch Zug an den Zügeln im Gleichgewicht oder hält das Pferd via Zügelzug in kurzen Tritten, so ist der Balanceeffekt für das Pferd, ohne Sattel geritten zu werden, gleich Null. Schlimmer noch: Die Segmente in der Sattellage (Th 9–16) rutschen in die Extension mit den bekannten besprochenen Folgen.

Und damit kommen wir zum hauptsächlichen Nachteil des Reitens ohne Sattel: Die Verteilung des Reitergewichts liegt nun auf einem winzigen Areal zwischen Th 12 und Th 16, wohingegen der Sattel durch Länge und Breite das Gewicht des Reiters auf ein größeres Areal verteilt. So ist es unbedingt notwendig, das ohne Sattel gerittene Pferd zum Spannen und Aufwölben seines Rückens zu bewegen, was durch Biegungen (Aufwölbung durch Kontraktion der schrägen Bauchmuskulatur), Versammlung (Aufwölbung durch Kontraktion der geraden Bauchmuskulatur), Trab (Rumpfspannung), Galopp (Aufwölbung durch Vorschwung der Hinterhand) erreicht wird.

> Dabei empfehle ich, nicht länger als 30 Minuten das Pferd ohne Sattel zu reiten, da nach einer gewissen Zeitspanne die aufrichtende Muskulatur (pektorale und ventrale Muskelgruppen) die wenigen, aber voll belasteten Wirbelsegmente unter dem Gesäß des Reiters nicht mehr länger in ihrer Lage stabil halten können.

So ist das regelmäßige, gar tägliche Reiten ohne Sattel vorwiegend im Schritt sehr schädlich für den Pferderücken, wohingegen das gymnastisierende Reiten auf dem blanken Pferd 1- bis 3-mal/Woche für nicht länger als 30 Minuten für Reiter und Pferd sehr förderlich sein kann (bitte Sicherheit beachten!).

Dass ein nicht ausbalancierter Reiter insbesondere im Trab auf den blanken Pferderücken plumpst und dieses „Hämmern“ nicht gut für die tragende Wirbelsäule sein kann, muss hier selbstverständlich nicht näher umschrieben werden.

5.6.2 Zaumzeug und Zügel

Mehr noch als den Sattel sehe ich die Zügelführung, das Management des Zaumzeugs und die sogenannten „Hilfszügel“ als Ursache vielerlei Übels der Pferdewirbelsäule. Das größte Übel darin ist, dass diese Problematik zu wenig erkannt bzw. gern übersehen wird, da dessen Einsatz ja so logisch erscheint und viele reiterliche Probleme bzw. Probleme in der Kommunikation vom Mensch zum Pferd (hier zum Vorteil des Menschen) einfach gelöst werden können. Die Folgen einer fehlerhaften Zügelführung sind nicht sofort sichtbar. Sie wiegen jedoch schwer in Form von Kopfgelenksstörungen, Arthrosen der Halswirbelgelenke, Blockierungen des zervikothorakalen Überganges mit den Folgen der Nervenwurzelreizung, die die vordere Extremität minder versorgen lassen, von festgehaltenem Rücken, von mangelnden Schwung der Hinterhand, zu Blockierungen des Beckens und schließlich zu Spat.

Interessanterweise ergaben zwei unabhängig voneinander geführte Studien bezüglich der Häufigkeit und Klinik über die „Kissing-spine“-Problematik, dass überaus häufig Dressurpferde höherer Klassen von dieser schmerzhaft ankylosierenden Wirbelsäulenerkrankung betroffen sind. Und gerade diese Pferde werden, in den meisten Fällen, überaus „eng“ geritten (Ranner et al., 2003; Rieland, 2002).

Was für mich selbst die Thematik Hilfszügel und Zaumzeug so emotional werden lässt, ist, dass die herbeigeführte Beizäumungshaltung so sehr verbreitet ist, dass sie so sehr verteidigt wird unter dem scheinbaren Aspekt, damit den Rücken aufwölben zu wollen, dass so viele Reitlehrer und Pferdewirte von diesem Schnüren mit aller Raffinesse in Material, Gebissauswahl und Zügelführung Gebrauch machen und dieses Verhalten von nahezu allen Pferdebesitzern nachgeahmt wird.

Ich selbst sehe und therapiere all die leidvollen Folgen dieser Handhabe mit der Zügelführung des Pferdes. Das Schlimmste und Schwierigste und scheinbar unlösbare Problem ist aber der Reiter selbst, der anscheinend Weltanschauungen aufgeben muss, wenn er versucht zuzuhören und zu verstehen, warum er das Pferd vorn nur mit Maulkontakt reiten soll, dem Pferd seine Halshaltung überlassen und lieber Schwung und Tragkraft in der Hinterhand entwickeln soll. Hierzu aber muss der Reiter Monate bis Jahre Geduld haben, sich in dieser aber Zeit stetig mit einer Verbesserung seines Sitzes bemühen und einem gutem Lehrer lauschen, der dieses Reiterpaar betreut.

Es ist erstaunlich, wenn man alte wie auch neue gute Reitliteratur studiert, in der immer und immer wieder betont wird, dass das Pferd nicht von vorn beigezäumt werden soll, sondern vielmehr Gleichgewicht, Takt und Schwung von hinten entwickelt werden soll, aus der das ausgebildete bemuskelte in seiner Mitte sich befindene Pferd dann ganz von allein die so lang ersehnte Beizäumungshaltung als Ergebnis seiner muskulären Tätigkeit aus der Hinterhand und dem Bauch heraus einnimmt.

In dieser Reitliteratur ist dann die Rede von:
Mitgehen mit der Bewegung – Zungenspiel fühlen – nachgeben – halten – Signale geben – Hilfen geben – ruhiges Pferdemaul – passive Reiterhand – natürliche Selbsthaltung – reiten von hinten nach vorn – Maulfreiheit

und nicht von:
Formende Zügelführung – kein Nachgeben – fordernde Reiterhand – von vorn nach hinten reiten – unruhiges Pferdemaul – geformte Halshaltung

Überaus erstaunlich ist, dass, wenn Pferde von Reitanfängern irgendwie geritten werden (der Anfänger also einfach nur froh ist, oben auf zu bleiben und das Pferd irgendwie dorthin lenken zu können, wohin er möchte), diese aber natürlicherweise die Zügel gerade so lang halten, dass die Anforderungen des Lenkens und Haltens im rechten Moment erfüllt werden können und diese Reiter in den meisten Fällen bevorzugt ausreiten mit sehr langer Zügelführung (zumindest im Schritt), diese Pferde kaum Blockierungen im Hals und der Halsbasis entwickeln und erstaunlich selten Vorhandlahmheiten aufweisen. Solch gerittene Pferde können ihren Hals frei benutzen und so sich selbst und den unbeholfenen Reiter ausbalancieren.

Verweisen möchte ich an dieser Stelle zudem auf alle Reitervölker dieser Erde. Keines von diesen Völkern reitet seine Pferde in der Weise, wie sie von uns Europäern auf den Reitplätzen dieser Welt geritten werden.

So müssen wir die Ursprünge der verschiedenen Reitweisen betrachten: Gebrauchsreiterei (Hütearbeit, Strecke überwinden, Polo, Militär) benötigen ein Pferd im Gleichgewicht, welches auf leise Zügelsignale aus einer Hand, oder besser ohne Zügelsignal aus dem Becken des Reiters heraus gelenkt, sofort Richtung und Tempo ändern kann.

Die Schaureiterei wurde auf höfischem Gelände durchgeführt zur Freude des Hofpersonals, indem die prächtigen Pferde ihre imposanten und geschmeidigen Gänge zeigten. Ein solches Pferd macht sich hervorragend unter einem König auf einer Parade.

Nun aber wissen wir, dass auch ein Pferd aus der Gebrauchsreiterei eine Grundausbildung bezüglich Versammlung (Lastaufnahme der Hinterhand zur Entlastung und freieren und schnelleren Beweglichkeit der Vorhand) in jahrelanger solider Arbeit benötigt. Hierbei aber wird das Reiten von hinten nach vorn geübt, da das Pferd ja frei, fein und leise im Pferdemaul reagieren muss, unabdingbar für das einhändige Reiten.

Sicherlich ist das heute verbreitete Festhalten und Ziehen an den Zügeln ein missverstandenes Nachahmen der Rittmeister der alten Zeit.

Was also passiert genau, wenn das Pferd „zu eng" geritten wird? Ab wann ist ein Pferd „zu eng" geritten?

Das Pferd muss, um den Reiter gesund und lange zu tragen, seine pektorale und ventrale Muskulatur anspannen, um ein Absinken der tragenden Wirbelsäule zu verhindern. Hierzu hat es zwei Möglichkeiten:

1. Den Hals lang machen.
   Das ist die einfache und bequemere Art, den Reiter zu tragen. Es spannt das Lig. supraspinale an, womit die Dornfortsatzreihe stabil gehalten wird. Die Halsbasis wird lang, die Facettengelenke gehen in Divergenz. Die pektorale Muskulatur (Mm. pectorales und Mm. serrati) kann mit wenig Kraftaufwand spannen, um den Thorax anzuheben.
   Nachteil: vermehrte Stützbelastung der Vorhand, wenig Ganzkörperbalance (mit steifem Tonus des Rumpfes besonders in den Biegungen und damit wenig Mobilität in der Wirbelsäule)
2. Die Hinterhand untersetzen und den Rücken aufwölben.
   Für das Pferd eine sehr anstrengende Variante, indem es die gesamte Muskulatur der Hinterhand in vermehrten Tonus bringen muss, insbesondere durch die Hankenbiegung, und auch die ventrale Muskulatur vermehrt anspannen muss. Aber auch die pektorale Muskulatur ist in weit größerer Anspannung als bei der Variante 1 mit dem langen Hals. Der Thorax aber wird deutlicher angehoben, die gesamte WS-Linie ist nach oben hin konvex und somit verlängert, was wiederum die Facettengelenke der Halsbasis in Divergenz schiebt.
   Nachteil: Erhöhter muskulärer Einsatz mit entsprechend früherer Ermüdbarkeit.

In beiden Varianten hat der Reiter nur Maulkontakt, spürt die Zunge und Laden seines Pferdes und nimmt keinerlei Einfluss auf die Halshaltung.

Nun aber bringen wir virtuell einen Zügelzug ins Spiel, der für das Pferd als unangenehm empfunden wird, da dieser Zug das Pferd aus seinen eben genannten Gleichgewichten bringt, ihm eine bestimmte Halshaltung aufzwängt, der Zug in Bewegungen unwillkürlich an den Laden zerrt (Nichtmitgehen der Reiterhand), das Bit an sich schmerzt (zu groß, Nussknackereffekt, Risse, zu klein), das Maul oder Zahnfleisch verletzt ist, das Bit an einen Wolfszahn stößt, das Bit an den Hengstzahn stößt, das Bit zu stark im Maul herumrutscht oder das Kiefergelenk schmerzt.

Zunächst bringt ein inadäquater Zügelzug das Pferd aus seiner Gesamtbalance. Es muss insgesamt mehr kompensatorischen Muskelzug aufbringen, um den reiterlichen Anforderungen genügen zu können. Dieses ist gemessen worden an der Schrittlänge des Pferdes, die Ergebnisse aller getesteten Pferde zeigten eine signifikante Erweiterung der Schrittlänge bei Umzäumung auf eine gebisslosen Variante am langen Zügel (Quelle: Joyce Harman). So stellt sich die Frage über die Richtigkeit der Aussage von einer automatisierten vermehrten Lastaufnahme der Hinterhand bei Zug an den Zügeln von selbst.

Nun aber muss sich das Tier etwas einfallen lassen, um dem unangenehmen Druck im Maul ausweichen zu können (worauf ich im Verlauf des Werkes schon mehrfach eingegangen bin):

1. **Erhöhter Druck in den Kiefergelenken.**
   Dieser ist rein mechanisch schon einmal notwendig, denn ansonsten würde es reihenweise subluxierte Unterkiefer in den Ställen geben (Heraushebeln der Mandibula durch heftigen Zug am Zügel!). Dieser Tonus des M. masseter wird begleitet durch die kurze hyoidale Kaumuskulatur, was zum vermehrten Tonus der Kopfgelenksmuskeln, einer Flexionsverschiebung der sphenobasilären Synchondrose (duraler Zug an der Hirnbasis) und zu einem erhöhten Tonus der langen Zungenbeinmuskulatur führt (Störung der Ganzkörperkoordination durch Fixierung des Hyoideums), Fixierung des Sternums (verminderte Beweglichkeit des kranialen Thorax) führt.
   Zudem macht die kurze Kopfgelenksmuskulatur einen okzipitalen Gegenzug gegen den oralen Zügelzug, was wiederum zu einer intraartikulären Druckerhöhung in den Kopfgelenken führt, mit den lokalen Folgen und einer Steigerung des Gesamttonus und Gesamtbalance des Pferdes.

2. **Vermehrte Flexion zwischen Atlas und Axis.**
   Insbesondere der M. rectus capitis longus, aber auch alle anderen Muskeln, die zum Dornfortsatz des Axis ziehen oder von dort ihren Ursprung haben, arbeiten nun exzentrisch, d. h., sie bringen Kraft unter Verlängerung auf. Sehr schnell geraten so die Muskelfasern in eine Stoffwechselendlage, zumal es sich bei den kleinen Nackenmuskeln um longitudinale Muskelfasern handelt, die reine Bewegungsmuskeln sind und für einen längeren Tonus nicht geschaffen. Das Endergebnis können Sie einfach tasten: multiple Triggerpoints perimuskulär des Dornfortsatzes des Axis, mit schmerzhaftem Hartspann.

3. **Vermehrte Flexion zwischen C 3 und C 4.**
   Mit derselben Pathomechanik wie zwischen C 1 und C 2. Hinzu kommt der M. longus capitis, der von der Squama muscularis des Okziput zur ventralen Fläche der dritten und vierten Halswirbel zieht. Dieser Muskel beugt aktiv die Kopfgelenksregion. Ein dauerhafter Zug aber führt zu einer Kompression im Segment C 3/4, was zur schmerzhaften Blockierung führt.

4. **Vermehrte Lordosierung von C 5 bis Th 14.**
   Dieses läuft in der Regel unbemerkt ab, besonders die Hyperextension im zervikothorakalen Übergang und in der Sattellage. Geschickte Dressurpferde ziehen sich in der Regel in dieser Region zusammen, da diese so die vom Menschen gewünschte Halshaltung zeigen können und der Mensch so nicht noch mehr am Zügel herumriegelt oder treibt oder mit sonst welchen Tricks aufwartet, um das Pferd zur Beizäumungshaltung zu bewegen. Lordosiert es von C 5 bis Th 14, ist der effektive Weg von der Reiterhand zum Pferdemaul kürzer geworden und so lässt der Druck in den Laden nach. Im Befund jedoch bemerkt der Osteopath eine hypertone Muskulatur der Halsbasis (M. splenius, M. semispinalis, M. serratus ventralis cervicis, M. omotransversarius), teilweise mit ödematösen Schwellungen, z. B. bei S-Dressur-Pferden, und eine tiefe Sattellage, die ebenfalls mitunter ödematös umrandet ist (sogenanntes „Schaukelpferdsyndrom“). Die Blockierungen in den Segmenten sind entsprechend in der Extension.

Spüren Sie es selbst: Als positives Beispiel der Halsaufrichtung setzen Sie sich bitte aufrecht hin und schieben ihren Hinterkopf nach hinten oben hinaus, so als ob sie sich ganz vornehm hinsetzen wollten. Dabei fällt ihr Kinn automatisch etwas herab. Das ist die gewünschte Beizäumungshaltung, die von hinten bzw. aus der Aufrichtung heraus sich von allein ergibt. Als negatives Beispiel stellen Sie sich ein Brett vor dem Kopf vor, welches Ihnen vorgeschoben wird. Sie ziehen das Kinn ein und schieben den gesamten Schädel translatorisch nach hinten. So hyperflexieren Sie Ihre Kopfgelenke und der Bereich im unteren Nacken und zwischen den Schulterblättern, der überstreckt sich. Unangenehm diese Haltung, nicht wahr?

Trotz alledem gibt es Vorteile und Notwendigkeiten der Beizäumungshaltung, oder sagen wir eher: dem Nachgeben im Genick. Wenn der professionelle Reiter in jeder Position und in jeder Gangart das Genick des Pferdes zum Beugen veranlassen kann, dann weiß der Reiter, dass das Pferd an den Hilfen ist und bereit ist, sich zu biegen und seine Hinterhand einzusetzen. Ein Pferd mit festgehaltenem Genick ist ein schwierig zu reitendes Pferd und für einen Anfänger zuweilen lebensgefährlich.

Ist das Genick weich, ist das ganze Pferd weich.

Aus diesem Grund sind professionelle Reiter daran interessiert, eine gewisse Beizäumungshaltung aufrecht zu erhalten.

Hilfszügel

Die undurchschaubar vielen Arten von Hilfszügeln verraten alle gemeinsam eines: die Kapitulation des Reiters vor dem Tier. Hier wird Unvermögen versucht mit Technik auszugleichen, oder es stecken finanzielle Interessen dahinter, ein Pferd möglichst schnell zu formen.

Alle zusätzlich angebrachten Seilschaften zwischen Pferdemaul, Rumpf und Reiterhand gehören ausschließlich in professionelle Hände, die dem Pferd damit durch kurzfristige „Umprogrammierung“ eines „Hirschhals-Gehers“ den Weg in die Tiefe zeigen wollen.

Der Profi benutzt seine Lieblingskombination allein zu dem Zweck, das Bewegungsverhalten des Pferdes umzuprogrammieren und nicht um Muskelmasse zu formen.

Bitte bedenken Sie, dass auch lang eingeschnallte Seilschaften ihren vom Menschen gewollten Zweck erfüllen, da das Pferd gewissermaßen darauf bedacht ist, nicht durch eine falsche plötzliche Bewegung doch an das verschnallte Bit zu stoßen. So hält es den Hals aktiv in einer Beizäumungshaltung. Bei jedem Einschnallen eines sogenannten „Hilfszügels“ muss daran gedacht werden:

1. **„Hilfszügel“ behindern die Balance.**
   Das Pferd kann durch das Wegschnallen der Gleichgewichtsstange „Hals“ nicht mehr seinen gesamten Körper für seine Balance einsetzen. Dies erfordert zur Wahrung des Gleichgewichts einen vermehrten Ganzkörpertonus.

2. **„Hilfszügel“ behindern die natürliche Aufrichtung**
   Schubkräfte, die von hinten nach vorn gehen, benötigen vorn Freiheit, damit hinten geschoben werden kann.

3. **„Hilfszügel“ behindern den Schwung**
   Nachgewiesenermaßen verkürzt sich die Trittlänge bei eng verschnallten Pferden.

4. **„Hilfszügel“ behindern die Losgelassenheit**
   Wie soll freies Schwingen im Rücken funktionieren, wenn der Hals aktiv heruntergebunden wird?

5. **„Hilfszügel“ behindern eine Gesamthalsbiegung,**
   Bei verlangten Biegungen knickt das Pferd entweder in C 1/2 oder im CTÜ ab (Abb. 5.**9**).

Abb. 5.**9** Überzogene Beizäumung.

6. **„Hilfszügel" behindern das Pferdemaul,** Da die einfühlsame mitgehende Hand fehlt oder diese nicht so fein spüren und eingehen kann, da die Zügel über Hebel laufen.

5.6.3 Der Reiter

Das Pferd benötigt dringend regelmäßig seine Bewegung. Auch ein altes und krankes Pferd sollte, nach Absprache mit dem Tierarzt, sein Tagespensum an Bewegung unter dem Sattel erhalten. Zu viel reiten ist genauso schädlich wie zu wenig reiten. Soweit zur Quantität. In der Qualität gibt es unzählige Faktoren, die das Pferd in seiner Wirbelsäule schädigen, worauf ich bereits im Kapitel „Wirbelsäule und Bewegung" (S. 28) eingegangen bin.

Folgendermaßen sollte das Pferd optimal geritten werden:

Das Pferd geht in natürlicher Selbsthaltung in allen Grundgangarten in derselben Art, wie es auf der Weide gehen würde. Dabei versteht es der Reiter, die Hinterhand zu etwas mehr Schwung zu veranlassen als es das Pferd von sich aus täte, während der Reiter vorn am Zaum gefühlvoll gegen hält. Vertrauensvoll dehnt sich das Pferd in das Bit hinein, so dass der Reiter mit vermehrter Aktivität der Hinterhand ein Spannen des vorderen und hinteren „Bogens" erreicht. Dabei schmiegt sich der Reiter dem Pferderücken an und begleitet mit seinem Becken alle Bewegungen des Pferderückens. So kann der Reiter anhand des Beckens jederzeit die Stellung eines jeden Pferdebeines in jeder Grundgangart erfühlen. Das Pferd wird aus dem Becken des Reiters gelenkt, die Zügel geben dem Pferd lediglich Anlehnung, über die der Reiter die Stellung des Halses vorgeben kann. Nach jeder versammelnden Phase in der Reitstunde folgt eine Lösungsphase, wobei die Lösungs- und Taktphasen den Hauptanteil ausmachen.

Der Reiter begleitet also sein Pferd zunächst in allen seinen Bewegungen, indem er sich mit Zügel und Becken in das Pferd hineinschmiegt, er fördert die natürlichen Grundbewegungen des Pferdes und festigt seinen Bewegungsapparat. Erst dann wirkt er allmählich formend in das Pferd hinein, zu dem Zweck, die Muskulatur des Pferdes dahingehend zu stärken, dass es den Reiter dauerhaft, über das ganze Reitpferdeleben lang, ohne Schaden zu nehmen tragen kann.

So soll es sein.

> Jede Abweichung von diesem Ideal muss das Pferd knöchern oder muskulär kompensieren.

Die Folgen eines schlechten Reitmanagements sind äußerst vielfältig und unser täglich Brot. Die Möglichkeiten reiterlichen Fehlverhaltens sind derart zahlreich, dass ganze Industriezweige (Reitschulen, Sattelindustrie, Reitbücher, Fachzeitschriften usw.) davon leben mit dem Versuch, diese Fehlverhalten in die o.g. Optimalform zu führen. So möchte ich hier nur auf die häufigsten anzutreffenden Probleme eines Reiters auf dem Rücken des Pferdes und im Seilzug zum Pferdemaul eingehen.

■ Der schwankende Oberkörper

Menschen mit mangelndem Rumpftonus, Ganzkörperaufrichtung, mangelndem „Körperzusammenschluß" nehmen mit der heutigen vorwiegend sitzenden Lebensweise zu. Ein nicht ausbalancierter Körper aber bekommt auf dem wackligem Untergrund des Pferderückens Probleme, was zur Folge hat, dass das Pferd die Balance mit dem rutschenden Rucksack oben drauf muskulär zu kompensieren hat. Die Zügelführung muss zwangsläufig grober und inadäquater erfolgen, mit der Folge eines steif gemachten Halses des Pferdes. Die Beine eines solchen Reiters sind an den Pferdeleib gedrückt, besonders in den schnelleren Gangarten. Eine gezielte Schenkelhilfe zur Biegung und zum Antrieb der Hinterhand ist so nicht möglich. Ein so gerittenes Pferd kann sich nicht im Rücken frei machen und schwingen und hat keine weiten elastischen Gänge und weist keine harmonische Ganzkörperbiegung auf. Es läuft im gesamten Extensortonus durch sein Reiterleben, mit den uns bekannten Folgen für die Wirbelsäule.

Diese Problematik ist sehr häufig und auf dem ersten Blick nicht unbedingt erkennbar. Den guten ausbalancierten Sitz erkennen Sie an einem aufgerichteten Rückgrat des Reiters bis zu seinem

Hinterhaupt, an seinen lang entspannt herabhängenden ruhigen Beinen und an seiner ruhigen unauffälligen Zügelführung.

Das steife Becken

Ängstliche Reiter haben Schwierigkeiten, sich frei bis nach unten hin gehen zu lassen. Es bleibt immer eine Anspannung in Becken, Hüfte und Oberschenkel übrig, auch wenn der Sitz des Reiters geschult und ansonsten perfekt ist. Die Reiterlehrerin *Sally Swift* hat eine Methode gefunden, wie sie Reiter dazu bewegen kann, absolut entspannt, „wie weiche Butter aus dem Becken in die Füße fließt", zu sitzen. Ich selbst habe dann die Erfahrung gemacht, dass mein Pferd spontan einen weiteren Schritt zeigte, schwungvoller ging, die Rückentätigkeit sich vermehrte und es insgesamt mehr Lauflust zeigte.

Sie erkennen das steife Becken an einem übermäßigen Mitgehen in der Vor- und Rückbewegung. Ein lockeres Becken ist auf dem ersten Blick absolut ruhig, auf den zweiten Blick erkennen Sie, dass es alle Bewegungen des Rückens nach laterolateral, Flexion -Extension und Zirkumduktion mitmacht unter einem ruhigen aufgerichtetem Rückgrat.

Reiter zu weit vorn

Schändlicherweise musste ich mich selbst in diese Kategorie einreihen. Ich propagierte den Entlastungssitz mit dem Hintergrund, dass ja der Pferderücken sich ohne Last besser aufwölben könne und die Vorhand besser zum Tragen fähig sei. Zudem wollte ich durch mein Aussitzen den Rücken nicht stören. Gelegentlich aber, zur Versammlung und Gymnastisierung des Pferdes, setzte ich mich tief in den Sattel, die meiste Zeit aber wollte ich entlasten. Damit aber habe ich den Schwerpunkt mehr nach vorn gebracht. Ein so gerittenes Pferdes nimmt weniger Last in der Hinterhand auf und schiebt demzufolge weniger von hinten. Auf einem Reitkurs in einem von mir organisierten Seminar mit *Denis Teirlynck* wirkte ich (zur Belustigung meiner Schüler) als Reitschüler auf einem mir fremden Pferd mit, welches vorn eindeutig lahm ging. Nun, da *Herr Teirlynck* die Regie des Unterrichts führte, fügte ich mich, ritt weiter auf dem Pferd, auf dem ich den Sattel etwa 5 cm weiter nach hinten gurten musste und ich mich bewusst tief und aufrecht in den Sattel setzen musste, 2 × 2 Stunden täglich aussitzen. Zu unserem Erstaunen lief das Pferd am dritten Tage lahmheitsfrei, war locker im Rücken und hatte Schwung von hinten entwickelt. Das war mir eine Lehre und setzte dieses natürlich zu Gunsten meinen eigenen Pferdes zu Hause um.

Was war passiert?: Der Schwerpunkt des Pferdes ist weiter nach hinten verlagert worden, die Vorhand entlastet worden. Eine freie Vorhand aber kann sich aufwölben und aufrichten, was unter dem Reitergewicht direkt darüber nur schwer möglich war. Hinten musste das Pferd mich muskulär mit seinen Bauchmuskeln tragen, was diesem offenbar gut gelang. Die Gewichtsverlagerung auf die Hinterhand veranlasste das Pferd, hinten mehr Last aufzunehmen und zu schieben.

Mangelnde Schenkelkontrolle

Wie mehrfach erwähnt ist das Biegen des Pferdes unter dem Reiter essenziell für die Pferdewirbelsäule: Biegen ist nur möglich, wenn die Wirbelsäule beweglich ist, im besten Fall aufgewölbt und entspannt. Dann haben die Facettengelenke genug Bewegungsspielraum zum Biegen. Die Muskeln, die den Rumpf biegen, insbesondere die schrägen Bauchmuskeln, werden trainiert. Diese wiederum benötigt das Pferd, um den Reiter besser zu tragen.

Damit das Pferd sich biegen kann, muss es zudem Last auf die Hinterbeine aufnehmen, damit die Vorhand freier wird. Die Last der Hinterbeine wird insbesondere durch den M. quadriceps gehalten, der das Knie am Durchsinken hindert und der mit der Bauchmuskulatur gleich geschaltet ist.

Wenn wir das Pferd unter dem Sattel also zum Biegen im Rumpf veranlassen, und der Rücken durch keine erheblichen schmerzenden Reize im Wölben behindert wird, dann trainieren wir die Bauchmuskeln, dann lockern wir die Wirbelgelenke, dann trainieren wir die Hinterhand, dann entwickeln sich die Rückenmuskeln, da diese die kleinen Biegebewegungen an den Wirbeln begleiten.

Ein Pferd, welches nicht gebogen wird, hält seinen Rücken aus Bequemlichkeitsgründen in Streckung fixiert, spannt lieber isometrisch alle seine Rumpfmuskeln an sowie seinen Nacken, um das Lig. supraspinale zu spannen und trägt auf diese Weise den Reiter. Dabei aber entwickelt es mit der Zeit schmerzhafte Wirbelblockierungen in Extension, eine steife schmerzende nicht mehr kontraktionsfähige Rumpfmuskulatur, eine Hyperlordose im zervikothorakalen Übergang, schwache Hinterhandmuskulatur und eine Atrophie der Rückenmuskeln.

Zu diesem Zweck haben die alten Rittmeister Reitbahnfiguren entwickelt, wie „Ecke ausreiten", Volten, Zirkel, Schlangenlinien (einfach und mehrfach), Bahn wechseln, durch den Zirkel wechseln, Schulter herein – alles Übungen, die für Pferd und Reiter schnell erlernbar sind und sehr nützlich.

Vorraussetzung für eine korrekte Ganzkörperbiegung aber ist nicht der Zug des Zügels, der allenfalls die Halsstellung beeinflusst, sondern vielmehr der Gebrauch des Schenkels, um den sich der Körper des Pferdes zu biegen hat. Der innere Schenkel sollte dabei weich, lang und betont daliegen, während der äußere Schenkel die Hinterhand in die Biegung mit hineinbewegt. Die Zügel begleiten entsprechend diese Bewegung, d. h., der innere Zügel führt in die Biegung sanft hinein, der äußere begrenzt durch Maulkontakt und Lage am Pferdehals, dass die Schulter nicht nach außen knickt, gibt aber trotzdem in seiner Länge nach, damit das Pferd im ganzen Körper sich in die Biegung dehnen kann. Jeder Reitschüler sollte bereits frühzeitig im Unterricht damit beginnen, sein Pferd zu biegen. Er verbessert dadurch seinen Sitz und er wird vom Zügel unabhängig, was dem Gleichgewicht des Pferdes zu Gute kommt.

Regelmäßig gebogene Pferde tragen sich besser auf der Hinterhand, entwickeln Takt und Schwung und sind leichter an den Hilfen. Ihre Rücken sind gesünder.

So ist es unumgänglich, dass ein Reiter Schenkelkontrolle lernt und regelmäßig ausübt.

> Schenkelkontrolle bedingt einen aufrechten unabhängigen Sitz, weiche Zügelhände und ein geschmeidiges Pferd.

Das Gewicht des Reiters

Nun zur Schwere des Reiters noch ein paar Worte: Ist ein Pferd optimal gebaut, kann es sehr wohl ein hohes Gewicht tragen. Je unglücklicher aber der Körperbau, je schlechter die Hufbalance und je schlechter die Sattelpassform ist, desto leichter muss der Reiter sein.

Ist ein offenbar für das Pferd zu schwer anmutender Reiter aber hervorragend ausgebildet und gut in sich balanciert und reitet er das gymnastisierend (flexionsfördernd) nur einige Tage in der Woche für eine halbe Stunde, ist das durchaus okay für das Pferd.

Verlässliche Tabellen bezüglich Gewicht und Größe des Pferdes im Bezug zu seinem Reiter kann es wegen der vielen Faktoren nicht geben. Letztendlich müssen Augenmaß, Gefühl und gesunder Menschenverstand entscheiden, ob ein Mensch zu schwer für ein Pferd ist oder nicht.

Kurze Rücken, starke Hälse, tief angesetzte Kruppe, grobknöchiger Körperbau lassen mehr Gewicht tragen als lange Rücken, schmale Hälse, kurze Kruppe und ein zartgliedriger Körperbau.

Mein Freund *Denis* pflegt immer schmunzelnd zu sagen, wenn er eine hübsche zierliche Frau sieht, die ein großrahmiges Pferd reiten: „Kleine Frau – großes Pferd. Große Frau – kleines Pferd."

Oftmals wird die Tragfähigkeit, besonders zarter und kleiner Pferde, insbesondere Araber, weit überschätzt.

6 Befundaufnahme

Nun, mit dem Wissen der Anatomie, Biomechanik und Pathophysiologie der Pferdewirbelsäule, ist die Befundaufnahme eine leichte Angelegenheit. Sie wissen nun, was Sie sehen und fühlen, was das ist, was Sie in den Händen halten und warum das so ist, und welcher Weg zur Therapie in Frage kommt. So dienten die ausführlichen Besprechungen in den vorigen Kapiteln nichts anderem als der objektiven Befundaufnahme. Nun gilt es, das Ihnen zugrunde gelegte Wissen in Bezug zu dem Pferd, was Ihnen vorgestellt wird, anzuwenden. Sie müssen lernen zu fühlen, ob das, was Sie da fühlen normal ist oder pathologisch. Und wenn ja, wie sehr pathologisch, um die Therapie möglichst gezielt durchzuführen.

Der von Ihnen erstellte Untersuchungsbefund ist entscheidend für die weitere Therapie und damit für die Prognose des Tieres.

> Nichts, aber auch gar nichts, ist uninteressant an Information bezüglich Ihres zu untersuchenden Patienten. Deswegen empfehle ich mindestens eine Stunde Zeit für die Erstellung eines Befundes.

Als unerlässliche Hilfe dient ein durchdacht schematisierter Untersuchungsbogen, in dem Punkt für Punkt durchgegangen wird, so dass nichts vergessen wird (Abb. 6.**1**).

Geschickterweise geht man die Untersuchung in folgenden Schritten durch:

1. **Anamnese**
   Zur Auffindung der Ursache und zum Überblick einer Prognose.

2. **Inspektion**
   Stand, Stellung, Exterieur, Muskelbildung des Pferdes sowie Anzeichen für Traumata.
   Die Bewegungen des Pferdes zeigen deutlich die Probleme auf.

3. **Palpation**
   Es ergeben sich viele weitere sensible Informationen.

4. **Funktionsprüfung**
   Erstellt eine klare Indikation zur Mobilisation.

Ich empfehle, die Untersuchung an einem für das Pferd vertrauten Ort durchzuführen. Das hat zum einen den Vorteil, dass Sie Umfeld, Haltung, Umgang und Fütterung des Pferdes kennen lernen und zum anderen den Vorteil, dass das Pferd entspannt aus der Box geführt wird und so keine muskulären Dekompensationen das eigentliche Zustandsbild verschwimmen lassen, wie das z. B. der Fall ist, wenn das aufgeregte Pferd aus dem Hänger geführt in eine fremde Umgebung kommt. Zudem untersucht sich ein entspanntes Pferd leichter.

Machen Sie sich immer erst mit dem Tier bekannt, bevor Sie es an Zonen berühren, die das Pferd als intim empfindet. Das Pferd sollte dort angebunden stehen, wo es immer angebunden steht, beispielsweise der „Putzplatz". Besitzer am Ende des Strickes stören sehr häufig die Untersuchung (auch die Therapie), da diese stets das Pferd ablenken. Sie können dann nicht die Reaktionen des Pferdes, seine Mimik, sein Verhalten in Reinform beobachten.

Aus diesem Grund bevorzuge ich das für mich unabhängige Anbinden, während andere Kollegen aus Sicherheitsgründen das Festhalten des Pferdes durch den Besitzer bevorzugen. Bei meiner Untersuchungsform jedoch bringe ich das Pferd selten in Situationen, in denen es nur noch die Flucht als Ausweg betrachtet. Besitzer sind zuweilen unberechenbarer als ein stabiler Strick an einem stabilen Halfter.

Berühren Sie z. B. schmerzhafte Zonen, treten die Pferde gern zur Seite, oder Sie kratzen mit dem Huf. Aggressive Tiere versuchen, Sie zu beißen, ängstliche hängen sich in den Strick. Die meisten

Untersuchungsbogen für das Pferd

Datum : | Durch :

Besitzer : | Adresse :
Stall : | Telefon:

Pferd: | Alter: | im Besitz seit:
Rasse : | Geschlecht : | Kastration :
Haltung : | EZ : | Fohlen :
Futter:

Sonstiges: | Psyche :

Anamnese

Reithäufigkeit:
Vorgeschichte:

Problem:

Inspektion

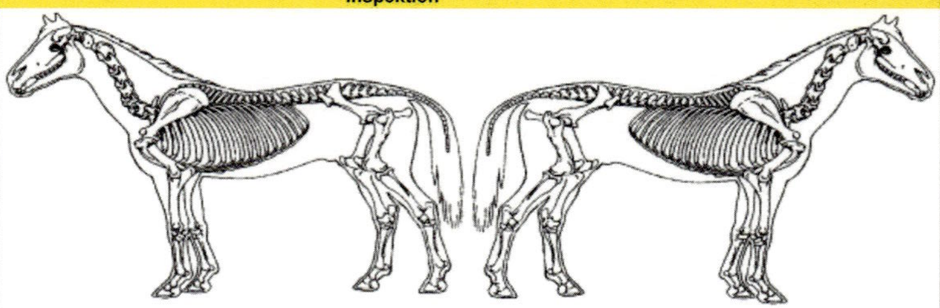

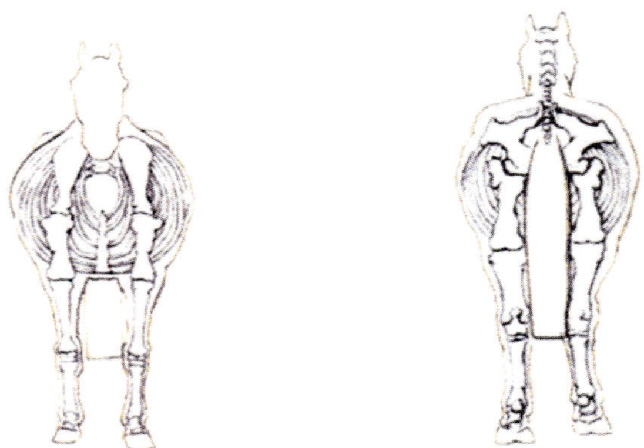

EXTREMITÄTEN

Schritt
Schweifhaltung

Trab
Schweifhaltung
WS-Verhalten
Kruppenbewegl.

Galopp
WS-Verhalten

HUFE

Eisen : Vorn ☐ Hinten ☐
Hornbeschaffenheit :
Pflegezustand :

Letzter Beschlagtermin :
Hufschmied :
Sonstiges :

Hufform

Sagital Ebene

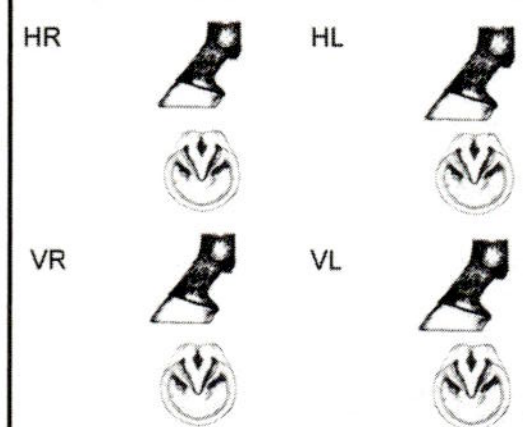

Frontal Ebene

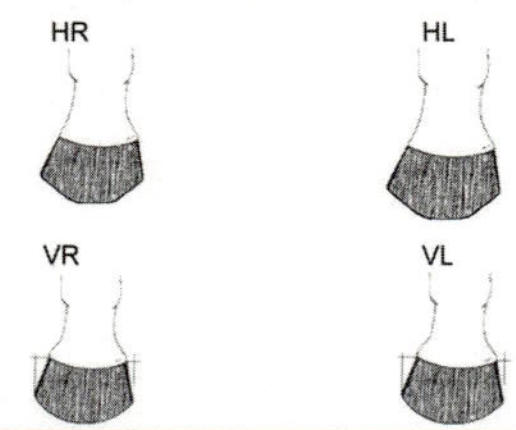

Fessel
vorn rechts
vorn links
hinten rechts
hinten links

Carpalgelenke

Schulter/Ellbogen

Scapula

Mittelfuss
vorn rechts
vorn links
hinten rechts
hinten links

Sprunggelenke

Knie/Hüfte

Kruppe

Stellung

Längsachse | *Querachse*

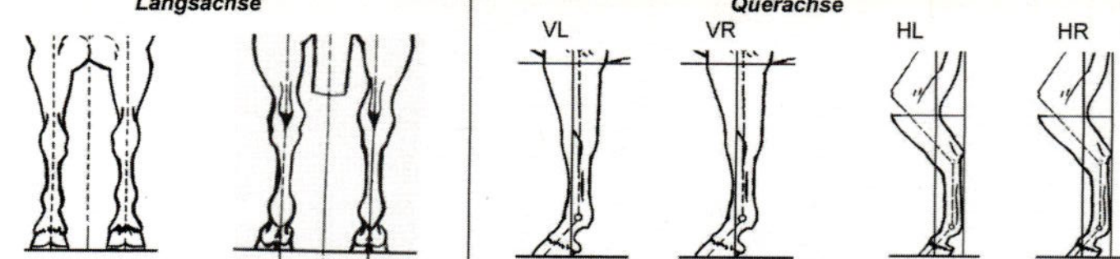

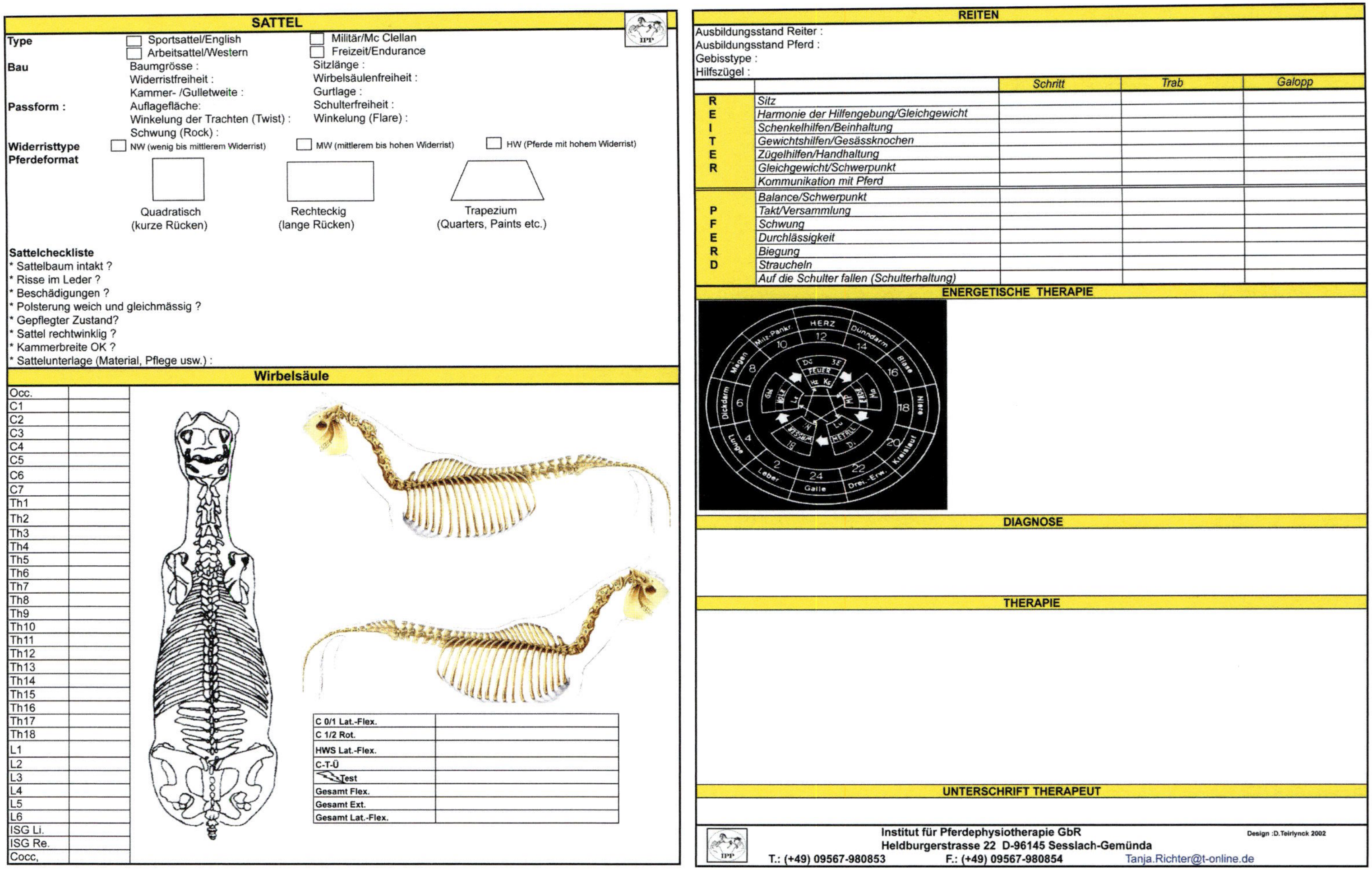

SATTEL

Type	☐ Sportsattel/English ☐ Arbeitsattel/Western	☐ Militär/Mc Clellan ☐ Freizeit/Endurance
Bau	Baumgrösse : Widerristfreiheit : Kammer- /Gulletweite :	Sitzlänge : Wirbelsäulenfreiheit : Gurtlage :
Passform :	Auflagefläche: Winkelung der Trachten (Twist) : Schwung (Rock) :	Schulterfreiheit : Winkelung (Flare) :
Widerristtype	☐ NW (wenig bis mittlerem Widerrist)	☐ MW (mittlerem bis hohen Widerrist) ☐ HW (Pferde mit hohem Widerrist)
Pferdeformat	Quadratisch (kurze Rücken)	Rechteckig (lange Rücken) Trapezium (Quarters, Paints etc.)

Sattelcheckliste
* Sattelbaum intakt ?
* Risse im Leder ?
* Beschädigungen ?
* Polsterung weich und gleichmässig ?
* Gepflegter Zustand?
* Sattel rechtwinklig ?
* Kammerbreite OK ?
* Sattelunterlage (Material, Pflege usw.) :

Wirbelsäule

Occ.	
C1	
C2	
C3	
C4	
C5	
C6	
C7	
Th1	
Th2	
Th3	
Th4	
Th5	
Th6	
Th7	
Th8	
Th9	
Th10	
Th11	
Th12	
Th13	
Th14	
Th15	
Th16	
Th17	
Th18	
L1	
L2	
L3	
L4	
L5	
L6	
ISG Li.	
ISG Re.	
Cocc,	

C 0/1 Lat.-Flex.	
C 1/2 Rot.	
HWS Lat.-Flex.	
C-T-Ü	
Test	
Gesamt Flex.	
Gesamt Ext.	
Gesamt Lat.-Flex.	

REITEN

Ausbildungsstand Reiter :
Ausbildungsstand Pferd :
Gebisstype :
Hilfszügel :

		Schritt	Trab	Galopp
REITER	Sitz			
	Harmonie der Hilfengebung/Gleichgewicht			
	Schenkelhilfen/Beinhaltung			
	Gewichtshilfen/Gesässknochen			
	Zügelhilfen/Handhaltung			
	Gleichgewicht/Schwerpunkt			
	Kommunikation mit Pferd			
PFERD	Balance/Schwerpunkt			
	Takt/Versammlung			
	Schwung			
	Durchlässigkeit			
	Biegung			
	Straucheln			
	Auf die Schulter fallen (Schulterhaltung)			

ENERGETISCHE THERAPIE

DIAGNOSE

THERAPIE

UNTERSCHRIFT THERAPEUT

Institut für Pferdephysiotherapie GbR
Heldburgerstrasse 22 D-96145 Sesslach-Gemünda
T.: (+49) 09567-980853 F.: (+49) 09567-980854 Tanja.Richter@t-online.de
Design :D.Teirlynck 2002

Abb. 6.1 Befundbogen.

Besitzer wollen immer, dass das Pferd artig und brav da steht, ich aber will, dass es mit mir kommunizieren kann. Machen Sie es genauso.

Aus diesem Grunde verabscheue ich die Doppelanbindung in Ketten auf der Stallgasse. Pferde, die stets so angebunden sind, haben über die Jahre nicht mehr die Möglichkeit, sich dem Besitzer mitzuteilen. Sie gewöhnen sich ein ständiges Ohrenanlegen an oder das freie Koppen, ein Zungenspiel, Kopfschlagen oder ein Stampfen mit dem Vorderhuf. Zudem haben diese zwei Ketten ein nicht unerhebliches Eigengewicht, was natürlicherweise den Tonus in der Streckermuskulatur (Hals und Rücken) erhöht. Bei extrem aggressiven Pferden ist mir die Doppelanbindung allerdings Recht, denn so kann ich einigermaßen sicher vor Pferdemaul und Hinterbein meine Untersuchung durchführen.

6.1 Anamnese

Die Interessen des Besitzers an den Therapeuten sind mannigfaltig. Oft jedoch wird man zu angeblich aussichtslosen und austherapierten Fällen gerufen, an denen der Therapeut mit einer Behandlung alles besser machen muss, als alle Zugerufenen vor ihm. Und dieses Ziel ist in erstaunlich kurzer Zeit (oft bereits nach einer einzigen Therapie!) erreichbar. Neben dem umfangreichen zuvor besprochenen Wissen, welches vor allem zur Deutung des folgenden Untersuchungsbefundes dient, gehört die umfangreiche Anamnese, mit der wir nun durch unser neu erlangtes Wissen Hinweise auf die Ursache finden und Aussichten für die Prognose stellen können.

Grundsätzlich findet jede Information über das gesamte Leben des Pferdes bezüglich Krankheiten, Haltung, Besitzerwechsel, Zuchteinsatz, Ernährung, Charakter und besonders der Zeit als Reitpferd Verwendung, da ein Problem im Bewegungsapparat häufig ein weiteres Problem nach sich zieht. Wollen wir aber nachhaltigen Therapieerfolg erreichen, muss unsere Therapie kausal ausgerichtet sein, und dazu benötigt man eine ausführliche Anamnese.

Nicht alles, was der Besitzer uns erzählt, ist tatsächlich von Belang für die Wirbelsäule des Pferdes. Die Symptomatik, die den Besitzer veranlasst hat, einen Pferdeosteopathen zu rufen, hat die Ursache wiederum nicht immer in der Wirbelsäule. Zum Beispiel kann die Ursache des Verweigerns einer Biegung in Zahnschwierigkeiten, in Problemen der inneren Gliedmaßen oder in einem klemmenden Sattel zu suchen sein. Bocken ist selten ein Wirbelsäulenproblem, da das Pferd in einem solchen Fall seinen Rücken optimal bewegen kann. Rasen und Durchgehen können auch psychischer Natur sein, ebenso wie Sattelzwang.

Ein Tipp beim Erstellen der Anamnese: Fragen Sie gezielt, dann gibt es klare Antworten. Unterbrechen Sie den Redefluss des Pferdebesitzers, damit er nicht nur seine zurechtgelegte Story erzählen kann. Mit unerwarteten gezielten Fragen kommen Sie an noch mehr Informationen, die der Besitzer vielleicht für unwichtig hielt. Notieren Sie alles, auch das vermeintlich Unwichtige, sorgfältig.

■ Beispiel

Ein vom Tierarzt überwiesener 8-jähriger Warmblut-Wallach zeigt ataktische Bewegungsstörungen der Hinterbeine, eine fortgeschrittene Abmagerung und einen angeblich unreitbaren Charakter, bei dem das Pferd stets davon rasen will.

Die Frau des Besitzers berichtet, dass das Pferd von einer sehr dicken Frau unter groben Handlungen im Westernsattel eingeritten worden sei und dass sie es völlig abgemagert und verstört gekauft hätten. Sie hätten es dann in einen ganzjährigen Offenstall gestellt, in dem er sich immerhin gebessert habe. Sie würde das Pferd 5-mal pro Woche ausgebunden auf der Wiese longieren, zum Reiten bekäme es Hufschuhe, es habe stets reichlich Heu und nach dem Reiten bekäme es Hafer.

Der Besitzer selber aber erzählte, dass das Pferd aus einem professionellen Zuchtstall stamme, bei dem es auf großen Weiden aufgezogen sei, und dass es damals in einem besseren Ernährungszustand war als heute, es tagsüber zu wenig Heu bekäme und nach dem Reiten keinen Hafer erhielt.

Der überweisende Tierarzt berichtet von schwierigen Besitzern, einem massiven Bandwurmbefall, der jetzt behandelt worden sei und von einem doppelseitigen Hahnentritt der Hinterhand mit wahrscheinlich massiven Blockaden der gesamten Wirbelsäule.

Im Sichtbefund erkennt man ein sehr korrekt gezüchtetes großrahmiges Sportpferd mit optimaler Gliedmaßenstellung in einem erbärmlichen Ernährungszustand. Die Hufe sind unbeschlagen und alle vier Zehenwände bis zum Strahl abgeschliffen, so dass alle vier Hufe platt auftreten. Der enge, bestandsreiche Offenstall zeigt rundherum magere Pferde, Heu ist nicht zu sehen. Das Foramen lumbosacrale ist weithin als „Loch" erkennbar, der doppelseitige Hahnentritt der Hinterhand ebenfalls.

Daraus konnte ich mir meine eigene Anamnese zusammen reimen: Das gut gezogene Warmblut muss sich als junges Pferd durch eine massive Extension im lumbosakralen Übergang verletzt haben, was zu der Bewegungsstörung der Hinterhand geführt haben muss. So wurde es in der Hoffnung auf Ausheilung länger im Freilauf belassen. Schließlich wurde es in den Freizeitbereich verkauft, bei dem sich zunächst eine Frau im Westernstil an dem Tier versuchte. Schließlich gelangte es in die Hände der jetzigen Besitzer, die alternativ eingestellt waren. Die Hufe des Pferdes sind normalerweise für Beschlag gezüchtet, einem Gehen auf gepflastertem Offenstall halten die Hufe nicht stand. Ebenfalls bedeutet für ein hochgezüchtetes Warmblut ein ganzjähriger Offenstall erheblichen Energieverlust zur Wärmeerhaltung. Das großrahmige stark knochige Sportpferd hat einen reichlichen Futterbedarf, den es in einem vorwiegend mit Ponys geführten Stall nicht erhält.

Es wurde dringend Boxenhaltung auf Stroh (zumindest nachts) mit stetiger Raufutterzuführung empfohlen mit reichlich Kraftfutter, zunächst insbesondere warmen Mash. Der unbedingt durchzuführende Hufbeschlag wurde nicht durchgeführt, trotzdem konnten die Befunde der Wirbelsäule nach vier Behandlungsterminen äußerst erfolgreich behandelt werden, wobei sogar der Hahnentritt kaum sichtbar wurde, das Pferd nun vom Besitzer (der nicht so sattelfest ist) selber geritten werden kann und das glänzende Fell mit frechen Augen auf gutem Fleisch sitzt.

Dies war eine schwierige, aber sicher interessante Anamnese.

6.2 Inspektion

Einen Pool von Informationen liefert der geschulte Blick, der schematisch das Pferd mit seinen Augen abtastet. Der Stall, die Umgebung, der Umgang mit dem Pferd, all das sind wertvolle Informationen, ebenso wie der Gesamteindruck des Tieres mit seinem Pflegezustand, dem Fellglanz. Zunächst lasse ich das Pferd nur auf mich wirken.

Jede Narbe und Fellveränderung wird registriert. Besonders behalte ich die Extremitäten im Auge, wie diese sich während der Untersuchung verhalten. Wird ein Vorderbein stetig vorgestellt, so will ich dann wissen, was mit dieser Gliedmaße ist. Wird ein Hinterbein stetig außenrotiert und vorgestellt, so weiß ich, dass dort etwas nicht stimmt.

Grundsätzlich sollten bei der Inspektion des Pferdes in der Bewegung alle Gliedmaßenerkrankungen differentialdiagnostisch ausgeschlossen werden. Es ist die Kunst des Pferdeosteopathen, heraus zu finden, welche Störung kommt von der Gliedmaße und welche vom Rücken?

Natürlich richtet sich mein Blick auch auf Traumen, Narben, Unregelmäßigkeiten und sonstige Auffälligkeiten. Jede Narbe, Veränderung an einer Gliedmaße, lässt mich vermuten, dass ein dortiges Trauma für eine gewisse Zeit eine Standbeinverlagerung verursacht hat und eventuell auch heute noch verursacht, ganz gleich ob das Pferd „lahmfrei" wieder im Einsatz ist.

6.2.1 Stand

■ Blick von vorn

Das Pferd sollte zur Musterung von vorn auf einer ebenen Fläche stehen und die Vorderbeine sollten möglichst parallel zueinander stehen. Uns interessiert (Tab. 6.**1**).

Tab. 6.1 Stand – Musterung von vorn

Struktur	Sichtbefund	Rückschlüsse
Stellung der Vorderhufe frontal	zehenweit	häufig bei Vollblut, Araber, Isländer; schmale Brust
	zeheneng	breite Brust, erhöhte Adduktorenspannung, geringere Stoßdämpfung
	unterschiedliche Vorderhufe	ungleichmäßiger Muskeltonus proximal, Derotation im Thorax, alte Traumata der Gliedmaßen
Stellung der Gliedmaße frontal	bodenweit	geringe Tragkraft, junges Pferd noch nicht im Gleichgewicht
	bodeneng	insgesamt verspanntes Pferd
Pektoraliskonturen	unterschiedliches Muskelrelief	Derotation des Thorax mit wahrscheinlicher Blockierung im CTÜ

■ Blick von der Seite

Uns interessiert (Tab. 6.**2**).

■ Blick von hinten

Das Pferd sollte zur Musterung von hinten auf einer ebenen Fläche stehen und die Gliedmaßen jeweils parallel aufstellen. Uns interessiert (Tab. 6.**3**).

■ Blick von oben

Das Pferd sollte zur Musterung von schräg hinten oben auf einer ebenen Fläche stehen und die Vorder- und Hinterbeine möglichst parallel aufstellen. Uns interessiert Tab. 6.**4**, Abb. 6.**2** und Abb. 6.**3**.

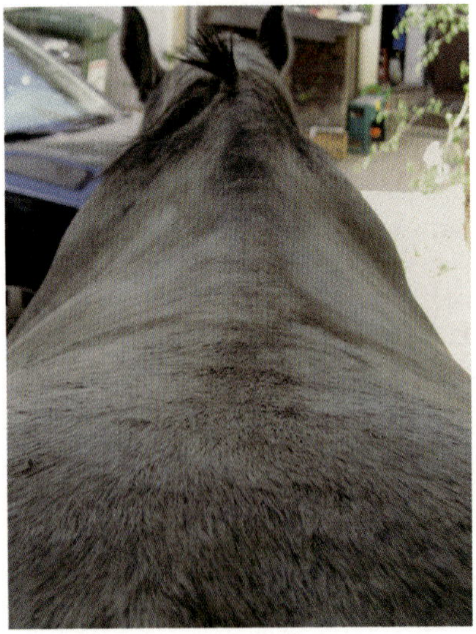

Abb. 6.2 Der rechte Thorax ist flacher, das linke Becken höher und leicht nach kranial verschoben.

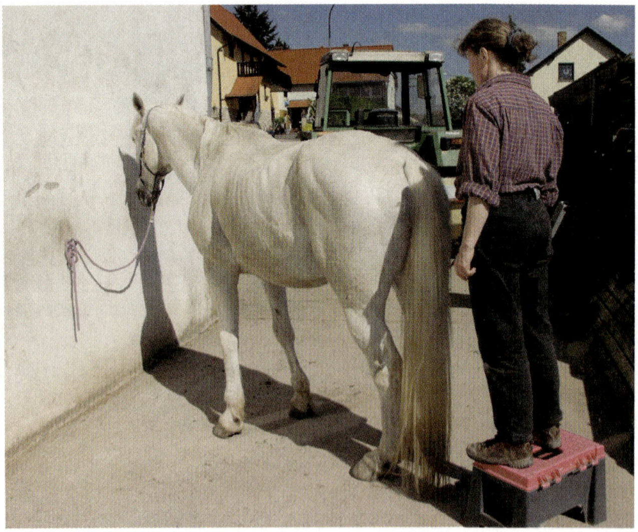

Abb. 6.3 Begutachtung der Rückenform.

Tab. 6.2 Stand – Musterung von der Seite

Struktur	Sichtbefund	Rückschlüsse
Exterieur	langer Rücken, kleine Kruppe	herabgesetzte Tragkraft
Gliedmaßenstellung vorn	vorständig	Diff.: Laminitis, Podotrochlose, Sesamoiditis u. a.
Hufachsen	Flachhuf	hohe Belastung palmar
	Bockhuf	kurzer Tritt, wenig Federung
	unterschiedliche Trachtenhöhe	Beinlängendifferenzen, alte Traumata
Nacken	fett	Pferd im „Stoffwechsel-Plus“
	dünn	keine Aufwölbung des Rückens
Rücken	weiße Fellstellen	Extensionsblockierungen
	atroph	keine Aufwölbung
Bauch	durchhängend	Pferd im „Stoffwechsel-Plus“ Keine Aufwölbung
	eingezogen	verspanntes Pferd
Kruppe	eckig	geringer Einsatz der Hinterhand und damit geringe Aufwölbung des Rückens
Rückenrelief	„Karpfenrücken“	erschöpftes Tragegerüst-Syndrom, Derotationsblockierungen
	„Hohlrücken“	geringe Aufwölbung, aber auch asymptomatisch
Fell	stumpf, plüschartig, mit Schuppen	chronische Funktionsstörungen
Gliedmaßenstellung hinten	stetige Entlastung eines Beines	evtl. Wurzelreizsyndrom LWS
	untergestellte Beine	große Angst und Verspannung, chronische schwere LWS-Erkrankungen
	säbelbeiniger Stand	Exterieur (Lot Hinterröhre) Extensionsblockierung LSÜ

6.2.2 Gang

■ Schritt

Probleme in der Wirbelsäule des Pferdes sind am besten im Schritt sichtbar. In dieser Gangart kann wegen des fehlenden Gesamtmuskeltonus nicht „geschummelt“ werden. Es ist ratsam, das Pferd auf hartem Boden vorführen zu lassen. Dabei geht das Pferd im Halfter am Strick (die natürliche Haltung des Pferdes, besonders seines Halses, sollte sichtbar sein). Auch Anhöhen sind zur Diagnostik hilfreich, besonders das Bergabgehen deckt Probleme in der Hinterhand und der tragenden Wirbelsäule auf.

Es ist ratsam, jeweils getrennt Vorhand und dann Hinterhand zu betrachten. Dabei achten wir auf Veränderungen in der Stützbeinphase und der Hangbeinphase, darauf, ob ein Bein die Extension der Stützphase verkürzt und ob es weit genug vorgeführt wird. Auch die Qualität des Vorführens in der Hangbeinphase wird beachtet.

An der Vorhand ist eine verkürzte Stützbeinphase und eine verkürzte Extension am Ende der Stütz-

Tab. 6.3 Stand – Musterung von hinten

Struktur	Sichtbefund	Rückschlüsse
Fesselhöhe und Sprunggelenke, Ischiokruralenkontur	Höhenunterschiede	Beinlängendifferenzen
Sprunggelenke	Ödeme	Traumata, Degenerationen
Rotationsachse des gesamten Hinterbeines (Hüftgelenksrotation)	Außenrotation oder Innenrotation	Nach außen rotiert: Entlastung, Muskelschwäche Nach innen rotiert: chronische Schmerzen der LWS derselben Seite
Adduktorenkontur	Stützbeinbelastung (siehe auch Euterhöhe bei Stuten)	Die Kontur des entlasteten Beines erscheint flacher und weiter; das Euter des entlasteten Beines erscheint tiefer
Schweifrübe	Haarbewuchs	Das proximale Haar wächst zur chronischen Störung hin
	Rotation	Die tieferliegende Seite zeigt die ISG-Störung an (Ausnahme: Gegenrotation im sakrokokzygealen Übergang)
Kruppenhöhe	Muskelrelief	Eine kurze erhöhte Seite deutet auf eine ipsilaterale ISG-Störung hin; Eine ausgeprägte flache Kontur deutet auf ein Wurzelreizsyndrom der LWS hin
Tubera sacralia	Höhenunterschiede	mehr als 1 cm: Verdacht auf Ruptur der Ligg. iliosacralia; Geringer als 1 cm: ISG-Blockierung auf der höheren Seite
	Ausgeprägt sichtbar	chronische Funktionsstörungen beider ISG im Sinne einer Extensionskippung der Sakrumbasis
Muskelrelief	Einkerbungen	Rupturen

Tab. 6.4 Stand – Musterung von oben

Struktur	Sichtbefund	Rückschlüsse
Scapulae	Höhenunterschiede	Stützbein auf der höher liegenden Skapula; ebenso dort Verdacht auf Blockierung des CTÜ
Thorax	Gesamtrotation	Thoraxrotation zum Stützbein; entlastetes Bein auf Seite des flacher erscheinenden Thorax
	Rippenprominenzen	prominente Rippe ist stets blockiert
Dornfortsatzreihe	Skoliosen	schmerzhafte Region steht in Konkavität
Lende	Rotation	entlastete Seite erscheint flacher
Becken	Stand der Tubera coxae zueinander sowie der Tubera ischiadici zueinander	sichtbare Verschiebungen deuten auf (schwere) Funktionsstörungen des Beckens

beinphase von Belang. Auch achte ich darauf, ob das Pferd mit einem Vorderbein stets wie über einen Hügel läuft (dann ist dieses Bein länger). In diesen Fällen wird das kontralaterale Bein vermehrt belastet. Das Pferd „fällt" förmlich auf das (noch) gesunde Bein.

Der Takt der Hinterhand im Schritt verrät uns Funktionsstörungen der Wirbelsegmente bis hin zu Th 14. Zunächst versuche ich heraus zu finden, ob und welches Hinterbein eine verkürzte Stützbeinphase hat. Bei manchen Pferden ist es nicht klar zu differenzieren. In diesen Fällen lasse ich das Pferd geradeaus führen und gehe hinterher, mit meinen Beinen genau im Takt der Hinterbeine des Pferdes. Dann fühle ich die Unregelmäßigkeiten, und so bekomme ich dann Klarheit. Das Bein mit der verkürzten Stützphase mag also keine Last aufnehmen. Eine Taktunregelmäßigkeit sollte dann in der Volte mit dem betroffenen Bein auf der inneren Hand deutlicher werden. Auch bergab geführt tritt das Problem des Pferderückens deutlicher hervor.

Da das Pferd aber oft auf beiden Seiten ein Wirbelsäulenproblem hat, reicht diese Information allein noch nicht aus. Ich suche dann nach einem Hinterbein, welches vielleicht eine veränderte Hangbeinphase aufweist. Wird also ein Bein steifer vorgeführt als das andere, führt es dabei eine Zirkumduktion aus? Finde ich eine solche Taktstörung, so bin ich mir sicher, auf dieser Seite ein Wurzelreizsyndrom in der Lendenwirbelsäule gefunden zu haben. Beim genauen Betrachten von hinten oben auf den Rücken des Schritt gehendes Pferdes erkennt man, dass die Wirbelsäule den verdächtigen Bereich nicht zusammenschieben mag, nach dorthin geht also keine Lateroflexion.

Ein weiteres wichtiges diagnostisches Kriterium ist die verkürzte Extension am Ende der Stützbeinphase. Dies könnte ein Hinweis auf einen Iliopsoas-Hartspann sein, der reflektorisch zum Schutz eines blockierten Segmentes hyperton geschaltet ist, das Hinterbein dann an der vollen Streckung hindert.

Die Hinterbeine sollten jedes für sich auf einer parallelen Spur unterhalb der Hüftgelenke aufsetzen. Setzt das Pferd aber ein Hinterbein medial dieser Linie oder gar nahezu in der Medianlinie auf, dann kann man davon ausgehen, dass das Pferd die diesseitige Lendenwirbelsäule unterstützen möchte. Das mediale Aufsetzen hilft der Bauchmuskulatur in ihrer Stützfunktion und erleichtert es dem Pferd, einen zu schweren Reiter zu tragen, ohne noch mehr Schaden in der LWS zu nehmen. Die schiefe Druckbelastung in diesem Stützbein führt natürlich früher oder später zu Knochenspat im Sprunggelenk.

Interessant ist dann die Kruppenbewegung. Fallen beide Kruppen im Schritt geradeaus gleichmäßig herab? Bleibt z. B. eine Kruppe eher oben, ist das ein Hinweis auf eine Iliosakralgelenksblockierung auf der anderen Seite. Fällt eine Kruppenseite überdeutlich herab, müssen wir uns die Frage stellen, ob kontralateral die Kruppenmuskulatur stark genug ist, das rechte Bein in der Schwebephase zu halten.

> Das Pendeln und die Haltung des Schweifes verraten uns die Hauptschmerzseite des Pferdes.

Dorthin, wohin der Schweif zeigt, wird die meiste Propriozeption und Nozizeption „gefunkt". In diesen Fällen ist die Muskulatur der vorderen Schwanzwirbel mit hyperton geschaltet und zieht somit den Schweif in seine Richtung.

Enge Wendungen geben dann Aufschluss über die Beweglichkeit der tragenden Wirbelsäule. In engen Wendungen muss die Wirbelsäule eine gute Portion Rotation und Lateroflexion zulassen, damit das Pferd seine Hinterbeine kreuzen kann. Im Fall von Blockierungen tappt das Pferd mit seinen Hinterbeinen auf der Stelle, während es den Rücken versucht verkrampft aufzuwölben.

■ Trab

Der Trab ist zur Diagnostik von Wirbelsäulenerkrankungen für einen Osteopathen lange nicht so interessant wie der Schritt, da beim Trab die gesamte Muskelspannung einen großen Teil der Störungen verdeckt. Wenn also im Trab die im Schritt beschriebenen Taktstörungen weiterhin zu sehen sind, dann kann von einem schwerwiegenden Problem im Rücken des Pferdes ausgegangen werden. Wegen der vermehrten Erschütterung distal sind aber Lahmheiten, die nur im Trab auf hartem Boden sichtbar sind, unbedingt differentialdiagnostisch auf eine eventuelle Gliedmaßenerkrankung auszuschließen.

Im Trab an der Longe (Pferd am Halfter) beobachte ich die Rückentätigkeit des Pferdes. Ist der Rücken steif oder schwingt er mit? Die Schweifrübe sollte entspannt und frei aus dem Becken herauskommen und locker im Takt hin und her pendeln. Die innere Kruppe sollte herabfallen, tut sie das nicht, dann ist das gegenüber liegende äußere Becken blockiert.

Ein Schub aus der Hinterhand sollte erkennbar sein. Vorhand und Hinterhand bilden eine Einheit (diagonale Röhren sollten parallel laufen). Wenn beide Hinterbeine locker unter dem Rumpf kreuzen können, dann kann die Lende Rotationen zulassen.

■ Galopp

Im Galopp an der Longe möchte ich ein wechselndes Strecken und Aufwölben des Rückens erkennen können. Das Pferd soll sich im Galopp an der Longe tragen. Wenn es rast, dann kann es sich vielleicht nicht untersetzen, wegen schmerzhafter Störungen im Becken oder in der Lende. Die Hand, auf der das Pferd nicht so gern galoppieren mag, hat entweder ein Stützproblem mit dem äußeren Vorderbein, ein Rotationsproblem mit dem inneren Vorderbein, ein Konvergenzproblem mit der inneren Lendenwirbelsäule oder etwas mit dem äußeren Iliosakralgelenk. Das äußere Bein ist das schiebende Bein im Galopp, es nimmt mehr Last auf (Tab. 6.**5**).

6.2.3 Ausrüstung

Es ist absolut nicht notwendig, ein Sattlermeister, ein Zaumzeughersteller, ein Profireiter zu sein oder ein Reitsportgeschäft zu besitzen, um zu beurteilen, ob die Hauptprobleme des Pferdes von der Ausrüstung her stammen. In den allermeisten Fällen benötigen Sie nur zwei gesunde Augen, zwei gesunde Hände und ein ganz normales Gehirn, in dem ein gesunder Verstand wohnt. Damit ausgestattet lassen Sie sich Zaumzeug und Sattel Ihres Pferdepatienten heranbringen.

Beginnen Sie mit dem Zaumzeug:

1. Hat das Bit Risse?
2. Ist das Bit sehr groß?
3. Ist das Bit sehr klein?
4. Engen die Lederriemen Stirnregion, Nacken oder Ohren ein?
5. Gibt es Verletzungen oder Vernarbungen an der Maulspalte?
6. Stößt das Bit nach unten auf den Hengstzahn?
7. Stößt das Bit oben auf einen Wolfszahn?

Tab. 6.**5** Beurteilung der Gangarten

Gangart	Sichtbefund	Rückschlüsse
Schritt	Stützphase Hinterhand; Aufsetzphase	Seite der verkürzten Stützphase zeigt LWS-Störung an; Diff.: Gelenke der Hinterhand; Medianes Aufsetzen ipsilateral bei chronischen LWS-Schmerzen
	Hangphase Hinterhand	steifes Vorführen zeigt akute Schmerzen der ipsilateralen LWS
	laterales Schwenken der Kruppe	betroffene Seite der LWS führt keine Konkavität aus
	horizontale Kruppenrotation	ISG-Blockierung lässt kontralateral kein Abkippen zu
Wendung	Kreuzverhalten der Hinterbeine	kein Kreuzen der ispilateralen Hinterhand bei LWS-Störungen
Trab und Galopp	Rückentätigkeit	ein nicht schwingender Rücken zeigt Funktionsstörungen an
	Kruppenverhalten	innere Kruppe fällt nicht herab, wenn laterales ISG blockiert
	Schweifhaltung	besonders hohe, tiefe und schiefe Haltungen zeigen Störungen des Beckens an

Dann nehmen Sie sich den Sattel vor. Drehen Sie diesen um, so dass die Sattelkammer nach oben zeigt. Nun prüfen Sie:

1. Ist die Polsterung gleichmäßig? (Wundern Sie sich nicht über manchmal zu fühlende Nagelspitzen im Polster, die sind gar nicht so selten!)
2. Ist die Polsterung insgesamt sehr hart? (immer schlecht für den Pferderücken)
3. Gibt es deutliche Eindrück-, Schweiß- oder Reibespuren?

Dann stellen Sie den Sattel aufrecht auf, so dass Sie von oben in die Kammer längsseits hineinschauen können.

1. Sind beide Sattelkissen (Bars) gleichmäßig ausgeprägt? (sehr häufig verschieden)
2. Haben Sie den Eindruck, der gesamte Sattel ist in sich verbogen? (sehr häufiger Befund)

Nun nehmen Sie sich die ungewaschene Satteldecke vor, die sie dann rückwärts auf den Boden legen, so dass Sie die Schweiß- und Druckspuren gut erkennen können.

1. Betrachten Sie Schweiß- und Eindruckspuren. Sind diese gleichmäßig über die gesamte Decke verteilt? (sehr häufig finden Sie hauptsächlich vorn und dann hinten einzig Abnutzungserscheinungen – der Sattel bildet in diesem Fall eine Brücke)

Zum Schluss lassen Sie sich das Pferd satteln, einmal ohne Decken, dann mit Satteldecken. Nun gebrauchen Sie Ihre Hände:

1. Streichen Sie mit einer Hand von oben am Widerrist an den Schulterblättern seitlich herunter. Wie eng oder gleichmäßig liegt der Sattel auf?
2. Streichen Sie mit einer Hand von vorn am Widerrist unter dem Sattel bis nach hinten hin durch. Liegt der Sattel gleichmäßig auf?
3. Liegt der Sattel hinter dem 18. Brustwirbel auf?
4. Schauen Sie von hinten direkt durch die Sattelkammer hindurch. Können Sie sich vorstellen, dass genug Platz für die Dornfortsätze zum Bewegen vorhanden ist?

Damit haben Sie eigentlich schon einmal die allerwichtigsten Punkte abgecheckt, bei denen sehr häufig Anhaltspunkte zu finden sind, die dann Probleme bei ihrem Pferdepatienten verursachen.

6.2.4 Der Reiter

Auch zur Beurteilung des Reiters benötigt man nicht unbedingt das Fachwissen eines Reitlehrers oder Trainers. Grobe Unregelmäßigkeiten des reiterlichen Sitzens und der reiterlichen Hilfen sind einfach zu erkennen, so dass Sie causale Zusammenhänge zu den Problemen des Pferdes recht schnell beurteilen können, um dann entsprechenden Reitunterricht zu empfehlen. Grundsätzlich können Sie auf reiterliche Probleme schließen, wenn Ihnen beim Pferd folgende muskuläre Dysbalancen auffallen (Tab. 6.**6**).

Sie achten beim Vorreiten in allen Grundgangarten und in der Biegung auf (Tab. 6.**7**):

6.3 Palpation

Nun beginnt die Kontaktaufnahme mit dem Pferd. Wenn wir eindeutige und wiederholbare Untersuchungsergebnisse erzielen wollen, ist es von absoluter Wichtigkeit, dass unser zu untersuchendes Pferd entspannt bleibt. Und dieses erreichen wir, wenn wir am Kopf beginnen, zunächst mit der Bekanntmachung. „Guten Tag sagen" ist dem Pferd genauso wichtig wie uns Menschen. Wir müssen eine innere Einstellung der Freundschaft zu dem Tier aufbauen, es als komplett fühlendes Wesen mit eigener Würde akzeptieren. Wir sollten also ein ruhiges standfestes Auftreten haben und mit warmer und weicher Hand uns gefühlvoll dem Pferd nähern.

Eine rein mechanisch denkende Hand, die das große Tier ordentlich festhalten muss und es als Objekt sieht, wird auf diese Weise so gut wie nichts fühlen! Unglücklicherweise wird ein solchermaßen untersuchtes Pferd sich derart verspannen, dass keine klare Aussage zu der betreffenden Region zu machen ist.

Ich bin immer wieder erschrocken, dass, wenn ich ein Pferd untersuche und dann therapiere, und ich zum Schluss die Hand des Besitzers nehme, um ihm einfache Massagegriffe zu zeigen, wie das Pferd sich sofort „zu macht", den Kopf hebt und

Tab. 6.6 Muskuläre Dysbalancen

Sichtbefund	Rückschlüsse
ausgeprägter Unterhals	mangelnder Einsatz der pektoralen Muskulatur und der ventralen Halsmuskulatur; Pferd läuft im Extensortonus
deutlich sichtbarer Axthieb	mangelnder Einsatz der pektoralen Muskulatur; Blockierung der Halsbasis
eingefallene Widerristregion	klemmender Sattel, klemmende Reiterschenkel, Blockierung der Halsbasis, Erschöpfung der ventralen Muskulatur
fassförmiger Thorax	mangelndes Biegen des Reitpferdes führt zu Blockierungen der Kostotransversalgelenke bei fixierter BWS-Extension
„karpfige" LWS	Erschöpfung der Tragemuskulatur, Blockierung meist im ThLÜ und LSÜ
hängender Bauch	wenig Gesamtflexion des Reitpferdes mit den Folgen von Extensionsblockierungen der WS, seltener Galopp, mangelnder Schub der Hinterhand
„Kuhle" vor Sakrum	wenig Einsatz der Hinterhand, Erschöpfung der Tragemuskulatur führt zu Extensionsblockierungen im LSÜ
eingefallene Flanken (evtl. mit Hypertonus der Bauchmuskulatur)	stark schmerzende Blockierungen in der Lenden- und Beckenregion evtl. durch zu schweren oder plumpsenden Reiter
eckige Kruppe, flache Kruppenmuskulatur	mangelnder Einsatz der Hinterhand, Blockierungen in der Beckenregion
aufgetriebener Schweifansatz	Trageerschöpfung, Pferd läuft in Gesamtextension, Blockierungen in der Beckenregion

alle Muskeln verspannt, wenn der Besitzer mit einer „Krallenhand" unsensibel auf seinem Tier „herumfuhrwerkt". Dass dürfen *wir* Pferdeosteopathen uns nicht leisten.

Die palpierende Hand nimmt zuerst Kontakt mit der Haut auf. Warm, kalt, ödematös oder verschieblich, das sind die Fragen, die wir uns nun stellen. Die Hand gleitet tiefer in das Gewebe und prüft nun den Muskeltonus und die Verschieblichkeit der Fasern und Faszien. Weiter dringen wir bis zum Knochen vor. Dieselbe Region, von der wir uns nun ein Bild erfühlt haben, wird sogleich auf der anderen Seite auf diese Weise palpiert. Erst jetzt können wir Unterschiede herausfinden und eine Aussage treffen. Jeder erhöhte Tonus, jede verminderte Faszienverschieblichkeit, jeder Temperaturunterschied, jedes Zucken (es sind nicht immer die Fliegen!) und alles was uns sonst noch auffällt, wird registriert.

Der sofortige Seitenvergleich ist also sehr wichtig.

Eine weitere Möglichkeit der Palpation ist das bloße Verschieben bzw. Rollen einer Hautfalte (Kibler-Methode). Dort, wo das Abziehen der Haut erschwert ist, ist lokal mit Funktionsstörungen zu rechnen.

Jede Reaktion des Pferdes interessiert uns. Auch wenn es um den Strick laufen will, so könnte es mit seinem Verhalten etwas ausdrücken, z. B. „das ist mir unangenehm, ich gehe hier weg". Manche Pferde scharren mit dem Vorderbein oder schütteln mit dem Kopf. Wenn sie ein Bein nicht geben wollen, muss das nicht unbedingt Ungehorsam bedeuten, es könnten auch Schmerzen sein. So habe ich es nicht gern, wenn der Besitzer am Halfter oder Strick zerrt und Stillstehkommandos ausspricht, da dem Pferd so die Kommunikationsmöglichkeit mit mir genommen wird.

Tab. 6.7 Reaktionen des Pferdes auf den Reitersitz

Reitersitz	Reaktionen des Pferdes	Folgen
Schwerpunkt des Oberkörpers hinter der Senkrechten	verhaltener Tritt der Hinterbeine	Absenken des ThLÜ, Hypomobilität der Hinterhand
im Trab und Galopp auf den Rücken fallender Reiter	Anspannen der Extensorenkette (durchgedrückter Rücken) mit verhaltenen Tritten, Pferd eilt	Extensionsblockierungen der gesamten Pferdewirbelsäule, besonders des ThLÜ
steifes Becken des Reiters (kein Mitgehen der dreidimensionalen Bewegung des Pferderückens)	Verhaltene Tritte	insgesamter Hypertonus, Hypomobilität in Lateroflexion
unkoordinierter schwankender Oberkörper	Verhaltene Tritte	Insgesamter Hypertonus, Hypomobilität in Lateroflexion
Oberkörper strebt stetig nach vorn, Reiter neigt zum Hohlkreuz	eilendes Pferd, wenig Schub und wenig Hankenbiegung der Hinterhand	Hypertonien der Vorhand, Blockierungen des CTÜ, Hypotonie der Hinterhand
Becken des Reiters sitzt bevorzugt auf einer Seite	Biegung zur gegenüberliegenden Seite (zu der, die der Reiter weniger belastet) ist schlechter möglich	Derotationsblockierungen unter dem Reiterbecken
Hilfengebung	**Reaktion des Pferdes**	**Folgen**
stetiger Anzug der Zügel bei steifen Handgelenken	Hypertonus des gesamten Pferdes, verhaltene Tritte, wenig Rückenschwingen	Blockierungen in den Kopfgelenken und der Halsbasis
stetige feste klemmende Schenkel	verhaltene Tritte bei insgesamtem Hypertonus	Steifes abgestumpftes Pferd mit wenig Vortritt
in Biegung: äußerer Zügel zu locker, kein Tonus des äußeren Reiterbeines	Abknicken im CTÜ, „En-bloc“-Biegen des restlichen Pferdes	steife tragende WS mit multiplen Extensionsblockierungen
in Biegung: kein Tonus des inneren Schenkels	„En-bloc“-Biegen des Pferdes	steife tragende WS mit multiplen Extensionsblockierungen

Als Anfänger ist es empfehlenswert, stets nach dem gleichen Schema von A bis Z zu untersuchen. Diszipliniert so vorgegangen entgehen Ihnen keine wichtigen Details.

Zum Einen hilft dabei ein gut strukturierter Befundbogen zum Anderen ein auswendig gelerntes Schema zur Palpation. Ich persönlich gehe dabei folgendermaßen vor (Tab. 6.**8**):

6.3.1 Schmerzprovokation

Grundsätzlich kann auf jedem Gewebe des Bewegungsapparates des Pferdes ein starker Druck mit dem Daumen oder der Fingerkuppe aufgebracht werden, ohne dass das Pferd eine deutliche Reaktion wie Zittern, Wegziehen oder gar Aggression zeigt. Ein kräftiger Druck links und rechts der Wirbelsäule sollte also lediglich ein Nachgeben im Gewebe erzeugen, jede Abweichung aber deutet auf eine Störung hin, die entweder in den Weichteilen oder aber im arthrogenen Bereich zu suchen ist.

Tab. 6.8 Palpationsschema Pferd

Kopf	**Schulter**	**Becken**
Zahnreihe	Dornfortsatz Th 2–8	Foramen lumbosacrale
Druckpunkt unterhalb des Kiefergelenkes	Scapula/Schultermuskulatur	Kruppenmuskulatur
Haut über Kiefergelenk	Sternum	Hinterhandstrecker
Spalt des Temporomandibulargelenkes	Pectoralis ascendens, transversus und profundus	Stellung des Beckens
M. temporalis	Trizeps	Stellung des Sakrums
Hyoideum	**Vordere Extremität**	sakrokokzygealer Übergang
Hals	Ursprung lange Flexoren	Schweifansatz
Haut- und Muskelbeschaffenheit Genick und Ohrbasis	Plantarer Unterarm	Schweifrübe und Schweifspitze
Atlasstellung	Carpus	Adduktoren
Axisstellung	Os accessorium	**Hintere Extremität**
Kurze Nackenmuskeln	Röhrbein und Griffelbeine	Kniegelenksspalt
C 3	Gleichbeine	Patella
C 4	Sehnen der langen Flexoren	M. quadriceps femoris
Tonus Mähnenkamm	Fesselgelenk	Sprunggelenk
Stellung C 5	Hufgelenk	Tendo calcanei
Stellung C 6	Hufknorpel	Beugesehnen
Tonus der Halsbasis Höhe Mitte Skapula bzw. Spitze Spinosus Th 1	Strahl	Gleichbeine
	Rumpf	Fesselgelenk
	Dornfortsätze Th 10–L 6	Hufgelenk
	Rückenmuskulatur	Hufknorpel
	Kostae	Strahl
	Bauch	

Wenn ich mir also unsicher bin, ob dort nun ein Befund ist oder nicht, provoziere ich diesen Bereich mit festem Druck mit dem Finger oder mit einem abgerundetem Stäbchen in Fingerdicke. „Ohne Befund“ ergibt sich nur dann, wenn das Gewebe darunter etwas nachgibt.

6.3.2 Diagnostische Akupressur

Diese Schmerzprovokation wird in der **diagnostischen Akupressur** verwandt. Dabei werden bestimmte Akupunkturpunkte mit vermehrtem Druck aus der Fingerkuppe provoziert. Normalerweise ist es möglich, auch empfindlich gelegene Akupunkturpunkte, selbst bei hochsensiblen Rassen, sehr fest zu drücken, ohne dass das Pferd sonderlich reagiert. Bei jedem positiven Befund aber zeigt das Pferd deutlich Unbehagen. Bei Unsicherheiten, ob denn nun ein Punkt anzeigt oder nicht, verlassen Sie sich auf den Seitenvergleich. Es existieren eine große Zahl an diagnostischen Akupunkturpunkten in der ganzheitlichen Tierheilkunde, die sich an die der traditionellen chinesischen Medizin (TCM) anlehnt. Ich möchte Ihnen nicht vorenthalten, welche zuverlässigen Punkte mich in der Diagnostik der Pferdewirbelsäule unterstützen:

Dü 19
Lage: direkt unterhalb des Temporomandibulargelenks
Bedeutung: Funktionsstörung des ipsilateralen Kiefergelenkes

Bl 10
Lage: Ala atlantis
Bedeutung: Funktionsstörung im ipsilateralen Kopfgelenk und im kontralateralen Iliosakralgelenk

3E 15
Lage: Höhe Dornfortsatz Th 1
Bedeutung: Funktionsstörungen im Verlauf der Halswirbelsäule, Blockierung der ipsilateralen Halsbasis

Bl 13
Lage: Angulus caudalis scapulae
Bedeutung: Probleme in Lunge, Haut oder Knochen

Bl 15
Lage: 4 Querfinger lateral des Dornfortsatzes Höhe Th 10
Bedeutung: psychische Probleme

Bl 16
Lage: 4 Querfinger lateral des Dornfortsatzes Höhe Th 11
Bedeutung: chronische Blockierung des zervikothorakalen Überganges

Bl 18
Lage: 4 Querfinger lateral des Dornfortsatzes Höhe Th 14
Bedeutung: Funktionsstörung der Leber, aggressives Pferd

Bl 19
Lage: 4 Querfinger lateral des Dornfortsatzes Höhe Th 15
Bedeutung: Schwierigkeiten in der Seitbiegung, chronische Störungen des Beckens, der Hüfte und der Sprunggelenke, chronische Blockierung des zervikothorakalen Überganges

Bl 20
Lage: 4 Querfinger lateral des Dornfortsatzes Höhe Th 17
Bedeutung: weiches Bindegewebe, geschwächtes Immunsystem, Schwierigkeiten in der Biegung, Funktionsstörungen im Knie

Bl 21
Lage: 4 Querfinger lateral des Dornfortsatzes Höhe Th 18
Bedeutung: Nahrungsmittel nicht optimal, Stress, wenig Bauchspannung, Knieprobleme, mangelnder Vortritt der Hinterhand

Bl 22
Lage: 4 Querfinger lateral des Dornfortsatzes Höhe L 1
Bedeutung: Funktionsstörung in den Genitalorganen

Bl 23
Lage: 4 Querfinger lateral des Dornfortsatzes Höhe L 3
Bedeutung: Funktionsstörung der Niere, Kälteempfindlichkeit, Iliakushartspann, mangelnde Unterstützung des Beckens von ventral – somit chronische Funktionsstörungen im Becken

Bl 25
Lage: in der Spitze der Linien Iliumverlauf und Dornfortsatzreihe
Bedeutung: Blockierung im lumbosakralen Übergang

Bl 28
Lage: 4 Querfinger lateral des sakrokokzygealen Überganges, in einer Muskelkuhle
Bedeutung: Blockierung des ipsilateralen Iliosakralgelenkes, chronische Funktionsstörungen der gesamten Wirbelsäule, Funktionsstörung des kontralateralen Atlas,
bei Stuten: evtl. Probleme des Urogenitaltraktes

Wenn Punkte anzeigen, bei denen auch eine Funktionsstörung eines Organsystems in Verdacht steht, dann weiß ich als Therapeut, dass diese Organstörung die Blockierung an diesem Wirbelsegment ausgelöst haben kann und aufrecht erhalten wird. Andererseits ist mir bewusst, dass eine Deblockierung dieses Wirbelsegmentes positiv auf das Organsystem einwirkt.

In der naturheilkundlichen ganzheitlichen Medizin aber ist das therapeutische Wirken auf Wirbel und Organsystem unabdingbar, wenn man gezielt *und* langfristig Erfolg haben will.

6.4 Funktionsprüfung

Ob die Wirbelsäule des Pferdes wirklich per Mobilisation behandlungsbedürftig ist, entscheidet letztendlich das Ergebnis der Funktionsüberprüfung. Schmerzen an der Pferdewirbelsäule können auch von den Weichteilen, namentlich den Muskeln und Bändern stammen. Erst eine gestörte Funktion ergibt eine Indikation zur Mobilisation an der Wirbelsäule.

So ist es unbedingt erforderlich, stets reproduzierbare eindeutige Untersuchungsergebnisse zu erstellen, die dann zusammen mit den anderen Ergebnissen der Inspektion und Palpation entscheiden, ob und welche Therapie durchgeführt werden soll. Folgende Grundregeln müssen beachtet werden:

1. Nur das entspannte Pferd untersuchen
2. Zu prüfende Bewegungen stets passiv durchführen
3. Aus der Mittelstellung des Gelenkes heraus die Bewegung durchführen
4. Das Endgefühl ist aussagekräftiger als der mögliche Bewegungsausschlag
5. Der Untersucher hat einen festen ausbalancierten Stand
6. Der Untersucher hat sich zuvor mit dem Tier in der Palpation vertraut gemacht
7. Weiche, einfühlsame aber bestimmt durchgezogene Prüfbewegungen durchführen
8. Stets nach dem gleichen Schema untersuchen
9. Stets im Seitenvergleich arbeiten
10. Immer *alle* Gelenke untersuchen

Manchmal ist man sich trotzdem nicht im Klaren: war da nun was? Dann prüfen Sie noch einmal und noch einmal. Klare Ergebnisse sind auch nach dem dritten Untersuchungsgriff noch präsent. Kleinere Störungen haben Sie bereits durch die wiederholte Untersuchung im Seitenvergleich osteopoathisch behoben! Für den Therapeuten von Belang sind wirklich nur die eindeutigen und wiederholbaren Bewegungseinschränkungen. Kleinere Befunde werden notiert, fallen jedoch zunächst nicht so ins Gewicht.

Falls Sie sich über das Ergebnis unklar sind, dann lassen Sie sich das Pferd nochmals vorführen. Das klinische Erscheinungsbild entscheidet letztendlich.

Lassen Sie sich bei der Untersuchung aber nicht durch die Anamnese und durch Angaben des Besitzers irritieren. Wenn man mit einer bestimmten Idee oder Meinung die Untersuchung beginnt, kommt kein klares reproduzierbares Ergebnis heraus. In der Regel findet man das, wonach man sucht, wenn man all seine Aufmerksamkeit auf ein bestimmtes Gelenk richtet. Sind Sie jedoch achtsam und ehrlich, ergeben sich manchmal auch überraschende Untersuchungsergebnisse, die Ihnen zwar zunächst nicht logisch erscheinen. Später finden Sie vielleicht dafür eine Erklärung, allemal kommen Sie im Denkprozess weiter und schließlich in der erfolgreichen Therapie, wenn Sie sich auf jedes Pferd völlig aufs Neue einlassen. Jedes Pferd ist wieder ein neues Abenteuer!

6.4.1 Zungenbein

Normalerweise ist das Zungenbein des Pferdes recht schwer zu tasten. Es liegt in der Tiefe zwischen den Ganaschen und ist als „etwas Härteres Längliches“ in der weichen Kehlmuskulatur zu fühlen. Ist das Zungenbein aber deutlich fühlbar, dann können Sie davon ausgehen, dass ein Hypertonus der langen Zungenbeinmuskeln besteht, dessen Spannung das Hyoideum herauszieht.

Das Zungenbein sollte in der Mitte der Kehle zu liegen kommen. Ob es zu einer Seite hin verschoben ist, überprüfen Sie durch das Hineinschieben ihrer Fingerkuppen der aufgestellten Hand zwischen jeweils einem Unterkieferast und dem Hyoideum. Gleitet eine Hand schlechter in das Gewebe als die andere, dann ist das Zungenbein zur hypertonen Seite hin verschoben. Dieser Befund ergibt sich bei gleichzeitiger Funktionsstörung des Kiefergelenkes.

Deutliche Verschiebungen des Zungenbeins zu einer Seite gehen häufig mit Gleichgewichtsproblemen bzw. Schwierigkeiten im Geraderichten und Geradeausreiten einher.

6.4.2 Kiefergelenke

Zunächst fühlt man die Zahnreihen von außen nach deutlichen Unebenheiten und Schmerzen ab. Dann wird der Spannungszustand des M. masseter und des M. temporalis jeweils links und rechts im Seitenvergleich überprüft.

Dann interessiert die Verschieblichkeit der Haut direkt über dem Kiefergelenk.

Liegt der Untersuchungsfinger direkt über dem Gelenkspalt, veranlasse ich das Pferd zur Kaubewegung und prüfe direkt die Beweglichkeit des Kiefergelenkes.

Direkt unterhalb des Gelenkspaltes befindet sich der diagnostische Akupunkturpunkt Dü 19, der bei festem Druck nicht reagieren sollte. Bei einem funktionsgestörten Kiefergelenk zieht das Pferd den Kopf weg.

Eine einfache Methode, sich einen Überblick über die Kausituation des Pferdes zu verschaffen, besteht darin, von vorn die Bewegung des Processus coronoideus der Mandibula in den Höhlen über den Augen zu betrachten. Ein gestörtes Kiefergelenk zeigt weniger Bewegung im Foramen supraorbitalis. Auch die seitliche Mahlbewegung des Unterkiefers ist so gut zu beobachten. Beachten Sie, dass jedes Pferd, so wie wir Menschen auch, eine bevorzugte Kauseite hat. So muss es keinen pathologischen Befund bedeuten, wenn der Unterkiefer hauptsächlich zu einer Seite schwenkt. Die Gelenkbewegung, die Faszienverschieblichkeit und der diagnostische Druckpunkt treffen die letzte Aussage.

Eine weitere Überprüfungsmöglichkeit ist das passive transversale Verschieben des Unterkiefers gegenüber dem Oberkiefer, wobei auch hier eine Seitenverschiebung physiologischerweise leichter fallen kann. Wenn Sie allerdings das Gefühl haben, die Verschiebemöglichkeit zu einer Seite ist regelrecht blockiert, und wenn die anderen Palpationsbefunde positiv sind, dann haben Sie eine Blockierung im Temporomandibulargelenk festgestellt.

6.4.3 Atlantookzipitalgelenk

Allein der Stand der Crista nuchae kann Hinweise liefern: Ist die Crista zu einer Seite verdreht, deutet das auf eine chronische Blockierung von C 0/1 ipsilateral hin. Eine prominente Crista nuchae deutet auf einen dauerhaften Zug am Nackenband hin, der zu einer beidseitigen Verengung des Gelenksspaltes mit erhöhtem intraartikulärem Druck in C 0/1 führt. In diesem Fall ist das Lig. nuchae dort sehr schlecht verschieblich. (Es ist eine interessante Frage, ob Pferde denn nicht auch zervikale Kopfschmerzen entwickeln können, die, wie bei uns Menschen vom Okziput nach vorn bis in die Stirn ausstrahlen).

Nachdem wir den Muskeltonus über dem Atlas geprüft haben, versuchen wir nun zwischen Atlasflügel und Processus mastoideus mit dem mittleren Glied unseres Mittelfingers (niemals mit der Fingerspitze) zu gelangen. Eine einseitige Verengung deutet auf eine Lateralverschiebung des Atlas zum Okziput hin, d. h., dort ist mit mehr intraartikulärem Druck und damit mit einer Blockierung zu rechnen. Achten Sie darauf, dass das Pferd dabei seinen Kopf entspannt in der Mitte hält. Zu einer Lateralverschiebung passt die gleichseitige Rotation des Atlas, d. h. dort, wo der Spalt zwischen Atlasflügel und Processus mastoideus enger ist, steht nun auch der Atlas auf derselben Seite etwas höher. Zur Überprüfung legen Sie hierzu beide Hände auf den Atlas (von unten greifen) und „federn" jeweils eine Seite nach unten.

> Wenn Sie auf der vermeintlich höheren Seite zudem das Gefühl haben, dort kein Nachfedern nach unten spüren zu können, ist eine Atlasblockierung dort sehr wahrscheinlich.

Die Rotationsstellung ist außerdem bei kopfruhigen Pferden von vorn feststellbar, indem man mit dem ausgestreckten Zeigefinger die Höhen der Atlasflügel austariert, während die nach innen rotierte Faust die Ohren umfasst.

Eine weitere Möglichkeit ist, den unteren Teil der Atlasflügel mit den horizontal aufgestellten Zeigefingern zu fixieren und zu vergleichen.

In jedem Fall ist eine Derotation immer nur sehr schwach ausgeprägt, während die Lateroflexion deutlicher spürbar ist.

Die letzte Aussage über eine vorhandene Blockierung trifft die Beweglichkeitsüberprüfung der Lateroflexion: Hierzu legen wir die Fixationshand auf den Atlasflügel, greifen in das Nasenteil des Halfters und führen (langsam!) mit dem entspannten Schädel eine reine Lateroflexionsbewegung zu uns hin durch. Dabei beobachten wir den entstehenden Knick zwischen Atlas und Schädel, deutlich sollten hier Hautfalten zu sehen sein. Führen Sie diese Beweglichkeitsprüfung zu schnell und zu heftig aus, und liegt dort eine Blockierung vor, dann riskieren Sie ein Steigen des Pferdes und eine anschließende Verweigerung für weitere Untersuchungs- und Therapiegriffe. Zu achten ist bei der Untersuchung nicht auf die Quantität der Bewegungsamplitude, sondern auf die Qualität der Bewegung, besonders das Endgefühl.

Das Segment C 0/1 kann beidseitig bewegungseingeschränkt sein, eine Seite überwiegt aber in der Regel. Deshalb: Immer im Seitenvergleich prüfen (Abb. 6.**4**).

6.4.4 Atlantoaxialgelenk

Wir lassen einfach die Hand auf dem Proc. spinosus des Axis liegen und spüren die Bewegung unter unserer Hand, wenn das Pferd sich mit seinem Kopf zwanglos von selbst bewegt. Gerade bei Dressurpferden, die in enger Beizäumungshaltung gehalten werden oder bei Freizeitpferden, die viel mit Martingal geritten werden, entwickeln sich in dieser Region erhebliche Degenerationen, die sich auch in den Weichteilen bemerkbar machen. Es entsteht dabei ein fühlbares „Glubschen" im Bereich des Dornfortsatz des Axis.

Neben dem Muskeltonus links und rechts des Axisdornfortsatzes interessiert uns die Stellung des Axis, also in welche Richtung ist sein Spinosus gekippt. Zu diesem Zwecke müssen Sie etwas tiefer, durch die Muskulatur hindurch bis zum Knochen weich und langsam durchtasten. Bei Schiefstellung kommt Ihnen der Knochen früher entgegen als auf der anderen Seite.

Für eine weitere Möglichkeit zum Überprüfen der Rotationsfehlstellung (und damit natürlich auch der Lateroflexionsstellung) benötigen Sie etwas Feingefühl: Umgreifen Sie sehr sanft den gesamten Dornfortsatz von oben mit der Faust oder auch von unten mit beiden flachen Händen. Schieben Sie nun den Dornfortsatz erst zur einen und dann zur anderen Seite. Sie werden im Fall einer Stö-

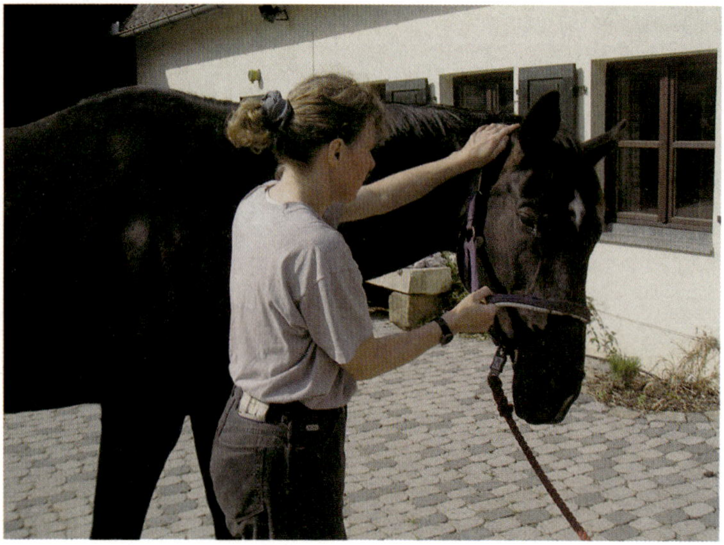

Abb. 6.**4** Funktionsprüfung C 0/1 rechts.

rung das Gefühl haben, das der Dornfortsatz in eine Richtung leichter rotiert, in die andere Richtung aber schwerer zu rotieren ist. Nun haben Sie eine Diagnose: In die Richtung, in die der Axisdornfortsatz gekippt ist, dort, wohin die Rotation leichter geht, ist die Blockierung. Es ist der muskuläre Schutzreflex, der das Gelenk in dieser Stellung festhält. Steht der Dornfortsatz beispielsweise nach links, dann steht der Axis in einer Rechtsrotation und Linkslateroflexion fixiert. Das bedeutet auch, dass die Seitbiegung nach links zeitgleich eingeschränkt ist. In den allermeisten Fällen ist auf dieser Seite auch der Atlas blockiert.

Auf demselben Prinzip beruht die Funktionsprüfung des Atlantoaxialgelenkes: Hierzu bedarf es etwas Geschick und Übung: Die Fixationshand liegt auf dem Axis, die Mobilisationshand umgreift den Schädel des Pferdes, so dass die Mobilisationshand über der kontralateralen Nüster zu liegen kommt. Dabei achten Sie darauf, dass im Atlantoaxialgelenk die Neutralnull-Stellung bestehen bleibt (also keine Rotation oder Lateroflexion verursachen, bevor sie die Beweglichkeitsprüfung durchführen). Nun führen Sie mit dem Schädel eine achsengerechte Rotation aus. Der Atlas muss der Rotation wegen seiner Gelenkform folgen, und eine Bewegungseinschränkung bezieht sich nun ausschließlich auf das Segment C 1/2. Die normale Bewegungsamplitude bewegt sich hier um die 20–30 °. Der Seitenvergleich entscheidet, ob eine Funktionsstörung vorliegt (Abb. 6.**5**).

Abb. 6.5 Funktionsprüfung C 1/2 links.

6.4.5 C 3 und C 4

Bei einem positivem Befund tritt der dritte und/ oder der vierte Halswirbel deutlich tast- und sichtbar nach lateral hin hervor, wobei eine Seite überwiegt, meist die Seite, auf der bereits eine Kopfgelenksstörung vorliegt. Im Zweifelsfall greifen Sie von der Kehle kommend mit beiden Händen beidseits nach oben an den Mähnenkamm, fahren nun ab gleicher Höhe mit dem Palpationsfinger Richtung Kehle und lassen diese am höchsten Punkt, also die erste feste Erhebung, die Sie tasten können, liegen und vergleichen nun mit prüfendem Blick die Höhe der Palpationsfinger. Zu dem Finger, der höher zu liegen kommt, nach dorthin ist der Wirbel rotiert. Sie können nun also sagen, wenn der Wirbel auf der rechten Seite des Pferdes prominenter zu tasten war und der Finger auf der rechten Seite des Pferdes höher zu liegen kommt, dann ist der Wirbel nach rechts rotiert und steht somit in minimaler Linksseitneigung fixiert. Eine Lateroflexion nach rechts ist nicht möglich.

Direkt dorsal von C 3 und C 4 finden Sie oft einen mächtigen Triggerpunkt in der Nackenmuskulatur.

Häufig ist über einer chronischen Blockierung eine Unregelmäßigkeit im Fall der Mähne zu beobachten: Direkt über der Störung ist ein Teil der Mähne in die Gegenrichtung gekippt. Fällt die Mähne also normalerweise nach rechts und ist über C 3/4 die Mähne nach links gekippt, dann können Sie davon ausgehen, dass die betreffenden Halswirbel nach rechts verdreht sind.

Wenn Sie den dritten bzw. den vierten Halswirbel fixieren und die kranialen Wirbel via Halfter zu sich hin Richtung Seitbiegung bewegen wollen, stellen Sie dann in einem positiven Befund eine verminderte Beweglichkeit in C 2/3/4 fest, das Pferd versucht mit einer maximalen Rotation in C 1/2 zu kompensieren.

6.4.6 C 5 und C 6

Zunächst wird der Muskeltonus direkt auf und über C 5 und C 6 geprüft.

> Besonders die Verschieblichkeit des Mähnenkamms gibt Aufschluss über die Beweglichkeit der Wirbel darunter.

Dann streichen wir mit der Hand erst auf der einen, dann auf der anderen Seite die Halswirbelsäule herunter und überprüfen, ob uns ein Wirbel prominent erscheint. Dieser prominente Wirbel wird über seine Rotationsstellung hin überprüft indem je ein Palpationsfinger, der zeitgleich links und rechts vom Mähnenkamm herab zieht und auf dem höchsten zu fühlenden Knochenpunkt zu liegen kommt. Kommt der Finger auf der rechten Seite höher zu liegen, dann ist das Facettengelenk zwischen diesem Wirbel und seinem kranialen Nachbarwirbel komprimiert. Zusätzlich ist die passive Lateralflexion bis zu C 5 und 6 im Seitenvergleich eine diagnostische Hilfe (z. B. C 5 rechts höher und prominenter, also rechts blockiert, bedeutet: Fixiert in Rechtsrotation und Linkslateroflexion, zwischen C 5 und C 4 ist keine Seitbiegung nach rechts möglich).

Schwieriger ist die Beurteilung der Halswirbelsäule, wenn Sie mit beiden Händen gleichzeitig von der Kehle kommend an den Wirbelkörpern hinuntergleiten. Für den Anfänger fallen zu viele palpatorische Informationen an, die dann schwer einzuordnen sind. Ich selbst benutze diesen Handgriff, nachdem ich erst einzeln die Reihen überprüft habe; fällt mir dabei ein verdächtiger Wirbel auf, so drehe ich diesen zwischen meinen beiden Händen erst in die eine, dann in die andere Richtung, sehr feinfühlig, um auf diese Weise eine Blockierung zu fühlen. Dorthin, wohin sich der Halswirbel leichter verdrehen lässt, dort liegt die Bewegungseinschränkung. Für diese Technik benötigt man viel Feingefühl und Erfahrung.

Eine altbewährte Technik zur Diagnostik ist die sog. „Kibler-Hautfalte", bei der eine Hautfalte über die Muskulatur gerollt wird. Zieht das Gewebe Ihnen die Falte an einer bestimmten Stelle weg, ist mit einer darunter liegenden Funktionsstörung zu rechnen.

Ein sog. „Unterhals" stellt übrigens nichts anderes dar als in Extension blockierte Halswirbel, dessen überspannende Muskeln hyperton sind und so dieses Erscheinungsbild verursachen.

> Blockierte Wirbel erscheinen zudem immer prominent.

In der allgemeinen Funktionsprüfung der Halswirbelsäule benutzt man den „Möhrentest": den Kopf des Pferdes mit Futter in die weitest mögliche Lateroflexion zu locken, auf einer Linie, die der mittleren Maulhöhe entspricht. Dabei wird die Beweglichkeit im Seitenvergleich der einzelnen Halssegmente genau beobachtet, und auch ab wann das Pferd mit seinem Körper herumtritt.

6.4.7 Zervikothorakaler Übergang

Wenn im Sichtbefund über Th 2 eine Kerbe im Nacken zu sehen ist („Axthieb"), wenn Sie den Eindruck haben, als wenn der Thorax zwischen den Schulterblättern nach unten abgesackt wäre, wenn Sie von pektoral aus gesehen bemerken, dass das Sternum zu einer Seite hin rotiert ist (unterschiedliches Muskelrelief der Mm. pectoralii transversii), dann ist das Vorliegen einer fixierten chronischen Blockierung des zervikothorakalen Überganges sehr wahrscheinlich.

Im Fall einer Blockierung des CTÜ kommen Vorbiegigkeit des Karpus, palmare chronisch-rezidivierende Erkrankungen, Head shaking und Probleme in der Beizäumungshaltung in der Anamnese vor. Die Blockierung befindet sich bevorzugt auf dem Standbein, also kontralateral der chronisch erkrankten Extremität.

Garantiert immer hyperton bei einer Blockierung der Halsbasis ist der M. subclavius, der versucht, die in Extension stehende Lordose anzuheben. Gleichzeitig ist das „Tor", das untere Halsdreieck, auf Höhe des Dornfortsatzes des ersten Brustwirbels, verspannt. Im Fall einer Blockierung der Halsbasis ist es erschwert, mit der Hand unter die subskapuläre Fläche zu gelangen, wegen des begleitenden Hypertonus des M. serratus ventralis cervicis und des M. omotransverarius im Fall einer CTÜ-Blockierung.

Sie müssen aber nicht unbedingt mit der ganzen Hand bis tief in die Muskulatur der Halsbasis hervorstoßen, mit etwas Gefühl und Erfahrung bekommen Sie schonender heraus, ob das Pferd auf einer Seite des CTÜ eine Muskelverspannung hat: Von unten umfassen Sie den siebten Halswirbel des Pferdes. Zunächst schieben sich ihre Finger der einen Hand, dann der anderen Hand in das Gewebe auf Höhe des Dornfortsatzes des ersten Brustwirbels. Dann versuchen Sie, den siebenten Halswirbel sanft hin und her zu schieben. Ist der Wirbel zu einer Seite hin leichter zu verschieben, dann befindet sich dort die Blockierung, dort ist auch der Muskeltonus höher, der den Wirbel in dieser fixierten Rotationsstellung hält.

Wegen dieser Muskelverspannung fällt dem Pferd auch die passive Extension der Schultergliedmaße (Retraktion) schwerer, die ich dann als zusätzlichen Befund überprüfe.

Neben diesen Verspannungen am kranialen Skapularand befindet sich die lokale Nackenmuskulatur im deutlichen Hypertonus, manchmal ist sogar ein mehrere Zentimeter langer Triggerpoint zu fühlen.

Versuchen Sie nun mit ihrer flachen Hand direkt zwischen Sternum und Antebrachium nach dorsal durch den M. pectoralis transversus zu gelangen. Normalerweise hat man das Gefühl, die Hand weit hineinschieben zu können. Ist das nicht der Fall, spannt die pektorale Muskulatur fest an, um ein Durchsacken des Thorax zu verhindern.

Von letztendlich aussagekräftiger Bedeutung aber ist die Funktionsprüfung, die in diesem Fall eher einen Provokationstest darstellt (Abb. 6.**6**): Das Vorderbein der zu prüfenden Seite wird aufgehoben – als Beispiel das linke Vorderbein (die Halsbasis befindet sich nun in einer Lateroflexion nach links mit einer Rotation nach rechts, die Dornfortsätze zeigen nach links, die linken Facettengelenke sind komprimiert). Diese Kompression wird gesteigert, indem der Hals des Pferdes am Halfter *langsam* in die maximale Seitbiegung Richtung aufgehobenes Bein gezogen wird. Normalerweise sollte sich im unteren Halsdreieck eine Hautfalte bilden, während der Pferdekopf leicht bis zur Testperson vorgezogen werden kann. Das Endgefühl sollte weich sein. Im Fall einer Blockierung aber haben Sie ein hartes Endgefühl, es bildet sich keine Hautfalte und das Pferd versucht den Kopf hoch zu nehmen, es zieht Ihnen das Bein aus der Hand oder es gerät aus dem Gleichgewicht und stürzt. Durch die maximale Seitbiegung des Halses sind die ohnehin schon durch das Bein aufgenommenen komprimierten Facettengelenke noch mehr komprimiert worden, was nur im Fall des gesunden Zustandes (Gelenke gleiten übereinander) toleriert werden kann.

6.4.8 Brustwirbelsäule, Th 2–8

Die Wirbel des Widerristes sind diagnostisch nur sehr schwer zugänglich. Allenfalls die Dornfortsätze ab Th 3–5 sind tastbar. Das bloße Palpieren derselben, wohin diese z. B. geneigt sind, bringt selten weiter, da in dieser Region die Spitzen der Spinosi häufig knöchern aufgetrieben sind. Über den Befund der Halsbasis können Sie aber Rückschlüsse auf diese Region ziehen: Steht der CTÜ in Extension, werden die kranialen Brustwirbel vermutlich auch so fixiert stehen.

Häufig sind die Dornfortsätze von Th 2–8 auf die Seite hin gekippt, wo sich eine Blockierung des

Abb. 6.**6** Provokationstest des zervikothorakalen Überganges.

CTÜ befindet. Dieses ist durch den Muskelzug erklärbar.

Ist das Sternum zu einer Seite hin rotiert, sagen wir nach rechts, dann können Sie davon ausgehen, dass über den sternalen Rippen ein Kompressionsdruck auf den rechten Facettengelenken entsteht. Der lokale Hypertonus zieht die Dornfortsätze nach rechts, es entstehen Blockierungen in den Facettengelenken von Th 2–8 und deren Kostotransversalgelenken. Das Brustbein ist oft zur blockierten CTÜ-Seite hin verschoben, bzw. zu dem bevorzugten Standbein des Pferdes neigt sich das Brustbein und wegen dem erhöhten Muskeltonus auf der Standbeinseite entwickelt sich die CTÜ-Blockierung, die dann die Dornfortsätze derselbigen Seite herüberzieht, was eine Komprimierung der Rippengelenke und Wirbelgelenke auf dieser Seite zur Folge hat.

Überprüfen Sie die ersten Brustwirbel zum einen durch eine Druckprovokation beiderseits der Dornfortsätze mit dem Kneifen Ihrer Finger und zum anderen durch die Rotationsprobe: Umfassen Sie sanft je einen Dornfortsatz und schwingen diesen vorsichtig, aber rhythmisch nach links und rechts. Haben Sie das Gefühl, der Dornfortsatz schwingt bevorzugt in eine Richtung, dann liegt der Verdacht einer Blockierung nahe, und zwar nach dort hin, wohin der Dornfortsatz leicht kippt. Wiederholen Sie diese Probe unbedingt von der anderen Seite, da das Gefühl, je nachdem, ob man schiebt oder zieht, ein anderes sein kann.

Natürlich ist die Lateroflexion der Halsbasis zur blockierten Seite nur schwer möglich.

Diese Art der Blockierung ist natürlich auch durch einen Sturzvorgang möglich, bei dem das Pferd auf eine Schulter fällt. Die folgende Blockierung ist abhängig von der Stellung der Vorderbeine und des Halses während des Sturzes, deswegen kann man nicht einfach sagen, wenn das Pferd auf die linke Schulter fällt, dann ist die rechte Seite blockiert oder so ähnlich.

Selten sind einzelne Wirbel der vorderen Brustwirbelsäule derotiert, meistens sind es mindestens drei zusammenhängende Wirbel.

Eine einzelne Extensionsblockierung in diesem Bereich ist durch Decken möglich, die einen Dornfortsatz nach unten drücken.

6.4.9 Thorax (Kostotransversalgelenke, Rippen und Sternum)

Im Laufe des Pferdelebens kommen Verletzungen an den vorderen Gliedmaßen des öfteren vor. Dabei wird eine Gliedmaße entlastet, die andere belastet. Dieses führt folglich zu einer Derotation im Thorax mit den oben beschriebenen Folgen am CTÜ und an den Kostotransversalgelenken auf der Seite des belasteten Beines. Vom Pferderücken aus betrachtet erscheint das Schulterblatt auf der belasteten Seite höher, flacher anliegend und mehr nach vorn verschoben, während auf der entlasteten Seite das Schulterblatt weiter abstehend und tiefer erscheint. WoT + Fio

Wenn Sie nun den gesamten Brustkorb betrachten, fällt in diesem Fall oft ein flacherer Thorax auf der Seite des weniger belasteten Beines auf. Der Thorax ist zur Seite des Standbeines hin rotiert. Nehmen wir als Beispiel eine vermehrte Belastung des rechten Vorderbeines an, dann rotiert der Thorax nach rechts, die rechten Kostotransversalgelenke werden komprimiert, und via lokalen reflektorischen Muskelzug kippen die Dornfortsätze nach rechts. Die Rippen werden nun von ventral und von dorsal her komprimiert. Diese weichen, wie der Henkel eines Eimers, nach lateral hin aus. Dabei geraten die Interkostalmuskeln in Spannung (auch der M. latissimus), das Atemvolumen verkleinert sich durch verminderte Rippenbeweglichkeit.

Eine einzelne prominente Rippe ist recht einfach zu tasten, mit etwas Übung auch eine prominente Rippenserie (wenn diese nicht unterhalb des Schulterblattes liegen): Die flache Hand aufrecht auf den Thorax legen und langsam von kranial nach kaudal über den Brustkorb ziehen. Dabei habe ich ein besseres Tastvermögen, wenn ich mit den Metakarpalknochen und den mittleren Gliedern meines Mittelfingers taste. Haben Sie eine prominente Rippe gefunden, tasten Sie sich an dieser hoch bis an das Transversalgelenk und provozieren dort mit einem festen Druck. Reagiert das Pferd, dann haben Sie eine behandlungsbedürftige Blockierung entdeckt. Zusätzlich passt zu diesem Befund eine Extensionsstellung des betreffenden Brustwirbels und eine Derotationsstellung (Dornfortsatz kippt zur blockierten Rippe).

> Oft sind gleich mehrere Rippen in Serie blockiert.

Dann liegt nicht selten eine generalisierte Extensionsstellung der Brustwirbelsäule vor, dessen Sattellage dann fassförmig erscheint, aufgrund der nach außen hin rotierten Rippen, wobei aufgrund der Händigkeit eine Seite bei dem Befund überwiegt.

6.4.10 Brust- und Lendenwirbelsäule (Th 9–L 6)

> Obwohl Funktion und Form der einzelnen Facettengelenke der Brust- und Lendenwirbel jeweils unterschiedlich sind, gestaltet sich die Untersuchung gleich.

Wenn wir die Rückenregion berühren, sollte uns bewusst sein, dass dieser Teil des Pferdes das tragende Element für den Reiter ist. Ich persönlich betrachte die tragende Wirbelsäule des Pferdes als eine Stange, die in Segmenten beweglich ist, an der von unten die Eingeweide ziehen und von oben ein Reiter drückt. Vorn ist die Stange am Th 1 festgemacht und hinten hängt die Stange auf dem Sakrum. Festgehalten wird die Tragestange von der Brust- und Bauchmuskulatur, ein bisschen gestrafft durch den sich lang dehnenden Hals und das vorschwingende Hinterbein. Jede Ermüdung der Tragemuskulatur und/oder jede zu hohe Belastung von oben muss unweigerlich zu einem Problem in den Teilsegmenten führen. So entstehen bei sehr vielen Pferden die Extensionsblockierungen, die sehr schmerzhaft sind. Aufgrund der Händigkeit oder der Tatsache einer bevorzugten Standbeinseite oder auch nach Stürzen, rotieren die extendierten Wirbel auf eine Seite, welche die Symptomatik verstärkt. So ist die Biomechanik und Diagnostik der Brust- und Lendenwirbelsäule eigentlich ganz einfach zu verstehen und schließlich auch durchzuführen:

Zunächst tasten wir etwa eine Handbreit paravertebral jeweils links und dann rechts die Rückenmuskulatur ab. Kalte Bereiche deuten auf chronische Störungen hin (dort finden Sie auch Fellveränderungen wie Locken, aufgestellte Haare, Schuppen, Glanzlosigkeit). Warme Bereiche sind von aktueller Natur, hervorgerufen durch entzündliche Prozesse, insbesondere in den Weichteilen. Warme Schwellungen sind in der Regel direkte Satteldruckfolgen oder Bisse von anderen Pferden. Selten verursacht eine Blockierung Schwellung und Wärme, und wenn, dann nur direkt nach einem heftigen Sturz mit nachfolgendem lokalen Trauma.

Hernach richten wir unsere Aufmerksamkeit auf den paravertebralen Muskeltonus. Hypertonus und Triggerpunkte deuten auf lokale Blockierungen hin, Hypotonus auf chronische Wurzelreizsyndrome.

Der Tonus der Bauchmuskulatur gibt Auskunft über die Situation des Pferderückens: Die Bauchmuskeln und der M. pectoralis profundus sollten sich fleischig anfühlen, die Haut darüber gut verschieblich. Stoßen Sie aber auf ein „Brett“, so können Sie sicher sein, direkt dorsal davon ein Problem zu finden. Insgesamt harte Bauchmuskel mit schlecht verschieblicher Linea alba lässt auch einen insgesamt steifen und in sich fixierten Rücken vermuten. Oberflächlich weiche ventrale Muskulatur, in der Tiefe aber sehr fest, deutet auf ein stetiges Arbeiten der Bauchmuskeln in Dehnstellung, also exzentrischer Muskelarbeit hin. Das bedeutet, diese sind nicht vollständig kontraktionsfähig, evtl. weil dorsal eine Extensionsblockierung besteht (Antagonistenhemmung).

Zum Test der Funktionsfähigkeit der Bauchmuskulatur reize ich diese, indem ich mit meinem abgerundeten Holzstäbchen vom Bauchnabel aus nach vorn kräftig ziehe (evtl. noch vor und zurück „rubbele“). Eine normal funktionierende Bauchmuskulatur hebt nun den Rücken deutlich sichtbar in Flexion an. Bei Funktionsstörungen der Bauchmuskulatur oder bei Blockierungen der Wirbelsäule passiert entweder nichts oder das Pferd wird aggressiv. Es *kann* dem unangenehmen Reiz am Bauch nicht ausweichen.

In der Befundaufnahme interessiert besonders die Stellung der Dornfortsätze, woraus sich natürlich die Stellung der Wirbelkörper und der Facettengelenke ableiten lässt. Dabei empfiehlt es sich, zunächst direkt auf der Medianlinie, also auf dem Lig. supraspinale, die Dornfortsätze tastend abzufahren.

> Achten Sie auf jede Unregelmäßigkeit, besonders auf Processus spinosi, die nach unten „verschwinden“, dort sind die schmerzhaftesten Störungen zu finden.

Aber auch Traumata im Lig. supraspinale oder auf den Dornfortsatzspitzen sind hier zu fühlen.

Dann fahren Sie mit ihrem Palpationsfinger direkt seitlich an den Dornfortsatzspitzen entlang (Abb. 6.**7**), erst die eine Seite und dann die andere. Kommt Ihnen auf Ihrer Fingerreise ein Dornfortsatz entgegen, dann hegen Sie Verdacht, dass dieser Wirbel in einer Rotationsstellung fixiert steht. Fühlen Sie also am Proc. spinosus des dritten Lendenwirbels auf der rechten Pferdeseite, dass Ihnen dort der Knochen entgegenkommt, dann wissen Sie: Der dritte Lendenwirbel ist nach links rotiert, der Dornfortsatz nach rechts gekippt, so steht der dritte Lendenwirbel in Seitneigung nach rechts fixiert, dort ist das Facettengelenk zwischen L 3 und L 4 rechts komprimiert, links entlastet.

Abb. 6.7 Palpation paraspinal zur Überprüfung einer Derotationsstellung.

Zur Funktionsprüfung der BWS und LWS stehen uns viele nützliche Untersuchungsgriffe zur Verfügung:

Zunächst überprüfen wir die **Flexionsfähigkeit** der Wirbelsäule. Hierzu müssen Sie mit einem abgerundeten harten Gegenstand die Bauchmuskulatur reizen, am besten kräftig von hinten nach vorn rubbeln (Abb. 6.**8**).

Das Pferd richtet sich, wenn es einen gesunden Rücken hat, auf. Blockierte Wirbel bleiben in der Extension stecken. Diese können die Aufwölbung nicht mitmachen. Bei funktionsunfähiger Bauchmuskulatur wiederholen Sie diesen Beugereflex mit zwei festen abgerundeten Stäbchen an der Kruppe (Abb. 6.**9**): Sie beginnen mit festem Druck oben auf dem höchsten Punkt der Kruppe, bei dem das Pferd zunächst eine Extension im Rücken ausführt (somit haben Sie gleich die Extensionsfähigkeit der LWS überprüft), dann fahren Sie im ruhigen kräftigen Zug über den Sitzbeinhöcker (Tuber ischiadicum) kaudalwärts. Ist die Wirbelsäule flexionsfähig, dann wölbt diese sich auf. Auch hierbei achte ich auf einzelne Wirbel, die die Flexion evtl. nicht mitmachen können.

Wölbt sich die Wirbelsäule überhaupt nicht auf, auch über die ventrale Reizung nicht, dann steht die Wirbelsäule in Extension fixiert. Besteht noch keine Ankylose („Kissing spine“ im Endzustand), dann ist von generalisierten fixierten Extensiosblockaden in der gesamten Tragewirbelsäule des Pferdes auszugehen.

Weicht der Rücken deutlich zu einer Seite aus, dann ist auf dieser Seite der Muskeltonus erhöht und das Problem liegt dann in der Konkavität.

Die Untersuchung der **Extensionsfähigkeit** ist im eigentlichen Sinne eine Provokationsprüfung, da Sie eine Kompression auf eventuell bereits in Konvergenz stehende Facettengelenke setzen: Die erste Möglichkeit ist das kräftige Hineindrücken, Kneifen, mit Daumen und Mittelfinger, je links und rechts eines Dornfortsatzes (Abb. 6.**10**). Bei

Abb. 6.8 Beugereflex vom Bauch aus.

Abb. 6.9 Beugereflex von der Kruppe aus.

normalem Befund sollte das Gewebe unter der Hand etwas nachgeben. Lösen Sie ein Muskelzittern aus oder das Pferd zeigt gar eine Abwehrreaktion, dann liegt mit Sicherheit eine Störung vor – ob in den Weichteilen oder in der Wirbelstruktur, das müssen noch weitere Untersuchungen ergeben. Manchmal kommt es vor, dass ein Zittern bei bloßer Berührung auf der Haut über dem Dornfortsatz auslösbar ist. In diesem Fall liegen hochgradige Schmerzen vor, die absolute Ruhe, also ein Reitverbot, einfordern.

Reagiert das Pferd überhaupt nicht auf den kräftigsten Druck, gibt das Gewebe also nicht federnd nach, dann liegt entweder eine Ankylose vor, oder ein extremer Hypertonus der kleinen Rückenmuskeln, der die Segmente fixiert und jedwede Bewegung als Schutzreflex verhindert.

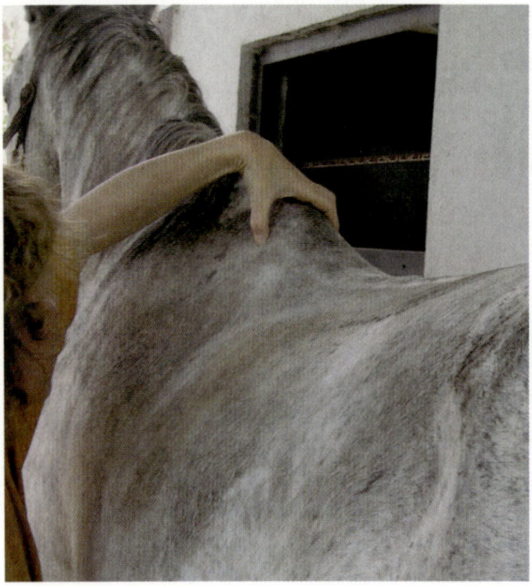

Abb. 6.10 Provokationstest der Extension.

Die zweite Provokationsmöglichkeit ist das kräftige Streichen mit einem abgerundeten Stäbchen etwa 4 Fingerbreit lateral der Medianebene. Beginnen Sie immer an derselben Stelle links und rechts am Schulterblatt und ziehen ruhig und gleichmäßig mit stets derselben Stärke an der Wirbelsäule bis zur Kruppe entlang. Merken Sie sich die Bereiche, in denen das Pferd Reaktionen zeigt.

Funktionsstörungen an der Wirbelsäule zeigen sich als erstes und am deutlichsten in einer eingeschränkten Lateroflexion.

Die **Überprüfung der Seitbiegung** geschieht folgendermaßen: Die Fixationshand ruht etwa in der Mitte des seitlichen Thorax, die Mobilisationshand zieht mit Hilfe des Therapiestäbchens, das an der Basis des gegenüberliegenden Tuber ischiadicums zu liegen kommt, die gesamte Kruppe zur Seite des Untersuchers herüber (Abb. 6.**11 a, b**). Etwa 20–30 ° Seitbiegung sind hier maximal zu erwarten. Sie spüren deutlich, ob der Rumpf leicht mitgeht, oder ob die Bewegung ins Stocken gerät. In der Regel bestätigt sich der Inspektionsbefund vom Schritt, bei dem das Pferd die Kruppe in die eine Richtung vermindert geschwenkt hat.

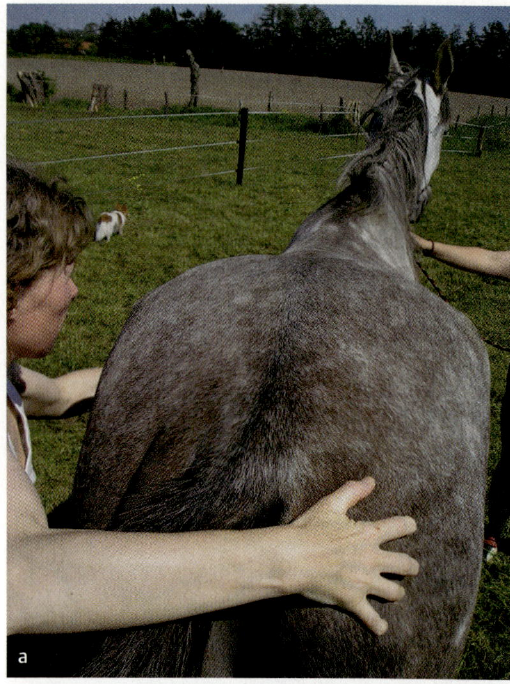

Abb. 6.**11 a, b** Die Gesamtseitbiegung ist bei diesem Pferd nach links eingeschränkt.
a Lat-Flex nach links nicht möglich,
b Lat-Flex nach rechts besser.

Cave bei ausschlagenden Pferden! In solchen Fällen langen Sie seitlich über die Kruppe herüber, haken sich an der Sakrumspitze ein und ziehen von dort den Pferdekörper zu sich herüber. Dabei eruieren Sie zwar nicht die maximale Seitbiegungsmöglichkeit, aber sie gewinnen einen Eindruck über das Endgefühl. Beginnen Sie den Seitbiegungstest erst, wenn das Pferd entspannt auf allen vier Extremitäten steht. Der Hals sollte dabei geradeaus gestellt sein.

Nach dem Seitenvergleich kann eine Bewegungseingeschränkte Rückenregion genauer untersucht werden: Setzen Sie je eine Fingerkuppe seitlich an die Dornfortsatzspitzen, die Sie in Verdacht haben, blockiert zu sein. Wackeln Sie mit der Mobilisationshand die andere Kruppe rhythmisch zu sich herüber. Im einwandfreien Fall haben Sie das Gefühl, Ihre Finger werden von den Dornfortsätzen mitbewegt, Sie spüren ein Nachfedern (positives „Joint play“). Treffen auf Sie auf eine Blockierung, dann haben Sie das Gefühl, das Ihre Fingerspitzen ins Stocken kommen, Sie federn nicht.

Nun haben Sie bereits eine Ahnung davon, welcher Wirbel in Extension, Flexion oder Lateroflexion fixiert steht. Wenn Sie die eingeschränkte Richtung der Seitbiegung wissen, dann können Sie nachvollziehen, in welcher Rotationsrichtung der Wirbel steht (was Sie ja bereits befühlt haben): Funktioniert beispielsweise die Seitbiegung nach links nicht, dann können Sie davon ausgehen, dass der Wirbel in Rechtsrotation fixiert steht, der Dornfortsatz ist also nach links gekippt. Das bedeutet, dorthin, wohin der Dornfortsatz zeigt, ist das kaudale Facettengelenk zum Nachbarwirbel in Kompression.

Die Beweglichkeit eines Wirbelsegmentes haben Sie nun bereits in Richtung Flexion und Extension geprüft sowie in der Seitneigung. Die Rotationsfähigkeit haben Sie an der Stellung der Dornfortsätze gefühlt sowie in der Adspektion des Schritts bereits begutachtet mit der Kreuzungsmöglichkeit der Hinterbeine in der engen Wendung des Pferdes.

Nun wird die eigentliche **Rotationsfähigkeit** der einzelnen Wirbel überprüft: Umgreifen Sie mit Daumen und Zeigefinger je einen Dornfortsatz. Bringen Sie nun den Wirbel sanft zum Hin- und

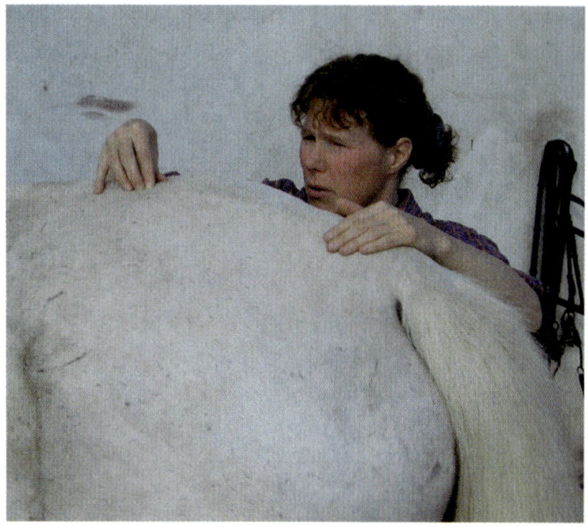

Abb. 6.**12** Rotationsschwingen der Dornfortsätze.

Herschwingen. Achten Sie darauf, dass es ein äußerst sanftes Schwingen ist mit gleichmäßigem Schub zu beiden Seiten, üben Sie keinen Reiz am Spinosus oder am Facettengelenk aus (Abb. 6.**12**).

Der Dornfortsatz kippt leichter in die blockierte Richtung, in die andere Richtung „klemmt“ die Bewegung. Sie haben dann ein weiches Endgefühl in die Richtung, in die der Spinosus ohnehin schon steht und ein hartes Endgefühl in die Richtung, in die er sollte. Sie haben soeben den neuroreflektorischen Hartspann gespürt, der versucht, die blockierten Wirbel in ihrer Stellung zwecks Bewegungsschutz festzuhalten.

Ein weiterer Funktionstest ist die Extensionsfähigkeit in der Hüfte des Pferdes. Das Pferd wird ein Herausziehen des Hinterbeines bei einer schmerzhaften Funktionsstörung der LWS meiden, da bei dieser Bewegung zum einen der M. iliacus gedehnt wird, der bei positivem Befund im Hartspann steht, und zum anderen die Facettengelenke der LWS in Konvergenz geraten.

6.4.11 Becken

Die Stellung der beiden Darmbeine (Ossa ilii) bzw. des knöchernen Beckenrings insgesamt ist für uns Therapeuten von nicht unerheblicher Bedeutung. Der Beckenring kann theoretisch jede Lageveränderung einnehmen. Je nachdem, ob ein Bein kürzer oder länger ist, hebt oder senkt sich eine

Beckenseite. Dasselbe gilt natürlich auch bei einer bevorzugten Standbeinseite eines Hinterbeines, in der Regel zum Zweck der Entlastung des anderen Beines. Stürze lassen die Iliosakralgelenke verkanten, und die intrapelvikalen Faszien ziehen der Blockierung entsprechend das Becken in eine Richtung. Muskeln ziehen von innen (Adduktoren), von hinten (ischiokrurale Muskeln), von der Seite (Hüftmuskeln) oder von oben (M. latissimus oder kleine Rückenmuskeln via Fascia thoracolumbalis) am Beckenring und können so die Lage verändern, was letztendlich wieder Auswirkung auf den intraartikulären Druck in einem Iliosakralgelenk oder im transversalen Lumbosakralgelenk hat.

Um also den ersten Eindruck über eine Störung des Beckens zu gewinnen, haben Sie bereits das Pferd in Schritt und Trab betrachtet. Schwenkt der Schweif beiderseits locker hin und her, wird dieser frei getragen, hebt und senkt sich gleichmäßig weit die Kruppe in der Bewegung und ist keine Taktunregelmäßigkeit zu hören, dann wird das Becken in seiner Funktion nicht eingeschränkt sein.

Von hinten betrachtet sollten beide Kruppenseiten gleich hoch und gleich lang sein. Auf der höheren und kürzeren Seite ist das Ilium dort in Relation zum Sakrum nach oben verschoben (oder das Bein ist dort länger). Dies kann eine Blockierung im gleichseitigen Iliosakralgelenk bedeuten. Eine besonders abgeflachte Kruppenseite zeigt, dass dort das Hinterbein weniger belastet wird, die Muskulatur also atrophiert ist, und/oder dass eine Nervenwurzel, die einem Lendensegment entspringt, chronisch gereizt ist.

Bei einer Stute können Sie die Höhe der Euter vergleichen: Auf der Standbeinseite zieht der Tonus der Adduktoren das Euter höher, auf der entlasteten Seite hängt das Euter tiefer.

Die unterschiedlich hohen Tubera sacralia bestätigen diesen Inspektionsbefund.

Ausgeprägte Sakralhöcker treten bei generalisierter Muskelatrophie der Kruppe auf, ebenso bei einem Absinken des Sakrums. Ist ein Höcker mehr als 1 cm verschoben, dann liegt der Verdacht einer Teilruptur in den Ligg. iliosacralia ventralia und/oder dorsalia nahe.

Zur Überprüfung einer Lageveränderung in der Horizontalebene umgreifen Sie von hinten beide Tubera coxae. Ist ein Hüfthöcker kranialisiert (durch Sturz oder Muskelzug), dann können Sie davon ausgehen, dass auf der ipsilateralen Seite das Lumbosakralgelenk, besonders das sakrolumbale Transversalgelenk, in Kompression steht.

Häufig steht auf der kranialisierten Seite der Hüfthöcker tiefer, ergo steht der ipsilaterale Sitzbeinhöcker höher.

In jedem Fall bedeutet ein höher stehendes Tuber ischiadicum eine Rotation des Iliums nach ventral, welcher Sakrum und lumbosakralen Übergang in diese Rotationsrichtung mitnimmt und in Extension (Kompression) zieht.

Ein tiefer stehender Sitzbeinhöcker kann den Verdacht eines Hypertonus des M. semitendinosus, M. semimembranosus und M. biceps femoris hegen, der entweder wegen mangelnder Gymnastisierung, Sprunggelenksveränderungen oder als Kompensation der Beckenstellung entstanden ist.

6.4.12 Lumbosakraler Übergang

Diese bedeutende Schlüsselregion für die equine Wirbelsäule steht sehr häufig in einer Extensionsstellung fixiert, bedingt durch eine qualitative oder quantitative Trageerschöpfung. Durch die Diagonalität des Pferdes und die Händigkeit ist dabei ein sakrolumbales Transversalgelenk mehr betroffen als das andere, bzw. durch die Rotation des Sakrums in eine Richtung rutscht ein Sakrumflügel vermehrt unter die konvexe transversale Gelenkfläche einer Seite des sechsten Lendenwirbels. Eine Derotation des Sakrums mit der Folge der Blockierung eines transversalen Sakrolumbalgelenkes kann natürlich auch durch Stürze entstehen (z. B. eine massive Extensionsblockierung bei nach hinten ausgestreckten Beinen oder eine Rotationsblockierung durch Sturz auf eine Seite) oder durch die Bevorzugung einer hinteren Extremität als Standbein.

Eine Extensionsblockierung ist nicht direkt tastbar. Der Dornfortsatz des sechsten Lendenwirbels liegt natürlicherweise etwas tiefer als die benachbarten Dornfortsätze, so ist auch die Palpation einer eventuellen Rotationsstellung des sechsten

Lendenwirbels schwierig. Jedoch können Sie davon ausgehen, dass das Hinunterrutschen eines Sakrumflügels unter die transversale Gelenkfläche von L 6 recht schmerzhaft ist. So benütze ich den Provokationstest direkt über dem sakrolumbalen Transversalgelenk: Mit dem Therapiestäbchen drücke ich kräftig etwa ein Fingerbreit lateroventral der Spitze des Dreiecks zwischen Medianlinie und Crista iliaca. Ein funktionsfreier LSÜ gibt allenfalls etwas in den Weichteilen nach, ein pathologischer Befund macht sich durch deutliches Absenken bemerkbar. Oft lösen Sie bei positivem Befund eine spontane Extensionsbewegung in der Kruppe aus.

Zur Überprüfung des Federns in der Lateroflexion legen Sie eine Fixationshand auf die letzten Rippen, die Mobilisationshand zieht die Kruppe entweder am Tuber ischiadicum oder an der Sakrumspitze zu sich heran. Ein hartes Endgefühl zeigt sich bei positivem Befund.

Natürlich tasten Sie in einem solchen Fall eine verhärtete Muskulatur in diesem lumbosakralen Dreieck.

Den letztgültigen Beweis einer Extensionsblockierung im lumbosakralen Übergang ergibt die Funktionsprüfung Richtung Flexion: Mit dem Therapiestäbchen gleiten Sie mit festem Druck von der Kruppenmuskulatur über die Sitzbeinhöcker die ischiokrurale Muskulatur herab. Bewegt sich der sechste Lendenwirbel in diesen Flexionsreflex nicht mit, d. h., es verbleibt ein deutlich sichtbares „Loch" zwischen Sakrum und Wirbelsäule (bitte beachten Sie, dass dieser Bereich auch im gesunden Zustand eine gewisse Lücke beim Flexionsreflex aufweist), dann können Sie von einer Extensionsfixierung im LSÜ ausgehen.

6.4.13 Os sacrum

Die Überprüfung der Stellung des Sakrums ist nur sehr schwer möglich, da es tief zwischen den Ossa ilii eingebettet ist. Direkt tasten können Sie die sakralen Dornfortsätze und die Sakrumspitze. Durch die Untersuchung des lumbosakralen Überganges haben Sie jedoch einen ersten Eindruck über die Stellung des Sakrums erhalten: Bei einer festgestellten Extensionsblockierung des LSÜ steht das Sakrum folglich mit seiner Basis nach ventral, in Extension. Bei einem positivem Untersuchungsbefund eines sakrolumbalen Transversalgelenkes können Sie davon ausgehen, dass das Sakrum dort tiefer steht.

Weitere Anhaltspunkte liefert die Überprüfung der Atlasstellung und der Blockierung des Atlantookzipitalgelenkes:

> Das Sakrum steht in den meisten Fällen gleich dem Atlas.

Steht also der Atlasflügel links höher (dort finden Sie auch eine Blockierung des C 0/1), dann steht in den meisten Fällen der linke Sakralflügel ebenfalls höher und damit der rechte Sakralflügel tiefer.

Betrachten Sie die Kruppe von hinten: Ist eine Kruppenseite deutlich höher als die andere und erscheint diese Kruppenseite kürzer und horizontaler als die andere, dann können Sie davon ausgehen, dass auf dieser Seite das Sakrum in Relation zum Ilium tiefer steht.

Die Sakrumspitze zeigt in die Richtung, wohin das Sakrum tiefer steht bzw. dorthin, wo sich die Extensionsblockierung im lumbosakralen Transversalgelenk befindet, da das Sakrum dort nicht nur tiefer (nach ventral) gerutscht ist, sondern auch etwas nach vorn (kranial) verschoben ist.

Erscheinen beide Tubera sacralia besonders ausgeprägt und besteht eine Extensionsblockierung im LSÜ, dann kann vermutet werden, dass das Sakrum im Allgemeinen nach ventral abgerutscht ist, was nur durch eine Erschöpfung des M. iliacus und der ventralen Muskulatur allmählich geschieht. Ein solches Pferd hat schon lange Zeit starke Schmerzen in Lende und Becken.

Glück für den, der die Techniken der kraniosakralen Therapie beherrscht oder zumindest ein sehr gutes Tastvermögen besitzt: In diesem Fall legen Sie Ihre flache Hand der Länge nach auf das Sakrum und kippen es (mental) einmal nach vorn, nach hinten, nach links und rechts. Mit etwas Übung gelingt Ihnen bald zu spüren, in welche Richtungen das Kreuzbein leichter zu bewegen ist und in welche Richtungen schwerer. Passt der (mentale) Palpationsbefund zur festgestellten

Stellung der anderen Sakrumpunkte, dann können Sie sich der Stellung des Kreuzbeines sicher sein.

Eine Flexionsblockierung im Sakrum ist selten und verursacht zudem selten Schmerzen. In meiner Praxis widme ich den Flexionsstellungen nur als Sekundäranzeiger Aufmerksamkeit, d. h., ich frage mich, warum denn dieses Sakrum ausgerechnet in Flexion steht (Sturz, Erkrankungen im Rückenmark, extremer Hartspann in den Hinterhandextensoren, abdominelle Schmerzen, extrem schmerzhafte Knieerkrankungen).

Erscheint das Sakrum heiß und bei geringem Druck dolent (schmerzhaft), dann muss eine Fraktur ausgeschlossen werden. Solche Frakturen kommen z. B. bei spielenden Hengsten durchaus vor, wenn diese während des Steigens mit den Hinterbeinen wegrutschen und direkt auf die Kruppe fallen. Auch Hängerunfälle, bei denen das Pferd mit der Kruppe unter die Hängerstange gerät, verursachen Sakrumfrakturen. Pferde mit frischen Sakrumfrakturen tolerieren den Reiter nicht mehr, da das Sakrum natürlich keine Last bzw. Zuglast, mehr aufnehmen kann.

Ein Hinweis auf chronische Störungen im Becken sind ein schuppiges stumpfes Fell direkt über dem Sakrum. Die Haare sind dabei aufstellt und diese sakrale Region fühlt sich kalt an.

6.4.14 Sakrokokzygealer Übergang

Fällt Ihnen ein „Loch" in der Mitte der Kruppe auf, dann wissen Sie, dass irgendetwas mit dem sakrokokzygealen Übergang nicht stimmt. In diesem Fall ist das Sakrum entweder in seiner Basis angehoben, steht also in Flexion, was aber selten ist, oder es ist insgesamt ventralisiert, also nach unten gerutscht. Eine „Beule" in diesem Bereich ist, wenn es kein Trauma war, einfach zu erklären: Die Sakrumbasis steht ventral, die Spitze kippt folglich nach oben, dorsal. Die Zerrung an den Faszien in diesem Bereich bei nicht kongruenten Fehlstellung verursacht ein sichtbares aber schmerzloses Ödem.

Die pathologische Bedeutung des SCÜ ist außer der Eingliederung der allgemeinen Funktionsstörung des Beckens und dem weiteren Anhaltspunkt der Sakrumstellung eher bisher als gering anzusehen. Natürlich kann man damit rechnen, dass bei Störung des SCÜ die Funktionalität des Beckens beeinträchtigt und damit die Lastaufnahme und der Vorwärtsschwung gestört sind, was sich in einer nicht natürlichen Schweifhaltung bemerkbar macht.

Ein Fall in diesem Jahr ist mir begegnet, bei dem genau dieser Übergang als letzte noch vorhandene Störung nach drei Therapiesitzungen resistent war. Das Pferd hatte Schwierigkeiten im Rechtsgalopp zu springen. Nach Therapie dieser Region ließen wir das Pferd frei laufen und freuten uns, wie es spontan nach Ablösung des Halfters Runde um Runde im Rechtsgalopp lief, als ob es die neue Bewegungsfreiheit ausprobieren wollte.

Dieses Pferd aber zeigte eine seltene, aber doch ab und zu vorkommende Störung: Eine Gegenrotation der vorderen Schwanzwirbel gegenüber dem Kreuzbein. D. h., das Kreuzbein war in der Basis nach links rotiert und die vorderen Schwanzwirbel waren in ihrer Basis nach rechts rotiert. Diese Gegenrotation verursacht natürlich erhebliche Spannungen in den umgebenden Weichteilstrukturen (Nerven, Faszien) der sakrokokzygealen Region.

> Trotz aller Befunde ist dieser Bereich selten druckschmerzhaft.

6.4.15 Schwanzwirbel (Vertebrae caudales)

So wie die Überprüfung des Kreuzbeines mit Hilfe der kraniosakralen Therapie ist die direkte Ertastung der Stellung der Schwanzwirbel ebenso sicher möglich. Die Schwanzwirbel sind jedoch, zumindest ab Schweifrübe und bei atrophierter Kruppe schlanker Pferde, der direkten Palpation und Inspektion zugänglich.

Steht die Schweifrübe bspw. nach links (Schweifschiefhaltung, Haarbewuchs), dann stehen folglich die ersten Schwanzwirbel in einer Rotation nach rechts (von ventral gesehen). Normalerweise steht das Sakrum gleich den ersten Schwanzwirbeln. Zeigt also der Schweif nach links, dann sind die Schwanzwirbel nach rechts rotiert und stehen demnach rechts höher und links tiefer. Folglich steht das Sakrum links tiefer. In der routinierten täglichen Praxis bestätigt sich dieser Befund am Kreuzbein. Ergo: Dorthin, wohin der Schweif zeigt, steht das Kreuzbein tiefer, dort findet sich eine Blockierung im sakrolumbalen Transversalgelenk, dort befindet sich ebenso eine Blockierung im Kreuzbein-Darmbein-Gelenk und auf der kontralateralen Seite ist eine Blockierung im Atlantookzipitalgelenk zu finden. So einfach ist das!

Als Ausdruck einer chronischen Funktionsstörung im Becken, vermutlich aufgrund der Spannungen in den Faszien, findet sich häufig direkt dorsal des Schweifansatzes eine warme Schwellung. Diese tritt gehäuft dann auf, wenn die gesamte Kruppe, also auch der LSÜ in Extension steht und das Pferd Schwierigkeiten hat, mit den Hinterbeinen Last aufzunehmen. Solche Pferde stehen bereits in der Stallgasse mit allgemein extendierten säbelbeinigen Hinterbeinen da. Eventuell spielen die ventralen sakrokokzygealen Schwanzmuskeln eine Rolle, die bei einer generalisierten Beckenextension in Dehnstellung gebracht werden und sich vermutlich zusätzlich aufgrund der reflektorischen Zugspannungen von artikulären Funktionsstörungen in stetiger Zugspannung befinden.

Im Sommer tritt diese Schwellung häufiger auf, wohl wegen des stetigen Vertreibens der Fliegen, wobei die Muskeln der Schweifrübe unermüdlich arbeiten müssen. Normalerweise sollte die Schweifrübe jedoch normal temperiert sein und keine Schwellung aufweisen, es sei denn, in der Anamnese findet sich ein direktes Trauma.

6.4.16 Iliosakralgelenke

Nach Untersuchung des lumbosakralen Überganges, der Beckenstellung, des Sakrums und der Schwanzwirbel ist nun die Diagnose einer Blockierung im Iliosakralgelenk ein einfaches Unterfangen: Die Blockierung befindet sich immer auf der Seite des tiefer stehenden Sakrums.

Die Funktion haben Sie bereits in Schritt und Trab begutachtet: Die Kruppenseite, die besonders gut seitlich abfällt, ist mit einer Blockierung betroffen, da diese die andere Seite, die nicht oder nur gering seitlich abfällt, über den Hebel des Kreuzbeines in der Bewegung behindert. (Ist das linke Scharnier ISG blockiert, kann sich die rechte Seite nicht bewegen.)

Abb. 6.**13** Prüfgriff des Iliosakralgelenkes links.

Ein fester Druck mit dem Therapiestäbchen etwa eine Handbreit lateral von der Mitte des Sakrums sollte ohne Reaktion toleriert werden. Gibt das Gewebe aber deutlich nach und lösen Sie gar einen Extensionsreflex im Becken aus, dann ist direkt darunter das Kreuzbein-Darmbein-Gelenk blockiert.

Den letztendlichen Beweis liefert die direkte Funktionsüberprüfung, die eigentlich ein Federungstest ist (Überprüfung des Joint play) in den kleinen gewinkelten Gelenkflächen zwischen Ilium und Sakrum: Die Fixationshand hält das Tuber coxae absolut ruhig. Die Mobilisationshand umgreift das Tuber ischiadicum und federt diesen nach lateral (Abb. 6.**13**). Ein nachgebendes wackelndes Endgefühl ergibt ein funktionsfähiges Iliosakralgelenk. Im Fall einer Blockierung entsteht ein hartes Endgefühl beim Federungstest.

6.4.17 Extremitäten

> In der Diagnostik der Manuellen Medizin interessiert, ob eine Struktur einen propriozeptiven Reiz aussendet oder nicht.

Den Osteopathen interessieren also alle Arten von Funktionsstörungen an den Extremitäten.

Ein verändertes Gangbild, insbesondere eine verkürzte Stützbeinphase einer vorderen Gliedmaße, ist ein deutliches Indiz für eine Funktionsstörungen in irgendeiner Struktur der Gliedmaße vom

Hufgelenk, über die Skapula bis zum zervikothorakalen Übergang.

Ein verändertes Gangbild der hinteren Gliedmaße hängt sehr häufig mit Funktionsstörungen des Beckens, der Lendenwirbelsäule oder Brustwirbelsäule zusammen. Differentialdiagnostisch sollten aber unbedingt die Strukturen der hinteren Gliedmaße funktionell untersucht werden.

Vordere Extremität

Nach dem üblichen routinemäßigen Palpations- und Sichtbefund, wobei mich besonders auch die Muskelbeschaffenheit des Ursprungsgebietes der Beugesehnen interessiert, nehme ich die Gliedmaße auf und inspiziere die Form und Beschaffenheit des Hufes: sind beide Trachten gleich hoch, liegt das Eisen gleichmäßig auf, ist der Strahl weich, trocken und sauber?

Dann überprüfe ich die Gleitfähigkeit im Hufgelenk nach Rotation in beiden Richtungen und transversalem Gleiten nach palmar und dorsal.

Dann interessiert mich die Beschaffenheit der Hufknorpel.

Ich umfasse das Krongelenk auf der Suche nach degenerativen Auftreibungen.

Hernach beuge ich die Fessel sanft maximal und strecke diese über mein aufgestelltes Knie. Die Gleichbeine nehme ich in die Hand und schiebe diese hin und her. Schließlich umfasse ich die Haut der gesamten Fessel und schiebe diese in die eine Rotation, dann in die andere. Alsgleich nehme ich die Beugesehnen in die Hand und überprüfe deren Beschaffenheit und Gleitfähigkeit gegeneinander.

Nach einem Handwechsel umfasse ich das Os accessorium und prüfe die Federfähigkeit nach lateromedial, lasse dann meine Finger in den Karpalgelenksspalten liegen und bewege den Karpus etwas in Flexion und Extension.

Schließlich halte ich Fessel und Karpalgelenk in einer longitudinalen Achse und bewege nun den Unterschenkel nach außen (Überprüfen der Abduktion in Schulter und Ellbogen), nach innen (Überprüfen der Adduktion in Schulter und Ellenbogen), nach hinten (Überprüfen der Retraktion in Schulter, Ellbogen und Halsbasis).

Zum Schluss greife ich um, lege eine Hand unter den Karpus, eine umfasst die Zehe des Pferdes und ziehe das Bein etwas vor, bis ich das Karpalgelenk in volle Extension in meine Hand fallen lasse, dann ziehe ich die Zehe soweit möglich nach vorn. Damit überprüfe ich alle palmaren Strukturen auf ihre Dehnfähigkeit.

Diese Schnelluntersuchung direkt danach im Seitenvergleich durchgeführt ergibt einen zuverlässigen Funktionsstatus der vorderen Gliedmaßen.

Hintere Extremität

Bei der Palpation interessieren mich zunächst die Beschaffenheit des M. quadriceps femoris, der bei Knieproblemen atrophiert und in der Tiefe Triggerpunke ausbildet, der Kniegelenkspalt und die Patella. In der Funktionsprüfung umfasse ich die Tibia und schiebe diese sehr fein nach medial und lateral, wobei nur eine deutliche Bewegungseinschränkung in eine Richtung auf eine verlässliche Funktionsstörung des Knies hinweist. Dann nehme ich das Bein auf und führe im Knie eine maximale Flexion (Retraktion) durch, wobei ich darauf achte, dass der Tarsus entspannt bleibt, dann eine maximale Extension (Protraktion), wobei ich die Hinterzehe versuche bis zur Trachte des Vorderhufes zu ziehen. Bei dieser passiven Bewegung aber überprüfe ich zudem die Dehnfähigkeit der Hinterhandstrecker.

Die Adduktoren weisen einen Hypertonus bei Funktionsstörungen im Becken und im Knie auf.

Das Sprunggelenk ist natürlich bezüglich seiner Füllung interessant. Mich jedoch interessiert die Temperatur und die Hautverschieblichkeit: Eine niedrige Hauttemperatur mit schlechter Verschieblichkeit deutet auf chronische degenerative Veränderungen hin. Ein weiteres Indiz auf Spat ist ein sehr fest zu palpierender Tendo calcanei und eine sichtbare Bewegungseinschränkung im Gang.

In der funktionellen Überprüfung des Sprunggelenkes lege ich dieses zunächst über mein aufgestelltes Bein und federe den Talus nach unten. Schließlich beuge ich den Tarsus maximal und beobachte Endgefühl und Reaktion des Pferdes.

Eine maximale Extension der hinteren Gliedmaße ist für mich wenig aussagekräftig, da alle Strukturen von Sprunggelenk bis zur Lende funktionell betroffen sein können.

Zur Untersuchung der distalen hinteren Phalanx nehme ich das Bein auf, gleite durch die Beugesehnen zur Fessel, schiebe dort die Gleichbeine nach medial und lateral, beuge die Fessel maximal und umfasse den Huf, um hier die Rotationsfähigkeit und Transversalverschieblichkeit nach plantar und ventral zu überprüfen.

6.5 Tabellarischer Überblick des Wirbelsäulenbefundes

Die Tabelle 6.**9** ist auf mehrfachen Wunsch meiner Schüler entstanden, die gern einen kurzen Überblick über das Ergebnis und die Bedeutung ihres Wirbelsäulenbefundes hätten. Im Unterricht jedoch betone ich immer wieder, dass es streng geführte Tabellen von Wirbel zu Organbezug nicht geben kann, da die Nervenverbindungen der sympathischen und parasympathischen innerhalb des Rückenmarks stets über viele Segmente reichen, und dass es Individualitäten gibt, besonders beim Pferd, aufgrund der vielen verschieden gezüchteten Rassen.

Der Organbezug und der psychische Bezug ergeben sich aus Erfahrungen und aus der Meridianlehre bzw. der Akupunkturlehre der Traditionellen Chinesischen Medizin.

6.6 Häufige Befunde

Grundsätzlich ist jeder Befund möglich.

Ein jedes Pferd ist eine neue Geschichte und eine neue Aufgabe. Jedoch treten bestimmte Befundkombinationen gehäuft auf, so dass man als routinierter Osteopath zunächst vom Üblichen ausgeht. D. h., wenn man das eine findet, erwartet man das andere, welches sich meistens aufgrund der Struktur und der Propriozeption in der Logik ergibt. Abweichungen davon werden dann besonders sorgfältig geprüft, ob man sich in der Untersuchung nicht vielleicht geirrt hat.

Tab. 6.9 Tabellarischer Überblick Wirbelsäulenbefund

Wirbel	Strukturbezug	Reitbezug	Organbezug	Psyche
Atlas	Sakrum, Kiefer, Zungenbein	Zäumung, harte Zügelführung	Zähne, Rachen, Nebenhöhlen	Angst
Axis	Atlas, Halsbasis, Hüfte	auf das Gebiss legen	Sehnengewebe, Rippen	Aggression
C 3/C 4	Zungenbein	hinter dem Zügel gehen	Rachen	Unterwerfung
C 5	Halsbasis, Vorhand	mangelnde Aufrichtung		Unachtsamkeit
C 6	Halsbasis, Vorhand	mangelnde Aufrichtung	Dickdarm	Dominanz, Unachtsamkeit
C 7–Th 2	Palmare Strukturen	mangelnde Aufrichtung, Trageerschöpfung,	Magen Herz-Kreislauf	Gestörtes Verhältnis zum Menschen
Th 3–Th 8	Rippen	kurze Zügellänge	Atmung	Resignation
Th 9	Skapula	Sattel zu eng	Lunge, Schleimhäute	Resignation
Th 10	Halsbasis, Brustbein	Trageerschöpfung, Sattel	Kreislauf	gestörtes Verhältnis zum Menschen

Tab. 6.9 (Fortsetzung)

Wirbel	Strukturbezug	Reitbezug	Organbezug	Psyche
Th 11	Brustbein	Trageerschöpfung	Herz	Emotionen
Th 12–Th 13	Rippen	Trageerschöpfung		
Th 14–Th 15	Bauchmuskeln, Rückenmuskeln	viel enge Versammlung	Leber, Sehnengewebe	Aggression
Th 16	Bauchmuskeln, Flanke, Hüfte, Sprunggelenk	Wenig Hinterhandschwung	Leber-Galle, Sehnengewebe	Aggression
Th 17	Bauchmuskeln	Vortritt der Hinterhand, Sattelpassform	Bindegewebe, Muskelfestigkeit	Gutmütigkeit
Th 18–L 1	Kiefer, Knie, Halsbasis, Bauchmuskeln,	Vortritt der Hinterhand, Hankenbiegung, Sattelpassform	Magen	Gutmütigkeit, Resignation
L 2	Lende, Flanke	Rückentätigkeit	Geschlechtsorgane	Erschöpfung
L 3–L 4	Lende, Flanke, Becken	Rückentätigkeit	Niere	Erschöpfung
L 5–L 6	Becken, Knie, Sprunggelenk	Hankenbiegung, Vortritt der Hinterhand	Darm	Resignation
Sakrum	Becken, Atlas, Sprunggelenk	Einsatz der Hinterhand, Aufrichtung	Blase, Rückenmuskeln	Resignation, Erschöpfung
vordere Schwanzwirbel	Becken, Hinterhand	Freier Tritt der Hinterbeine	Gleichgewicht	Seele

Auch wenn zunächst der Untersuchungsbefund keinen logischen Zusammenhang ergeben sollte, so kommt es doch in allen Fällen früher oder später zur Aufklärung. Oft war dann die Anamnese lückenhaft, oder es erfolgte ein unbemerktes Trauma.

Befunde, die stark von den üblichen Zusammenhängen abweichen, ergeben sich entweder durch ein massives Trauma oder, was häufiger der Fall ist, durch unsachgemäße Manipulationen.

Auch jahrelange energetische Behandlungsversuche mit Homöopathie, Akupunktmassage, Akupunktur u. a., die jeweils nicht korrekt waren, erzeugen absolut unlogische und unpassende Befunde.

Nun aber möchte ich in chronologischer Reihenfolge von den Befunden berichten, die sich in meinen bisher über 500 Fällen häufig ergeben haben:

6.6.1 Trageerschöpfungs-Syndrom

Die ventrale Muskulatur ist den dorsalen Belastungen nicht mehr gewachsen, oder die Flexorkette ist nicht aktiviert worden, weil evtl. die Extensorkette zu stark gebahnt ist. Die Halsbasis sackt nach ventral ab, es ergibt sich eine Blockierung im zervikothorakalen Übergang und eine Hyperextension der vorderen Brustwirbelsäule, häufig gepaart mit abstehenden Rippen mit Blockierungen in den Kostotransversalgelenken, einer atrophierten Muskulatur im Widerristbereich, einer Hyperextension im thorakolumbalen Übergang, die in der mittleren Lendenwirbelsäule durch eine Hyperflexion mit „Karpfenstellung“ in L 3–5 kompensatorisch beantwortet wird. Die Tragestange, die unten nicht mehr gegengehalten wird zieht ihre Verankerung am Sakrum mit in die Tiefe. Der lumbosakrale Übergang gerät in eine Extensionsstellung (Abb. 4.**21** und Abb. 4.**26**).

6.6.2 Gekreuzte-Kruppen-Syndrom

Eine Nervenwurzelreizung im Lendenbereich ist bekanntlich recht schmerzhaft. Diese Schmerzen werden in den meisten Fällen durch Überlastung mit Derotation in den Wirbeln verursacht. Diese Derotation verengt die Nervenaustrittslöcher und komprimiert die stark reflektorisch reagierenden Facettengelenke. Das entsprechende Hinterbein wird geschont: Im Stand wird es vermehrt abgestellt in Außenrotation, im Gang weist es eine verkürzte Stützphase auf. Diese Entlastung jedoch begünstigt die Derotationsstellung der Lendenwirbel. Das gegenüberliegende Hinterbein wird vermehrt belastet. Angenommen, die rechte Lende ist mit einer Deroationsproblematik betroffen, weil der Sattel auf der rechten Seite vermehrt niederdrückt; in der Folge wird das rechte Hinterbein weniger belastet, der Rumpf dreht sich nach links, wird rechts tiefer. Das linke Hinterbein nimmt vermehrt Stützlast auf. Das schiebt das linke Ilium nach oben. Der linke Sakrumflügel rutscht in Relation tiefer, es bildet sich eine Blockierung im linken Iliosakralgelenk aus. Die Rotation des Sakrums beeinflusst die Rotation der vorderen Schwanzwirbel (hier: Rechtsrotation, folglich Seitneigung nach links), der Schweif zeigt nach links.

6.6.3 Derotation Thorax

Ein Vorderbein des Pferdes wird entlastet. Das andere Vorderbein muss folglich mehr Stützlast aufnehmen. Der Brustkorb verlagert sein Gewicht zum Stützbein hin: Das Sternum dreht sich zum Stützbein. Die Muskulatur des Stützbeines ist im vermehrten Tonus. Das lässt die Gelenke in der Halsbasis blockieren. Der Muskelzug der Halsbasis erreicht die Kopfgelenke, die dann ebenfalls blockieren.

Der Thorax dreht sich, von ventral gesehen, zum Stützbein hin, auf dem entlasteten Bein erscheint dieser von oben gesehen flacher. Das Schulterblatt auf der Stützseite erscheint höher. Der Sattel drückt dann auf die höhere Schulterblattseite.

Das diagonale Hinterbein des betroffenen Vorderbeines wird ebenfalls vermehrt entlastet, es entwickelt sich eine ausgeprägte Stützbeindiagonale und eine ausgeprägte Hangbeindiagonale. Ist also das linke Vorderbein erkrankt, wird das rechte Hinterbein entlastet. Das hängende rechte Hinterbein zieht die rechte Lende mit und kippt deren Wirbel zu sich herüber, wobei nun Nervenaustrittslöcher und Facettengelenke eingeengt werden, es kann sich ein oben beschriebenes Wurzelreizsyndrom mit folgendem gekreuztem Kruppensyndrom entwickeln.

6.6.4 Sägebockstand

Blockierungen im dritten Grade reagieren paradox: Sie wollen nicht gelöst werden. Der Körper nimmt dann Stellungen ein, die diese Blockierungen in ihrer Form aufrechterhalten. Einfache entspannende Therapiemaßnahmen nützen erst nach einiger Zeit etwas oder gar nicht. Extensionsblockierungen sind für das Pferd sehr schmerzhaft. Treten diese im thorakolumbalen Übergang und/oder im lumbosakralen Übergang auf, mag das Pferd diese Region nicht mehr beugen. Jede kleinste Dehnstellung im Lig. supraspinale wird vermieden. Dabei bedeutet dann sogar der normale Stand, indem die Röhrbeine lotrecht unter dem Tuber ischiadicum stehen, eine Dehnung für den Rücken. Hat das Pferd in der Ruhe im Stand die Möglichkeit, seinen Rücken zu schonen, dann bevorzugt es ein Wegspreizen der Hinterbeine (Abb. 6.**14**).

6.6.5 Fixierte Wirbelsäule

Sind die Erholungsphasen nach einer anstrengenden Tragebelastung für lange Zeit zu kurz gewesen (z. B. ein junges Pferd wird täglich 2–3 Stunden geritten), und hat das Pferd eine grundsätzlich kräftige Statur mit einem kurzen Rücken, dann reagieren die kleinen Rückenmuskeln mit einem generalisiertem Hartspann: Es wird keine Bewegung zwischen den Wirbeln mehr zugelassen. Das hat eine generalisierte Blockierung der gesamten tragenden Wirbelsäule zur Folge. Im Befund ist weder eine Flexion noch eine Lateroflexion auslösbar.

Mehrere Behandlungstermine mit ausgedehnten Traktionen sowie Faszientechnik des gesamten Rumpfes, mit täglicher Bodenarbeit und Weidegang bei gleichzeitigem Reitverbot sind die einzigen Therapiemöglichkeiten, bevor dieses funktionelle Fixationsstadium sich strukturell manifestiert, d. h., das „Kissing-spine-Syndrom" per Ankylose einsetzt.

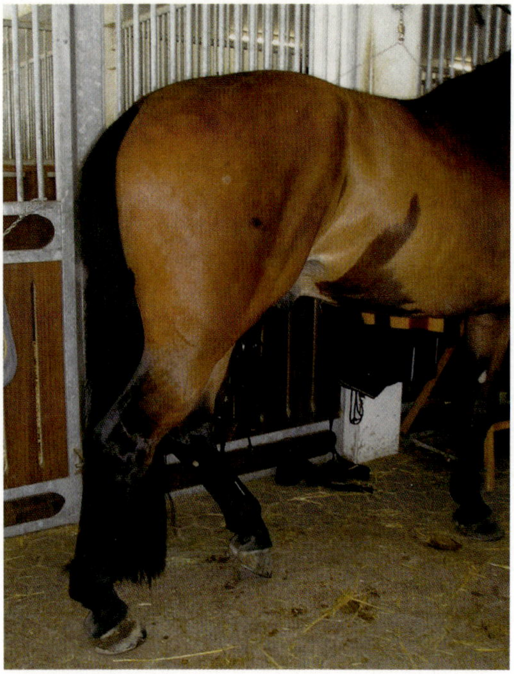

Abb. 6.14 Dieses Pferd hat aufgrund von Rückenschmerzen Schwierigkeiten, die Hinterhand zur Lastaufnahme in Richtung Schwerpunkt zu bringen; ein geschlossener Stand ist nicht möglich.

6.6.6 Die Achse: Atlas – Sakrum

Die Dura mater ist ein langer unelastischer Schlauch, welcher das zentrale Nervensystem ummantelt, vom Kranium bis zum Sakrum reichend. Die sog. harte Hirnhaut des Rückenmarks ist vom Axis bis zum Kreuzbein verankert. Zerren nun Strukturen irgendwo an der Wirbelsäule, vielleicht durch eine Blockierung, so wird folglich auch an der Hirnhaut eine gewisse Spannung ausgeübt. Umso mehr Verzerrungen, desto mehr Spannungen in der Dura mater, desto mehr schmerzhafter Zug an den Kopfgelenken und am Sakrum. Es ist immer nützlich, in der Therapie möglichst viel zu entzerren, zu entspannen, wieder zum Gleiten zu bringen, zu entreizen, weil dadurch indirekt auch die Kopfgelenke und das Kreuzbein mitbehandelt werden. Sind diese beiden Schlüsselstrukturen jedoch fest blockiert, so werden diese aufgrund der unelastischen Dura mater immer an Blockierungen in der Mitte zerren, die so kaum eine Chance bekommen, sich vollständig zu lösen.

Die Dura mater und/oder die propriozeptive Muskelverschaltung sind Ursache für das Phänomen, dass Atlas und Sakrum in den allermeisten Fällen in die gleiche Richtung rotiert sind sowie in ihren Blockierungstypen miteinander korrespondieren.

Steht die Sakrumbasis in Extension, dann ist das Atlantookzipitalgelenk ebenfalls in Kompression.

Ist der Atlasflügel rechts höher, also rechts blockiert, dann ist das Sakrum auch rechts höher, damit links tiefer und links blockiert.

6.6.7 Die Achse: Atlas – Axis

Atlas oder Axis sind nie isoliert voneinander blockiert.

Es tendiert mal der erste, mal der zweite Halswirbel zu einer stärkeren Ausbildung des Blockierungsgrades, aber stets sind diese gemeinsam betroffen. Das liegt an den gemeinsamen Muskelzügen der langen seitlichen Halsmuskeln, die bei Funktionsstörungen reflektorisch fest sind und den Axisdornfortsatz zu einer Seite herüberziehen, wodurch dann das gleichseitige Atlantoaxialgelenk in Kompression gerät. Die selbe Muskelgruppe aber zieht am Atlasflügel und am Mastoid, was den Atlas zum einen nach lateral herauszieht und zum anderen in Kompression geraten lässt. Die kleinen queren Kopfgelenksmuskeln, M. obliquus capitis cranialis (Crista nuchae – Atlasflügel) und M. obliquus capitis caudalis (Atlasflügel – Axisdornfortsatz), werden ebenfalls gemeinsam reflektorisch hyperton, die dann den gleichseitigen Atlasflügel kranialisieren und den Axisdornfortsatz zu sich herunterziehen.

Gleichseitig finden sich sehr häufig die Funktionsstörungen im Kiefergelenk auf der selben blockierten Kopfgelenksseite, ein nach dorthin verschobenes Zungenbein und einen blockierten dritten und/oder vierten Halswirbel.

6.6.8 Die Achse: Atlas – Halsbasis

Ein blockierter zervikothorakaler Übergang führt natürlich zu hypertonen, lokalen Muskeln, wie z. B. den M. brachiocephalicus, den M. omotransversarius, M. serratus cervicis, M. multifidi cervicis, M. longissimus cervicis u. v. a., die entweder direkt oder indirekt am Dornfortsatz des zweiten Halswirbels, dem Atlasflügel, der Crista nuchae oder am Schädel festmachen. Dieses verursacht eine Kompression in all den darunter liegenden Gelenken, die mit der Zeit zu einer Blockierung führt.

6.6.9 Die Achse: Thorakolumbaler Übergang – Knie

Walter Salomon deutete in seinen Seminaren auf diese Achse, die mir schon zuvor aufgefallen war: Ist der thorakolumbale Übergang blockiert, dann finden sich häufig Knieprobleme, nach Salomon auch Sprunggelenksprobleme, die ich selbst aber nicht so regelmäßig gefunden habe.

Die Hauptstabilisation des Kniegelenkes wird von proximal her bewältigt, namentlich dem M. quadriceps femoris. Der M. quadriceps aber ist in der ventralen Kette funktionell mit den Bauchmuskeln verbunden. Diese wiederum stabilisieren ab dem letzten Brustwirbel die Wirbelsäule. Wird das Knie im raumgreifenden Schritt weit vorgebracht, ist die ventrale Kette aktiv. Diese aber ist bei dorsalen Funktionsstörungen weggeschaltet, das Knie bekommt weniger Stabilisation, es wackelt in der Stützphase, so dass Knorpel- und Meniskusflächen in Mitleidenschaft gezogen werden.

Umgekehrt ist der Kennmuskel bei Kniefunktionsstörungen der M. quadriceps, der dann weggeschaltet wird, indem die Bauchmuskeln verschaltet sind, die nun den ThLÜ von ventral nicht mehr adäquat stabilisieren können.

7 Manuelle Therapie

Absolute Priorität einer jeden Therapie hat das Ausschalten der Krankheitsursache.

Sie werden einfach keinen nachhaltigen Erfolg haben, wenn die Ursache noch vorhanden ist. Sie werden allenfalls die Belastbarkeit heraufsetzen können, indem Sie dem Körper helfen, sich zu harmonisieren und seine eigenen Kompensationsmechanismen zu stärken, aber mehr als ein Herauszögern eines Rezidives ist es letztendlich nicht.

Aus diesem Grund haben wir uns ja so intensiv mit der Biomechanik und Pathophysiologie der Wirbelsäule befasst, um den wahren Grund für das Problem des jeweiligen Pferdes herauszufinden. Aus diesem Grund führen wie eine so intensive Befundaufnahme durch, um herauszufinden, was wirklich diesem Pferd geschadet hat.

Die wirkungsvollste Therapie ist also in erster Linie das Entfernen der Ursache, um dann der Natur, die stetig versucht sich selbst zu regulieren, unterstützend zu helfen.

Je mehr das Pferd wieder in einen physiologischen Zustand kommt (Bewegung, Ernährung, Haltung, Psyche), desto eher kann es sich selbst helfen. Entzündungsprozesse können sich beruhigen, Blockierungen ersten und zweiten Grades lösen sich auf, der Muskeltonus normalisiert sich, die Bewegungen werden geschmeidig.

Wir Therapeuten können und dürfen den Heilungsprozess nur anschubsen und den Organismus in die richtige Bahn lenken. Für die Heilung selbst ist die Natur allein verantwortlich.

Die Manuelle Therapie ist eine hervorragende Methode, dem Pferd äußerst sanft und sehr gezielt eben zu dieser Selbstregulation wieder zu verhelfen. Mit den Handgriffen der Manuellen Therapie habe ich bisher so gut wie keine Nebenwirkungen erlebt, eben weil diese Handgriffe so natürlich sind und mit dem Organismus gehen.

Ich bin immer wieder erstaunt, wie prompt, sicher und durchgreifend das Pferd auf die Griffe der Manuellen Therapie reagiert und wie viel schneller das Pferd zur Heilung geführt werden kann, im Gegensatz zum Menschen, der in seinem Nervensystem, besonders dem hormonellen und auch mit seinem Bewusstsein viel komplizierter und zäher reagiert als das Pferd. Mit etwas Körpergefühl, Geschick und Zeit sind fast alle Probleme des equinen Bewegungsapparates mit für den Laien so einfach anmutender Therapie zu beseitigen. Der Außenstehende meint zuweilen, dass der Therapeut doch nichts mache, zumindest nichts Außergewöhnliches. Er bemerkt lediglich, dass sich sein Pferd entspannt, dass es mit dem Maul so komische Bewegungen macht und dass es sich dort anfassen lässt, wo es sich sonst nicht so gern anfassen lässt und dass es auf einmal ruhig da steht. Das Staunen kommt schließlich, wenn das Pferd sich bereits nach etwa 30–60 Minuten Therapie deutlich besser bewegt und das nachhaltig und ohne Nebenwirkungen. Diese Therapieform ist zwar anstrengend und kostet Zeit, besonders auch im Studium, und man erntet keine Bewunderung wie nach einer spektakulären Manipulation, aber dem Pferd geht es wirklich besser und viele kleinere Probleme lösen sich dann von selbst in Luft auf. Der Vorteil der Manuellen Therapie ist, dass Sie auf jeden Fall auf der sicheren Seite stehen und dass der Pferdebesitzer so manche Griffe als Hausaufgabe regelmäßig selbst durchführen kann, so dass das Behandlungsergebnis stabil bleibt.

Wirkungen der Manuellen Therapie:

1. Senken der propriozeptiven und nozizeptiven Reize
2. Mobilisation von Gelenken durch Wiederherstellen ihrer Gleitfähigkeit
3. Fördern eines physiologischen Muskelzuges
4. Hemmung der Entzündung
5. Fördern der Durchblutung, was sich besonders

intraartikulär mit einer vermehrten Synovialbildung und -resorption äußert (Knorpelreparation)
6. Drainage von Schlackenstoffen
7. Gleitfähigkeit von Faszienbereichen

7.1 Handgriffe

Unser Werkzeug sind unsere Hände. Die Techniken besagen, wie wir unsere Werkzeuge zu gebrauchen haben, so entstehen die Handgriffe. Das besondere an unserem Werkzeug ist, dass es fühlen kann. Und es kann sich jederzeit anpassen. Unser Werkzeug ist absolut flexibel. Es schärft sich immer wieder neu, wenn wir all unsere Sinne in unsere Hand senden, dann wird unser Werkzeug immer feiner, immer gezielter, immer schärfer, immer spitzer und auch immer weicher und einfühlsamer.

Mit diesen Gedanken sollten wir unsere Hände gebrauchen, achtsam und dankbar, solch wundersame Werkzeuge zu besitzen und mit voller Ehrfurcht und Respekt vor diesem Lebewesen, das wir berührend heilen sollen. Wir sollen es manuell, mit unseren Händen, heilen. Mein Lehrer der Manuellen Therapie, *Rolf Gustavsen*, sagte immer wieder: „Der Körper ist ein Kunstwerk und wir sind die Künstler, die es modellieren sollen. Deswegen seid achtsam und voller Respekt vor diesem Kunstwerk."

7.1.1 Massage

Ein Tier, welches irgendwo ein Problem hat, reibt und leckt sich an dieser Stelle, oder es lässt einen Artgenossen dieses Areal beknabbern. Wenn wir selbst Schmerzen haben, dann gleitet unsere Hand dorthin, um diese Region zu berühren. Allein die Berührung des Partners an der schmerzenden Stelle hilft uns, dass sich der Schmerz beruhigt. So ist mit der Zeit die Massage entstanden, die in allen Kulturen vertreten ist. Dabei kann die Massage von der bloßen Berührung bis hin zu intensivem Kneten mit Einbringen von Heilstoffen viele Formen annehmen. Allen Massagevarianten, Berührungsvarianten, ist schließlich einiges gemeinsam: Die hineingebrachte Energie, die Wärme, die Durchblutung, die erhöhte Zellaktivität.

■ Das Release

Prof. Dr. Lewit, Neurologe und Mitbegründer der Manuellen Medizin in Europa entdeckte und lehrte das Releasephänomen: Wenn ein Gewebe passiv in Spannung gebracht wird, ohne Anregen von Nozizeption, d. h., ohne dass ein drohender Schaden für das Gewebe entsteht, z. B. durch Überdehnung, und man hält dieses Gewebe für einige Sekunden (2–30 Sekunden, manchmal auch 90 Sekunden) in dieser Spannung, dann lässt dieses plötzlich in seiner Eigenspannung nach. Das Release, die Gewebeentspannung ist eingetreten. Dieser Effekt beruht auf einer Adaption der Dehnungs- und Spannungsrezeptoren im Gewebe. Diese Adaption kann natürlich nur funktionieren, wenn die Schmerzrezeptoren nicht gereizt werden. Aus diesem Grund ist eine achsengerechte Ausführung und ein weicher Handgriff mit hoher Konzentration vonnöten.

Das Release kann in jedem Gewebe ausgeführt werden: an Haut, Gelenkbändern, Gelenkkapseln, Muskeln, Sehnen. Besonders aber hatte *Prof. Lewit* die Faszien, die allumfassenden feinen hochreagiblen, lymphdurchzogenen bindegewebigen Hüllen im Visier, die mit allen anderen Geweben direkt und indirekt, überall im Körper durchzogen sind. So war es dem genialen Neurologen möglich, durch ein einfach ausgeführtes Release weit entfernte Gebiete des Körpers zu behandeln.

Das Releasephänomen begleitet mich, durch *Prof. Lewit* prägend, in allen Handgriffen. In jedem Handgriff gehe ich bis an die Gewebegrenze, verharre und schiebe weiter. Die verschiedenen Handgriffe mit ihren zusätzlichen Einzelwirkungen haben also immer dieses Release in ihrem Grundstock dabei.

■ Faszientechnik

Die Wirkung setzt an der Haut und den oberflächlich gelegenen Faszien an und ist letztendlich reflektorischer Natur, denn jede Störung in der Tiefe hat ihre Symptomatik an der Oberfläche. Es sind die sogenannten viszerokutanen Reflexe, die durch Reizung der Neurorezeptoren ausgelöst werden. Jede Muskelfunktionsstörung und Gelenkstörung lässt die umspannende Haut (und natürlich die Muskulatur) fest werden, das Gleiten auf der Faszie wird eingeschränkt. Durch therapeutisches Wirken an der Haut aber kann, auf reflektorischem Wege, die Durchblutung im darunter liegenden Gelenk normalisiert werden. Die Wirkung der Faszientechnik ist außerdem sicherlich gleichermaßen im lymphtherapeutischen Wirken zu suchen wie auch im Meridianflussbereich.

„Wo Du heilen willst, musst Du Blut hinführen" – *Pfarrer Sebastian Kneipp*
„Schmerz ist der Schrei nach fließender Energie" – aus der Traditionellen Chinesischen Medizin

Der Vorteil der Faszientechnik ist die absolute Nebenwirkungsfreiheit, verlässliche Wirksamkeit und die immer und überall mögliche Durchführbarkeit, also auch für den Kopfbereich, den Gliedmaßenbereich, am Bauch, sogar auf Schwellungen, Entzündungen und, wer das kann, auch über frischen Traumata!

> Die Wirkung liegt also vorwiegend im entzündungshemmenden und reizberuhigenden Bereich mit dem Nebeneffekt der besseren Durchblutung.

Die Vorgehensweise: Die anschmiegsame Hand legt sich an die Haut und verschiebt diese quer zur Hauptfaserrichtung bis an die Gewebespannungsgrenze. Nach kurzer Verweildauer von 2–3 Sekunden schiebt die Hand weiter über die vorherige, sich nun gelöste Barriere hinaus. Dabei darf die Therapiehand gern einen Halbkreis beschreiben. Dies wird an dieser Stelle etwa zwei- bis dreimal wiederholt, um denselben Vorgang an einer benachbarten Stelle neu zu beginnen. Die andere Variante ist die, ohne Verzögerung den Halbkreis gleich durchzuschieben. Es ist unbedingt auf Reizfreiheit zu achten. Nach einigen Minuten wird der therapierte Bereich warm und weich. Das Gewebe und das Gelenk darunter sind gleich besser beweglich.

■ Muskeltechnik

Die Wirkung setzt direkt in der Muskulatur an. Besonders das Gleiten in den umspannenden Faszien, die Durchblutung und der Lymphtransport treten hier in den Vordergrund. Dabei ist es absolut wichtig, sanft und tief in das Gewebe zu gleiten. Wir benötigen also eine ruhige, gleichmäßig arbeitende Hand, die es versteht, in die Tiefe zu gelangen ohne zu reizen oder zu zerstören.

Die Muskeltechnik ist natürlich nur dort durchführbar, wo auch Muskeln sind, also besonders im Nacken, an der Schulter und der Kruppe.

> Ich lehne es absolut ab, mit Muskeltechnik direkt den Rücken des Pferdes zu bearbeiten.

Jedes Problem des Pferderückens hat seine Ursache in einem „Zuviel von oben". Jede Berührung mit der Hand auf dem Pferdrücken zieht stets einen propriozeptiven Reiz nach sich, der ja schließlich die unglückliche Kaskade in Gang gebracht hat, unter der das Tier nun leidet. Therapeutisch gesehen aber muss die Rückenmuskulatur eher detonisiert werden, damit die kleinen Muskelfasern wieder normale Funktion ausüben können. Jedes bloße Berühren aber vermehrt den Tonus der kleinen Fasern, weil mit der Berührung auch ein Extensionsreiz an die Facettengelenke gelangt, die reflektorisch die Rückenmuskulatur als Schutz wieder hyperton werden lassen. Allenfalls eine vorsichtige Faszientechnik und, wenn es absolut sein muss, eine gezielte Triggerpointbehandlung (mit unmittelbarer Aufwölbung des Rückens) können als therapeutische Handgriffe für die Rückenmuskulatur des Pferdes geduldet werden, denn ein jeder Druck von oben führt neben dem reflektorischen vermehrten Tonus zu einer Verstärkung der Extensionsstellung des Wirbels.

Geschickter ist es, die Antagonistenhemmung auszunutzen und die Bauchmuskulatur reichlich zu bearbeiten, damit die Reizung der ventralen Muskulatur zu einer Hemmung der dorsalen Muskulatur, und damit schließlich zu deren Normotonus führt. Soweit zur „Massage" des Pferderückens (Sie können das Pferd ja niederlegen, dann liegt kein triftiger Grund gegen ein kräftig durchblutendes Durcharbeiten der Rückenmuskulatur mehr vor!).

Die Vorgehensweise: Der Handballen ruht auf dem Muskelbauch und lässt sich nun in das Gewebe schieben bis zu dem Punkt, an der das Gewebe eine Spannung aufbaut. Wieder 2–3 Sekunden gewartet, dann können Sie Ihre Hand tiefer in das Muskelgewebe schieben. In der Tiefe angekommen führen Sie nun langsam ein bis zwei Kreise bis an deren Gewebespannungsende durch. Dieses wiederholen Sie nun an der Nachbarstelle. Die Variante ist, gleich die Kreise zu umschreiben ohne das Release abzuwarten.

■ Triggerpunktmassage

Viele bekannte Kollegen, allen voran *Jack Meagher*, bauen ihre gesamte Therapiemethode mit Erfolg auf die Behandlung der Triggerpunkte auf. Die Grundidee ist die: Der Dauerkrampf der intrafusalen Faser (Triggerpunkt) muss aufgelöst werden, damit der Muskel sich a) mechanisch entspannen kann und b) der Verkürzungsreiz aufgehoben wird (die kontraktilen Elemente der Muskelspindel sind wegen Reizung der γ-Fasern angespannt und melden der Spindel kontinuierlich eine Verlängerung, was eine reflektorische Verkürzung des gesamten Muskels zur Folge hat).

Diesen Dauerkrampf, der stets die intrafusale Faser und den gesamten Muskel in eine Stoffwechselendlage führt, gilt es mit einer massiven Mehrdurchblutung wieder zu einer physiologischen Stoffwechsellage zu führen, so dass die intrafusale Faser ihren Hypertonus aufgibt und somit endlich der Verkürzungsteufelskreis ein Ende nimmt. Diese Mehrdurchblutung erreichen Sie durch eine direkte kräftige Massage, die stets zunächst zu einem Abklemmen der Durchblutung, aber dann zu einer reaktiven Mehrdurchblutung (durch Vasodilatation) führt, die als Erwärmung (Hyperthermie) spürbar ist.

Natürlich können Sie auch lokal mit Wärme arbeiten, oder aber zunächst mit Kälte, die anschließend auch die Hyperthermie auslöst, woraufhin die Triggerpunktmassage noch mehr Wirkung zeigt.

Die Technik: Sie gehen mit Ihrem Therapiefinger direkt neben dem Triggerpunkt in die Tiefe, „glubschen" dann über den Punkt hinweg, gehen sanft zurück in Ausgangsposition, um erneut zu beginnen. Die ersten 60 Sekunden können schmerzhaft sein. Hat die Therapie jedoch Sinn, dann wird der Schmerz nach einer Minute nachlassen und Sie spüren eine vermehrte Wärme und Weichheit unter Ihrer Therapiehand. Dann, wenn dieser Effekt eingetreten ist, aber spätestens nach 2 Minuten, hören Sie mit der Triggerpunktmassage auf und führen anschließend eine Dehnung oder eine weiche tiefgreifende gesamte Muskelmassage durch, damit die freigesetzten Schlackenstoffe abtransportiert werden können.

Der Nachteil der Triggerpunktbehandlung auf dem Rücken des Pferdes ist der Druck nach ventral, der unglücklicherweise die Facettengelenke wieder komprimiert, so dass der Teufelskreis der nozizeptiven Kaskade wieder angefacht wird. So empfehle ich hernach unbedingt ein Anheben des Bauches, kombiniert mit einer Traktion (S. 146).

7.1.2 Spindeln

Eine weitere Möglichkeit, einen hypertonen Muskel zu überlisten ist die, diesen einfach zu verkürzen. Schieben Sie den Ursprung und Ansatz kräftig zusammen, so melden Sie der Muskelspindel: „Du bist schon viel zu kurz, Du kannst ruhig mit Deiner Spannung nachlassen." So kann der verspannte Muskel kurzfristig „umgepolt" werden. In der praktischen Therapie hat sich diese einfache Technik, die aus der Kinesiologie stammt, als recht nützlich erwiesen.

7.1.3 Schüttelungen

Schüttelungen sind außerordentlich nützlich, wenn man sich in der Therapie „verrannt" hat. Reaktionsblockierungen werden mit Schüttelungen aufgelöst. Muskeln, die eben noch absolut therapieresistent und hart waren, Gelenke, die sich einfach nicht lösen wollten: einfach das entsprechende Bein schütteln, und schon hat sich die Hälfte der Probleme aufgelöst und es kann erfolgversprechend weitergehen. Offensichtlich wird durch das Schütteln die Propriozeption so durcheinander geworfen, dass diese erst einmal nicht weiß, „was sie dazu sagen soll". So haben die oft resistenten Blockierungen der Halsbasis und des ISG eine echte Chance auf Auflösung.

Vorgehensweise: Das völlige entspannte Pferdebein (hier: ein Vorderbein) liegt in der weichen, aber fest umspannenden Hand des Therapeuten, der nun aus seiner Schulter heraus ein Schütteln beginnt. Versuchen Sie nicht, das Schütteln in Ihrem Handgelenk zu beginnen, dabei entsteht nur ein passives Bewegen des Vorderbeines, aber kein Schütteln. Konzentrieren Sie sich auf die Amplitude: Kurz bevor das Karpalgelenk an der Amplitude angekommen ist, beginnt bereits die Gegenbewegung. Schütteln bedeutet Anstrengung, Konzentration und Übung. Am besten beginnen Sie mit dem Schüttelexperiment zunächst bei einem Kollegen an dessen Arm. Der kann Ihnen auch sagen, ob er sich dabei entspannt und ob das Wackeln bis zum Ohr gegangen ist. Und dieses beobachten Sie während des Schüttelvorganges bitte auch beim Pferd: Ist das Pferd entspannt? Lässt es seinen Hals hängen? Geht das Wackeln bis zum Maul? Wenn ja, dann haben Sie gut gearbeitet.

Zum Schütteln eines Hinterbeines nehmen Sie dieses auf, stellen die Hufbeinspitze auf den Boden, umfassen die Fessel oder das Knie von vorn und den Kalkaneus von hinten und beginnen nun aus dieser Position die Schüttelbewegung. Wenn ein Helfer Ihnen ein „Wackeln" im Becken bestätigt, dann haben Sie diesen anstrengenden Handgriff gut erledigt. Aber die Anstrengung lohnt sich, denn danach sind die Lende und das Becken um einiges lockerer.

7.1.4 Traktionen

Der sanft rhythmische Zug am Gelenk zwecks Entlastung wirkt arthrogen beruhigend. Entzündungen lassen sich wie „wegzaubern", Blockierungen lösen sich von selbst auf, der Muskeltonus normalisiert sich, und plötzlich ist schmerzfreie Bewegung möglich. Was Sie zu diesem Erfolg brauchen ist 20 Minuten Zeit, anatomisches Wissen und viel Gefühl.

Vorgehensweise: Ziel der Traktion ist es, die Facettengelenke in Divergenz zu bringen, und zwar genau in der Achse ihrer individuellen momentanen Mittelstellung. Die Divergenz wird etwa 3–5 Sekunden lang gehalten, um dann für etwa 5–10 Sekunden langsam nachgelassen zu werden. Es wird langsam einschleichend in die Traktion hinein gegangen und ebenso langsam wieder heraus gegangen.

Es ist wie der Rhythmus der Wellen, die an den Strand rollen:

„Die Welle kommt an den Strand ... und geht wieder ins Meer ..."

Die Traktion ist die ideale Therapieform für die distalen Phalangen. Die Pferdewirbelsäule ist für diese Technik besonders dankbar. Sie können Sie z. B. am Atlantookzipitalgelenk ausführen, an der gesamten tragenden Wirbelsäule, indem Sie die Hände am Becken ansetzen oder am Sakrum und am Schweif. Für die Kopfgelenke wird einfach ein Zug Richtung „Einhorn" durchgeführt.

Wenn Sie das Sternum anheben, bekommen Sie eine Divergenz im zervikothorakalen Übergang, heben Sie den Bauch an, divergieren alle Facettengelenke der Wirbelsäule. Dabei erreichen Sie eine Detonisierung der Rückenmuskulatur und ein Auflösen aller Blockierungen ersten Grades. Sie erreichen ein Freischalten der gesamten Extensorkette und eine Tonisierung der Flexorkette.

> Die Traktion ist für mich eine der wichtigsten Techniken in der Manuellen Therapie.

Sogar während einer Massage bewege ich meine Hände immer so, dass diese als Nebeneffekt eine Traktion ausüben. Auch kombiniere ich Traktionsgriffe sehr häufig. Hier alle meine Traktionsgriffe an der Pferdewirbelsäule im Überblick:

1. Zug an der Crista nuchae nach vorn
2. Zug seitlich am Okziput nach vorn
3. Zug eines Atlasflügels nach schräg hinten unten (ventrokaudal)
4. Schub des Axisdornfortsatzes in die Korrekturrichtung
5. Schub des blockierten Halswirbels am ventralen Korpus und Schub des kaudalen Nachhalswirbels am dorsalen Korpus (oder Mähnenkamm)
6. Schub eines Dornfortsatzes in Korrekturrichtung
7. Druck einer Rippe nach ventral
8. Zug am Hüfthöcker nach kaudal beiderseits
9. Zug an einem Hüfthöcker nach kaudal
10. Zug am Sakrum nach kaudal
11. Zug am Schweif nach distokaudal

Die Traktionen kombiniere ich mit Massage, mit passivem Bewegen (Dehnen), mit dem Flexionsreflex und mit der direkten Mobilisation – immer mit dem Zweck einer optimalen Divergenz und Mobilisation zwischen den zwei knorpeligen Gelenkpartnern.

7.1.5 Passives Bewegen – Dehnen

... Sanft umfassen – gezielte Führung – Berücksichtigung der Gelenkachsen – langsames Bewegen – halten in der muskulären Weichteilgrenze – Release erreichen ...

Das sind die Stichpunkte, die ich unter „passivem Bewegen" verstehe, die dem klassischem „Dehnen" nahe kommen, wobei sich aber das „passive Bewegen" in seiner weichen Durchführung und dem propriozeptiven Hintergedanken vom „Dehnen" abgrenzt. Letztendlich zielt das passive Bewegen auf eine Muskelrelaxation mit dem Effekt der Mehrdurchblutung und besseren Gleitfähigkeit in den Faszien zum Zweck einer Gelenkmobilisation, Effekte, die sich bei korrekter Durchführung einstellen. Und damit sind wir bei dem Risiko und den Nebenwirkungen des „passiven Bewegens": Wird auch nur einer der oben genannten Stichpunkte nicht korrekt ausgeführt, wird die nozizeptive propriozeptive Reflexkaskade aktiviert und die zu relaxierende Muskulatur wird reflektorisch weiterhin bzw. noch mehr hypertonisiert. So entsteht der gegenteilige Effekt, das zu mobilisierende Gelenk verfestigt sich in seiner (reflektorischen) Bewegungseinschränkung.

Da die Muskulatur jedoch eine bedeutende Rolle in der Entstehung einer Blockierung spielt, ist das „passive Bewegen" eine interessante Handgriffserweiterung im Repertoire zur Gelenkmobilisation. Sehr häufig führe ich das „passive Bewegen" zum Schluss der lokalen Behandlung durch, habe also zunächst die Region mit Faszientechnik, dann mit Massage, mit unspezifischer und schließlich mit spezifischer Gelenkmobilisation behandelt. So vorbehandelt erreichen Sie einen noch größeren Effekt beim Release an der Weichteilgrenze.

In der ausführenden Technik also arbeiten sie mit einer Fixationshand, die einen Gelenkpartner, Bewegungspartner fixiert, und einer Mobilisationshand, die die Bewegung passiv durchführt. Die Mobilisationshand umgreift den zu bewegenden Körperabschnitt sanft und führt langsam in der physiologischen Achse des Gelenkes aus seiner entspannten Mittelstellung heraus bis an seine weiche Bewegungsgrenze. Dort verharrt die Mobilisationshand, bis ein Release nach einigen Sekunden fühlbar ist und führt nun die Bewegung noch einige Millimeter bis Zentimeter durch. Dann wird langsam losgelassen. Das passive Bewegen kann noch einige Mal wiederholt werden.

Grundsätzlich kann jedes Gelenk und jeder Muskel auf diese Weise im Körper bis an sein Bewegungsende gebracht werden. Ich selbst führe das passive Bewegen besonders an den Kopfgelenken, der Halsbasis und den Hinterhandstreckern aus.

7.1.6 Flexionsreflex

Reibt man das Pferd kräftig unter dem Bauch und im Bereich der Hinterhandstrecker, dann hebt sich bekanntermaßen die Wirbelsäule des Pferdes an. Das Reiben ist eine Stimulation der aufrichtenden Muskeln, z. B. erreichen Sie ebenfalls ein Aufwölben des Rückens, wenn Sie am Sternum kräftig von kaudal nach ventral streichen.

Diesen Flexionsreflex mache ich mir zur Therapie der Pferdewirbelsäule zunutze. Besonders zum Schluss der Behandlung streiche ich mehrfach auf der Linea alba von hinten nach vorn, um die inzwischen lockeren Facettengelenke mit der gelösten Muskulatur noch einmal deutlich in Divergenz zu bringen. Noch während der Rücken nach oben aufgewölbt ist, streiche ich beiderseits von der Mitte der Kruppe über das Tuber ischiadicum, um die Flexion noch zu verstärken. Wieder wandere ich zum Bauch und ziehe noch einmal von kaudal nach sternal. Hat das Pferd viele Probleme in der Brustwirbelsäule gehabt, dann streiche ich dieses Pferd kräftig vom Xyphoid bis zur Sternumspitze.

Zu diesem Zweck benutze ich mein abgerundetes Therapiestäbchen (aus Holz in Fingerstärke). Bei sensiblen Pferden reicht das Streichen mit der Hand am Bauch und Sternum.

Den Flexionsreflex kann man natürlich auch gezielt für eine Seite des Rückens einsetzen: Möchten Sie beispielsweise die linke Lendenwirbelsäule in Divergenz bringen, dann streichen Sie nur an der linken Kruppe herunter und stehen für den Bauchreflex ebenfalls auf der linken Seite. Natürlich können Sie zur Verstärkung der Flexion auch mit der Hand unter dem Bauch etwas stimulieren und mit der anderen mit dem Stäbchen an der Kruppe reizen. Dabei ignoriere ich eventuell auftretende Aggressionen des Pferdes, solange ich verfolgen kann, dass der Rücken sich nun besser aufwölben kann als noch zu Beginn bei der Untersuchung und wenn ich bemerke, dass dieser von Flexionsreflex zu Flexionsreflex noch einmal etwas mehr in Flexion kommt.

Bemerkenswert ist, dass manche Pferde, die sich aufgrund ihrer Aggressivität nicht an der Kruppe haben anfassen lassen, diesen Flexionsreflex aber zulassen. Dabei stehe ich natürlich seitlich am Pferd und kann nur eine Kruppenseite stimulieren.

Um beiderseits für die Wirbelsäule einen optimalen Mobilisationseffekt zum Schluss der Behandlung zu erzielen, reize ich erst die eine Seite der Kruppe, dann die andere. Dieses ist besonders beim allgemeinen Trageerschöpfungssyndrom angezeigt und bei der allgemeinen Fixation der Pferdewirbelsäule, bei der alle Facettengelenke in Extension und damit in schmerzhafte Konvergenz geraten sind.

7.1.7 Direkte Mobilisation

Ist ein Wirbel derotiert, dann rotiert man diesen wieder in seine Stellung zurück. Dabei geschieht folgendes: Das komprimierte Gelenk wird entlastet, die Muskelfasern jedoch, die diese Stellung so gehalten haben, ziehen in ihrem reflektorischen Hypertonus weiterhin den Dornfortsatz in die Derotation. Manchmal löst sich dieser reflektorische Hypertonus spontan, wenn die Kompression im Facettengelenk nachlässt und wenn die Blockierung nicht zu lange angehalten hat. In den allermeisten Fällen jedoch ist eine umfassendere Behandlung des derotierten Wirbels vonnöten mit einer Kombination aller dieser hier benannten Techniken, je nach Fall und Lage des Wirbels.

Bedenken Sie aber, dass, wenn Sie einfach einen Daumen an einen Dornfortsatz ansetzen, um diesen herüber zu schieben, Sie dann immer einen starken Extensionsreiz auf die Rückenmuskulatur setzen! Aus diesem Grund habe ich meine Technik der direkten Mobilisation etwas abgewandelt:

Als Beispiel für die Durchführung der direkten Mobilisation möchte eine Derotation des dritten Lendenwirbels, die sehr häufig vorkommt, anbringen. In diesem Fall ist L 3 nach rechts rotiert, der Dornfortsatz zeigt also nach links, das Facettengelenk L 3/4 ist komprimiert:

Um einen optimalen Therapieeffekt der direkten Mobilisation zu erreichen, arbeite ich dreidimensional:

1. Divergenz mit Bauch heben von unten (Erreichen von Joint play),
2. Traktion und Ausgleich der Lateroflexion mit Zug am Becken und
3. die Rotationskomponente durch Hinüberschieben des Proc. spinosus.

Der Handgriff ist also nunmehr folgender: Auf der linken Seite des Pferdes stehen, mit der linken Hand den Bauch des Pferdes anheben, mit dem rechten Unterarm das linke Tuber coxae kaudalwärts ziehen und mit dem rechten Mittelfinger den Proc. spinosus von L 3 nach rechts schieben. In dieser Reihenfolge den Griff aufbauen, sanft in die Therapie einschleichen, Handgriff ein bis zwei Atemzüge halten und dann langsam die Spannung wieder nachlassen, um dann neu zu beginnen.

Eine weitere Möglichkeit, die aber erst dann erfolgreicher ist, wenn Sie bereits unspezifisch vorgearbeitet haben, ist das Herüberschieben des Dornfortsatzes während der Bewegung. Justieren Sie ihren Therapiefinger an den Proc. spinosus und bitten Sie einen Helfer, das Pferd vorwärts zu führen. Durch die Bewegungen des Pferdes erreichen Sie eine „Vorlockerung", und der Wirbel kann sich so leichter justieren. Der Nachteil ist der anhaltende Schutzreflex des Segmentes durch den Daumendruck, der auch während der Vorwärtsbewegung aufrecht erhalten bleibt.

7.1.8 Strain und Counterstrain

Mit dieser äußerst sanften Methode aus der Osteopathie ist jedes Gelenk des Körpers behandelbar.

Die Grundlage bilden dabei das Nervensystem mit seiner Propriozeption und das kraniosakrale System mit seinem sich ausdehnenden und zusammenziehenden Rhythmus der Liquorbildung.

Dabei wird der Wirbel in seiner pathologischen Richtung mit sehr viel Feingefühl gehalten. Propriozeptiv beruhigen sich dabei alle Rezeptoren, die den Wirbel in seiner (Schutz-)Stellung halten. Die Muskelfasern werden nach einigen Sekunden weich und locker.

Im Gewebe fühlt man nach einiger Zeit ein „Schwimmen“ und „Pulsieren“, so als ob das Gewebe nun auseinander möchte. Sie haben den kraniosakralen Rhythmus stimuliert.

In der praktischen Durchführung sieht die Strain- und Counterstrain-Methode folgendermaßen aus:

Umfassen Sie äußerst sanft den Dornfortsatz oder den Halswirbel. Schieben Sie diesen nun mental zur blockierten Seite bzw. nach dorthin, wohin sich der Wirbel leichter bewegt. Nach einer gewissen Weile (es kann manchmal bis zu 90 Sekunden dauern) empfinden Sie das Gefühl des Release, das Gefühl, als ob jetzt alles ganz locker wird und Sie könnten den Wirbel plötzlich um einiges weiter in die pathologische Richtung schieben. Nun ist der Zeitpunkt gekommen, den Dornfortsatz, den Wirbel, in die Korrektur zu schieben, sanft, aber bestimmt.

Diese Technik kann mehrfach wiederholt werden. Dabei haben Sie das Gefühl, dass nach jedem Mal der Wirbel nicht mehr so weit in die pathologische Richtung abdriftet, sondern vielmehr nach und nach von allein seine Mittelstellung findet. Während des Release bemerken Sie ein Kauen und Lecken des Pferdes.

7.1.9 Konvex-Konkav-Regel

Die Regel besagt:

> Lateroflexion in eine Richtung ist gekoppelt mit einer Rotation zur Gegenrichtung. In der Konkavität ist alles enger, in der Konvexität ist alles weiter.

> In der Extension ist alles enger, in der Flexion ist alles weiter.

Therapeutisch muss man bemüht sein, das betroffene komprimierte Facettengelenk irgendwie in Traktion und Divergenz zu bringen, also auseinander zu ziehen.

Beherrschen Sie die Konvex-Konkav-Regel, dann sind Ihnen in der Therapie der Pferdewirbelsäule keine Grenzen gesetzt, denn dann wissen Sie nach Ihrer Befundaufnahme immer, welcher Wirbel wie steht und welche Gelenke in Konvergenz stehen und welche in Divergenz. Mit den hier genannten Techniken und Handgriffen aus der Manuellen Medizin können Sie nun beliebig wählen, um einen optimalen Therapieeffekt zu erzielen. Als Beispiel möchte ich wieder die Derotation des L 3 nach rechts anführen, bei der der Dornfortsatz nach links gekippt ist und das Facettengelenk L 3/4 komprimiert ist:

1. Direktes Herüberschieben des Dornfortsatzes in Kombination mit
   a) Heben des Bauches
   b) Zug am gleichseitigen Hüfthöcker
   c) Schub der Sakrumspitze nach ventrokaudal und kontralateral
   d) Reizung der gleichseitigen Hinterhandstrecker mit dem Stäbchen
2. Kräftige Massage der gleichseitigen Kruppe
3. Stand auf der kontralateralen Seite und Heben des Bauches direkt Richtung blockiertes Segment L 3/4 in Kombination mit
   a) Zug an der Sakrumspitze (auf blockierter Seite)
   b) Reizung der Hinterhandstrecker (auf blockierter Seite)
4. Herunterdrücken des rechten Querfortsatzes von L 3 in Kombination mit
   a) Schub des Dornfortsatzes L 4 nach links
   b) Druck des linken Querfortsatzes von L 4 nach unten

Dieses sind nur einige Beispiele zur Behandlung von L 3/4 links. Weitere Kombinationen sind durchaus möglich. Sie entscheiden nach Situation und Pferd (Abb. 7.**1**).

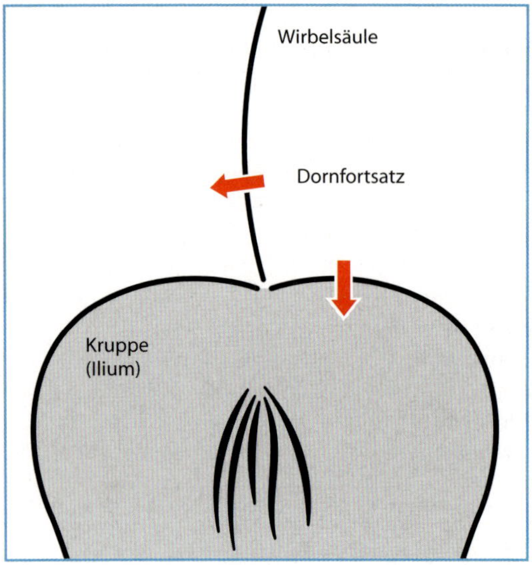

Abb. 7.1 Dort, wohin der Dornfortsatz zeigt, liegt die Blockierung im Facettengelenk mit dem kaudalen Partnerwirbel, der betroffene Wirbelkörper ist gegenrotiert und in Lateroflexionsstellung fixiert, (die roten Pfeile markieren die Therapierichtungen).

7.1.10 Manipulation

Die Grundidee ist dieselbe wie die in der Mobilisation – also die Facettengelenke aus der Kompression befreien, mit dem Unterschied, dass Sie das Gelenk kurzfristig mit einem Stoß in die Korrekturrichtung schubsen. Dabei überschreiten Sie für einen Moment die ligamentäre Schutzbarriere des Gelenkes. Dieser therapeutische Stoß sollte zu diesem Zweck sehr kurz sein, damit die Eigenreflexdynamik ausgeschaltet bleibt und nur eben soviel, dass der gezielte Stoß just über die physiologische Barriere hinausschießt. Also so wenig wie möglich und so viel wie nötig. Der vorwiegend chiropraktisch arbeitende Osteopath geht vor der Durchführung einer Manipulation von einem „Aneinandersaugen“ der beiden Knorpelflächen aus, deren ruckartiges Öffnen das bekannte Knackgeräusch verursacht.

Das große Risiko einer Manipulationstherapie ist das „Schleudertrauma“ mit all den bekannten Folgen der Strukturstörungen an Knorpel, Kapsel und Bändern, was bei einer zu heftigen Manipulation entsteht.

Grundsätzlich können Sie alle hier aufgeführten Therapiegriffe direkt an den Wirbelsegmenten zur Manipulation verwenden, wobei hier und da etwas anders gegriffen werden muss, was sich aus der funktionellen Anatomie ergibt. Für die praktische Durchführung jedoch benötigt man unbedingt viel praktische Übung und einen guten Lehrmeister. Zu vielen Pferden bin ich gerufen worden, die zuvor „eingerenkt“ worden waren, zumeist mit langen Hebeln. Dabei haben sich für mich abweichende Untersuchungsbefunde und schwer zu therapierende Fälle ergeben.

Ich selbst jedoch komme in den allermeisten Fällen ohne Manipulationen aus. Feinfühligkeit, körperliches Engagement und Zeit erzielen den selben Effekt an der Wirbelsäule.

> Bedenken Sie, dass in der Humanmedizin nur Ärzten und Heilpraktikern eine Manipulation erlaubt ist, die jeweils zuvor per Röntgenaufnahme der Versicherung einen einwandfreien Zustand der knöchernen Strukturen nachweisen müssen! So möchte ich die chiropraktischen Handgriffe allein den Tierärzten vorbehalten.

7.2 Bedingungen für eine optimale Behandlung

Wir haben nun allerhand Kenntnisse erworben über die grundsätzliche Physiologie des Bewegungsapparates, über die funktionelle Anatomie des Pferdes, die Pathophysiologie, wir haben das Pferd untersucht und nun sind uns die nötigen Handgriffe zu eigen. Wo fangen wir an? Worauf müssen wir achten? Was ist wichtig? Was ist unwichtig?

Beginnen Sie an einem ruhigen Ort, an dem das Pferd üblicherweise geputzt wird. Benutzen Sie zunächst weiche und unspezifische Techniken und beobachten dabei das Pferd. Befinden sich die meisten Probleme des Pferdes hinten, beginne ich am Becken, liegt das Hauptproblem im Halsbereich, beginne ich an den Kopfgelenken. Stellt sich die vordere Brustwirbelsäule mit Thorax und Halsbasis als das hervorspringende Problem heraus, dann beginne ich am Mähnenkamm.

Grundsätzlich müssen Sie alles behandeln. Jede Funktionsstörung muss so gut wie möglich aufgehoben sein, wenn Sie vom Hof fahren. Zu diesem Zweck räumen Sie mindestens eine Stunde Zeit ein.

Meine Hände gleiten zum nächsten Problemareal, wenn das Pferd Unbehagen zeigt, ich keine weitere Besserung spüre oder wenn unter meinen Händen alles weich und warm geworden ist.

Während der Therapie beobachte ich das Pferd genau. Ich versuche eine Art Kommunikation mit ihm aufzubauen. Wie will es diesen Handgriff haben, wo ist es ihm am wichtigsten. Der Instinkt des Pferdes zeigt mir den Weg, wie ich ihm am schnellsten helfen kann. *Dr. Ginaux* war ein Osteopath, dem diese Art Kommunikation mit dem Pferd besonders gut gelang.

Gefällt es dem Pferd, dann ist es jetzt mit Sicherheit das Richtige, was ich tue. In diesem Fall bleibt es ruhig stehen, senkt seinen Hals, seine Atmung wird tiefer, Darmgeräusche werden deutlich hörbar. Mit der Zeit erscheint das Maul des Pferdes voller, besonders die Unterlippe wird größer und sackt herab. In dem Moment, indem sich ein Problem unter den Händen löst, beginnt das Pferd zu kauen. Gähnt es, dann ist eine schwerwiegende Blockierung gelöst worden (die auch energetischer Natur sein kann!). Kurz vor dem Gähnen (Abb. 7.**2**)

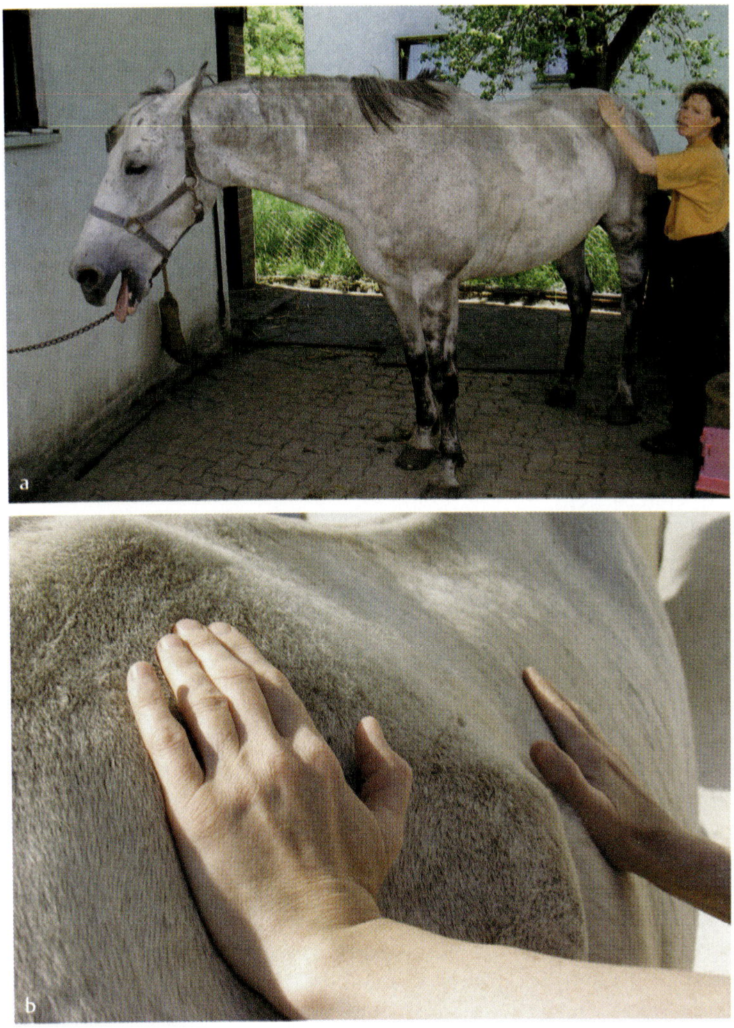

Abb. 7.**2** **a, b** Reaktionen des Pferdes auf die Therapie.
a Gähnreaktion, es hat sich etwas gelöst,
b vegetative Reaktion, die Haare stellen sich auf.

und Kauen kann das Pferd unruhig werden und mit dem Vorderbein kratzen. Manchmal dreht sich das Pferd mit seinem Körper regelrecht in die Therapierichtung, um den Handgriff zu unterstützen: es verdreht seinen Kopf, um noch mehr im Kopfgelenk aufzuklaffen, es lässt ein Hinterbein hängen, damit noch mehr Divergenz in den Wirbelgelenken möglich wird.

Ist das Pferd mit diesem Handgriff oder dem Ort nicht zufrieden, dann versucht es entweder dem Therapeuten auszuweichen, oder drückt ihn mit seinem Körper weg. Aggressives Verhalten ist dann die nächste Instanz, mit der das Pferd seinem Unbehagen Ausdruck verleihen will. Es hat in den wenigsten Fällen Sinn, trotzdem mit dem Handgriff weiter zu machen. (Die wenigen Ausnahmen habe ich im Text beschrieben).

Das entspannte Pferd am Ende der Therapie ist mir die wichtigste Priorität.

In jedem Fall möchte ich eine Harmonisierung des Muskelzuges erreichen, besonders aber einen detonisierten Rücken, der flexionsfähig ist. Die Flexionsfähigkeit ist absolute Vorraussetzung dafür, dass sich der Zustand so erholen und stabilisieren kann, eben weil den Bauchmuskeln wieder zu ihrer Kontraktilität verholfen wurde.

Die nächste unabdingbare Vorraussetzung für ein langfristig gesundes Reitpferd ist eine funktionsfähige Hinterhand. Becken, Sakrum, LWS müssen tragfähig sein, um die Vorhand zu entlasten. Es ist jedes Mal erstaunlich, wie sich chronische Vorhandprobleme auflösen, nur durch erfolgreiche Therapie der Hinterhand.

Grundsätzlich aber muss alles behandelt werden. Jede Störung, die Sie finden, muss wieder in ihre normale physiologische Funktion gebracht werden. Falls Ihnen dieses nicht komplett gelingen sollte, so ist es doch möglich, dass mit Erreichen der Funktionsfähigkeit der anderen Areale der Bewegungsapparat des Pferdes wieder kompensationsfähig wird und gewisse Selbstregulationsmechanismen wieder funktionieren, die die restlichen Störungen mit der Zeit beseitigen. Vielleicht kann sich das Pferd jetzt wieder wälzen oder bocken oder galoppieren, womit es sich automobilisieren kann.

Unwichtig sind in der Therapie mittlere Wirbelsäulenabschnitte wie die mittlere HWS, die mittlere BWS und die mittlere LWS. Diese Areale sollten zwar mitbehandelt werden, sie besitzen aber nicht unbedingte Priorität. Die Schlüsselregionen, an denen viele Muskelzüge aus verschiedenen Richtungen kommen, sind sehr wichtig für die Gesamtfunktion des Bewegungsapparates: Kopfgelenke, CTÜ und Sakrum.

„Ohne Huf kein Pferd". Bleibt eine bedenkliche Hufstellung weiterhin desolat, dann wird sich an dem Problem des Pferdes nichts ändern. Hufe und Gliedmaßen bedürfen besonderer Achtsamkeit, wenn das Behandlungsergebnis langfristig erfolgreich bleiben soll. In der nächsten Wichtigkeitsstufe kommen der Sattel, das Zaumzeug und schließlich der Reiter, der das Zaumzeug bedient. Umgang, Haltung und Ernährung sind weitere Aspekte. Das bedeutet: Ohne Ausschalten der Ursache werden Sie dieses Pferd als Therapeut noch oft sehen, solange der Besitzer noch an Ihre Heilkraft glaubt.

7.3 Spezifische Behandlung der Körperregionen

7.3.1 Hyoideum

Das Zungenbein steht im engen Zusammenhang mit den Kiefergelenken, dem Atlantookzipitalgelenk und dem Sternum. Diese Strukturen sollten im Zusammenhang mit dem Zungenbein untersucht und ggf. behandelt werden (Abb. 7.**3**).

Neben dem Ausschalten anderer Ursachen besteht die einzige manuelle Behandlungsmöglichkeit des Hyoideums in einem Release der lateral vom Hyoideum gelegenen Zungenbeinmuskulatur:

1. Die einfache Variante ist die **direkte Releasemethode**: Durch sanftes Hineingleiten der aufgestellten Palpationsfinger bis zu einem spürbaren festerem Muskeltonus. An dieser Stelle verharrend, nach einer Wartezeit von einigen Sekunden, kann die Hand dann mühelos einige Zentimeter weiter hineingleiten.
2. Die **indirekte Releasemethode** besteht aus der Strain-Counterstrain-Technik: Das Zungenbein umfassen und in die leichter zu schie-

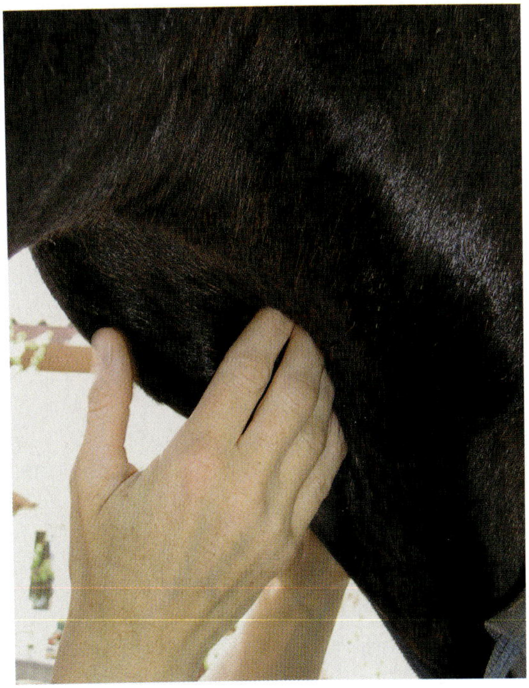

Abb. 7.3 Entspannung der Zungenbeinmuskulatur.

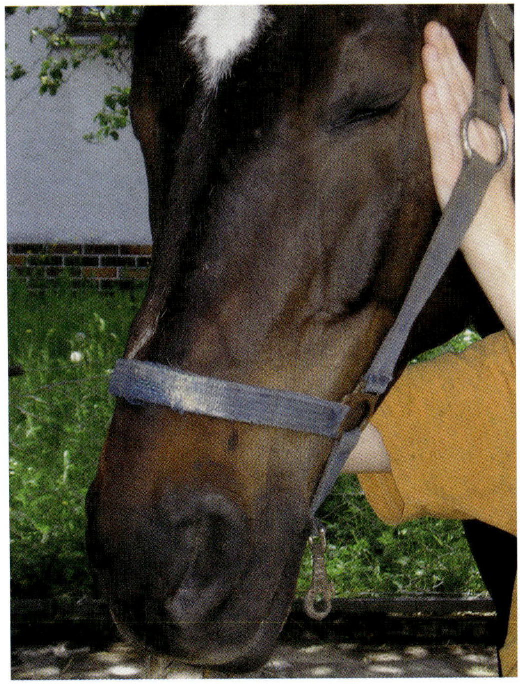

Abb. 7.4 Traktion des Kiefergelenkes.

bende laterale Richtung mental gleiten lassen. Nach einigen Sekunden haben Sie das Gefühl, das Zungenbein ist in die gehaltene Richtung noch mehr verschiebbar. Jetzt schieben Sie es sanft (mental) in die Korrekturrichtung.

7.3.2 Articulatio temporomandibularis

Kausal stehen die Zähne im Vordergrund, die im Fall einer Funktionsstörung des Kiefergelenkes eine umfangreiche fachgerechte Untersuchung und ggf. Therapie benötigen.

Neben einer sanften **direkten Massage** mit Faszientechnik auf dem M. masseter und dem M. temporalis sowie auf den Kiefergelenken, ist die „Piccolo-Traktion" sinnvoll: Umfassen Sie beide Unterkiefer von außen kommend, so dass ihre Fingerspitzen zum Kiefergelenk zeigen. Ziehen Sie dann ihre Hände mit den Mandibulae sehr sanft nach unten (das Eigengewicht der Hände ist dabei genug Zugkraft). Bleiben Sie eine Weile so, auch wenn das Pferd den Kopf bewegt und beobachten Sie das Pferd: Es ist gut möglich, dass es nach einiger Zeit seine Kiefer bewegt, als hätte es eine heiße Kartoffel im Maul und dann gähnt es ausgiebig, als Zeichen der erfolgreichen Mobilisation (Abb. 7.**4**).

Auch das Stecken von je einem Finger in die **Maulspalten** mit leichtem Zug nach pektoral kann intensives Kauen und dann Gähnen auslösen.

Die indirekte Methode entspricht wieder der **Strain-Counterstrain-Technik**: Umfassen Sie beide Unterkieferäste mit Ihrer gesamten Daumenlänge und üben nun einen sehr sanften Kompressionsdruck auf die Kiefergelenke aus. Nach einigen Sekunden (max. nach 90 Sekunden) haben Sie das Gefühl, als „schwimmen" die Knochen in ihren Händen. Nun lassen Sie die mentale Kompression nach und lassen über die Eigenschwere ihrer Hände den Unterkiefer des Pferdes aus dem Oberkiefer entlastend absinken.

7.3.3 Atlantookzipitalgelenk

> Atlas und Sakrum stehen im engen funktionellen Zusammenhang.

Steht das Sakrum in Extension, ist häufig auch der Gelenkspalt zwischen Schädel und Atlas enger. Steht der Atlas bspw. links höher, steht auch das Sakrum links höher und rechts tiefer. Behandeln Sie erfolgreich das Sakrum (S. 166), dann erreichen Sie immer auch einen gewissen Mobilisierungseffekt auf C 0/1.

Ähnlich verhält es sich mit dem zervikothorakalen Übergang, nach dessen erfolgreicher Behandlung die Blockierung in C 0/1 weicher geworden ist.

Die spezifische Mobilisation gelingt leichter, wenn die Atlantookzipitalregion zunächst mit **Weichteiltechniken** behandelt worden ist:

1. Faszientechnik direkt auf dem Atlasflügel.
2. Ein sanftes Umfassen und Abziehen der Ohrbasis lockert die Faszien der Region.
3. Sanftes Hin- und Herschieben des Lig. nuchae direkt über dem Atlas.
4. Ursprung und Ansatz des reflektorisch verkürzten M. obliquus capitis cranialis mit den Fingern zusammenschieben (Spindeltechnik).

Danach empfehle ich die unspezifische Mobilisation von C 0/1 mit **Traktion**:

1. Über den Mähnenschopf, den Sie zu diesem Zwecke von vorn an seinen Haarwurzeln packen und sanft nach stirnwärts herausziehen.
2. Etwas kräftiger fällt die Traktion aus, wenn Sie von vorn mit den Fingerspitzen hinter die Crista nuchae greifen und diese stirnwärts ziehen ziehen (Abb. 7.**9**).
3. Oder Sie schieben mit Ihrer Handkante, die von kaudal an die Crista nuchae gelangt, dieselbe nach vorn (Abb. 7.**5**).

Nach diesen vorbereitenden Maßnahmen steht nun noch das **spezifische Lösen** einer Blockierung als Aufgabe offen:

Als erstes öffnen Sie den Gelenkspalt, der eng steht. Bei einer Blockierung des linken Atlantookzipitalgelenkes steht der Atlas in einer Linkslateroflexion und Linksrotation, also links enger und links höher. Also schieben Sie das linke Okziput in einer Traktion nach vorn, in diesem Fall am besten mit der linken Hand. Als nächstes umfassen Sie mit Ihrer rechten Hand den höher stehenden linken Atlasflügel, ziehen diesen 1. vom Okziput weg nach kaudal (Ausgleich der Lateroflexion), 2. nach unten (Ausgleich der Rotation) und 3. zur Gegenseite nach rechts (Ausgleich der Linksposition), und dieses wieder in mehrfacher Wiederholung im Wellenrhythmus bis das Pferd durch Kauen anzeigt, dass es deblockiert ist.

Dieser Handgriff hat sich als recht wirkungsvoll erwiesen, wenn das Pferd eine ruhige Kopfhaltung behält. Pferde mit reichhaltigen chronischen Pro-

Abb. 7.5 Traktion des Atlantookzipitalgelenkes.

blemen im Kopfbereich jedoch sind oftmals zappelig beim Berühren der Schädel-Nacken-Region. In diesen Fällen probiere ich alle Techniken durch und verbleibe bei denen, die das Pferd toleriert, z. B. kann ich versuchen, mit beiden Händen von unten kommend den Atlas zu umfassen und mit **Strain- und Counterstrain-Technik** zu arbeiten: Den Atlas in seine fixierte Stellung schieben und nach Release in die Korrektur. Auch die **direkte Mobilisierung** in die Korrekturrichtung nach Release ist möglich. Aus dieser Position kann ich natürlich auch das gesamte Okziput nach vorn schieben zur Entlastung des Gelenkspaltes von C 0/1.

Nach einer erfolgreichen Deblockierung ist es sinnvoll, die erreichte Mobilität durch aktives Bewegen zu „speichern", hier z. B. durch eine Futtergabe auf der kontralateralen Seite mit deutlich hervorgerufener Lateroflexion in den Kopfgelenken, also hier nach rechts.

In dieser Stellung wird die **Manipulation** ausgeführt: Fixationshand auf den Atlas legen, die Nase des Pferdes zur kontralateralen Seite bis zum ligamentären Stop ziehen (Sie stehen auf der kontralateralen Seite der Blockierung), was ein Aufklaffen des blockierten Kopfgelenkes verursacht. Der Manipulationsstoß geht von der Nase aus, die ruckartig zu Ihnen bewegt wird.

Passives Bewegen: Mit demselben Handgriff (mit einer kleinen Abänderung) auf derselben Seite (Blockierung links, Stand rechts) ist es Ihnen möglich, den Gelenkspalt zwischen Okziput und Atlas auf sanftere Art in Divergenz zu bringen: Von der kontralateralen Seite kommend hält eine Hand (in diesem Fall am besten die linke) den linken Atlasflügel und schiebt diesen nach kaudoventral. Gleichzeitig umgreifen Sie das Halfter oder die Nase des Pferdes und führen eine achsengerechte Lateroflexion nach rechts im C 0/1 aus, bis Sie zu einem ersten „Endgefühlstop" gelangen (Abb. 7.**7 a**).

7.3.4 Atlantoaxialgelenk

Feste Faszien im Lig. nuchae müssen zuvor mit **Massage** gelöst werden. Ebenso die häufig im Bereich des zweiten Halswirbels liegenden Triggerpunkte in der langen Nackenmuskulatur sollten tief durchmassiert werden.

Abb. 7.**6** Kombinierte Mobilisation des Kopfgelenkes C 1/2 links.

Ansonsten lässt sich der Axis recht einfach **spezifisch direkt** behandeln: Hierzu legen Sie ihre gesamte Handfläche mit den Fingerspitzen nach oben seitlich an den gesamten Axis an und zwar auf der Seite, zu der der Dornfortsatz gekippt ist (blockierte Seite) und schieben diesen sanft auf die kontralaterale Seite (Ausgleich der Linkslateroflexion) und schieben dann zusätzlich vermehrt mit ihren Fingern den Axisdornfortsatz herüber (Ausgleich der Rechtsrotation).

Eine weitere Möglichkeit ist die Therapie mit der **Strain- und Counterstrain-Methode**: Sie umfassen den Axisdornfortsatz und schieben diesen mental in die pathologische Richtung, also nach dort hin, wohin der Proc. spinosus gekippt ist. So verbleiben Sie, bis Sie das Gefühl haben, Sie könnten den Proc. spinosus jetzt weiter in die pathologische Richtung kippen. Nun schieben Sie den Axis in die Korrektur. Wiederholen Sie das einige Male. Achten Sie aber stets darauf, dass der Kopf des Pferdes achsengerecht steht. Dabei können Sie entweder mit beiden Händen von unten seitlich an den zweiten Halswirbel greifen oder Sie umfassen nur den Axisdornfortsatz einfach von oben mit einer Hand.

Mit der Mobilisation des zweiten Halswirbels führen Sie automatisch eine **Mit-Therapie** des ersten Halswirbels sowie auch der gesamten Halswirbelsäule bis hin zur Halsbasis durch:

1. Durch das Herüberschieben des Axisdornfortsatzes (Rotation) wird via M. obliquus capitis caudalis der gleichseitige Atlasflügel nach kaudal gezogen, was eine Entlastung im gleichseitigen Atlantookzipitalgelenk bedeutet.
2. Durch das Herüberschieben des Axisdornfortsatzes (Rotation) werden die kaudalen Halswirbel mit in die Rotation genommen, was für jedes einzelne Segment eine Entlastung im gleichseitigen Facettengelenk bedeutet, besonders am Ende der Kette, wo der erste Thorakalwirbel fixiert ist und die kaudale Fläche vom siebenten Halswirbel von der kranialen Fläche des Th 1 wegrotiert.

Beim **passiven Bewegen** werden die komprimierten Gelenkflächen noch einmal so weit als möglich divergiert, was am besten erst nach erfolgreicher Mobilisation durchgeführt wird, da ansonsten die festhaltenden Muskeln zu sehr „triggern“ und danach noch mehr die Blockierung fixieren. Zum passiven Bewegen (Dehnen) des Atlantoaxialgelenkes stehen Sie kontralateral der Blockierung, umfassen den Axisdornfortsatz und ziehen diesen zu sich herüber. Dann nehmen Sie das Nasenbein des Pferdes und ziehen es ebenfalls auf ihre Seite, bis Sie einen leichten Widerstand spüren. Löst sich dieser Widerstand nach einigen Sekunden, dann können Sie die Bewegung an der Nase des Pferdes noch einige Millimeter weiter ausdehnen (Abb. 7.**7 b**).

Abb. 7.**7 a, b** Passives Bewegen der Kopfgelenke.
a Atlantookzipitalgelenk links,
b Atlantoaxialgelenk links.

7.3.5 Zervikalsegmente C 3–6

Unspezifisch steht Ihnen zunächst die Faszientechnik direkt an den Halswirbeln zur Verfügung. Am effektivsten jedoch ist das quere Durchwalken des Mähnenkamms, bei dem Sie als Nebeneffekt eine unspezifische feine Mobilisation in den Facettengelenken der Halswirbel durchführen. Sind die Verklebungen der langen Nackenmuskeln gelöst, dann können die dorsalen Faszien und Muskeln des Halses sich entspannt verlängern, was so allein schon zur Divergenz in den Facettengelenken führt. Zudem ist es den ventralen Halsmuskeln, insbesondere den Mm. scaleni jetzt möglich zu kontrahieren und so die Halswirbel von unten zu stabilisieren bzw. zu beugen.

Zur **direkten Mobilisation** eines Halswirbelsegmentes gehen Sie folgendermaßen vor: Den kaudalen Gelenkpartner (der Halswirbel, der prominent ist) umfassen Sie mit Ihrer Hand und rotieren diesen etwas nach unten. Das ist jetzt die Stellung der Fixationshand. Nun legt sich Ihre Mobilisationshand auf den kranialen Gelenkpartner, mehr an seine dorsale Fläche, und schieben diesen auf die andere Seite. Dadurch erreichen Sie ein

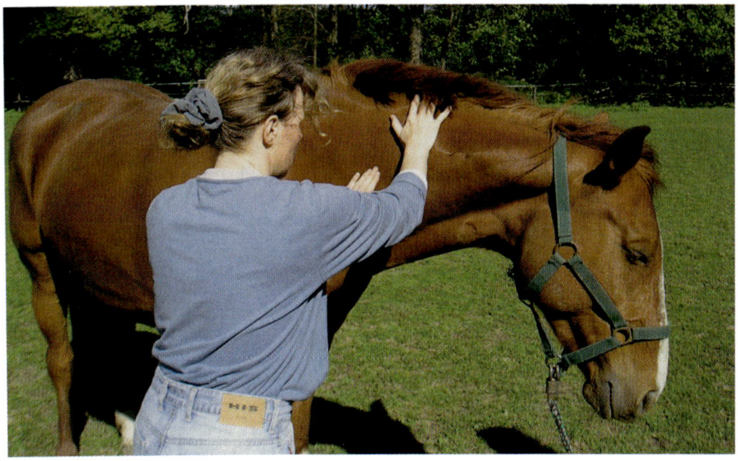

Abb. 7.**8** Mobilisation C 4/5 rechts.

Aufklaffen in dem betroffenen Facettengelenk. Persönlich halte ich es so, dass ich den kaudalen Wirbel nur fixiere und den kranialen massierenderweise herüberrotiere. Dabei nehme ich mir den Mähnenkamm als längeren Hebel gelegentlich zu Hilfe, während ich dann den kaudalen Wirbel mittels Faszientechnik nach unten rotiere oder den Mähnenkamm kräftig herüberschiebe. Es sind gibt also viele Variationsmöglichkeiten, wenn die Anatomie klar ist (Abb. 7.**8**).

Mit ähnlichem Handgriff funktioniert das **passive Bewegen** zum weiten Aufklaffen der Facettengelenke: auf der kontralateralen Seite stehen und den kaudalen Gelenkpartner von unten umfassen: den Pferdekopf am Halfter soweit zu sich herüberziehen, bis eine Bewegung des kaudalen Halswirbels zu fühlen ist; in dieser Position auf ein Release warten, um dann noch einige Zentimeter (oder Millimeter) weiter in die Bewegung zu gehen.

Eine **gröbere Methode zur direkten Mobilisation** eines Halswirbelkörpers funktioniert folgendermaßen: Angenommen, das linke Facettengelenk C 4/5 ist komprimiert. Halten Sie nun mit Ihrer linken Hand das Halfter des Pferdes und ziehen es etwas zu sich herüber. Gerade so viel, dass C 4/5 in leichter Linkslateroflexion steht, was zum besseren Joint play der folgenden Mobilisation führt, da Sie damit eine Rechtsrotation angebahnt haben. Nun legen Sie Ihre rechte Hand auf C 5 und schieben diesen nach unten (Ausgleich der Rotation) und dann kräftig bis zu einer Minute und länger herüber (Ausgleich der Position). Wiederholen Sie das einige Male bis zum Abkauen des Pferdes.

Mit der **indirekten Technik** der Strain-Counterstrain-Methode habe ich gute Erfolge an der vorbehandelten Halswirbelsäule: Den derotierten Halswirbel mit beiden Händen von unten umfassen und in die Rotationsrichtung halten, in die der Wirbel sich besser hin bewegen lässt. Nach dem Release in die Korrekturrichtung bewegen.

Nach der Mobilisation der Halswirbelsäule empfehle ich ein **unspezifisches Aufdehnen** der betroffenen Halsseite: Locken Sie das Pferd ein- bis zweimal in die kontralaterale Richtung, also in die gesunde Seite mit einem Leckerli, damit Ihr Behandlungsergebnis aktiv stabilisiert wird.

7.3.6 Zervikothorakaler Übergang (CTÜ)

Der CTÜ spielt in der Pathophysiologie des Bewegungsapparates eine Schlüsselrolle. So ist die Therapie dieser Region von immenser Wichtigkeit. Obwohl die Halsbasis (C 6–Th 3) teilweise schwierig direkt palpabel ist, können wir einige nützliche und erfolgversprechende Handgriffe durchführen. Zuvor aber ist kausal die Situation der vorderen Extremität zu überprüfen:

> Funktionsstörungen einer Extremität führt immer zur Ausbildung eines bevorzugten Standbeines mit folgender Derotation der Halsbasis.

Ebenso verhält es sich bei der echten Beinlängendifferenz. Auch eine Reiterei mit extremer Beizäumungshaltung führt zur Kompression mit Hyperextension der Halsbasis. In Relation zum Pferd sehr hohe Sprünge komprimieren in der Landephase den CTÜ.

Bei einer Blockierung des CTÜ ist auf der blockierten Seite die Muskulatur der Halsbasis hyperton. Diese Verspannung hält die Blockierung aufrecht. So kann man mit einer Detonisierung des M. brachiocephalicus, M. omotransversarius, M. serratus cervicis, M. subclavius etc. mittels Massage und Dehnung eine indirekte Mobilisierung des CTÜ erreichen.

1. **Massage**: Mit dem Handballen dringen Sie sanft in die Tiefe der Halsbasis ein, vollziehen einige Kreisungen, gehen dann aus dem Gewebe heraus, um dann in der Nachbarstelle wiederum einige Kreise in der Tiefe durchzuführen. Mit einer Tiefenmassage der dorsal gelegenen Nackenstreckmuskulatur und des Mähnenkammes erreichen Sie ein „Sich-strecken-können" der Halsbasis.
2. **Schütteln**: Nehmen Sie das gleichseitige Vorderbein auf, umfassen es an der Fessel und schütteln es locker hin und her, so dass eine Schlackerbewegung bis zum Maul hin durchläuft. Diese Schüttelbewegung kommt auch im Segment zwischen C 7 und Th 1 an.
3. **Dehnen**: Dasselbe Vorderbein umfassen Sie an der Fessel und am Karpalgelenk und bewegen es bis zur Weichteilgrenze nach kaudal (dabei strebt die Zehenspitze zum Hinterhuf), warten auf das Release, um es hernach einige Millimeter oder Zentimeter weiter nach hinten zu bewegen. Damit erreichen Sie zudem ein effektvolles Aufklaffen der Facettengelenke von Th 1 und C 7.
4. **Öffnen der Halsachse**: Eine Technik aus der kraniosakralen Therapie ist bei resistenten und sehr schmerzhaften Fällen sehr nützlich. Dazu legen Sie eine Hand auf den Widerrist, die andere an die Sternumspitze. Nach einigen Minuten Warten reagieren viele Pferde mit wohligem Gähnen und Kauen.

Zum Verbessern der Funktionsfähigkeit der pektoralen Muskulatur und zum antagonistischen Detonisieren der dorsalen Muskelkette der Halsbasis steht Ihnen folgende Technik zur Verfügung: Mit der aufgestellten Therapiehand gleiten Sie direkt von ventral nach dorsal in den M. pectoralis transversus bis zur Weichteilgrenze. Dort warten Sie auf ein Release und schieben danach die Hand weiter in die Muskulatur hinein. Wiederholen Sie dieses jeweils beiderseits des Sternums (Abb. 7.**11**).

Zum Aufheben einer Hyperlordose der Halsbasis heben Sie das Sternum an, indem Sie um ein Vorderbein greifend das Brustbein sanft anheben. Denselben Effekt erreichen Sie durch das Anheben des Bauches. Auch bereits eine Faszientechnik des Bauches entlastet den CTÜ. Ebenso verhält es sich mit einer Traktion am Becken.

Spezifisch gehen Sie folgendermaßen vor: Schieben Sie auf der blockierten Seite Ihre flache Hand zwischen Schulterblatt und Th 1 und fixieren bzw. rotieren Th 1 nach unten. Gleichzeitig können Sie das Vorderbein aufheben, womit nun Th 1 nach unten rotiert. Nun bitten Sie einen Helfer, den Pferdehals sehr langsam und behutsam in die andere Richtung zu biegen, bis die Bewegung in ihrer Palpationshand angekommen ist. An dieser

Abb. 7.**9** Traktion an der Crista nuchae.

Abb. 7.10 Das passive Bewegen der linken Halsbasis mit einem Helfer.

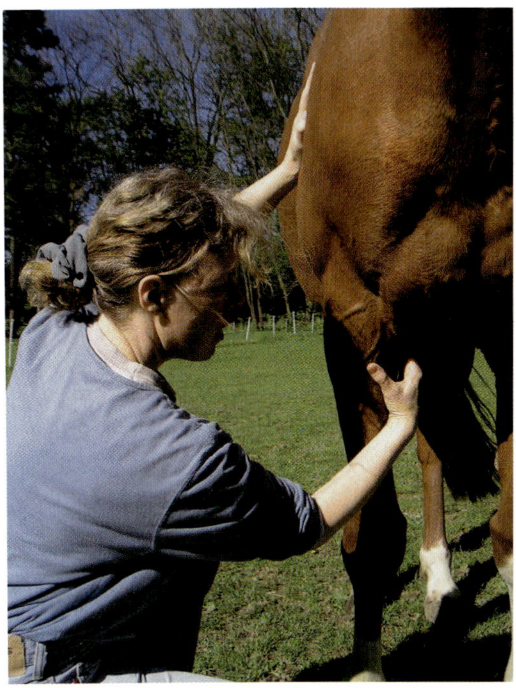

Abb. 7.11 Release der pektoralen Muskulatur.

Stelle können Sie mit der in der Muskulatur gelegenen Hand feine Massagekreise durchführen oder noch tiefer in die Muskulatur gelangen oder mit dem Bein feine Schüttelungen durchführen. Wenn Sie ein lockereres Gefühl in der Muskulatur der Halsbasis haben, kann der Helfer den Hals vorsichtig etwas weiter bewegen (Abb. 7.**10**).

Zu variieren ist diese Position, indem der Helfer das Vorderbein der blockierten Seite aufnimmt und Sie selbst den Hals mit Gefühl und Release herüberziehen zwecks Aufklaffen der Facettengelenke an der blockierten Halsbasis.

Eine noch mildere Variante ist das Herunterrotieren von Th 1 und Herüberrotieren von C 7, evtl. in massierender Art und Weise. Dabei ist es nützlich, den Mähnenkamm über C 6 herüber zu schieben.

7.3.7 Thorax und Th 1–8

Der erste Brustwirbel ist funktionell eng mit dem siebenten Halswirbel verbunden. Die erste Rippe ist im Zusammenhang mit den Blockierungen der Halsbasis häufig funktionsgestört. Zur Mobilisation des ersten Brustwirbels und seinem Rippenpaar dienen die vorgestellten Techniken zur Mobilisation der Halsbasis, besonders aber die passiv geführte Lateralflexion zur Gegenseite mit aufgenommenen Vorderbein der betroffenen Seite und das Schütteln des Vorderbeines.

Das Schütteln einer vorderen Gliedmaße dient effektvoll dem Lockern und Detonisieren der gesamten vorderen Thoraxregion.

Auch eine simpel anmutende Massage der Muskulatur auf dem Schulterblatt, besonders aber den Faszien über der Spina scapulae führen zu einer guten Entspannung der kranialen Brustregion.

Der zweite und dritte Brustwirbel sind weder palpabel noch therapeutisch direkt zugänglich. Über dem Dornfortsatz des zweiten Brustwirbel ist bei manchen Pferden, besonders mit Trageerschöpfungssyndrom (S. 138), eine Einkerbung zu sehen, der sog. „Axthieb“, der ein Zeichen dafür ist, dass der zweite Brustwirbel in Extension steht und mit ihm der erste und dritte Brustwirbel dazu. Ein in Extension stehender erster bis dritter Brustwirbel führt immer auch zur Kompression der paarigen

Kostotransversalgelenke. Auf der blockierten Seite des CTÜ ist also dort mit einer Funktionsstörung der Rippengelenke zu rechnen, die folgendermaßen entlastet werden können: Die Dornfortsätze am kranialen Beginn des Widerristes sanft auf die andere Seite schieben, evtl. unter kreisender Massage mit dem Handballen. Die andere Hand liegt der Halsbasis auf. So klaffen Sie die Facetten- und Kostotransversalgelenke auf.

Ab dem vierten, fünften Brustwirbel sind die Dornfortsätze wieder direkt der Palpation und der Therapie zugänglich. Oftmals sind im Widerristbereich mehrere Dornfortsätze in eine Richtung gekippt (Muskelzug der CTÜ-Blockierung, Standbein, Sturz). Diagnostisch verlasse ich mich in diesem Bereich allein auf das Rotationsschwingen der Dornfortsätze und die Schmerzprovokation. Therapeutisch stehen mir für diese Region die Flexion via Stäbchen, Pektoralismassage oder Bauch heben (Bahnen der pektoralen Muskeln und Detonisieren der dorsalen Muskeln) und die direkte Derotation zur Verfügung: Den Dornfortsatz mit dem Daumen bzw. die Dornfortsätze mit dem Handballen sanft in die Korrekturrichtung schieben, während die andere Hand den Bauch anhebt.

Damit die **pektorale Muskulatur** wieder arbeiten kann, ist nach der Mobilisation des CTÜ ein Release des M. pectoralis transversus (die aufgestellte Therapiehand gleitet in die Brust), eine Massage des M. pectoralis profundus und ein Kontraktionsreiz per Stäbchen oder Hand auf der Mittellinie von kaudal nach kranial notwendig.

Blockierungen der Kostotransversalgelenke gehen in jedem Fall mit einer Verminderung der optimalen Atemleistung des Pferdes einher. Ebenso sind die Seitenbiegungen zur blockierten Seite erschwert. Hervorgerufene Extensionsblockierungen der thorakalen Wirbel durch z. B. eine zu enge Sattelkammer (Druck auf die Kostotransversalgelenke), durch ein Trauma oder durch ein zu kurzes Bein, welches gleich mehrere Rippen auf einmal nach unten zieht und die Dornfortsätze verkippt mit einer folglichen Kompression in den Transversalgelenken.

In all diesen Fällen ist eine prominente Rippe („Eimerhenkelbewegung") spürbar, lokal verspannte Mm. intercostales externi und interni sowie eine Druckdolenz im passenden Kostotransversalgelenk.

Die Therapie eines Rippengelenkes ergibt sich logisch: Zunächst schieben Sie den Dornfortsatz des entsprechenden Wirbelkörpers zur Gegenseite. Damit erreichen Sie eine Traktion im „Querfortsatzgelenk" zwischen dem Brustwirbelkörper und der Rippe. Dann drücken Sie sanft mit Ihrem eigenen Metacarpus III die blockierte Rippe in ihrem Verlauf nach unten. Damit verstärkt sich der Traktionseffekt.

Oft sind mehrere Rippen betroffen. Dann gehe ich folgendermaßen vor: 1. Anheben des kranialen Thorax von ventral, damit erreiche ich eine Entlastung im blockierten Thorakalsegment (die Facettengelenke liegen dachziegelförmig von hinten nach vorn aufeinander). Und 2. streicht die andere Therapiehand mit den Fingern die Interkostalräume von oben nach unten aus oder arbeitet massierend auf dem Arcus costae. Dabei werden zwei Effekte erreicht: Entspannen der Zwischenrippenräume und Traktion an den Rippengelenken (Abb. 7.**12**).

Die Interkostalmuskeln sind bei dämpfigen Pferden und solchen, die sportliche Höchstleistungen bringen müssen, häufig verspannt. Diese kann man kräftig durchbluten und geschmeidig machen, wenn man mit einem Therapiestäbchen die Zwischenrippenräume kräftig von oben nach unten ausstreicht. So erhöhen Sie die Geschmeidigkeit der Bewegungen in den Seitbiegungen und verbessern das Atemvolumen.

7.3.8 Brust- und Lendenwirbelsäule – Th 9–L5

Eine Entlastung der tragenden Wirbelsäule mit **Flexion** und **Traktion** ist für einen schmerzhaften Pferderücken die wichtigste Therapie. Die reflektorisch verkürzten und verspannten Rückenmuskeln müssen wieder freies Spiel gewinnen, um die feinen Bewegungen in den Facettengelenken durchführen zu können. Die ventrale Muskulatur muss wieder kontraktionsfähig werden, um die „Tragestange" Pferderücken anheben und stabilisieren zu können. Das erreichen wir nur durch

Abb. 7.12 Mobilisation des Kostotransversalgelenks Th 9 links.

Entreizen der dorsalen Kette (Traktion) und Bahnen der ventralen Kette (Faszientechnik).

Wird zuerst direkt auf dem Rücken behandelt, bleibt die Antagonistenhemmung bestehen, das bedeutet, Reize veranlassen die dorsale Kette zum vermehrten Tonus, die Antagonisten, in diesem Fall die ventrale Kette, werden hypoton geschaltet. Allein das Berühren an der ventralen Kette bewirkt ein Umkehren der Spannungsverhältnisse auf dem Rücken des Pferdes. Aus diesem Grund beginne ich niemals direkt an den Wirbeln bzw. Dornfortsätzen der Brust- und Lendenwirbelsäule, sondern immer am Bauch. Erst wenn ich das Gefühl habe, die Rückenmuskulatur hat sich etwas entspannt, beginne ich auch direkt am Rücken des Pferdes zu arbeiten. Immer wieder jedoch berühre ich den Bauch um eine Antagonistenhemmung mit Flexionstendenz des Rückens zu erreichen. Dabei ist die mechanisch sichtbare Flexion nicht entscheidend, sondern die Schaltung der Muskelgruppen vom Nervensystem aus.

Nach einer unspezifischen Vorbehandlung ist die spezifische Mobilisation an den einzelnen Wirbelsegmenten leichter durchführbar.

Die am meisten indizierte Therapie der tragenden Pferdewirbelsäule ist also: Bauch heben, Bauch heben und Bauch heben!

Ob direkt durch Anheben aus den Knien heraus oder indirekt über das Massieren der ventralen Faszien – das Pferd quittiert es Ihnen sogleich mit dem Absenken des Halses, tieferem Atmen, Schließen der Augen und Wackeln der Unterlippe.

Die Technik: Umgreifen Sie den Bauch des Pferdes von der Seite der Hauptstörungen so anschmiegsam wie eine Schlange, aber so fest wie ein Gabelstapler. Aus den Knien heraus heben Sie den Bauch gerade so viel an, bis Sie das Gefühl haben, der Thorax gibt nach und bis Sie sehen, in der Sattellage deuten sich die Haare ab. Das Pferd sollte alsbald den Hals wohlig senken. Sie können diese Technik auch zu zweit von beiden Bauchseiten aus durchführen. Oder mit Hilfe einer Decke, die Sie mit einem Helfer auf der anderen Seite unter dem Bauch des Pferdes spannen und beide zugleich aus den Knien heraus den Brustkorb des Pferdes anheben, bis sich einige Fellhaare auf dem Rücken abzuheben beginnen. Nicht mehr.

Ein häufiger Fehler ist der, dass zu kräftig angepackt wird, die Hände nicht sanft umfassend arbeiten, sondern fordernd und hart am Gewebe liegen und der Bauch zu viel angehoben wird. Sehr schnell kann es passieren, dass das Pferd dann die Hand und auch die passive Flexion nicht mehr duldet. Der Therapeut sollte stets die propriozeptive Entreizung sehen und die mechanische Flexion bzw. die Divergenz in den Facettengelenk in den Hintergrund stellen.

Die zweite äußerst nützliche Therapie für den Pferderücken ist die Traktion vom Becken aus: Umfassen Sie beide Tubera coxae und ziehen diese zugleich nach kaudal, so erreichen Sie eine wirkungsvolle Entlastung des Rückens durch Divergenzgleiten aller Facettengelenke (bis zur Halsbasis) und damit eine Tonussenkung der kleinen Rückenmuskeln (bis zu den Kopfgelenken). Gleichzeitig erreichen Sie eine Entlastung der Iliosakralgelenke beiderseits, da Sie mit diesem Handgriff die Darmbeinschaufeln vom Sakrum entfernen.

Eine absolut einfache und doch sehr effektive Technik, den Pferderücken zu entlasten ist das massieren der Kruppenmuskulatur. Stellen Sie sich hierzu auf die vermehrt betroffene Seite, legen Ihre Therapiehand auf die Kruppe und gleiten nun mit dem Handballen so tief als möglich in das Gewebe. Dort führen Sie einige Kreise aus, gehen heraus und an einer anderen Stelle tief herein, kreisen dort usw. Beobachten Sie den Pferderücken: Dieser hebt sich an und neigt sich von der massierten Seite weg. Sie haben eine Flexion und eine Lateroflexion in Richtung Divergenz der Facettengelenke bewirkt.

Diese drei Grundtechniken können Sie kombinieren:

a) Mit einer Hand den Bauch anheben, mit der anderen Hand einen Zug am Hüfthöcker ausüben (Abb. 7.**13**).
b) Mit einer Hand den Bauch anheben, mit der anderen Hand die Kruppe massieren.
c) Mit einer Hand den Bauch massieren, mit der anderen Hand den Hüfthöcker nach kaudal ziehen.
d) Mit einer Hand die Kruppe massieren, mit der anderen Hand den Hüfthöcker nach kaudal ziehen.
e) Von der anderen Seite stehen, den Bauch mit

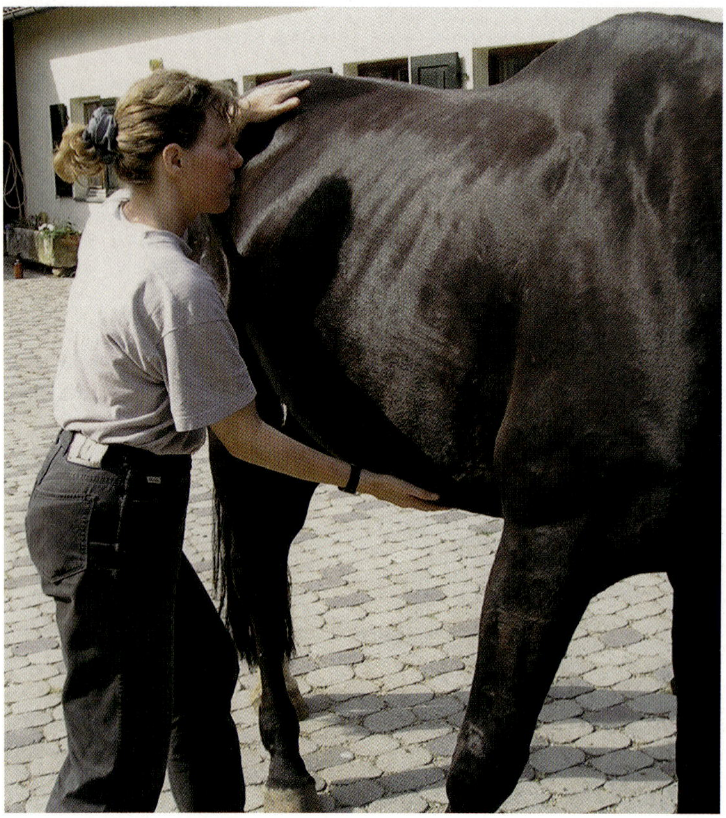

Abb. 7.**13** Kombination Bauch heben und Zug am Ilium.

einer Hand anheben und gleichzeitig mit der anderen Hand die gegenüberliegende Kruppe massierend zu sich herüberziehen.

Welche Griffkombination auch immer, Sie erreichen dadurch stets eine Flexion, ein konvexes Aufbiegen der betroffenen Seite und eine Korrekturrotation (Massieren der linken Kruppe ruft eine Lateroflexion nach rechts hervor mit Rotation der Lendenwirbel nach links, d. h., die Dornfortsätze kippen nach rechts und entlasten die linken Facettengelenke und vergrößern der Foramina intervertebralia). Dies führt zur optimalen Entreizung der Nozizeption. Die kleinen Rückenmuskeln können wieder arbeiten, die schrägen Bauchmuskeln können wieder bei jedem Schritt kontrahierend und stabilisierend arbeiten. Bewegungen laufen wieder vollständig von hinten nach vorn durch. Das Pferd *kann* nun wieder seinen Rücken aufwölben.

Nun gibt es aber einige Pferde, die nicht unter dem Bauch angefasst werden mögen. Das kann verschiedene Gründe haben. Ich selbst stelle interessanterweise immer wieder fest, dass ein Pferd sich von mir am Bauch anheben lässt, sich aber nach Anlernen des Besitzers verweigert und dessen Hand dort nicht duldet. Lasse ich mir dann einige Wochen später den Griff des Besitzers zeigen, zeigt sich, dass viel zu hart angefasst worden ist. Vergewissern Sie sich also, dass Ihre Technik wirklich weich und einfühlsam ist. Duldet das Pferd weiterhin keine Hand an seinem Bauch, obwohl es ihre Therapiehand bereits anderswo als angenehm empfunden hat, kann dies mehrere Gründe und mehrere Lösungswege haben:

1. Das im ganzen Wesen dominante und insgesamt verspannte Pferd duldet kein Eindringen in seine Intimsphäre. Eine langfristige Lösung ist nur durch Respekt- und Kommunikationstraining zu erzielen, kurzfristig aber gelingt es mir spätestens ab dem zweiten Termin, zumindest eine Faszientechnik am M. pectoralis profundus durchzuführen. Sobald das Pferd mir seinen Argwohn zeigt, nehme ich meine Hand an dieser Stelle weg und versuche es an einer anderen Stelle. Reagiert es noch immer ablehnend, dann akzeptiere ich die Meinung des Pferdes und arbeite woanders weiter.
2. Die Bauchmuskulatur ist schmerzhaft überdehnt. In diesem Fall fühlt sich der Bauch hart und kalt an. Wird in solch verspannter Muskulatur fordernd gearbeitet, kann dieses durch weiteres Reizen der Nozizeption nur Unbehagen auslösen. In diesen Fällen lasse ich meine warmen Hände einfach nur am Bauch liegen. Allein das Berühren und die Wärme der Hände hat therapeutischen Effekt, so dass der Tonus der Rückenmuskeln nachlässt. Gern angenommen wird in diesen Fällen die Massage an der Linea alba im Bereich des Nabels.

Technik der direkten spezifischen Mobilisation am Beispiel einer L 3 Blockierung links:

Angenommen, wir haben in der Untersuchung festgestellt, dass L 3 in einer Rotation nach rechts feststeht. Der Dornfortsatz zeigt demnach nach links, die Seitbiegung nach links ist eingeschränkt, die Extensionsprovokation hat auf der Seite, wohin der Dornfortsatz zeigt, erhöhte Schmerzhaftigkeit festgestellt und in der Rotationsprüfung hatte man das Gefühl, der Proc. spinosus von L 3 hatte eine Kipptendenz nach links.

Auf der linken Seite ist demnach das Facettengelenk zwischen dem dritten und vierten Lendenwirbel komprimiert, das Lumen des Zwischenwirbelloches enger.

Nun verstehen wir, warum unser Patient auf der linken Seite eine verkürzte Extensionsphase am Ende der Stützbeinphase hat und warum die Muskulatur der linken Kruppe so atrophiert ist und warum unser Pferd das linke Hinterbein immer schont, und warum es keinen Rechtsgalopp mag und warum es keinen Travers nach links mag.

Außerdem haben wir in der Befundaufnahme festgestellt, dass unser Patient neben der erhöhten Druckdolenz im linken Lendenbereich auch einen Hartspann in der linken Lendenmuskulatur aufweist (in der Tiefe der Atrophie) und einen Triggerpoint zwischen L 3 und L 4 hat. Diese Muskelfaser zieht den Dornfortsatz von L 3 unglücklicherweise weiter nach links. Das Pferd mag die Linkslateroflexion nicht, und im Beugereflex weicht es nach links aus, die linke Lende wird konkav.

Zum Aufklaffen des Facettengelenkes und zum Entreizen des linken Segmentanteils stehen uns mehrere Techniken zur Verfügung:

1. Eine Hand unter den Bauch des Pferdes legen, die Kuppe des Mittelfingers fixiert den derotierten Dornfortsatz, der Unterarm des oben arbeitenden Armes hakt sich an den Hüfthöcker des Pferdes: Nun heben Sie den Bauch an (Ausgleich der Extension), schieben den Dornfortsatz vorsichtig in Korrekturrichtung (Ausgleich der Derotation) und drücken den Hüfthöcker nach hinten (Ausgleich der Lateroflexion). Etwa 10 bis 20 Sekunden in dieser Stellung verharren, langsam nachlassen und wieder beginnen (Abb. 7.**14**).
2. Während der Dornfortsatz in Korrekturrichtung gehalten wird, kann die Kruppe massiert werden, der Bauch angehoben, der Hüfthöcker nach hinten oder die Sakrumspitze nach unten und kontralateral geschoben werden.
3. Der Querfortsatz auf der kontralateralen Seite des derotierten Wirbels steht folglich höher. Ein Therapieeffekt kann erreicht werden, wenn dieser vorsichtig nach unten gehalten wird, am besten gleichzeitig mit Derotationsschub am Dornfortsatz und Heben des Bauches.
4. Ungern, wegen massiver Extensionsbelastung, aber hin und wieder erfolgreich in hartnäckigen Fällen, mache ich von einem Druck nach ventral an den beteiligten Querfortsätzen Gebrauch: Den höher stehenden Querfortsatz des betroffenen Wirbels herunterdrücken und den diagonalen paarigen kaudalen Querfortsatz herunter drücken. Damit wird ein direktes Aufklappen im komprimierten Facettengelenk erreicht. Direkt nach dieser Therapie (Reaktion des Pferdes beobachten) sollte unbedingt eine Flexion der Wirbelsäule durchgeführt werden.
5. Strain und Counterstrain: Den derotierten Dornfortsatz umfassen und in die gekippte Richtung halten. Nach dem Release in die Korrektur schieben.

Zum Abschluss ziehe ich mit dem Therapiestäbchen kräftig und zügig Kruppe und Hinterhandstrecker herunter, um so eine maximal mögliche Flexion, Lateroflexion und Rotation zum ruckartigen Aufklaffen der Facettengelenke zu erreichen. Dabei kommt es oft zu dem Knackgeräusch. Eine Hilfe kann es sein, den derotierten Dornfortsatz gleichzeitig in die Korrekturrichtung zu schieben. In diesem Fall ist dann eine Manipulation durchgeführt worden (Abb. 7.**16**).

Abb. 7.**14** Die dreidimensionale Mobilisation des Facettengelenkes L 3/4 rechts.

Im Fall von **Flexionsblockierungen** hilft niemals ein einfaches Herunterdrücken, obwohl das logisch gedacht wäre. Sie verursachen damit wieder eine Kompression. Ausgiebige Traktionen, die Rotationskorrektur und vor allen Dingen die Korrektur kranial gelegener Extensionsblockierungen beheben diese Erhebungen zuverlässig. Geben Sie dem Pferd hierzu 2–4 Wochen Zeit, dann senkt sich die Flexionsstellung von selbst ab.

Ausgeprägte **Extensionsblockierungen**, z. B. am ThLÜ oder am LSÜ sind am schwierigsten zu behandeln, da ja jedes Herunterdrücken (was bei einem Herüberschieben eines Dornfortsatzes unausweichlich passiert) weiterhin einen Hypertonus der kleinen Rückenmuskelfasern hervorruft.

Eine gute Vorbereitung ist dabei folgende Technik: Eine Hand legt sich auf die in Extension blockierten Wirbel, die andere Hand liegt direkt darunter am Bauch. Die Hand unter dem Bauch beginnt leicht zu kreisen bzw. mental nach oben zu schieben, während die warme Hand auf dem Pferderücken sich mental abhebt.

Des weiteren helfen die oben beschriebenen unspezifischen Techniken zur Mobilisation, besonders die Traktion und Flexion mit der Kruppenmassage, womit die bestmögliche Aufwölbung und Entspannung zu erreichen ist. Hierzu gibt es aber noch einige Möglichkeiten, die Flexion zu optimieren:

Das Herunterdrücken der Sakrumspitze mit einem anschließendem Hin- und Herwackeln derselben, um den Rücken in feine Schwingungen zu bringen. Gleichzeitig hebt die andere Therapiehand direkt unterhalb der Extensionsblockierung den Bauch an.

Nachdem ich etwa 15 bis 30 Minuten das Pferd auf unspezifische Weise entspannt habe, gehe ich folgendermaßen vor: Mit dem Therapiestäbchen ziehe ich kräftig ein paar Mal *von hinten nach vorn* am Bauch entlang – mit dem Ergebnis, dass sich nun der gesamte Rücken aufwölbt. Direkt danach ziehe ich mit beiden Stäbchen kräftig die Hinterhand herunter, was ein noch kräftigeres Aufwölben hervorruft. Toleriert dies das Pferd, so ziehe ich noch im Wechsel an der linken, dann an der rechten Kruppe mit dem Therapiestäbchen herunter, um die Flexionsstellung zu halten. Oft entsteht dabei ein vielfaches Knackgeräusch in der Wirbelsäule des Pferdes. Auf diese Weise ist die beugende Muskulatur kräftig gebahnt worden.

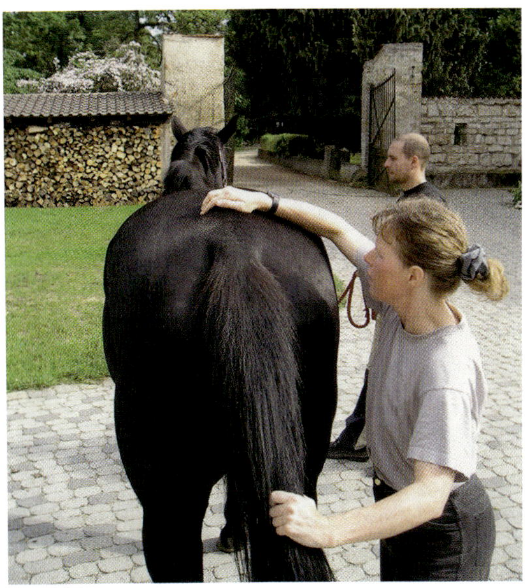

Abb. 7.15 Flexionsmobilisation über die Sakrumspitze und Zug am Schweif.

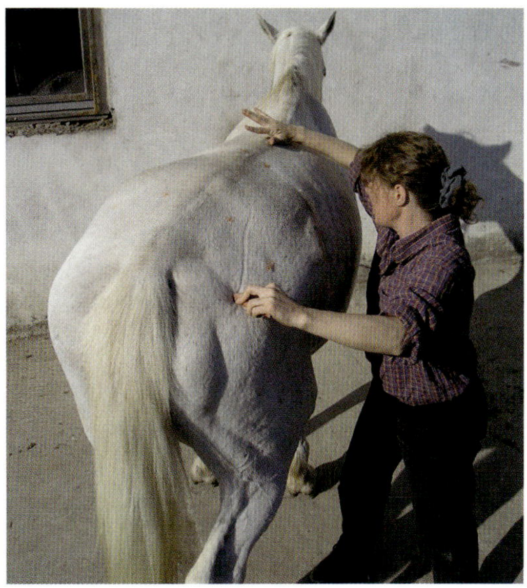

Abb. 7.16 Massives Aufklaffen der rechten Wirbelsäule.

7.3.9 Lumbosakraler Übergang – L 6/S 1

Am häufigsten ist der LSÜ in Extension blockiert bei gleichzeitiger geringfügiger Rotationsstellung des Sakrums. Dabei gerät das Lumbotransversalgelenk dort in Kompression, wo das Kreuzbein tiefer steht. Ziel der Therapie ist in erster Linie die Konvergenz bzw. Flexion der Gelenkflächen des LSÜ und ggf. die Rotation in Korrekturrichtung.

Neben den unspezifischen Techniken zur Mobilisation der tragenden Wirbelsäule ist die erste und einfachste direkte Therapie des LSÜ der Zug am Schweif. Dabei ist ein sehr leichter Zug in Verlängerungsrichtung der Kruppe genügend. Unglücklicherweise werden hierbei zwar die Iliosakralgelenke komprimiert, aber der Entlastungseffekt an L6/S 1 ist dafür umso besser. Mit dem Zug an den Hüfthöckern nach kaudal entsteht ebenso eine Entlastung an den Gelenkflächen zwischen Kreuzbein und sechstem Lendenwirbel. Eine beiderseitige Massage der Kruppenmuskulatur bzw. das Stimulieren der Flexion via Therapiestäbchen (an den Tubera ischiadici) und Anheben des Bauches sind weitere unspezifische Möglichkeiten, den LSÜ zu entlasten.

Mit dem Hinunterdrücken der Sakrumspitze erreichen Sie ein Anheben der Sakrumbasis. Aufmerksame Anatomen müssten nun bemerken, dass dabei jedoch die sakralen Facettengelenke des sechsten Lendenwirbels vermehrt in Kompression geraten (die liegen dachziegelförmig von hinten nach vorn), in der Praxis jedoch überwiegt ein divergierendes Gleiten. Kombinieren Sie doch einfach das Ventraldrücken der Sakrumspitze mit dem Zug am Schweif (Abb. 7.**15**).

Zur Mobilisation eines Transversalgelenkes empfiehlt sich der Zug am Tuber coxae nach kaudal mit dem gleichzeitigen Schieben der ipsilateralen Sakrumspitze nach ventral und kontralateral. So entsteht ein Traktionseffekt am Transversalgelenk.

Geschickt kombiniert kann man nun: die Muskulatur direkt an der Sakrumspitze kreisend massieren und behandelt gleichzeitig unter der Flanke den Bauch mit Facientechnik und hebt dabei den Rücken an.

Abb. 7.**17** Mobilisation des lumbosakralen Überganges links.

Der Dornfortsatz von L 6 ist direkt kaum tastbar, jedoch reagiert die Dornfortsatzspitze mit der Strain- und Counterstraintechnik: Umfassen Sie nur am Fell anliegend mental den Dornfortsatz von L 6 und legen zugleich eine Fingerkuppe auf den kontralateralen (höher stehenden) Querfortsatz. Die zweite Therapiehand liegt mit dem Metakarpus III oben auf den Dornfortsätzen des Sakrums. Beide Hände schieben nun, fast mental, L 6 und Sakrum in Korrektur (Abb. 7.**17**).

In hartnäckigen Fällen oder bei starken Schmerzreaktionen des Pferdes ist es nützlich, zunächst nur eine warme Hand auf LSÜ zu belassen, während die andere Hand einfach nur am Nabel liegt. Viele Pferde reagieren nach einigen Sekunden sehr positiv auf diese Berührungen.

Zum Schluss löst man noch auf der Seite der Blockierung einen kräftigen plötzlichen Flexionsreiz mit dem Therapiestäbchen an den Hinterhandstreckern aus, was einer Manipulation gleich kommt.

7.3.10 Sakrum

Das Sakrum selbst steht sehr häufig in einer Extensionskippung, d. h., die Basis neigt nach ventral und die Spitze tendiert nach dorsal. Gleichzeitig steht es dabei häufig auf einer Seite tiefer und auf der anderen höher. Dies mag zum einen an den Muskelzügen der Bauchmuskeln, der Rückenmuskeln, der Hinterhandstrecker und der Adduktoren liegen, die je nach Händigkeit bzw. bevorzugter Belastung einer vorderen Extremität an einer Beckenseite vermehrt, an der anderen weniger ziehen. Zum anderen ruft allein ein bevorzugtes Standbein der Hinterbeine eine Kippung des Sakrums auf eine Seite hervor. Steht das Pferd beispielsweise bevorzugt auf dem linken Hinterbein, schiebt sich das linke Ilium höher, wobei das Sakrum links in Relation tiefer rutscht.

Ein eingekeiltes Sakrum in schiefer Stellung behindert das Pferd im freien Einsatz seiner Hinterhand. Es kann weder korrekt untertreten noch kraftvoll abschieben, noch kann es den Reiter adäquat tragen. Der Schweif ragt nicht frei aus dem Verlauf der Kruppe heraus und pendelt nicht mehr locker hin und her.

Steht das Sakrum in ausgeprägter Aufrichtung (wie bei sog. „Barockpferden") ohne gleichzeitige Blockierungen in den Iliosakralgelenken, sehe ich keine unmittelbare Therapieindikation die Basis nach unten zu drücken.

Kräftiges Vorwärtsreiten, Stangenarbeit, Ausritte und auch mal ein kleiner Sprung zur Förderung der Streckmuskulatur tun hierbei gute Dienste.

Am effektivsten und sanftesten wird die Funktion des Sakrums mit den Techniken der kraniosakralen Therapie wieder hergestellt:

1. **Öffnen der Beckenachse**: Legen Sie eine Hand längsseits auf das Kreuzbein. Die andere Hand legen Sie entweder zwischen Nabel und Geschlechtsteile oder an die Symphyse des Pferdes. Bleiben Sie dort warm und ruhig eine Weile stehen. Das Pferd wird nach einigen Minuten seinen Kopf senken und zu kauen beginnen.
2. **Strain- und Counterstrain-Technik:** Legen Sie eine Hand längsseits auf das Kreuzbein. Schieben Sie dieses nun mental vor und zurück, nach links und nach rechts und versuchen nachzuspüren, in welche Richtung ihre Hand nach unten „hineingezogen" wird. Nach dorthin üben Sie mental einen Schub aus. Nach einigen Sekunden bis Minuten erfolgt ein Release, bei dem Sie das Gefühl haben, der Knochen unter ihnen beginnt zu „schwimmen". Nun schieben Sie das Kreuzbein in die Korrekturrichtung.

Ist das Kreuzbein auf beiden Seiten sehr eingekeilt, haben Sie also eine beiderseitige ISG-Blockierung festgestellt, dann empfehle ich den gleichzeitigen Zug an den Hüfthöckern nach kaudal, am besten mit einem Helfer. Manchmal muss man einige Minuten im Traktionswellenrhythmus auf diese Weise das Becken nach hinten schieben, bis es zum Abkauen und damit zum Lösen kommt. Dabei werden die Kreuzbein-Darmbein-Gelenke auf beiden Seiten frei (Abb. 7.**20**).

Alle therapeutischen Überlegungen, das Sakrum per Schweif- oder Beinhebel in alle möglichen Richtungen bewegen zu wollen, halte ich für die Schwanzwirbelsäule als zu gefährlich (Luxationsgefahr) und auch für unsinnig, da mit den o. g. feinen Techniken ebenfalls gute Erfolge erzielt werden können.

Sakrum und Atlas stehen im engen Korrelationsverhältnis. In der Regel stehen beide Knochen gleich verkippt. Ist das Sakrum eingekeilt, dann steht auch der Atlas sehr eng am Schädel. Lösen Sie das Sakrum, lösen Sie auch den Atlas und umgekehrt. Dieses Wissen ist eine gute therapeutische Hilfe bei therapieresistenten Fällen.

7.3.11 Iliosakralgelenke

Das Joint play eines Kreuzdarmbeingelenkes war in der Untersuchung nicht auslösbar. Eine eindeutige Indikation zur direkten Mobilisation, wozu mehrere Möglichkeiten zur Verfügung stehen:

1. Stellen Sie sich auf die blockierte Seite des Iliosakralgelenkes und greifen Sie mit Ihren Fingerspitzen direkt hinter das Tuber sacrale. Üben Sie nun einen lateralen Zug Richtung ventrokaudal aus, den Sie sanft rhythmisch wiederholen. Dies verursacht eine direkte Traktion zwischen Ilium und Sakrum.
2. Ein Divergenzgleiten entsteht, wenn Sie das Ilium der blockierten Seite nach kaudal ziehen durch Zug am Tuber coxae nach hinten (Abb. 7.**18 a**).
3. Eine weitere Möglichkeit haben Sie mit der

Rotation des Iliums gegen das Sakrum nach kaudal, also in eine Aufrichtung (kombinieren Sie dies mit dem Kaudalzug des Iliums): Hierzu umfassen Sie das Tuber ischiadicum und das Tuber coxae und üben einen Schub Richtung Flexionsrotation aus (Tuber ischiadicum nach unten, Tuber coxae nach oben). Damit erreichen Sie eine direkte Entlastung zwischen Ilium und Sakrum (Abb. 7.**18 b**).

4. Einen ähnlichen Effekt hat die Dehnung des entsprechenden Hinterbeines nach vorn.
5. Legen Sie von oben der Länge nach ihre Hand auf das Kreuzbein, so dass Ihr Metakarpus III auf den Dornfortsätzen des Sakrums zu liegen kommt. Nun schieben Sie die Dornfortsatzreihe in Korrekturrichtung. Gleichzeitig kann die andere Hand den Hüfthöcker nach kaudal ziehen, was eine optimale Entlastung im ISG bedeutet.

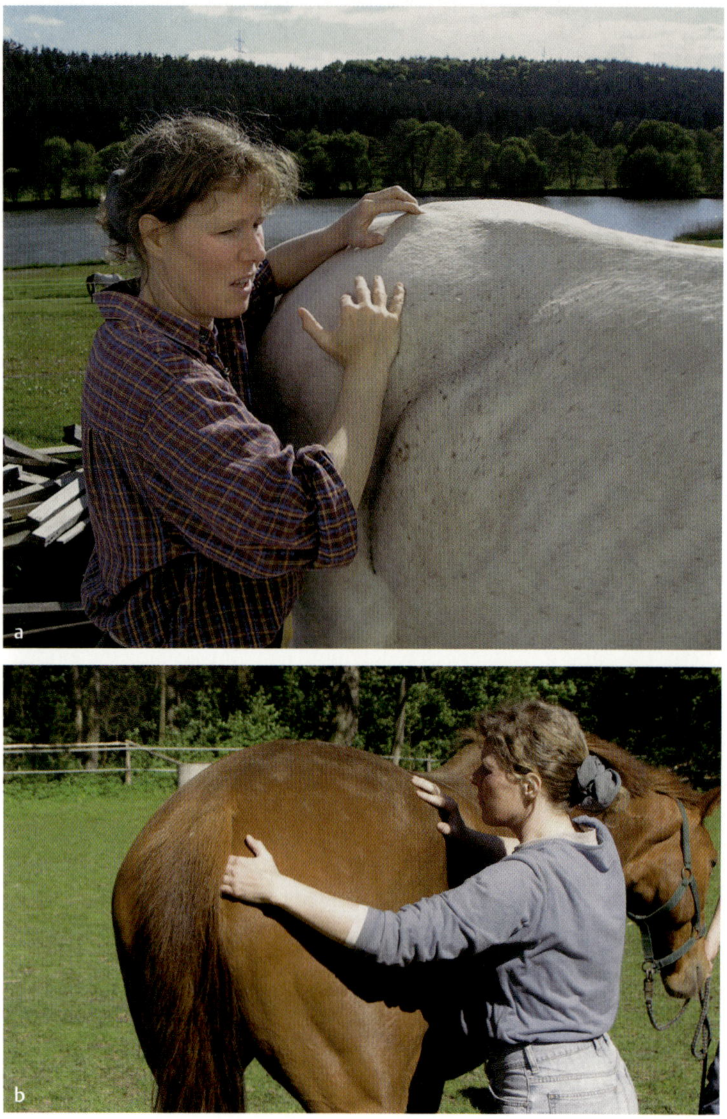

Abb. 7.**18 a, b** Mobilisation des Iliosakralgelenkes.
a direkte Traktionsmobilisation rechts,
b Rotationsmobilisation am Ilium rechts.

Die indirekte Mobilisation aus der Strain- und Counterstrain-Technik führe ich bei hartnäckigen Fällen aus, bei denen weder eine Mobilisation des Sakrums noch der Iliosakralgelenke, noch der tragenden Wirbelsäule, noch der Kopfgelenke etwas genützt hat: Stand auf der blockierten Seite. Die Fixationshand hält die kontralaterale Sakrumspitze und hält diese in Richtung blockierte Seite. Die Mobilisationshand schiebt das Ilium vom Hüfthöcker aus zur Fixationshand und übt damit auf den iliosakralen Gelenkspalt einen Kompressionsdruck aus. Nach Sekunden bis Minuten ist das Release mit einem „Schwimmen" der Knochen fühlbar. Nun lasse ich bewusst die Hand am Hüfthöcker bleibend hängen. In den meisten Fällen folgt mir das Pferd mit einem entspannten Herabhängen der betroffenen Beckenseite. Diesen Handgriff wiederhole ich einige Male.

7.3.12 Vertebrae caudales

> In der Regel sind vordere Schwanzwirbel und Kreuzbein gleichsinnig rotiert.

In manchen Fällen aber sind die Schwanzwirbel entgegen dem Kreuzbein rotiert, was einen therapeutischen Handlungsbedarf indiziert: Umfassen Sie mit ihren Händen der Länge nach jeweils das Sakrum und die vorderen Schwanzwirbel. Bringen Sie nun beide Hände ganz leicht in Divergenz, bis Sie das Gefühl haben, das Pferd entspannt sich. Nun rotieren Sie beide Dornfortsatzreihen jeweils in ihre Korrekturrichtungen. Dabei ist keine mechanisch sichtbare Rotation gemeint, sondern vielmehr ein mentaler Schub in eine Richtung, wobei die Schubhand an der Ausgangsposition bleibt (Abb. 7.**19**).

Pferde, die in einem allgemeinen Extensorhypertonus stehen, und einen in Extension blockierten lumbosakralen Übergang haben, weisen oft einen verdickten und erwärmten Schweifansatz auf. Direkt therapeutisch gehe ich dieses Problem nur mit einer äußerst sanften Faszientechnik und eine Piccolotraktion der Schweifrübe an. Dann knete ich die restliche Schweifrübe locker durch.

Wenn die bei verdicktem Schweifansatz vorhanden Störungen des Beckens beseitigt werden, dann hebt sich das Problem von allein auf. Eventuell ist das Ödem als Zeichen der Spannung der intrapelvitaren Faszien, die sich über die ventralen Schwanzmuskeln übertragen, zu verstehen.

Pferde mit einer chronisch blockierten Wirbelsäule weisen sehr häufig eine rigide Schwanzspitze auf. Bemerkenswerterweise ist von hinten nach vorn ein lockernder entspannender Mobilisierungseffekt zu erreichen, wenn die letzten Schwanzwirbel locker geknetet und mobilisiert werden. Oftmals beginne ich sogar von dort die Therapie, wenn ersichtlich ist, dass das Becken massive Funktionsstörungen aufweist.

7.4 Behandlungsbeispiele

Die folgenden Behandlungsbeispiele sind meiner Zeitschrift entnommen und von mir und *Frau Claudia Amend* behandelt worden. Dem Leser wird nicht entgehen, dass neben der Manuellen Medizin auch Elemente der Traditionellen Chinesischen Medizin einfließen, die Angewandte Kinesiologie verwandt wird und auch mit Homöopathie gearbeitet wird. Diese Behandlungsmethoden ergänzen sich hervorragend mit der Manuellen Therapie am Pferd.

■ Fall 1

Holsteiner, ca. **25 Jahre** alt, **Wallach**, im Offenstall gehalten. Drei alte Wallache teilten sich den Offenstall, allesamt im sehr schlechten Ernährungszustand mit wollartigem langen Winterfell. Zu der Empfehlung beim ersten Behandlungstermin des

Abb. 7.**19** Release des sakrokokzygealen Überganges.

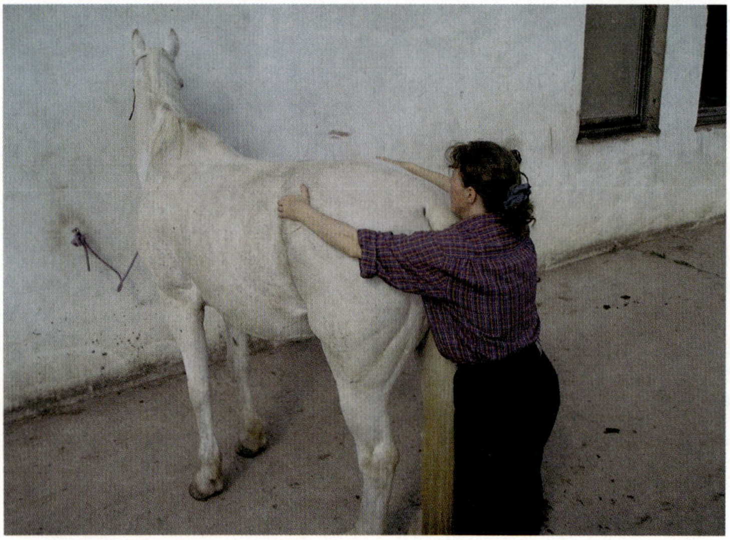

Abb. 7.20 Gesamtentlastung des Beckens durch Traktion an den Hüfthöckern.

Wallachs, Einstreu auf die Gummimatten zu legen, dauerhaft Heu zu füttern und die Hütte teilweise abzudecken, kamen die 2-mal wöchentliche Fütterungsempfehlung von Mash hinzu sowie das Eindecken bei nasskalten Tagen.

Grund der Hinzuziehung eines Pferdephysiotherapeuten war jedoch das Bewegungsverhalten der Hinterhand des Holsteiners. Dabei stand die Hinterhand so, dass diese nach rechts zu fallen drohte, was durch extremen Adduktorenhartspann rechts und das Anlehnen an der Wand abgewandt wurde. In der Vorwärtsbewegung, die nur schleichend vonstatten ging, wurde die Kruppe stark nach links verbogen, während der Schwerpunkt nach rechts umzukippen drohte.

Die **Befundaufnahme** zeigt neben einem Muskelhartspann des Pferdes (besonders Adduktoren rechts) eine beiderseitige ISG-Blockierung, links mehr als rechts mit deutlicher Extensionsblockierung des lumbosakralen Überganges. Die Dornfortsätze der LWS waren nach links gekippt, das Sakrum stand in Extension und war links tiefer. Die gesamte WS war in Extension fixiert. Die HWS wurde beim ersten Termin nicht untersucht, da passive Lateroflexionsüberprüfungen wegen des Gleichgewichtszustandes nicht möglich waren und bei diesem Befund auch nicht relevant. In der Therapie wurde der Wirbelsäulenbefund sanft mobilisiert und das Pferd massiert. Hinzu kam die o.g. Fütterungsempfehlung und eine Verbesserung der Haltungsbedingungen. Nach kinesiologischer Testung wurde Rhus. tox. C 200 verordnet.

Ich selbst rechnete mit dem baldigen Ableben des alten Holsteiners und war überrascht über den Anruf im Spätherbst von der Besitzerin, dass er mit erheblicher Bewegungsbesserung durch den Sommer gegangen sei, er nun aber wieder hinten so steif ginge. Der Befund war grundsätzlich derselbe, wie am ersten Termin im März, jedoch war das Fell nicht ganz so stark ausgeprägt und auch etwas geschmeidiger als zuvor, das Pferd konnte entspannt stehen, ohne sich an die Wand anlehnen zu müssen und es waren spontan einige Schritte herauszulocken. Der Holsteiner konnte sogar jetzt seine Schmerzen durch Anheben des rechten Beines zeigen. Die Therapie war dieselbe. Direkt danach empfahl ich, das Pferd ohne Halfter auf die benachbarte Wiese zu lassen, die es herunter galoppierte, sich dort wälzte und munter über das Gras trabte.

Der nächste Termin war im folgenden Frühjahr, bei dem der Zustand wieder so schlecht war, wie beim ersten Behandlungstag. Das rechte Knie zeigte neben dem WS-Befund eine deutliche Schmerzhaftigkeit. Neben der Mobilisation der Wirbelsäule, während der Wallach lotrecht stand!, ergab der kinesiologische Befund eine Unterenergie im Magen- und Milz-Pankreas-Meridian, welche dann nach APM gezogen und die entsprechende Akupressur durchgeführt wurde – dabei spontanes Gähnen und Strecken des Wallachs. Eine Überprüfung der Zähne wurde empfohlen, zusätzlich Rhus. tox und Berberis im Wechsel (nach Austestung) und Wermuttee ins Mash.

Diese Therapie zeigte keine Besserung, so wurden wir nach 4 Wochen wieder gerufen. Diesmal wurde der Wallach zusätzlich mit kraniosakraler Therapie behandelt (Öffnen aller Diaphragmen, Kiefermobilisation, Sakrum-Mobi). Kinesiologisch blieb nach Testung nur noch der lumbosakrale Übergang übrig (wobei bei festem Druck dort das Pferd hoch"hüpfte"), der dann manipuliert wurde. Die Testung ergab eine Notwendigkeit von Calcium fluoratum, Solidago und Weihrauch.

Wieder gänzlich überrascht, hat mich das Telefonat im Spätsommer, bei dem berichtet wurde, dass der Wallach den Sommer über problemlos für Ausritte gedient hätte, beim letzten Mal aber hinten rechts weggerutscht sei und er nun wieder steif ging.

Der Befund zeigte eine starke Berührungsempfindlichkeit (Zittern der Haut beim Handauflegen) aller Dornfortsätze (die kinesiologische Testung ergab Hypericum C 30). Eine Extensionsblockierung der gesamten WS (Wegrutschen muss nach hinten rechts gewesen sein) mit allgemeiner Derotierung der Wirbel nach links (Dornfortsätze nach rechts). Eine Lateroflexion nach rechts war in der gesamten WS nicht möglich (wie vorher eigentlich auch!) in der Bewegung, und bei Überprüfung ergab sich eine deutliche Blockierung des linken ISG. In der Therapie wurde die HWS durch Traktion und Mobi des atlantookzipitalen Überganges rechts, sowie C 7 rechts behandelt. Mobilisation der Kostotransversalgelenke, Schub der Dornfortsätze des Widerristes und der mittleren BWS nach links. Flexions-Mobi der WS, Öffnen des Beckendiaphragmas, Mobi Sakrum und linkes ISG. Moxibustion des lumbosakralen Überganges, Bl 36 links und Bl 60 rechts (ISG-Mobi links), KS 6 (Heben des Thorax) und Lu 7 (Öffner KG).

Direkt nach der Therapie trabte der alte Holsteiner munter auf die Weide, wälzte sich und gesellte sich zu den anderen.

▪ Fall 2

Pferd: 5-jährige Bayerische Warmblutstute

Anamnese: Das talentierte Springpferd war seit dem Fohlenalter im Besitz und stand derzeit im Training. Die Stute belegte 2 Wochen zuvor den 3. Platz bei einem Springturnier, drehte jedoch beim Sprung die Kruppe immer nach rechts.

Inspektion: Der Pflege- und Ernährungszustand war tadellos. Das Pferd war gut gebaut, die Hinterhand wirkte jedoch wie „eingezogen". Im rechten Ohr waren kleine „Hubbel" sichtbar und direkt kranial am Halsansatz, über dem Sternum, wurde die Haut von einer alten Schrunde bedeckt. Die linke Schulter zeigte sich prominent und die dahinterliegende Muskulatur atroph. Das rechte Becken stand höher und weiter kranial. Am linken Tuber coxae und an der linken Kruppe waren schuppige Fellstellen zu sehen und der Schweif zeigte nach rechts. Die Stute war vorn beschlagen und stand beiderseits zeheneng. Die innere Trachte vorn rechts erwies sich als länger. Im Schritt und Trab drehte die Stute die Kruppe nach rechts, das Gangbild der Hinterhand war jedoch taktklar.

Palpation: Das Os hyoideum (Zungenbein) war stark prominent und lateral nach rechts verschoben. C 3–C 6 zeigten sich auf der rechten Seite prominent und C 3 war nach rechts rotiert. Der M. sternohyoideus fühlte sich hyperton und kalt an. Die rechte Thoraxseite wirkte kürzer. Die Spinosi von Th 16 und L 3 zeigten nach rechts, der von L 5 nach links. L 6 stand in Extension und war auf der rechten Seite leicht und auf der linken Seite stark druckdolent. Der LSÜ reagierte ebenfalls stark schmerzhaft. Das Sakrum lag insgesamt tief und wirkte „eingezogen". Die gesamte Hinterhand fühlte sich kalt und hyperton an.

Funktion: Die Kopfgelenke hatten erstaunlicherweise keine Funktionsstörungen. Die HWS-LatFlex war rechts leicht und links stärker eingeschränkt, ebenso der CTÜ links.

Therapie: Der M. sternohyoideus wurde detonisiert und das Os hyoideum nach links korrigiert. Die Kiefergelenke und WS-Befunde wurden mobilisiert. Bei der Behandlung des Zwerchfells (Kraniosakraltherapie) reagierte die Stute mit starkem

Gähnen. Es war nun ein besserer Energiefluss in die Hinterhand möglich. Nach beidseitiger Traktion am Ileum stand das Pferd erstmals entspannt und konnte nun schildern. Das Sakrum wurde gemoxt. Der 3. Halswirbel erwies sich zunächst als therapieresistent. Daraufhin wurde nochmals das Zungenbein geprüft und es stellte sich heraus, dass der vordere Teil (Proc. lingualis) nach ventral gekippt war und der hintere Teil (Thyrohyoideum – Kehlkopfhorn) nach dorsal. Nach dieser Korrektur zeigte sich der C 3 ohne Befund.

Energetik: Um die langen Zungenbeinmuskeln mit Energie aufzufüllen, wurde das Konzeptionsgefäß gezogen und der Einschaltpunkt für das KG, Lu 7, akupressiert. Moxibustion des lumbosakralen Überganges. Zur Lateralitätsstabilisierung wurde KG 24 (Kinn) massiert und die Achsen KG 24 mit LG 20 („Baihui" – Mitte Schädeldecke) und YinTang mit LG 16 (C 0/1) gehalten.

Ergebnis: Die nach der Therapie sehr entspannt wirkende Stute schlief mehrere Stunden dieses Tages auf der Weide in der Sonne (erster warmer Sonnentag dieses Jahres) und geht nun ohne Beschwerden und gerade über den Parcours.

Kommentar: Diese Stute hatte zwei dominierende Probleme: Das Zungenbein und das Sakrum. Beide waren nach ventral verkeilt. So war ein sauberer Sprung aus der Hinterhand mechanisch nicht möglich. Das Stabilisieren des Schwerpunktes war wegen dem sehr festen Zungenbein nicht möglich. Die seit Jahren bestehende ca. 3 cm lange „Schrunde" am kranialen Sternum zeigte eine Unterenergie des KG bzw. die gestörten langen Zungenbeinmuskeln an. Die Hautaffektionen in der rechten Ohrmuschel deuteten auf eine Störung im Temporohyoidalgelenk.

■ Fall 3

Pferd: 14-jährige Achal-Tekkiner-Stute

Anamnese: Das Pferd wurde 4-jährig in einem schlechten Ernährungszustand importiert. Die jetzige Besitzerin kaufte es in ebenfalls schlechtem Allgemeinzustand. Die Stute war abgemagert, hatte gelben Scheidenausfluss, Funktionseinschränkungen der Kopfgelenke, HWS, geschwollene und steife Sprunggelenke und einen Gesamthypertonus. Der Schmerztest der WS fiel stark positiv aus. (Der Tierarzt hatte wenige Monate zuvor bei der Ankaufsuntersuchung ein gesundes Pferd bescheinigt.) Die Stute wird seither liebevoll und fachgerecht betreut und deshalb seit mehreren Jahren in unregelmäßigen Abständen physiotherapeutisch behandelt. Im Dezember 2003 zog sie sich eine Ruptur der Beugesehne hi re zu. Die Besitzerin begann im Februar 2004 wieder vorsichtig mit dem Reiten, was das Pferd auch gut tolerierte. Nach einiger Zeit jedoch lahmte es bereits nach 15-minütigem Training wieder hi re. Die Besitzerin befürchtete eine erneute Sehnenverletzung, da die Stute kurz zuvor gestürzt war.

Inspektion: Allgemein- und Ernährungszustand sind nunmehr tadellos. Das Tier steht vorn bodeneng und hi li zehenweit. Im Schritt und Trab zeigte es einen recht steifen Gang mit sehr kurzen Tritten der Hinterhand. Die Gliedmaßen vo re und hi re werden geschont. Der rechte Tuber coxae stand auffallend weit kranial, der linke kaudal. (Nach Auskunft der Besitzerin hatte die Stute von Anfang an diese Beckenstellung.)

Palpation: C 4 war nach links rotiert. Die rechte Lendenmuskulatur wies einen erhöhten Muskeltonus auf. Der Bereich von Th 9–Th 14 und L 5 + L 6 reagierten beim Schmerztest stark positiv. Die Spinosi von L 5 und L 6 standen nach links. Die linken Kostotransversalgelenke waren auf der gesamten Länge der WS prominent, die Sakrumspitze stand ebenfalls nach links. Das Os carpi accessorium vo re war warm und ebenfalls vo re ein Ganglion kranial unterhalb des Karpus palpabel. Die Beugesehne hi re war zwar etwas unklar, aber sonst o. B.

Funktion: Eingeschränkte Funktionen konnten sowohl bei der Extension der rechten Vordergliedmaße als auch bei der Flexion beider Sprunggelenke festgestellt werden. Ebenso waren C 0/1 links, C 1/2 links, CTÜ links und die LWS-Lat-Flex nach rechts eingeschränkt. Sp. L3 stand re, Sp. L6 li, beide ISG fest (li > re).

Therapie: C 0/1, C 4 und der CTÜ wurden mobilisiert. L 3 wurde korrigiert mit wenig Erfolg. L 6 reagierte erst nach Spindeln der Longissimusfaser. Die Stute zeigte bei der Behandlung des Kruppe mit tiefer Massage, Zug am Sakrum, Zug an den

Ileii und bei Korrekturversuchen des Beckens und des Sakrums deutliches Unbehagen. Nach der Therapie konnten wir aber einen schwungvolleren Einsatz der Hinterhand sehen.

Energetik: Das linke ISG wurde mit Farbpunktur mobilisiert, hinten die Meridiane Blase, Niere, Gallenblase und Leber gezogen. Mit Hilfe des Muskeltests auf dem Karpalgelenk (eine spezielle Diagnostikmethode aus der Kinesiologie) wurden ein Weihrauchpräparat, Calcium fluoratum, und die Schüßlersalze Kalium chlor. (subakute Entzündungen, schwerer Schleim, Ödeme), Arsenicum jod. (chron. Infektionen) und Natrium sulf. (Entschlackung, Entgiftung) verordnet.

Hausaufgabe: Als Hausaufgabe wurden verschiedene Übungen der Bodenarbeit aufgegeben wie Longieren (höchstens 20 Minuten), dabei viel Schwung von hinten entwickeln, Rückwärtsrichten, Cavaletti-Arbeit und 1 Woche Reitverbot.

2. Termin: Die Besitzerin begann wieder mit dem Reiten 15–30 Minuten tgl. Der Zustand hatte sich deutlich gebessert, die Kruppe wirkte „voller", die Stute zeigte mehr Lauflust und Hinterhandeinsatz. Hi re war aber noch eine leicht verkürzte Stützphase zu erkennen. Das rechte Karpalgelenk war jetzt erstaunlicherweise o. B., das Ganglion hatte sich zurückgebildet.

Therapie: Die Rückenmuskulatur wurde vorsichtig mit Faszientechnik behandelt, um danach eine gute gesamte WS Flex-Mobilisation durchführen zu können. Ein HWS-Release mit Mobilisation der Kopfgelenke und des CTÜ wurde durchgeführt, dabei gähnte die Stute viel ab. Sie zeigte jedoch wiederum Unbehagen beim Versuch der Korrektur des Beckens.

Energetik: Im Anschluss erfolgte die Moxibustion der Shu- und Mu-Punkte des Leber- und Milz-Pankreas-Meridians und zusätzlich wurden der Leber- und MP-Meridian in ihrem gesamten Verlauf gezogen. Bei der kraniosakralen Untersuchung konnte ein Superior vertical strain (Os occipitale nach ventral, Os sphenoidale nach dorsal verschoben) festgestellt werden. Während der Korrektur schloss die Stute die Augen, kaute ab und schlug mit dem rechten Hinterbein aus.

3. Termin: wenige Tage nach der Therapie tobte das nun lauflustige Pferd im Paddock und es kam zu einem akuten Rezidiv des Befundes hi re mit starker Lahmheit.

Befund und Therapie: Extremitäten nach Tierarzt o. B.. HWS o. B., Sp. L 3 re, Beckenbefund dito. Nachdem die Stute wieder die Becken-Mobi rechts nicht duldete, wurde nur L 6 li mit direkter Mobi behandelt. Daraufhin endlich abgähnen. Nun ließ sie die Korrektur-Mobi mit Kaudalschub des rechten und Ventralschub des linken Ilium endlich zu. Nun zeigte sich ein deutlicher ISG-Block re, links o. B., dieser wurde durch Akupressur der Punkte Bl 36 re und Lb 60 li behandelt, wobei sich das Pferd weit streckte und mehrmals abgähnte. Mit Hilfe des Muskeltests auf dem Sakrum wurde Arsenicum album C 200 (Konstitutionsmittel) verordnet. Zur Zeit ist das Pferd okay und wird 4- bis 5-mal täglich 1 Stunde geritten.

Kommentar: Eine Stute im sehr schlechten EZ und AZ wurde von einer ahnungslosen Reitanfängerin erworben und fortan sachgerecht gepflegt. Der Spat der Sprunggelenke machte es der Stute unmöglich, hinten Last aufzunehmen und Schwung zu entwickeln. Dadurch wurde sie vorderlastig mit Affektion am rechten Karpus und steif in den Beckengelenken und der WS. Jedoch war ein Gleichgewicht zwischen Krankheit und Gesundheit vorhanden. Die Schonung des rechten Vorderbeines führte zur Mehrbelastung vorn links mit folgender Blockierung in der Halsbasis links mit folgender Kopfgelenksblockierung links und natürlich auch mit einer Rotation des Thorax nach links (rechts tiefer), was eine Blockade der rechten tragenden WS zur Folge hat, meist auch mit Blockade des rechten ISG (was auch zur Blockierung des linken Atlas passen würde). Die Stute zeigt aber trotz der Beckenform eine vermehrte Blockierung des linken ISG mit großem Problem am L 6 links. Obwohl die Stute rechts die Gangveränderung hat, mag sie eine Entlastung der rechten Seite und des rechten Beckens nicht. Erst die Mobilisation des linken L 6 hat den Schlüssel zum Erfolg.

Die Erklärung könnte in der Rotation des Beckens liegen, der wohl auch das Sakrum nach rechts rotiert hat (Dornfortsätze links). Der linke Sakrumflügel ist wohl „unter" das linke Transversalgelenk gerutscht und hat dieses schmerzhaft blockiert. So ist ein Zug am rechten Ilium schmerzhaft, da das linke Becken an dem Transversalgelenk komprimiert wird. Diese Blockierung beherrschte das Beckenproblem.

■ Fall 5

Pferd: 15jähriger Wallach, Bayerisches Warmblut

Anamnese: braves Freizeitpferd, wird ca. 6-mal wöchentlich geritten (2- bis 3-mal im Gelände, 3-mal Kinderunterricht), macht sich jeweils in den Übergangsmonaten Frühjahr und Herbst steif, wobei kaum Biegungen möglich sind, lässt sich auf der linken Hand nicht mehr longieren, hat in letzter Zeit Husten, im rechten Sprunggelenk wurde vor Jahren ein „Loch"(?) diagnostiziert, Sattel wurde vor 4 Monaten aufgepolstert, seit 3 Monaten neue Satteldecke.

Inspektion: schlechter Ernährungszustand, struppiges Fell, leicht überbaut, Rückenmuskulatur stark atroph (links > rechts), Quadrizeps beiderseits atroph, Narbe vorn rechts lateral oberhalb des Kronrandes, weiße Fellstellen am linken Quadrizeps und rechtem Tuber ischiadicum, Haare der Schweifrübe nach links gewachsen, abgeschlurfte Hinterzehen, vorn regelrecht beschlagen, Sattel sehr hart gepolstert mit zu viel „Rock" (also Biegung nach ventral), starke Faltenbildung der Satteldecke entlang der Wirbelsäule mit deformierten HSS-Schaumeinlagen, im Schritt wechselnde Hang- und Stützbeinlahmheiten hinten (rechts > links), dabei wird das rechte Sprunggelenk sehr wenig gebeugt, im Trab extrem verspannte Wirbelsäule und Kruppe, dabei schlurfende Hinterhand.

Palpation: Erhabenheit auf der linken Zahnreihe, C 2/3 links prominent, hypertone Bauchmuskulatur, Th 12 linke Rippe prominent, Th 16 rechte Rippe prominent, Th 17 und 18 in Extension, L 2 bis L 6 fixiert, keine Schmerzreaktion (und damit keine Extension) an der Wirbelsäule auslösbar, beide hintere Fesseln ödematös.

Eingeschränkte Funktion: Kiefergelenk links, Lateroflexion C 0/1 beiderseits, Rotation C 1/2 beiderseits, HWS- und CTÜ-Lateroflexion beiderseits kaum möglich! (links > rechts), Flexion und Extension der Wirbelsäule kaum auslösbar, insgesamt keine Lateroflexion der tragenden Wirbelsäule möglich, Iliosakralgelenke aber o. B., rechtes Sprunggelenk stark eingeschränkte Flexion.

Energetik: Dünndarm, Blase, Niere, Kreislauf, Dreifach Erwärmer und Milz-Pankreas hatten Unterenergie.

Therapie: unspezifische Entspannung der gesamten Wirbelsäule mittels Bauch heben, Faszientechnik Bauch und Rumpf, Traktion und Massage der Kruppe, kraniosakrale Therapie: lässt sich nicht anfassen, aber Kiefergelenksmobilisation möglich (dabei stellten wir Mundgeruch fest), Dünndarm, Blase, Niere und Milz-Pankreas gezogen, Moxibustion Bl 67, Bl 60, Shu Bl.

Hausaufgaben: „Kleiner Kreislauf" ziehen, Bauch heben, Zähne vom Tierarzt behandeln lassen, Sattel weicher polstern, neues Sattelpad, 2 Wochen Reitverbot.

2. Termin (nach 5 Wochen): wurde 4 Wochen nicht geritten, hatte auf Reitplatz vor 2 Wochen mächtig getobt, danach Arthritis linkes Sprunggelenk, nun therapiert und abgeschwollen, sehr deutliche Besserung des Ernährungszustandes, Fell glänzend, Augen leuchten wieder, Zähne wurden kontrolliert, als Satteldecke wurde eine einfach gefaltete Wolldecke benutzt, im Trab nun Bewegung in der Wirbelsäule möglich, Wirbelsäule ist nun beugbar, Stützbeinlahmheit hinten rechts nun klar sichtbar, alle Dornfortsätze der LWS nach rechts .

Therapie: korrigierende LWS-Mobilisation, Blasen- und Nierenmeridian gezogen, Moxa Bl 67, Bl 60, Shu-Bl.

Zusammenfassung: Es ist doch immer wieder interessant, wie sich in so kurzer Zeit ein Pferd grundlegend erholen und bessern kann. Ausschlagend für den schlechten Zustand des Wallachs war sicherlich das eingeschränkte Kauvermögen, so dass es schließlich zum Gewichtsverlust kam, damit dann neben anderem auch die Rückenmuskulatur atrophierte sowie die Leistung bezüglich des Schwunges und der Aufrichtung fehlte, was zur Absenkung der tragenden Wirbelsäule mit kompensatorischer extremer Fixation der kleinen

Rückenmuskeln führte. Ebenfalls erstaunlich ist, was die bloße Änderung der Sattelunterlage ausmacht, denn der zweite Ursachenfaktor für das Rückenproblem war die starke Faltenbildung der teuren Sattelunterlage, die die Dornfortsätze zusammendrückte und die Rückenmuskeln lokal einklemmte. Eine einfache Wolldecke, sorgsam gefaltet tut hier schon ihre Dienste, obwohl der Sattel nach wie vor nicht verändert wurde. Auch die 2 Wochen Reitpause haben ihr übrigens getan. In der Therapie wurde hauptsächlich auf die Flektierbarkeit und freien Energiefluss des Pferderückens Wert gelegt, womit sich viele andere Probleme in Luft aufgelöst haben (HWS, Hinterzehen, Rippenblock).

8 Rehabilitation und Training

8.1 Grundsätzliche Vorüberlegungen

Heilung ist nicht die Wiederherstellung des alten Zustandes, sondern ein Weg in eine ganz neue Richtung.

Grundsätzlich sollte der Therapeut bestrebt sein, das Pferd wieder in seine Mitte zu bringen. Das bedeutet, dass die Funktion des Bewegungsapparates wieder in die natürliche Physiologie gebracht werden sollte.

Mit der Untersuchung haben wir festgestellt, warum das Pferd die Störungen erlangt hat, zu denen wir gerufen worden sind. Diese Störungen hat das Pferd nicht mehr selbst kompensieren können, sie sind sichtbar geworden. Durch die Manuelle Therapie helfen wir dem Organismus, wieder zu seinem Gleichgewicht zu kommen, zu einem neuen Gleichgewicht, indem es wieder möglich ist, bis zu einem gewissen Grad Störungen selbst zu beseitigen oder mit wenig Energie zu kompensieren.

Nun gilt es, den aktiven Bewegungsapparat so zu programmieren, dass es diesem möglich ist, diese Anforderungen der Selbstheilung und energiearmen Kompensation aufrecht zu erhalten. Das Ziel ist ein in allen Grundgangarten taktreines schiebendes Pferd in natürlicher Haltung mitschmeidigen Bewegungen, ganz in seiner eigenen Individualität.

Durch die Manuelle Therapie hat sich vieles gelöst, neue Bewegungen sind möglich, brachliegende Muskelgruppen arbeiten wieder. Mit der Manuellen Therapie stellen Sie eigentlich nichts anderes als die Kompensationsmechanismen des Bewegungsapparates wieder her. Sie befähigen das Pferd, sich selbst zu helfen. Mit dem ersten Behandlungstermin haben Sie diesen Prozess in Gang gebracht. Nun kann das Pferd allein seine aufgebauten pathologischen Schichten stückweise „zurückarbeiten“. Dieser Prozess dauert Tage bis Wochen oder Monate und muss je nach Fall weiterhin unterstützt, „angekurbelt“ werden.

In dieser Zeit müssen unbedingt die zu den Funktionsstörungen führenden Reize abgeschaltet und der aktive Bewegungsapparat, die Muskulatur in physiologische Bewegungsmuster geführt und unterstützt werden. Der Besitzer benötigt nun klare Anweisungen für die nächsten Tage und Wochen bezüglich des Reitens und Arbeitens mit seinem Pferd.

Der vom Therapeuten aufgestellte Trainingsplan ist essenziell für den weiteren erfolgreichen Therapieverlauf. Er behütet das Pferd vor Rezidiven.

8.1.1 Therapieziele

Zunächst einmal benötigen Sie ein Therapieziel, welches natürlich stets individuell auf Ihren Patienten zugeschnitten ist. Behandlungsziele werden in der Physiotherapie in Nah- und Fernziele untergliedert. Nahziele entsprechen dem Erreichen von einzelnen Behandlungsschritten, z. B. dass es sich wieder in eine bestimmte Richtung biegen kann, oder dass es befähigt wird zu galoppieren usw. Fernziele entsprechen dem insgesamt Erreichbaren dieses Individuums, bei einem jungen Pferd z. B. die Turnierfähigkeit, bei einem bereits chronisch erkrankten Pferd vielleicht die normale Reitbarkeit in allen Grundgangarten, bei einem alten Pferd die Bewegungsfähigkeit in einer Gruppe.

Gleichgewicht – durch freie Mobilität der Wirbel
Wir wollen erreichen, dass unser Patient jeden seiner Wirbel in alle Bewegungsrichtungen bewegen kann. Wir wollen, dass jeder einzelne Muskel des Pferdes seine Kraft voll entwickeln kann und wir wollen, dass das Pferd keine Energie aufwenden muss, um Schmerzen oder Blockaden zu kompensieren, wenn es auf unwegsamem Terrain unterwegs ist, wenn es den Reiter in engen Kurven ausbalancieren muss und wenn es einem Weidekameraden ausweichen muss. Unser Pferd soll mit

der Vorhand und Hinterhand ausbalanciert sein, um jederzeit und in jeder Lage seinen Schwerpunkt souverän in der Mitte halten zu können.

Harmonischer Muskelzug – durch erreichtes Gleichgewicht und Schmerzfreiheit
Wir wollen erreichen, dass es keine bevorzugt gebahnte oder ausgesprochen gehemmte Muskelgruppen im Bewegungssystem mehr gibt. Links und rechts, oben und unten sollen die Muskeln gleichmäßig ziehen. Dieser physiologische Muskelzug hält den Pferdekörper in seiner Mitte, balanciert die Bewegungen unter den einzelnen Wirbeln aus und zieht so manch schief stehendes Gelenk automatisch, ohne therapeutisches Zutun, wieder in die Mittelstellung. Der harmonische Muskelzug hält das Pferd im Gleichgewicht.

Natürliche Haltung – durch Gleichgewicht und harmonischen Muskelzug ermöglicht
Wir wollen erreichen, dass unser Patient in Schritt, Trab, Galopp und in Wendungen befähigt ist, eine natürliche Haltung auch unter seinem Reiter zu bewahren. Eine „Vorwärts-Abwärts-Haltung“ oder Beizäumungshaltung ist *keine* natürliche Haltung! Es soll sich also wie ein normales Pferd bewegen und sich selber tragen können, ganz egal, ob ein Reiter mit seiner Ausrüstung drauf sitzt oder nicht. Wenn das der Fall ist, darf man annehmen, dass der harmonische Muskelzug das Pferd in seinem Gleichgewicht hält.

Klarer Gang – erhält Gleichgewicht, natürliche Haltung und harmonischen Muskelzug
Wir wollen erreichen, dass unser Patient sich möglichst taktklar in Schritt, Trab und Galopp bewegen kann. Wenn das Pferd wieder eine gesunde und geschmeidige Wirbelsäule hat und sein Bewegungsapparat klarer im Takt wird, dann verformen sich auf wundersame Weise die Hufe wieder in physiologische Normstellungen, ebenso wird das Gewicht auf die vier Gliedmaßen wieder gleichmäßiger verteilt. Ein klarer Takt setzt neben der gesunden Wirbelsäule (und der gesunden Hufe und Gliedmaßen) eine natürliche Haltung, einen harmonischen Muskelzug und die Wahrung des Gleichgewichtes voraus.

Hinterhandschub – erhält die Pferdewirbelsäule in seiner Gesundheit
Wir wollen erreichen, dass unser Reitpferdepatient wieder einen kräftigen Hinterhandschub entwickelt, damit es den Reiter adäquat tragen und die Vorhand entlasten kann. Wenn das Pferd hinten schiebt, bedeutet das:

- einen weiten Vortritt der Hinterbeine (Aufwölben des Rückens),
- einen kräftigen Einsatz der Hinterhandstrecker (Aufwölben des Rückens)
- und die Möglichkeit der Hankenbiegung (Aufwölben des Rückens).

Wenn der Motor des Pferdes wieder funktioniert, dann braucht es uns Therapeuten für eine Weile nicht mehr. Voraussetzung für den Hinterhandschub ist der klare Gang und die natürliche Haltung. Aus dessen Gleichgewicht mit seinem harmonischen Muskelzug kann es eine aufrichtende Vorwärtskraft entwickeln, die seinen Bewegungsapparat gesund erhält.

8.2 Nach der Therapie

Ein Springpferd konnte keinen Rechtsgalopp mehr gehen. Das linke Becken war extrem blockiert, der Schweif zeigte seit Jahren stark nach links, die vorderen Schwanzwirbel waren entgegen dem Kreuzbein rotiert. Der Wallach konnte keine Last mehr auf dem linken Hinterbein aufnehmen. Normalerweise lasse ich direkt nach der Therapie das Pferd im Schritt am Halfter geradeaus führen. Doch dieses Pferd war ruhig, brav und gelassen und es machte Anstalten, sich wälzen zu wollen. So ließen wir es in der Halle frei. Spontan aber galoppierte der Wallach aus dem Stand im Rechtsgalopp an und drehte Runde um Runde in der Halle, prustete und freute sich über die wieder erlangte freie Beweglichkeit. Das war ein schönes Bild.

8.2.1 Schütteln und Wälzen

Ihre Therapie war dann optimal (also mehr als gut), wenn das Pferd direkt nach der Therapie das Bedürfnis hat, sich zu schütteln und zu wälzen.

Durch die Wälzbewegung und das Schütteln löst es sich noch einmal die restlichen kleinen Blockaden heraus, kontrahiert seine Bauch- und Rumpfmuskeln, die zuvor sich nicht so effektiv kontrahieren konnten, lockert seinen Hals und das Becken restlich beim Schütteln. Das Schütteln können Sie aktivieren, wenn Sie ein paar Mähnenhaare am Widerrist etwas nach oben ziehen und daran wackeln.

Therapieergebnisse können zunichte gemacht werden, wenn das Pferd direkt nach der Therapie sich selbst überlassen wird und bockend davon stürmt – wobei geführte kontrollierte freie Bewegung durchaus wünschenswert ist, wie in dem Rechtsgaloppbeispiel am Anfang des Kapitels gezeigt wurde.

8.2.2 Führen

Direkt nach der Therapie sollte das Pferd für einige Minuten am Halfter geradeaus geführt werden. Schritt ist die reizärmste und bewegungsreichste Gangart für die Wirbelsäule. Das Pendeln des Halses und des Beckens kann sich nun neu finden.

Anschließend kann das Pferd, wenn es denn ruhig ist, auf der Koppel sich selbst überlassen werden. An diesem Tag sollte das Pferd nicht mehr gearbeitet werden. Je nach Schwere des Falles wird auch der nächste Tag für das Pferd ein entspannter Tag auf der Weide.

8.2.3 Longieren

Longieren hat den Vorteil, dass das Pferd sich ohne Reitergewicht bewegen kann. Es hat aber auch den Nachteil, dass das Pferd im Kreis laufen muss, was Wirbelsäule und Extremitäten unphysiologisch belastet. Äußerst unvorteilhaft ist z. B. das Longieren im Trab auf der Seite, zu der das Pferd sich vor der Therapie schlechter bewegen konnte. Die soeben entreizten Strukturen mit freier Gelenkbeweglichkeit werden auf diese Weise wieder gebahnt und komprimiert.

Ausbindekonstruktionen stören dabei erheblich das Finden des neues Gleichgewichtes für das Pferd. Wenn Longieren angezeigt ist, dann sollte die Longe seitlich am Halfter eingehakt werden.

Die empfohlene Gangart direkt nach der Therapie ist der Schritt mit freier Halsbewegung.

Bietet das Pferd von selbst Trab oder Galopp an, dann darf es unter den kontrollierten Bedingungen an der Longe mit so großem Radius wie möglich einige Runden laufen.

8.2.4 Reiten

In jedem Fall empfehle ich das Reiten frühestens erst ab dem nächsten Tag. Die Wirbelsäule, besonders die kleinen Rückenmuskeln und die ventrale Muskulatur, müssen sich selbstverständlich kontrahieren können. Erst durch gelungene Bahnung nach Wegfall der Antagonistenhemmung und mechanischer Freiheit wurde dies möglich. Dieser Zustand ist aber noch recht instabil.

Eine Ausnahme sind im Training stehende Pferde mit gut ausgeprägter funktionierender Muskulatur mit leichten Blockierungen, die direkt nach der Manuellen Therapie locker ohne Lektionen geradeaus geritten werden dürfen.

Das Reiten darf erst erlaubt werden, wenn der Sattel so aufliegt, dass er nun nicht erneut zu Funktionsstörungen führen kann. Oft müssen aber wegen des Erhalts der Muskulatur und des Trainingszustandes Kompromisse gemacht werden. Ferner darf das Reiten erst erlaubt werden, wenn keine akute Entzündungen in der Wirbelsäule (z. B. aktuelle Ankylosierungsprozesse) oder in den Extremitäten vorliegen und das Pferd sonst klinisch gesund ist.

In den ersten Tagen nach der Manuellen Therapie darf bestenfalls bis zu 30 Minuten geritten werden.

Ziel ist in diesen Tagen nicht das Formen des nun neu beweglichen Pferdes, sondern ein Stabilisieren der neu erreichten Bewegungsfähigkeit in ihrer natürlichen Funktion. Das bedeutet: freie Halshaltung, keine Versammlung, geringe Ganzkörperbiegungen, wenig Biegungen, sehr weicher Sitz, leichter Reiter, Schwung und Takt von hinten entwickeln. Am besten sind in dieser Zeit halbstündige Ausritte, in denen alle Grundgangarten im gemäßigten Tempo geritten werden. Reine Schrittritte sind nicht vorteilhaft für den Pferderücken, da dieser sich aufgrund des erniedrigten Rumpftonus absenkt. Galopp ist eine ideale Gangart, da diese die Flexion der Wirbelsäule auf natürliche Weise fördert und die Bauchmuskeln, Brustmuskeln und Hinterhandstrecker (die die Flexion erhalten) auf natürliche Weise trainiert.

Im Allgemeinen ist es sehr schwierig, abzuschätzen, ab wann das Pferd wieder mit vollem Programm wie zuvor geritten werden darf. Es gehören viel Grundwissen, Gefühl und Erfahrung dazu, die Unmenge an Faktoren (Grunderkrankung, Reiter, Compliance, Sattel, Hufe, Haltung, Charakter des Pferdes usw.) richtig einzuschätzen und einen Therapieplan aufzustellen. Jedoch versuche ich in der folgenden Zeittabelle (siehe Tab. 8.**1**) Richtlinien aufzustellen, aus denen in grober Empfehlung ersichtlich werden kann, ab wann ich Belastungssteigerungen empfehlen darf.

■ Nächster Termin

Zur Wahl des nächsten Termins muss bedacht werden, dass sich positive Veränderungen noch nach Wochen einstellen können. Ein positiver Effekt im Bewegungsapparat bedingt den nächsten positiven Effekt, der, wenn er sich stabilisiert, den nächsten bewirken kann. Erst wenn dieser Prozess in seiner Beobachtung zur Ruhe gekommen ist, lohnt sich ein nächster Termin. So empfehle ich nach einer erfolgreichen Behandlung frühestens in 2 Wochen den nächsten Termin, ich selbst setze in der Regel nach 4 Wochen den nächsten Termin an. Je umfassender die Untersuchung und je gezielter die Therapie, desto weniger Behandlungstermine sind notwendig. Mit 1–3 Behandlungen im Abstand von jeweils 4 Wochen ist die meiste Therapie an den Funktionsstörungen erfolgreich abgeschlossen und die natürliche Bewegungsfreiheit des Pferdes wieder hergestellt.

Tab. 8.**1** Richtlinien zum Reitbeginn

Bei Bestehen von geringfügigen Taktunregelmäßigkeiten der Hinterhand, die zu leichten Derotationsblockierungen der LWS geführt haben, empfehle ich folgende Richtlinien zur Frage des Reitbeginns. Zu diesen Empfehlungen können Sie ebenfalls mäßige Blockierungen der HWS und der Kopfgelenke einbeziehen:

Trainingszustand	**Ernährung**	**Haltung**	**Reiter**
Reiten 1 x/w	Fett	Offenstall	leicht, fachgerecht
nach 1 Tag, mehr Reiten verordnen	nach 1 Tag, mehr Reiten verordnen	nach 1 Tag	nach 1 Tag
Reiten 3 x/w	normal	Boxenhaltung mit tgl. Weidegang	leicht, nicht fachgerecht
Nach 1 Tag	nach 1 Tag	nach 1 Tag	nach 1 Tag
Reiten 5 x/w fachgerecht	mager	Box mit Außenpaddock	schwer, fachgerecht
sofort	Nach 7 Tagen	nach 1 Tag	nach 3 Tagen
Reiten 5 x/w nicht fachgerecht		Box	schwer, nicht fachgerecht
Nach 1 Woche		nach 1 Tag	nach 1 Woche
Reiten tgl. 1–2 St. fachgerecht			
sofort			
Reiten tgl. 1–2 St. Nicht fachgerecht			
Nach 4 Wochen			

Tab. 8.**1** (Fortsetzung)

Bei deutlichen Lahmheiten der Hinterhand, bei denen der tierärztliche Befund keine objektiven Ursachen (besonders der distalen Extremität) finden konnte sowie auch bei Taktunregelmäßigkeigten der Vorhand empfehle ich folgende Tipps zur Frage des Reitbeginns:

Trainingszustand	**Ernährung**	**Haltung**	**Reiter**
Reiten 1 x/w	fett	Offenstall	leicht, fachgerecht
nach 4 Wochen, bis dahin Bodenarbeit und Bewegung ohne Reitergewicht	nach 1 Woche Dringende Gewichtsreduzierung	wenn möglich einige Tage Boxenruhe mit tgl. Führen, dann nach 1 Woche, sonst nach 2 Wochen	nach 2 Tagen
Reiten 3 x/w	normal	Boxenhaltung mit tgl. Weidegang	leicht, nicht fachgerecht
nach 1 Woche	nach 2 Tagen	nach 2 Tagen	nach 1 Woche
Reiten 5 x/w fachgerecht	mager	Box mit Außenpaddock	schwer, fachgerecht
nach 2 Tagen	nach 4 Wochen, fachgerecht füttern	nach 2 Tagen	nach 1 Woche
Reiten 5 x/w nicht fachgerecht		Box	schwer, nicht fachgerecht
nach 2 Wochen		Nach 1 Woche, bis dahin Bodenarbeit	Nach 4 Wochen
Reiten tgl. 1–2 St. fachgerecht			
nach 2 Tagen			
Reiten tgl. 1–2 St. Nicht fachgerecht			
frühestens nach 4 Wochen und erst nach Kontrolltermin			

Vom Beginn des Trainings bzw. des Reitens hängt der langfristige Erfolg einer osteopathischen Behandlung ab.

Wird zu spät mit dem Reiten angefangen, kann es sein, dass die Muskulatur, insbesondere die Tragemuskulatur, atrophiert und es somit beim erneuten Reiten des Pferdes zu weiteren Funktionsstörungen kommt. Wird zu früh mit dem Reiten begonnen, kann es sein, dass das Behandlungsergebnis vom Bewegungsapparat noch nicht ausreichend stabilisiert wurde, ein zu frühes Reiten also schnell zu erneuten Funktionsstörungen führen kann. Des weiteren ist der allgemeine Trainingszustand des Pferdes vor der passiven Therapie von Belang, denn ein gut bemuskeltes Pferd hat eine gute Tragkraft und somit beste Voraussetzungen für eine harmonische dynamische Stabilisierung der Wirbelsäule. Ein verfettetes Pferd und ein sehr mageres Pferd sind beide nicht als besonders tragfähig einzustufen, was zur Frage des Reitbeginns mit einbezogen werden sollte. Eine ausschließliche Boxenhaltung jedoch verbietet ein zu langes Warten auf den Reitbeginn, es muss ein Kompromiss gefunden werden, damit das Tier überhaupt aus seiner Box kommt und bewegt wird. Schließlich spielt das Vermögen des Reiters eine entscheidende Rolle, ab wann das Pferd wieder geritten werden kann. Eine für das Pferd leichte professionelle Reiterin kann früher mit dem Training beginnen, als ein für das Pferd eher zu schwer wirkender Beginner der Reiterei. So habe ich versucht, aus vielen Faktoren Tabellen

Tab. 8.1 (Fortsetzung)

Hat der manuelle Untersuchungsbefund eine sehr steife Hinterhand ergeben und konnte ebenso eine steife fixierte Wirbelsäule festgestellt werden, dann gelten folgende Richtlinien:

Trainingszustand	Ernährung	Haltung	Reiter
Reiten 1 x/w	fett	Offenstall	leicht, fachgerecht
nach 1 Tag, mehr Reiten verordnen	nach 1 Tag	nach 1 Tag	nach 1 Tag
Reiten 3 x/w	normal	Boxenhaltung mit tgl. Weidegang	leicht, nicht fachgerecht
nach 1 Tag, schwungvolles Reiten verordnen	nach 1 Tag	nach 1 Tag	nach 1 Tag
Reiten 5 x/w fachgerecht	mager	Box mit Außenpaddock	schwer, fachgerecht
nach 1 Tag	nach 2 Wochen	nach 1 Tag, regelmäßige Bewegung dringend erforderlich	nach 2 Tagen
Reiten 5 x/w nicht fachgerecht		Box	schwer, nicht fachgerecht
nach 1 Woche		nach 1 Tag, regelmäßige Bewegung dringend erforderlich	nach 1 Woche
Reiten tgl. 1–2 St. fachgerecht			
nach 2 Tagen			
Reiten tgl. 1–2 St. Nicht fachgerecht			
nach 4 Wochen, bis dahin Bodenarbeit			

zu erstellen, aus denen Sie ein Mittelmaß entnehmen können zur Entscheidungsfindung, ab wann das Pferd wieder nach der passiven Therapie geritten werden darf (Tabelle 8.**1**).

Voraussetzungen:

- passender Sattel
- Extremitäten ohne Befund bzw. mit behandelndem Tierarzt abgeklärt
- achsengerechte Hufstellung
- keine akuten Krankheiten
- erfolgreiche Manuelle Therapie

8.2.5 Prognose

Ebenso viele Faktoren, wie der Therapeut bei der Untersuchung aufgenommen hat und ebenso viele Faktoren, wie man bei der Therapie des Pferdes zu berücksichtigen hat, ebenso viele Faktoren gilt es in der Rehabilitationszeit des Pferdes nach der Manuellen Therapie zu beachten. So kann kein Universalfahrplan ausgestellt werden, vielmehr muss für jedes Tier ein individueller Trainingsplan erarbeitet werden. Für die Manuelle Therapie ebenso wie für die Rehabilitationsphase gilt zunächst die Zielsetzung als maßgebend.

Und jetzt kommt die Prognose ins Spiel: Welches Ziel darf man bei diesem Tier abstecken? Grundsätzlich muss ich behaupten, dass fast *jedes* Pferd

Tab. 8.1 (Fortsetzung)

Ergab der manuelle Untersuchungsbefund ausgeprägte Extensionsblockierungen sowie eine starke Blockierung der Halsbasis, empfehle ich folgende Wartezeiten zum Reitbeginn:

Trainingszustand	Ernährung	Haltung	Reiter
Reiten 1 x/w	fett	Offenstall	Leicht, fachgerecht
nach 1 Woche, täglich freie Bewegung erforderlich	nach 1 Woche, bis dahin Bodenarbeit	nach 1 Woche	nach 2 Tagen
Reiten 3 x/w	normal	Boxenhaltung mit tgl. Weidegang	leicht, nicht fachgerecht
nach 2 Tagen	nach 1 Woche, bis dahin Bodenarbeit	nach 1 Woche	nach 1 Woche
Reiten 5 x/w fachgerecht	mager	Box mit Außenpaddock	schwer, fachgerecht
nach 2 Tagen	nach 4 Wochen, bis dahin Bodenarbeit	nach 2 Tagen, bis dahin Bodenarbeit	nach 1 Woche
Reiten 5 x/w nicht fachgerecht		Box	schwer, nicht fachgerecht
nach 4 Wochen		nach 2 Tagen, bis dahin Bodenarbeit	nach 4 Wochen
Reiten tgl. 1–2 St. fachgerecht			
nach 1 Woche			
Reiten tgl. 1–2 St. nicht fachgerecht			
frühestens nach 4 Wochen nach Kontrolltermin			

[auch ein solches im hohen Alter (20–25 Jahre) oder mit vielen strukturellen Störungen] so herzustellen ist, dass es einen leichten Reiter in allen Grundgangarten 4-mal/Woche für eine halbe Stunde tragen kann, dass es stundenweise im Herdenverband leben kann und schmerzarm ist. Um zu diesem Ziel zu gelangen, gleich welcher Anfangsdiagnose [Ausnahme: sehr hohes Alter (25–30 Jahre), schwere Traumata, innere Erkrankungen, neurologische Störungen] bedarf es viel Zeit, konservativer und naturheilkundlicher Therapie und Geld zur Finanzierung der Rehabilitationsphase, der Hufbalance, der Ausrüstung und der Haltungsbedingungen.

Und damit sind die schwierigsten Prognosehindernisse genannt: Compliance und Finanzen.

Auch wenn beide Faktoren stimmen, bleiben doch noch schlechte Prognosewerte bei einem ungünstigem Körperbau: wie ein zu langer Rücken, eine zu kleine Kruppe, ein zu steiler Hals, zu großer Kopf, zu tiefer Halsansatz, eine zu steile Hinterhand.

Wenn keine Einigkeit in der Hufbalance hergestellt werden kann, so ist ebenfalls die Prognose ungünstig. So bestehen manche Besitzer auf dem Barfußgang ihrer Pferde, wieder andere beharren auf dem Eisen, die nächsten bestehen auf Stollen unter den Eisen usw.

Satteltechnisch können schon eher Lösungen gefunden werden, jedoch bei den Haltungsbedingungen wird es schon wieder schwieriger.

Tab. 8.1 (Fortsetzung)

Zeigte der Pferdepatient zu Beginn der Therapie ausgeprägt starke Schmerzreaktionen des Rückens wie „Zittern bei bloßer Berührung“ oder „in die Knie gehen bei festem Druck“ oder konnte sogar ein ödematöser kalorischer Befund am Rücken erhoben werden, dann gelten folgende Empfehlungen zur Frage des Reibeginns:

Trainingszustand	Ernährung	Haltung	Reiter
Reiten 1 x/w	fett	Offenstall	leicht, fachgerecht
nach 4 Wochen, Kontrolltermin erforderlich	nach 4 Wochen	nach 4 Wochen	nach 4 Wochen
Reiten 3 x/w	normal	Boxenhaltung mit tgl. Weidegang	leicht, nicht fachgerecht
nach 4 Wochen, Kontrolltermin erforderlich	nach 4 Wochen	nach 4 Wochen	nach 4 Wochen
Reiten 5 x/w fachgerecht	mager	Box mit Außenpaddock	schwer, fachgerecht
nach 4 Wochen, Kontrolltermin erforderlich	nach 4–6 Monaten	nach 4 Wochen, freie Bewegung in allen Gangarten erforderlich	nach 2 Monaten
Reiten 5 x/w nicht fachgerecht		Box	schwer, nicht fachgerecht
nach 2 Monaten, Kontrolltermin erforderlich		nach 4 Wochen, freie Bewegung in allen Gangarten erforderlich	nach 4–6 Monaten
Reiten tgl. 1–2 St. fachgerecht			
nach 2 Monaten, Kontrolltermin erforderlich			
Reiten tgl. 1–2 St. Nicht fachgerecht			
nach 4–6 Monaten, Kontrolltermin erforderlich			

Bestehen chronisch degenerative Erkrankungen an einer der Extremitäten, ist die Langzeitprognose auch eher schlecht, weil eine etwas veränderte Belastung einer Extremität stets Balanceveränderungen in der Wirbelsäule nach sich ziehen.

Die völlige Bewegungsfreiheit der Wirbelsäule mit der harmonisch funktionierenden Muskulatur, die alle Bewegungen zulässt, aber auch schützend begrenzen wirken kann, ist in einem solchen Fall nur durch stetige manuelle Therapie an der Wirbelsäule aufrechtzuerhalten bzw. wieder herzustellen. Das bedeutet, wenn ein erfolgreiches Sportpferd einen erheblich zu langen Rücken hat und der Reiter für dieses Pferd zu schwer sein sollte, so kann die Leistung dieses Pferdes nur für lange Zeit aufrechterhalten werden, wenn es regelmäßig an der Wirbelsäule behandelt wird.

Ist der Reiter nicht einsichtig oder der Therapeut schlecht, dann geht es so lange gut, bis die Kompensationsmechanismen des Pferdes aufgebraucht sind.

Ein altes Pferd reagiert langsamer in der Therapie und man muss mit degenerativen strukturellen Veränderungen der Wirbelsäule rechnen. Ein junges Pferd reagiert sehr schnell und prompt – je nachdem, wie lange das Pferd bereits die Imbalancen mit Kompensationsmechanismen ausgeglichen hat.

8.3 Mobilisation oder Stabilisation

Zu meinem Leidwesen (und dem meiner Lehrer) wird in der Regel der Fortschritt in der Therapie an der erreichten Mobilisation gemessen. Diese wird mit allen möglichen Mitteln irgendwie zustande gebracht, mit dem Endergebnis eines überreizten, schmerzhaften und dann chronisch entzündeten Areals. Die *Verringerung der Schmerzen* aber sollte an erster Stelle der Therapieziele stehen. Das nächste Ziel heißt dann: Stabilisation. Das ist in der Regel auch das Ziel des Körpers – zunächst einmal die instabile überreizte Ecke ruhig stellen (zu diesem Zweck hat die Natur den Schmerz erfunden!). Diese Stabilisation ist nicht gleich zu setzen mit dem blockierten Zustande, der ja eine Antwort des Körpers auf den Reiz ist. Stabilisation bedeutet: das erreichte Joint play in allen Bewegungsrichtungen zuzulassen, ohne Bewegungsausschläge über die muskuläre Barriere hinaus. So spricht man auch von der **dynamischen Stabilisation**.

Therapieziele:

1. Schmerzfreiheit
2. Stabilisation
3. Mobilisation

Aus diesem Zustand heraus lässt der Organismus mit der Zeit ganz von allein den vollen Bewegungsausschlag zu – zunächst den Richtung Flexion, da diese Bewegungsrichtung kaum Reiz macht, später aber auch in die Lateroflexion und Extension. Und wenn dieser Zustand nicht erreicht werden kann und das Gelenk eventuell noch nach der Therapie in Fehlstellung verbleibt, so sollte der Therapeut sich zumindest sicher sein, dass von dort kein Reiz mehr ausgeht und ein gewisses „Joint play" wieder hergestellt ist (das funktioniert sogar bei vollständig ankylosierten Bechterew-Patienten in der Humanpraxis!). Die Reizfreiheit geht also vor der Mobilisation. Und vor der Mobilisation gilt die Stabilisation.

Das bedeutet, das ein Therapiepferd zunächst geradeaus geritten werden sollte mit dem Ziel der Festigung der Muskulatur in allen Grundgangarten. Und dieses sollte in der natürlichen Haltung des Pferdes erfolgen.

> Wir Therapeuten müssen das Krankhafte zunächst in seine Natürlichkeit führen, dann die Natur stärken, diesen Zustand zu erhalten und erst dann darf geformt werden.

8.4 Muskeltraining

> Ein Muskel kann nur die Arbeit verrichten, für die er trainiert worden ist!

So einfach ist das leider nicht mit dem Muskeltraining: Zum Trainieren eines Muskels müsse dieser nur immer wieder und wieder kräftig benutzt werden. Das ist leider ein Irrtum.

Die Kunst des Muskeltrainings besteht in dem adäquaten Reiz. Ist der Reiz, also die Beanspruchung im Training, zu wenig, dann passiert kein Trainingseffekt. Ist der Reiz zu hoch, dann baut sich der Muskel sogar noch ab. Bestehen noch Störfaktoren im Segment (z. B. eine Blockierung) oder im Muskel selbst (Verklebungen), ist überhaupt kein Trainingseffekt zu erwarten. Denselben ungünstigen Effekt haben Sie, wenn das Training selbst unphysiologisch gestaltet ist und dieses so einen eigenen Reiz setzt, der wieder zu einem unharmonischem Muskelzug mit folgender Blockierung führt (z. B. durch „Hilfszügel"). Die beste Voraussetzung für ein gelingendes Muskeltraining ist, das Tier wieder in seine natürlichen Bewegungsmuster zu führen. Steigern Sie diese in physiologische Quantität, dann haben Sie grundsätzlich gute Chancen, diese Muskelgruppe adäquat zu trainieren.

Das Training der Muskulatur setzt sich zusammen aus

- Kraft
- Ausdauer
- Koordination

Die **Kraft** eines Muskels wird durch seine Hubleistung bestimmt, d. h., wie viel Kilo können diese Fasern anheben. Ein kräftiger Muskel hat in der Regel eine entsprechende Masse, was aber letztendlich nichts heißen mag, denn ein Muskel ist nur für die Arbeit befähigt, für die dieser trainiert worden ist.

Ein eindrucksvolles Beispiel hat uns seinerzeit unser Lehrer (und Initiator) der Medizinischen Trainingstherapie (MTT), *Rolf Gustavsen*, nahegebracht: Als er in den USA unterrichtete, hatte er im Unterricht einen Bodybuildingmeister eines Bundeslandes in den USA. Er bat ihn, ein mit Widerstand ausgestattetes Schwungrad so oft zu drehen, bis er nicht mehr könne. Er kam auf etwa 20 Umdrehungen. Dann holte *Gustavsen* von draußen auf der Straße einen Arbeiter von seinem Presslufthammer weg und bat ihn, das Schwungrad zu drehen. Der Arbeiter kam auf weit über 50-mal. Seinen verblüfften Schülern erklärte er, dass der mächtige Bodybuildingmeister seine Muskeln für achsengerechte bestimmte Bewegungen trainiert habe, aber nicht für natürliche Bewegungen, die das Drehen eines Schwungrades bedürfe. Der Arbeiter jedoch, der zwar nicht die Statur des Bodybuilders erreicht, aber tagein tagaus natürliche Bewegungen auf dem Bau durchführen muss, kann die Aufgabe mit dem Schwungrad leichter bewältigen. Ebensolche Erfahrungen habe Gustavsen mit operierten Knien von Menschen gemacht: Manchmal sind von Kollegen die Oberschenkel zu einer beträchtlichen Masse antrainiert worden, aber in Rückenlage oder im Sitz. Diese so trainierten Beine waren aber nicht befähigt, eine Treppe hinabzusteigen, ohne dass das Bein zusammenzusacken drohte.

Um die Kraft zu optimieren, muss der Muskel kurzfristig eine bestimmte Prozentzahl seiner maximal zu erreichenden Kraft so und so viel mal einsetzen, damit es zum Trainingseffekt kommt. Beim Menschen wird hierzu zunächst seine Maximalkraft bestimmt. Dabei lässt man eine Kontraktion in einem vorher bestimmten Winkel und Hubgröße durchführen. Schafft der Muskel diese geforderte Arbeit gerade 2- bis 3- mal spricht man von seiner erreichten Maximalkraft. Schafft der Muskel diese Aufgabe zum Beispiel 10- bis 15-mal, spricht man von 100 % seiner erreichten Maximalkraft. Im Training von 60 % der Maximalkraft (hier als 6–8 Kontraktionen) ist wissenschaftlich gesehen der schnellste und effektivste Kraftaufbau möglich; d. h. auch, dass das Trainieren der Kraft auch ein Trainieren der Muskelmasse bedeutet. Hierbei werden nicht mehr Muskelzellen gebildet, sondern zuvor brachliegende Zellen werden aktiviert (gebahnt), der Interzellulärraum vergrößert sich und zusätzliche Blutgefäße sind in das Muskelgewebe eingesprossen. Im Ergebnis wird der Muskelumfang größer.

Nun ist es beim Pferd aber schwierig, seine 100 % der Maximalkraft zu bestimmen bzw. dann die für das Training optimalen 60 % der Maximalkraft. Hier ist eine zukünftige intensive Zusammenarbeit mit Trainern, Tierärzten und Physiotherapeuten gefragt.

Die **Ausdauer** ist eine Frage der Durchblutung, die zum einen durch das freie Fließen vorhandener Blutgefäße gewährleistet wird, zum anderen durch eine vermehrte Kapillarisation des Muskelgewebes nach erfolgreichem längerem Training und schließlich durch die Leistung des Herz-Kreislauf-Systems und der Atmung. Zusätzlich aber spielen auch die vorhandenen Mineralien (Na, K, Mg) eine bedeutende Rolle in einem leistungsfähigen Muskelstoffwechsel.

Ein Muskel benötigt nach einer Kontraktion dringend eine Erschlaffungsphase zur Reparation seines Stoffwechsels. Verlange ich von einem Muskel aber eine dauerhafte Kontraktion, dann kann er sich nicht mehr erholen und zudem drücken die kontrahierten Fasern den arteriellen und venösen Blutfluss ab.

Der Punkt der Ausdauer wird gerade beim Pferd regelmäßig überschätzt. Die einzelnen Muskelgruppen geraten viel früher in eine Stoffwechselendlage als dies der Reiter vermutet. Der Therapeut spürt die Folgen der Überlastung durch die allgemeinen Verspannungen, die Verklebungen, die angesammelte Lymphe im Gewebe und durch die Triggerpoints.

Chronische Wurzelreizsyndrome, also Irritationen an den großen Nervenwurzeln, die aus dem Rückenmark kommen, führen zu einer verminderten Blutversorgung durch Vasokonstriktion im distalen Gebiet (evtl. durch Irritation des Grenzstrangganglions). Schnürt beispielsweise ein Sattel die Durchblutung der Rückenmuskulatur ab, ist kein Trainingseffekt in der Rückenmuskulatur zu erwarten. Dasselbe Phänomen erwartet Sie bei einer Dauerkontraktion eines Muskels, womöglich gar in Dehnstellung (z. B. Nackenmuskeln in Dauerbeizäumungshaltung, durchhängende Bauchmuskeln, Hinterhandstrecker bei flachen Trachten).

Die Verbesserung der Ausdauer geschieht am effektivsten in der „Steady-state-Phase“. Diese entspricht einer Arbeit im aeroben Bereich an der anaeroben Schwelle. In der „Steady-state-Phase“ ist die Sauerstoffsättigung des Muskels optimal und Herz, Kreislauf und Atmung arbeiten adäquat.

Koordination: Zu Anfang einer neuen Bewegung, einer Übung, werden viele Muskelgruppen angespannt, um den Anforderungen, z. B. von Seitwärtstritten, zu genügen. Hierzu wird viel Energie verbraucht. Mit der häufigen Wiederholung der Übung bleibt das Pferd zunehmend in seiner Balance. Es kommt mit weniger Muskelgruppen aus. Das Rückenmark hat gezielt die zu kontrahierenden Hauptmuskeln für die Bewegung errechnet. Die Übung ist ökonomisiert worden. Die Seitwärtstritte können dann mit weniger Energieverbrauch durchgeführt werden.

Die Ausbildung der Koordination des Pferdes unter dem Reiter bedarf aber einer gewissen Zeit, zumal so schwierige Balanceakte wie enge Zirkel im Trab, Seitengänge und bestimmte Kopfstellungen verlangt werden. Das Pferd hat es umso leichter, je balancierter der Reiter sitzt, je weniger Sattel und Zügel stören und je langsamer es an schwierigere Aufgaben herangeführt wird.

Die folgenden Angaben entspringen aus dem Humanbereich. Um eine grobe Orientierung bzw. einen Anhaltspunkt zu geben, habe ich versucht, diese Eckdaten auf das Pferd zu übertragen. Jedoch sind sicherlich im Zusammenarbeit mit einem Trainer und Tierarzt diese Werte nach praktischer Erforschung zu korrigieren.

8.4.1 Training der Maximalkraft

Belastung: 1–5 Wiederholungen bei 5–10 Sekunden Haltewiderstand und 2–3 Minuten Pause, entspricht 80–100 % der Maximalkraft

Trainingseffekt: schnelle Zunahme der Muskelkraft und des Muskelquerschnitts

Lokale Wirkung: geringe Wirkung auf Zirkulation, keine Verbesserung der Koordination

Praktisches Beispiel: aus dem Stand Angaloppieren, Piaffe, Passage, Levade, Stop, Spin, Absprung; die Pause dann in Schritt oder Stand

8.4.2 Training von Kraft und Ausdauer

Belastung: 15–30 Wiederholungen mit 1–2 Minuten Pause, entspricht 50–75 % der Maximalkraft

Trainingseffekt: Verbesserung der Muskelkraft, Ausdauer und Koordination

Lokale Wirkung: Verbesserung der Zirkulation am Übergang Muskel – Sehne und Sehne – Periost – Knochen

Praktisches Beispiel: 1–2 Zirkel im Galopp, 1–2 Sprungkombinationen, eine Bahn Seitengänge, 15 Tritte rückwärts; die Pause stets in Schritt oder Stand

8.4.3 Training von Ausdauer

Belastung: 30 und mehr Wiederholungen, 1 Minute Pause, entspricht 60 % und weniger der Maximalkraft

Trainingseffekt: Verbesserung der Muskelausdauer und der Koordination

Lokale Wirkung: Verbesserung der intramuskulären Zirkulation

Praktisches Beispiel: 30 lockere Galoppsprünge geradeaus, Trab für einige Minuten auf der ganzen Bahn, die Pause entspricht einer Minute Schritt oder Stand

Wie Sie hieraus ersehen, ist eine Zunahme der Muskelkraft nicht unbedingt durch stundenlanges Traben zu erwarten, und bei einer langen Galoppade mit vielen Sprüngen oder Lektionen geraten Sie schnell bei dem Training in die Ermüdungsphase des Muskels. Es ist also demnach besser, das Pferd regelmäßig in den Galopp zu bringen oder in die Versammlung (auch Rückwärtsrichten, Seitengänge und Angaloppieren sind versammelnde Übungen) und danach stets Schrittpausen einzulegen. So erreichen Sie in kürzerer Zeit mehr Trainingseffekt.

Das Pferd aber äußert sich bei einer Muskelermüdung lange nicht so deutlich wie der Mensch. So ist es schwierig, die individuellen Belastungsgrenzen zu bestimmen (Bestimmung der Maximalkraft als Ausgangspunkt der Trainingsgestaltung). Uns bleiben somit nur Erfahrungswerte, das Wissen aus dem Humanbereich, gute Beobachtungsgabe, biomechanisches Wissen, gesunder Menschenverstand und ein „Horse sense".

Der besagt, dass das Pferd zum einen aufgrund der sehnigen Zusammensetzung bestimmter Muskeln eines der perfektesten Langlauftiere der Erde ist und zum anderen, dass es eine Psyche besitzt, die es ihm gebietet, unbedingt mit der Herde mitzuhalten. Da es den Menschen als Herdenmitglied betrachtet (wenn auch nicht immer als das Alpha-Tier), und der Mensch es zum Laufen auffordert, läuft es. Wie wir wissen, kann es bis zu drei Tagen durchlaufen, bis es so müde wird, dass es zusammenbricht.

Das Pferd läuft paradoxerweise vor Schmerz weg. Je mehr Schmerzen es im Rücken hat, desto mehr neigt es zum Rasen. Wenn die Schmerzen so groß sind, z. B. wie bei einer Fraktur, dass es stehen bleibt, hat es mit seinem Leben abgeschlossen, denn es weiß, wenn es nicht bei seiner Herde ist, hat es nur eine kurze Überlebensrate!

Beim Muskeltraining gelten zwei goldene Regeln:

„Arthrogen vor Myogen"
Das bedeutet, erst wenn die Gelenke reizfrei in allen Richtungen gleiten können, werden die Muskeln sich frei kontrahieren und dehnen können.

„If it's physical, it's therapy"
Dieser Leitsatz von *Rolf Gustavsen* besagt, dass nur physiologische Bewegungen einen Muskel wirklich adäquat trainieren kann. Jede Ableitung einer natürlichen Bewegung hat immer einen Gelenkreiz zur Folge, der dann via Reflex die Muskulatur veranlasst, inadäquat zu ziehen.

8.4.4 Beispiel eines Trainingsplanes für ein an chronischen Funktionsstörungen der Wirbelsäule erkranktes Freizeitpferd (Klasse E–A)

Anfangsbefund

Deutliche Lahmheit der Hinterhand mit schwerer ISG-Blockierung links und schmerzhaftem lumbosakralem Übergang links, Derotationsblockade L 3/4 rechts, fixierter Extension des thorakolumbalen Überganges, Rippenfixation von Th 9–12 rechts, Atrophie in der Sattellage, Blockierung des zervikothorakalen Überganges links, Kopfgelenksblockierungen rechts – verheilte Griffelbeinfraktur MC II rechts.

Die Blockierungen der Wirbelsäule sind erfolgreich gelöst worden (Tabelle 8.**2 a**).

8.4.5 Trainingsplan zur Ausbildung eines jungen Pferdes

Der folgende aufgestellte Vorschlag für einen Trainingsplan, der das Pferd vom ersten Aufsitzen bis zum hohen Versammlungsgrad begleitet, geht von einem harmonisch gebautem Gebäude des Pferdes aus (hoher Halsansatz, Rückenlänge beträgt die Hälfte der Rumpflänge, geradlinige Gliedmaßen, Hufachse gleich Fesselachse, Kruppe gleich hoch wie Widerrist, großes Kruppendreieck leicht abfallend, Kniegelenk unter Hüfthöcker), welches normal intelligent und psychisch ausgeglichen ist und einen balancierten Reiter trägt, der auf einem großflächig aufliegenden gepolsterten Sattel sitzt und das Pferd in seinem Gleichgewicht nicht stört. Futter und Haltung sind optimal. Das Pferd ist ausgewachsen.

Dieser Trainingsplan zielt auf ein langfristig gesundes Pferd im Bewegungsapparat ab und ist nach physiotherapeutischen Richtlinien aufgestellt. Sportliche Erfolge treten hierbei zu Gunsten des Pferdes an zweite Stelle. Abweichungen sind natürlich durch das Gebäude und den Charakter des Pferdes, das Vermögen des Reiters, die Reit- und Haltungsbedingungen, das Hufmanagment und das Material in erheblichem Masse gegeben, weichen aber dem angegebenen Optimal-

Tab. 8.2 a Trainingsplan für ein an chronischen Funktionsstörungen der Wirbelsäule erkranktes Freizeitpferd

Ziel	Übung	Dauer
propriozeptive Stabilisierung des erreichten WS-Befundes direkt nach der Therapie	Spazierengehen mit Schrittführen, 2 x tgl. 15–30 Minuten	1 Tag
Erhalt der neu erlangten Mobilität	Weidegang und Stangenarbeit 5–10 Minuten	3 Tage
Flexion fördern	Stangenarbeit, Rückwärtsrichten, Freisprung, Galopp an langer Longe, Seitengänge, Doppellonge 10–15 Minuten	3 Tage
2. Termin für Manuelle Therapie		
Schwung aus der Hinterhand entwickeln	(wenn Sattel okay, Zügel und Zaum nicht stören) Verstärkungen in Schritt und Trab, Galopp im leichten Sitz, insgesamt nicht so viel traben, Ausritte, bergauf ist förderlich	4 Wochen
Verbessern der Tragfähigkeit der Wirbelsäule – Bauchmuskeltraining	Anreiten aus Stand, kleine Sprünge, Zügelführung mit Maulkontakt, viel Galopp, Zirkel verkleinern und vergrößern, Hinterhandwendungen, Rückwärtsrichten 30 Minuten	4 Wochen
3. Termin für Manuelle Therapie		
Biegefähigkeit erreichen	Schlangenlinien, Achten, Zirkel, Seitengänge 30–45 Minuten	4 Wochen
Stabilisieren der Tragkraft – Krafttraining	Zügel minutenweise aufnehmen – Galopp, Schritte verkürzen, Seitengänge im Galopp, Galoppwechsel, Sprünge, 1 Stunde	4 Wochen

beispiel in der Zeitskala eher nach oben hin ab. Viele Reitpferde kommen über das Stadium „Grundbalance“ ihr Reiterleben lang nicht hinaus. Das Stadium „Losgelassenheit“ sollte jedoch für jedes Pferd angestrebt werden.

Die Übergänge zu den einzelnen Ausbildungsstufen sind fließend, jedoch kann die nächst höhere Stufe nur nach Erreichen des Zieles der derzeitigen Ausbildungsstufe angetreten werden.

Stets an Abwechslung in der täglichen Arbeit denken, wie Weidepause, Bodenarbeit, Ausritte.

Die tägliche Arbeit gliedert sich in eine Aufwärmphase im Schritt, die Hauptaktivitätsphase (mit den entsprechenden Schrittpausen im Sinne des Muskeltrainings), und die „Cooling-down“-Phase, wiederum im Schritt.

Aufstallen

Dauer insgesamt: 1 Monat, täglich: 15–30 Minuten

Ziel: Mensch-Tier-Bindung herstellen durch Vertrauensbildung, Hierarchie klären, Parasympathikotonus fördern

Mittel: Bodenarbeit

Aufsitzen

Dauer insgesamt: 1 Monat, täglich: 1–5 Minuten

Ziel: vertraut machen mit Reitergewicht, erste Muskelbalance unter dem Reiter

Muskelarbeit: Rücken und Rumpf

Mittel: Auflegen, dann Aufsitzen mit Helfer, Stand und Schritt – zwischendurch Bodenarbeit, Longieren maximal 15 Minuten am Halfter, Mitnahme als Handpferd

Grundbalance

Dauer insgesamt: 1 Monat, täglich: 5–10 Minuten

Ziel: erstes Ausbalancieren des Reitergewichtes

Muskelarbeit: Rumpf

Mittel: Geradeaus in allen Grundgangarten, fließende Übergänge

Losgelassenheit

Dauer insgesamt: 6 Monate, täglich: 15–30 Minuten

Ziel: verbessertes Ausbalancieren des Reitergewichtes, Strecken des Halses, Anlehnung, frei tretende Hinterhand, locker schwingender Rücken

Muskelarbeit: ventrale Kette

Mittel: grobe Hufschlagfiguren (Hufschlagwechsel und Zirkel) in allen Grundgangarten, gezieltere Übergänge

Dressurklasse E, Westerndisziplin Pleasure und Trail

Takt

Dauer insgesamt: 1 Jahr, täglich: 30–60 Minuten

Ziel: Durchlässigkeit, Balance optimieren, Hinterhandaktivität fördern

Muskelarbeit: ventrale Kette, Nacken und Kruppe

Mittel: Seitengänge, Tempiwechsel, Cavaletti, erste Sprünge, Trittverstärkungen, einfache Galoppwechsel

Dressurklasse A–L, Westerndisziplin Westernriding

Versammlung

Dauer insgesamt: 2 Jahre, täglich: 30–60 Minuten

Ziel: Aufrichtung der Vorhand durch Hankenbiegung der Hinterhand

Muskelarbeit: gesamte Hinterhand, ventrale Kette und Nacken

Mittel: Verkürzungen, Hinterhandwendungen, Travers, Pirouetten, fliegende Galoppwechsel

Dressurklasse M–S, Westerndisziplin Reining und Cutting (Tabelle 8.**2 b**).

8.4.6 Trainingsbausteine

Zum Abwägen der Vorteile und Nachteile der Bewegungsabläufe des Pferdes zum adäquaten Erstellen eines Trainingsplanes habe ich mir einmal die Mühe gemacht, die häufigsten Bewegungsabläufe aus dem Reitpferdeleben näher zu beleuchten. Dies soll dem Therapeuten eine Erleichterung geben, dem Pferdebesitzer nun mitzuteilen, wie er in Zukunft womit auf sein Pferd einwirken soll. Bereits im Kapitel „Die Bewegungen des Pferdes“ bin ich näher auf die folgenden Punkte eingegangen. Diese Aufstellung jedoch soll eine Schnellzusammenfassung zur Entscheidung der Bewegungsverordnung für die nächsten Wochen und Monate nach der Therapie geben.

Weidegang

Vorteile:

- Fördern physiologischer Bewegungen
- natürliche Mobilität der Wirbelsäule
- Entspannung durch lebbares Sozialverhalten
- natürlicher Freßvorgang

Nachteile:

- Atrophie der Tragemuskeln
- kämpferische Auseinandersetzungen
- Bewegungsmangel

Grasen

- natürliche Dehnung des Rückens
- gesamte WS in entspannter Flexion
- Facettengelenke in Divergenz
- Foramina intervertebralia geöffnet

Tab. 8.2 b Beispiel eines Trainingsplanes zur Reitausbildung eines jungen Pferdes (Western) von *Denis Teirlynck*

Aktion	Dauer	Zielsetzung/Durchführung	Trainingseinheiten/ Anzahl pro Woche
sattelzahm machen	6 Wochen	Join up Stimm-Kommandos Disziplin Gewöhnung an Bit und Sattel Entwickeln der Muskelkraft Gewöhnung an den Reiter Basis Ausdauer	5 × Round pen 5 × Haltetraining 5 × Round pen 5 × Doppellonge 5 × Round pen
Erholungsperiode	13 Wochen	Passive Ruhe, Erholung und Heranwachsen	Weide
Basisausbildung	18 Wochen	Basis Ausdauer Verbessern der Muskelkraft Gewöhnung an den Reiter Backing und Body control Body control und Inside arc, Outside arc Body control und Zirkel Zirkel und Übergänge Zirkel und Roll backs Body control und Seitengänge	5 × Round pen 5 × Doppellonge 5 × Reitplatz 5 × Reitplatz 4 × Reitplatz 1 × Ausritt
Erholungsperiode	4 Wochen	Aktive Ruhe und Erholung	2 × Longe 2 × Ausritt
Basisausbildung Fortsetzung	18 Wochen	Bodycontrol und Seitengänge Gerade Linien und Speedcontrol Gerade Linien und Stops Zirkel und Galoppverbesserung Galoppverbesserung und Spins Galoppverbesserung und Wechsel Rollbacks und Spins Stops und Spins Zirkel und Galoppwechsel	5 × Reitplatz 1 × Ausritt
Erholungsperiode	5 Wochen	Aktive Ruhe und Erholung	2 × Longe 2 × Ausritt

Liegen

- Wirbelsäule und Muskulatur entspannen sich nur vollständig im Liegen

Wälzen

- Entspannung und Mobilität beim Wälzen
- Automobilisation der Wirbelsäule

Bocken

- Automobilisation der Wirbelsäule besonders Richtung Flexion

Bodenarbeit

Vorteile:
- Fördern der respektvollen Zusammenarbeit zwischen Mensch und Pferd
- Fördern der Balance des Pferdes
- Verbessern der Mobilität
- Fördern der Denkaktivität des Pferdes
- Gymnastisierung ohne Reitergewicht

Nachteile:
- kein Aufbau der Tragemuskulatur
- kein adäquates Muskeltraining möglich (z. B. zur Befähigung der Tragemuskulatur einen Mensch zu tragen)

Longenarbeit

Vorteile:
- Respektaufbau
- Gehorsam
- bei adäquater Durchführung: Festigung des Bewegungsapparates (distale Knochen, Knorpel und Sehnen)

Nachteile:
- unphysiologisch hohe Belastungen durch den engen Kreis

Schritt

Vorteile:
- viel Mobilität der Wirbelsäule
- wenig Belastung der distalen Extremitäten
- freies Halspendeln bei tiefer Kopfhaltung (bei loser Zügelführung)

Nachteile:
- wenig Rumpfspannung
- kein gezielter Muskelaufbau

Trab von hinten nach vorn geritten

Vorteile:
- Erhöhen des Rumpftonus
- Erreichen von Takt
- Fördern von Balance
- Entwickeln von Hinterhandschub

Nachteile:
- Vermehrte Extensorspannung bzw. keine Schlusskontraktion der Bauchmuskualtur
- Trab von vorn nach hinten geritten

Nachteile:
- zu starkes Einrollen des Halses
- Hauptbelastung auf der Vorhand
- Hyperextension in BWS
- Hyperextension im zervikothorakalen Übergang

Galopp

Vorteile:
- Flexionsmobilität der kaudalen Wirbelsäule
- Physiologischer Kraftaufbau der Hinterhand
- Bauchmuskeltraining

Nachteile:
- Vorhandbelastung

Tölt

- allgemeiner Extensionstonus
- häufig schwere Reiter
- Sitz weit hinten
- Isländer z. B. aber sehr tragfähig

Pass

- allgemeiner Extensortonus
- häufig schwere Reiter
- Sitz weit hinten
- bei nicht Gangpferderassen pathologisch und Symptom einer WS-Erkrankung

Vorwärts–abwärts

Vorteile:
- Dehnen der Rückenlinie
- Aktivität der ventralen Muskulatur
- Reitergewicht kann gut getragen werden

Nachteile:
- Hauptbelastung auf der Vorhand
- sehr häufig fehlerhafte Durchführung
- Westernpferden wird häufig eine tiefe Kopfhaltung anerzogen
- sehr häufig wird das Pferd vorn nur eingerollt mit mangelndem Schub aus der Hinterhand

Biegung

Vorteile:
- Aufwölben des Rückens mit Spiel in den Facettengelenken
- Training der Rückenmuskeln
- Einsatz der Hinterhand
- Schenkelgehorsam
- Aufrichtung

Nachteile:
- häufig unkorrekte Durchführung mit zuviel Biegung im zervikothorakalen Übergang

Biegung auf dem Zirkel

- Mehrbelastung des inneren Hinterbeines und inneren Vorderbeines
- Lateroflexion der Wirbelsäule nach innen

Versammlung

Vorteile:
- Training aller aufrichtenden Muskulatur
- Flexion der gesamten WS

Nachteile:
- häufig fehlerhafte Durchführung
- häufig zu wenig Entspannungsphasen für die Muskulatur

Rückwärtsrichten

Korrekt:
- Aufgerichteter Reiter
- Aufwölbung des Rückens wird zugelassen
- Hinterhand tritt tiefer

Nicht korrekt:
- Nach hinten lehnen und Zügelzug veranlasst das Pferd zum Durchdrücken des Rückens
- Kein Einsatz der Hinterhand

Bergauf

Vorteile:
- Flexion der kranialen BWS
- natürlicher Schub der Hinterhand

Nachteile:
- hohe Belastung des Tarsus

Springen

Vorteile:
- Aktivität der Hinterhand
- Automobilisation der WS

Nachteile:
- Überlastung der lumbalen Muskulatur
- Hyperextension der Halsbasis
- hohe Belastung der vorderen Extremität

Fahren

Vorteile:
- Bewegung ohne Gewichtsbelastung des Rückens

Nachteile:
- häufig schiefe Kopfhaltung
- häufig unsachgemäßer Zügelzug
- Atrophie der Rückenmuskulatur
- hohe Belastung des Tarsus
- Mehrbelastung der distalen Extremitäten
- keine freie Halsbalance

Zirkuslektionen

- oftmals unphysiologische Bewegungsabläufe

8.5 Übungen

Es ist immer nützlich, als Therapeut einige Übungen zu kennen, die man dem Besitzer für die Rehabilitationszeit weiter geben kann. Grundsätzlich aber gilt: Nach jeder Erkrankung des Pferdes kann das Einreitprogramm wieder hervorgenommen werden. Dabei können die einzelnen Ausbildungsstufen viel schneller absolviert werden. Der Vorteil ist jedoch eine erneute Festigung der reiterlichen Ausbildung des Pferdes.

Übungen haben den Vorteil, Bewegungen kontrolliert, gezielt, dosiert und geführt zur Heilung einsetzen zu können. Übungen kann man bausatzsystematisch einsetzen. Die Übungen müssen schnell erlernbar und einfach durchführbar für Pferd und Reiter sein.

Die Übungen für die Rehabilitation der Pferdewirbelsäule haben folgende Ziele:

1. **Flexionsfähigkeit** der Wirbelsäule herstellen und erhalten
2. **Bauchmuskeln** aktivieren
3. **Gleichgewicht** bewahren
4. **Gelenkspiel** der WS-Segmente und Rückentätigkeit fördern
5. **Schub** der Hinterhand entwickeln

8.5.1 Übungen vom Boden aus

Wenn das Pferd eine Zeit lang nicht geritten werden darf, die Muskulatur aber erhalten werden muss oder auch einfach so als Trainingsprogramm, gibt es für Pferd und Reiter noch mehr als immer nur Longieren. Äußerst sanft, aber effektiv stelle ich Ihnen nun folgende Übungen vor, die für Reiter und Pferd jeweils einfach zu erlernen sind. Die Variablen bei den vorgestellten Übungen sind äußerst vielfältig. Auch sonst lohnt es sich, sich mit der „Bodenarbeit" in Kursen und in der Literatur zu beschäftigen. Ganz besonders das harmonische Zusammenwirken zwischen Mensch und Pferd wird in der „Bodenarbeit" gefördert.

Sie benötigen für die Übungen vom Boden aus ein normales Stallhalfter, einen stabilen Strick und eine Gerte.

■ Rückwärtsrichten

Wenn Sie darauf achten, dass das Pferd die Nase bei der Übung unten behält, haben Sie eine hervorragende Möglichkeit, die Hinterhand zu trainieren und die Bauchmuskulatur zu aktivieren, ohne dass ein Reitergewicht die Pferdewirbelsäule belastet. Täglich 3-mal 3 Tritte rückwärts ist schon eine gute Trainingssequenz (Abb. 8.**1**).

■ Hohes Cavaletti

Das Übersteigen einer Stange etwa in Carpalgelenkshöhe fordert vom Pferd ein hohes Maß an Wirbelsäulenbeweglichkeit, damit es seine Beine gut anheben kann. Zudem fördert es die Aktivität seiner Stützmuskeln (ventrale Muskelgruppen), die den Rumpf bei ihrer Tätigkeit anheben. Ein Cavaletti am Tag ist ausreichend (Abb. 8.**2 a–c**).

Abb. 8.**1** Das Rückwärtsrichten wölbt den Rücken auf.

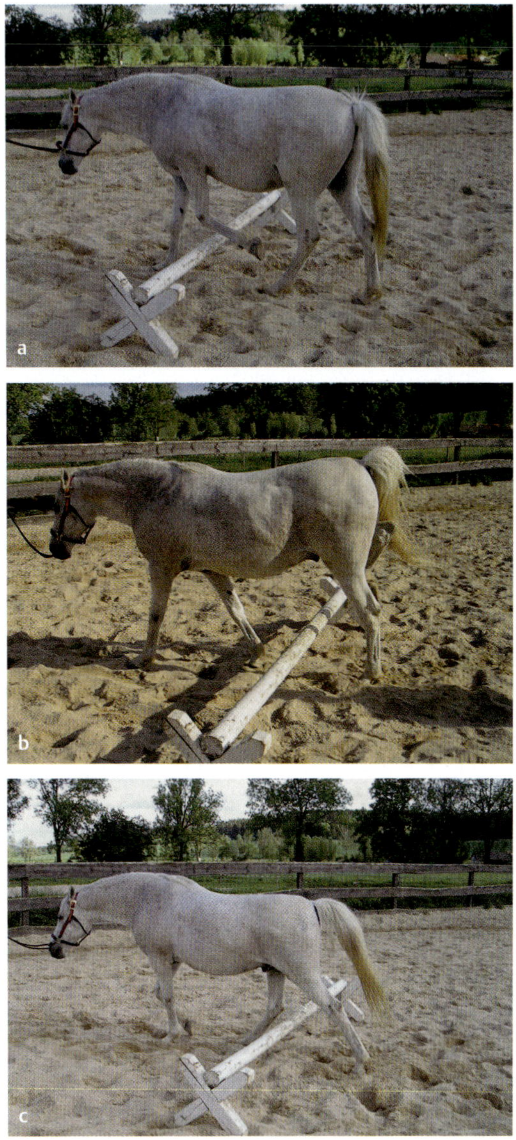

Abb. 8.**2 a–c** Das Übersteigen eines Cavalettis mobilisiert die Brustwirbelsäule, den Rücken und das Becken in Flexion. Rotation und Lateroflexion.

a aktive Flexionsmobilisation des Thorax und der Halsbasis,

b aktive Flexionsmobilisation der LWS und des Beckens,

c aktive Extensionsmobilisation der LWS und des Beckens.

Weite Cavaletti

Zwei bis drei Stangen liegen am Boden so weit auseinander, wie diese das Pferd im Schritt gerade noch übersteigen kann. Dies fördert einen weiten Tritt, der auf die Vorderbeine bezogen die Halsbasismuskulatur geschmeidig erhält und bezogen auf die Hinterbeine durch den Vortritt die Dehnung des Rückens begünstigt. 3-mal 3 Tritte täglich sind ebenfalls ausreichend.

Enger Zirkel

Mit Gerte bewaffnet und eingeklinktem Strick seitlich am Halfter, veranlassen Sie das Pferd im engen Kreis um Sie herum zu treten. Dabei halten Sie die Gerte etwa in Höhe des Gurtlage des Pferdes. Dem Pferd bleibt bei der Übung nichts anderes übrig, als sich zu biegen. 5 × jede Seite, täglich ausgeführt, ist vollkommen ausreichend (Abb. 8.**3**).

Schulter heraus

An der Bande entlang laufen Sie dem Pferd innen an der Bande voraus. Sie veranlassen es dann, Sie zu überholen, bis Sie innen an seiner Schulter stehen. Nun biegen Sie den Hals des Pferdes sanft mit dem Strick zu Ihnen nach innen, der wie oben seitlich am Halfter eingeklinkt ist. Nun veranlassen Sie das Pferd mit der Gerte weiterhin, mit der leichten Biegung im Hals, vorwärts zu treten. Das Pferd soll dabei eine leichte Ganzkörperbiegung durchführen. Auf jeder Seite täglich 3–5 Schritte halten das Pferd in seinem gesamten Rumpf geschmeidig.

8.5.2 Übungen unter dem Reiter

Voraussetzung für das Reiten ist die Schmerzfreiheit der Wirbelsäule (Provokation Richtung Extension ruft keine Reaktion hervor) und der Gliedmaßen. Ausnahmen mit Kompromissen sind (nach Rücksprache mit Vet.):

- der Trainingserhalt des Leistungspferdes,
- ein aggressives Pferd mit Bewegungsdrang und
- das gänzlich aufgestallte Pferd ohne freie Bewegungsmöglichkeit.

Die Schmerzfreiheit kann natürlich nur erhalten bleiben,

a) wenn der Sattel und die Sattelunterlage passt,
b) das Pferd in seinem Gleichgewicht nicht durch übertriebene Beizäumungshaltung (oder eine bestimmte gewollte Halshaltung) gestört wird,
c) die Hufbalance hergestellt ist,
d) die Kraft den Reiter zu tragen da ist,

Abb. 8.**3** Das Biegen auf engem Zirkel fördert die Lateroflexion des Rückens.

e) die Bewegungen des Pferdes physiologisch bleiben,
f) der Muskelstoffwechsel der Tragemuskulatur berücksichtigt wird (Trainingszeit und Pausen)

Rückwärts treten

Ziel: Flexion WS, Kontraktion ventrale Kette, Lastaufnahme Hinterhand

Durchführung: Pferd zum Vortreten auffordern aber gleichzeitig Vortritt durch Zügelzug verhindern, dabei Entlastung des Pferderückens durch Bügeldurchtritt zur freien Flexionsmöglichkeit der Wirbelsäule. Nach einem erreichten Rücktritt Druck freigeben und loben.

Achten auf: natürliche bis tiefe Halshaltung (tiefe Zügelhände), Druck auf Lende verringern

Seitwärts treten

Ziel: Balance auf einzelnen Gliedmaßen mit vermehrter Aktivität der pektoralen und iliakalen Muskulatur während des Übertretens, Aktivität der schrägen Bauchmuskeln und Mobilität der WS in Flex/Lat-Flex/Rot. um geforderte Seitbiegung zu erreichen

Durchführung: aus dem Stand Pferd etwa 20 ° in eine Richtung biegen, innerer Schenkel treibt in die Konvexität, bis Pferd einen Schritt zur Seite tritt, Druck sofort nachlassen und loben

Varianten: seitlich einige Tritte über Stange treten lassen, in der Vorwärtsbewegung aus dem Schritt heraus, später aus Trab dann aus Galopp (dabei aber andere Hilfengebung notwendig)

Achten auf: gerade ausbalancierten Sitz des Reiters, ruhige verhaltene Zügelhände

Inside arc – Outside arc

Ziel: Balance des Pferdes, vermehrte Lastaufnahme des jeweils inneren Hinterbeines zwecks Training der femoralen Tragemuskulatur

Durchführung: während der Vorwärtsbewegung auf dem Hufschlag den Hals des Pferdes bis maximal 45 ° in eine Richtung ziehen für einige Tritte, während das Pferd auf dem Hufschlag verweilt

Varianten: in Schritt, Trab und Galopp durchführbar, wenn Vorhand auf inneren Hufschlag vortritt: Schulterherein

Achten auf: nicht zu hohe Halshaltung, ruhige Zügelhand, ausbalancierten Sitz (bei bzw. nach akuter CTÜ-Blockade nicht durchführen, Abb. 8.**4**)

Kruppe herein

Ziel: Balance des Pferdes, Training der Schubkraft des äußeren Hinterbeines, Training der schrägen Bauchmuskulatur und Mobilität der LWS in Lat-Flex/Rot.

Durchführung: während der Vorwärtsbewegung auf dem Hufschlag die Hinterhand des Pferdes mit dem äußeren Schenkel nach innen schieben (Bewegungsausmaß ist ausreichend, wenn das Gefühl des Nachgebens vom Schenkeldruck da ist)

Varianten: in Schritt, Trab und Galopp durchführbar

Abb. 8.**4** Die Biegung des Halses während der Vorwärtsbewegung veranlasst das innere Hinterbein, mehr Last aufzunehmen.

Achten auf: Geraden ausbalancierten Sitz, Vorwärtsschub

Richtung ändern

Ziel: Lastaufnahme der Hinterhand

Durchführung: aus dem Schritt anhalten, sofort das Pferd mit der Vorhand veranlassen, einen Schritt seitlich überzutreten, während das innere Hinterbein die Last aufnimmt und stehen bleibt (vermehrtes Sitzen auf dem inneren Hinterbein veranlasst das Pferd zur Lastaufnahme).

Varianten: aus dem Trab anhalten, einige Tritte vorn übertreten lassen, Hinterhand an Bande

Achten auf: Geraden ausbalancierten Sitz, gerader Hals des Pferdes (verwahrende Zügelhilfen)

Schlangenlinien

Ziel: Biegung der Wirbelsäule in Lat-Flex/Rot., Lastaufnahme des jeweils inneren Hinterbeines, Schub des äußeren Hinterbeines

Durchführung: quer durch den Reitplatz werden je nach Größe des Platzes mehrere Schlangenlinien im ausgesessenen Trab von einer langen Hufschlagseite zur anderen geritten

Achten auf: ruhige Zügelführung, adäquate Schenkelhilfen, mittigen Sitz

Tritte verlängern

Ziel: Schub der Hinterhand, Aufrichtung des Rückens

Durchführung: aus der Grundgangart das Pferd auf der langen Seite zu fleißigeren Tritten veranlassen

Achten auf: freien Hals des Pferdes (Zügelfreiheit), Entlastung des Rückens (Vermehrtes Durchtreten der Steigbügel) (Abb. 8.**5**)

Aus dem Stand antraben

Ziel: Schub aus der Hinterhand, Aufrichtung des Rückens

Durchführung: das Pferd im Stand versammeln, Zügel freigeben und es zum direkten Trab veranlassen

Achten auf: freien Hals des Pferdes, Entlastung des Rückens (Vermehrtes Durchtreten der Steigbügel)

Abb. 8.**5** Das Verlängern der Tritte fördert den Vorwärtsschub aus der Hinterhand.

Galoppzirkel

Ziel: Flexion der Wirbelsäule, Kontraktion der Bauchmuskeln, Lastaufnahme des inneren Hinterbeines

Durchführung: das Pferd gebogen im korrektem Galopp einige Runden auf dem Zirkel bewegen

Achten auf: gleichmäßigen Zirkel, freien Sitz (Durchtreten der Steigbügel), leichte Biegung des Pferdes nach innen

Natürlich ist die oben beschriebene Stangenarbeit auch unter dem Reiter durchführbar. Ebenso sind kleine Sprünge förderlich, die Wirbelsäule beweglich zu erhalten.

Des weiteren sind halbstündige bis einstündige Ausritte empfehlenswert. Dabei kann frei vorwärts getrabt werden und in ruhigem Kantergalopp eine lange Strecke gearbeitet werden. Auch Bergaufreiten und unebener Untergrund (Wald) fördern die Beweglichkeit der Wirbelsäule.

8.6 Rehabilitation

Die Regenerationsfähigkeit von Knochen, Knorpel, Muskeln, Sehnen und Bändern ist langwierig und begrenzt. Die Klinik zeigt jedoch immer wieder, dass Pferde mit objektiv sichtbaren Degenerationen trotzdem eine weitgehende Schmerzfreiheit erlangen können. Die klinischen Symptome entsprechen nicht dem Sichtbefund des Röntgenbildes. Andere Faktoren müssen demnach eine Rolle spielen, ob das Pferd eine Bewegungseinschränkung hat oder nicht. Die Nozizeption spielt dabei eine entscheidende Rolle, ob das Pferd wieder einsetzbar ist oder nicht. Eingehend haben wir uns in den vorherigen Kapiteln mit den Fragen der Schmerzreize auf die Gelenke und deren Wirkungen auf die Muskulatur und auf die Bewegung beschäftigt. Trotz dieses Wissens bin ich jedoch immer wieder erstaunt, wie prompt und schnell sogar manch hoffnungslose Fälle auf die Manuelle Therapie reagieren. Gerade sehr alte Pferde mit einer langen Anamnese haben erhebliche degenerative Veränderungen und ausgeprägte Muskelatrophien und gebahnte Schmerzmuster. Und doch werden durch minimale Handgriffe die Schmerzmuster aufgebrochen, so dass plötzlich Bewegungen wieder möglich werden. Diese erreichten Bewegungsmuster nach der passiven Therapie müssen nun aktiv stabilisiert werden, wozu ich im unteren Teil des Kapitels aus meinem Erfahrungswissen einige Tipps abgebe.

Zunächst jedoch ist es empfehlenswert, sich mit der Regenerationsfähigkeit der einzelnen Gewebe zu beschäftigen, um diese Faktoren in der aktiven Rehabilitation zu berücksichtigen.

8.6.1 Regenerationsfähigkeit der einzelnen Gewebe

Knochen

Durch die stetige Aktivität der Osteoklasten (Knochen abbauende Zellen) und Osteoblasten (Knochen bildende Zellen) befindet sich das Knochengewebe in einem ständigen Umbau. So kann sich die Form eines Wirbels durchaus in einigen Monaten verändern, und zwar genau in der Modellierung, um beispielsweise einer verengten Nervenwurzel Platz zu machen. Bleibt jedoch der Bewegungsreiz und Schmerzreiz dauerhaft bestehen, wenn z. B. das Training nicht richtig war (z. B. andauernder Trab in übertriebener Beizäumungshaltung) oder der Ursachenreiz nicht abgeschaltet worden ist (z. B. zu enger Sattel) dann kann sich der Wirbel bekanntlich auch Richtung Ankylose verändern: eine Verknöcherung in den Ligg. interspinalia („Kissing spine") oder auch eine Verknöcherung in den Formina intervertrebralia (Spondylophyten).

Knorpel

Noch vorhandene Knorpelzellen in einem Gelenk können durch gute Durchblutung periartikulär, durch Nährstoffversorgung (z. B. mit Hyaluronsäure, Glukosamine), und durch Entlastung mit adäquater Bewegung (achsengerechter Druck und Zug im physiologischen Rahmen) durchaus die Belastungsfähigkeit, Bewegungsfähigkeit und Schmerzfreiheit im Gelenk nach Monaten erheblich verbessern. Dies geschieht durch optimale Wasserbindung und bessere Festigkeit der zusammenhaltenden Kollagenstrukturen.

Muskel

Ist die Durchblutung direkt (z. B. durch Wegnahme eines drückenden Sattels), indirekt (frei geschaltete sympathische Fasern), die Bahnung (Wegfall der Antagonistenschmerzhemmung) und die mechanische Verschieblichkeit (Therapie der Faszienverklebung) wieder hergestellt, so kann ein deutlich atrophierter Muskel in erstaunlich kurzer Zeit, binnen weniger Wochen, wieder seine volle Kontraktionsfähigkeit erlangen. Der sichtbare volle Muskelumfang kehrt ebenfalls nach einigen Wochen zurück.

Sehnen und Bänder

Die flächigen Ansatzstellen der Rückenmuskeln können durch Dauerzug chronische Entzündungen entfalten, die sehr schmerzen und schließlich zu knöchernen Zuwachsungen führen. Über Monate der Reizfreiheit mit guter Stabilisierung der wieder natürlich arbeitenden umspannenden Muskulatur ist es möglich, diese Entzündungsprozesse zu drosseln. Meines Wissens jedoch sind diese sehr schmerzhaften degenerativen Prozesse niemals aufzuhalten. Pflanzlich, homöopathisch, pharmazeutisch, aber auch per Akupunktur sind die entzündeten Ansatzstellen erfolgreich für einige Zeit zu beruhigen.

Einmal überdehnte Ligamente und Gelenkkapsel können nicht wieder ihren ursprünglichen Spannungszustand erreichen. Das ist einer der Gründe, warum ich Manipulationen, besonders mit langen Hebeln, sehr kritisch betrachte. In diesem Sinne ausleiernd wirken regelmäßige Dehnungen der Halswirbelsäule, der Gliedmaßen, aber auch der tägliche stimulierte Flexionsreflex der Wirbelsäule!

Faszien

Die Faszien zwischen Haut und Muskel, die dünnen Faszien zwischen den einzelnen Muskelgruppen sowie die derben Faszien, die weit durch den Rumpf reichen und Muskeln als Ursprungs- und Ansatzfläche dienen, müssen im Gewebe gleitbar sein, damit geschmeidige Bewegung und normale Muskelfunktion überhaupt möglich wird. Chronische steife Pferdepatienten (z. B. stark eingeschränkte Lateroflexion bei einem Boxenpferd, welches über Jahre nicht im ganzen Körper gebogen wird) benötigen 2–3 Therapiesitzungen und aktive Biegeübungen im Rumpf über einige Wochen, bis die Geschmeidigkeit wieder, zumindest zum Teil, hergestellt werden kann. Voraussetzung ist die freie Mobilität der Wirbelgelenke, ein passender Sattel, korrekte Gliedmaßenstellungen auf gesunden Beinen und das aktive Bewegungsengagement des Besitzers.

Nerven

Nervenscheiden können tatsächlich mit der Zeit in einem immobilisierten chronisch entzündeten Gewebe zusammen mit den Faszien verkleben. Das bedeutet aber bei tiefer Massage, starker aktiver Bewegung und Dehnung des Gewebes einen Reiz an der verklebten Nervenscheide, was dem Patienten große Schmerzen bereitet. Irritation an Nervenwurzeln, deren Scheiden entzündlichen Veränderungen und Verklebungen unterliegen, sind in der Rehabilitation schwierig zu behandeln. Zum einen ist eine sanfte Mobilisation zur Herstellung der Gleitfähigkeit unbedingt notwendig, zum anderen aber darf kein erneuter Entzündungsreiz gesetzt werden. Erfahrung, Feingefühl und einige Monate Geduld sind zur Herabsetzung der nervalen Entzündung und zur Herstellung der Nervenscheidengleitfähigkeit zur Rehabilitation gefragt.

8.6.2 Tipps zur aktiven Rehabilitation der einzelnen Wirbelsäulenabschnitte

Grundsätzlich sollte hierbei das Pferd als Ganzes betrachtet werden. Um jedoch ein grundlegendes Verständnis für die einzelnen Körperregionen zu entwickeln und um einen gezielten individuellen Trainingsplan für den Besitzer zu geben, habe ich meine Erfahrungswerte aus der täglichen Praxis in einzelne Körperabschnitte aufgegliedert. Die folgenden Tipps sind je nach Fall anzupassen. Kompromisse sind in der täglichen Praxis oft notwendig.

Als optimal ist eine Rehabilitationszeit von etwa vier Wochen anzusehen, doch auch hier ist je nach Fall zu entscheiden. Je länger die Rehabilitationszeit ist, desto günstiger ist die langfristige Prognose.

> Bei einer kurz angesetzten Rehabilitationszeit sind Rezidive wahrscheinlicher.

Die aktive Rehabilitationsphase dient
- der Schaffung der Reizfreiheit,
- der Stabilisierung der harmonisch umspannenden Muskulatur
- dem Fördern der natürlichen Bewegung.

Daraus folgt, dass es nicht immer förderlich ist, das Pferd in dieser Zeit auf die Weide zu stellen. Der Vorteil ist zwar die Reizfreiheit, aber es geht zuviel Muskelmasse verloren. Das Pferd müsste danach wieder mit den beschriebenen Einreitstufen aufgebaut werden, allerdings in etwas abgekürzter Zeit, bevor es wie gewohnt den täglichen Anforderungen nachgehen kann, ohne Schaden zu nehmen. So kann auch langfristig eine Stabilisierung des Therapieerfolges garantiert werden.

Wenn Sie sich nicht sicher sind, was genau Sie dem Reiter raten sollen, dann liegen Sie mit der Empfehlung, das Pferd von hinten nach vorn zu reiten, also hinten Schwung und Takt zu entwickeln, die Bewegung bis zum Maul nach vorn hindurchlassen und im Maul lediglich den Schwung passiv auffangen, immer richtig. Lassen Sie 4- bis 5-mal pro Woche maximal eine halbe Stunde reiten, mit leichtem ausbalancierten ruhigem Reiter, passendem Sattel, viel Galoppieren unter Entfernung aller Hilfszügel. Empfehlen Sie Ganzkörperbiegungen und betonen Sie die Notwendigkeit der Aktivierung der Hinterhand. Mit diesen Ratschlägen ausgestattet wird die aktive Rehabilitation bei Ihrem Pferdepatienten in den meisten Fällen richtig liegen. Ansonsten verweise ich auf die unten angeführten Reha-Tipps für die einzelnen Wirbelsäulenabschnitte.

Biegungen in die (zuvor) pathologische Richtung werden erst dann aktiv verlangt, wenn das Pferd sich passiv von selbst dorthin biegt, mindestens aber zwei Tage gemieden, meistens jedoch länger.

Vor dem aktiven Training sollte die Funktionsfähigkeit aller Wirbelsegmente weitestgehend wieder hergestellt sein.

> Also: erst die passive Funktion, dann die aktive Funktion!

■ Kopfgelenke bis C 4

Liegt das Hauptproblem des Pferdepatienten in den Kopfgelenken, sollten Sie zur Sicherstellung einer günstigen Prognose darauf achten, dass die Zähne weitestgehend in Ordnung sind, dass das Zaumzeug nicht stört (Bit zu tief, zu hoch, Nasenriemen zu eng, Stirnriemen zu eng, Anzüge nicht klemmend usw.) und dass der Reiter eine weiche einfühlsame Zügelhand besitzt. Besonders zur Wiederherstellung der Funktionsfähigkeit der Kopfgelenke sind „Hilfszügel" unbedingt zu meiden. Freie Balance des Kopfes ist essenziell für die Regeneration der kleinen Nackenmuskeln. Aus diesem Grunde sollte sich der Reiter mit der Beizäumungshaltung zurückhalten. Allenfalls eine leichte Anlehnung ist erlaubt mit Phasen, in denen am hingegebenen Zügel geritten wird. Der Außenzügel sollte in den Wendungen nachgeben, damit die Kopfgelenke eine natürliche Bewegung durchführen können.

> Eine aktive Aufrichtung von hinten nach vorn mit freier Halshaltung ist die beste Therapie für frisch deblockierte Kopfgelenke.

So sind Biegeübungen abzulehnen, ebenso ein Herunterbinden an der Longe und auch ein Longieren, bei dem das Pferd nach innen gezogen wird, weil diese an sich unnatürlichen Bewegungen erneut einen Reiz für die Kopfgelenke bedeuten.

■ Halsbasis, C 5–Th 2

Liegt das Hauptproblem des Pferdepatienten in der Halsbasis, sollten Sie zur Sicherstellung einer günstigen Prognose darauf achten, dass die distalen Extremitäten gesund und ausbalanciert sind (Thoraxderotation!), dass der Sattel nicht auf die Schulterblätter drückt oder auf den Widerrist fällt und dass der Reiter nicht zu schwer ist (Hypertonus der Nackenmuskulatur, Absacken der Halsbasis). Die Beizäumungshaltung darf auch hier nicht forciert werden, da das Pferd in den meisten Fällen zu einer Hyperlordose im CTÜ neigt. Aus diesem Grunde empfehle ich auch hier, alle „Hilfszügel" wegzulassen. Auch eine betonte „Vorwärts-Abwärts-Bewegung" des Halses lehne ich in den meisten Fällen ab und empfehle eher eine frei gewählte Halshaltung. Dabei aber ermahne ich eine ausdrückliche Vorwärtsbewegung aus der Hinterhand. Zudem ist es anzuraten, nicht so viel zu traben, da der Trab die Streckerkette bahnt.

Nützlich sind Ganzkörperbiegungen wie Seitengänge (schwungvoll vorwärts-seitwärts) und korrekt gerittene Biegungen in den Ecken, Volten, Zirkeln und Schlangenlinien. Diese Übungen aktivieren den aufrichtenden Schub aus der Hinterhand und erfordern eine Aktivität der schrägen Bauchmuskeln, die dann den Thorax mitsamt der Halsbasis anheben. Angaloppieren und Bergaufreiten sind ebenfalls Bewegungen, die die Vorhand aktiv aufrichten lassen. Überhaupt ist der Galopp eine geeignete Gangart, um den Thorax Richtung Flexion aktiv zu mobilisieren. In den Galopppausen empfehle ich Schrittphasen am hingegebenen Zügel, damit die Wirbel von C 5 bis Th 2 sich optimal divergieren können. Springen ist wegen der Absprungphase für die Halsbasis nützlich, hat jedoch in der Landephase den Nachteil, wieder in eine Hyperextension zu geraten. Deshalb empfehle ich das Springen nur über kleine Hindernisse mit ausdrücklichem Vorwärtsgaloppieren.

Tragende Wirbelsäule, Th 3–L 6

Liegt das Hauptproblem des Pferdepatienten in der tragenden Wirbelsäule, sollten Sie zur Sicherstellung einer günstigen Prognose darauf achten, dass der Sattel gleichflächig aufliegt und der Reiter nicht zu schwer ist.

In der Rehabilitationszeit empfehle ich nur kurze Ritte, in denen wenig Schrittphasen (Gefahr des Absackens), aber stets eine Galopphase (natürliches Dehnen und Aufwölben) geritten wird. Der Springsitz nach *Rolf Becher* ist für die Rehabilisationsphase der tragenden Wirbelsäule ideal. Hierbei sitzt der Reiter einem Jockey gleich mehr schwebend über dem Pferderücken mit weit vorgeschobener Zügelhand, damit das Pferd sich strecken kann. Der Schwerpunkt des Reiters wird betont in die Mitte des Pferdes justiert, der Rücken kann sich absolut frei bewegen.

Ist die Vorhand kräftig und intakt, ist in der Rehabilitationszeit für einige Wochen ein betonter Sitz auf der vorderen Brustwirbelsäule durchaus einmal zu billigen, um der hinteren Wirbelsäule eine betonte Entlastung anzubieten, damit die Hinterhand wieder lernen kann, frei zu schieben und der Rücken lernt sich schmerzfrei aufzuwölben. Danach aber sollte die Hinterhandregion mehr und mehr Last aufnehmen können, damit es wieder ein Gleichgewicht zwischen Vorhand und Hinterhand geben kann mit späterer Schwerpunktverlagerung etwas nach hinten. Viel Galopp ist also gefragt, auch gern mit kleinen Sprüngen.

Becken

Liegt das Hauptproblem des Pferdepatienten im Becken, sollten Sie zur Sicherstellung einer günstigen Prognose darauf achten, dass die hinteren Extremitäten distal funktionstüchtig sind (Lastaufnahme) und das Hufmanagment in Ordnung ist (insbesondere die Trachtenhöhe). Hat der Pferdepatient z. B. Spat, ist optimales Management in der Balance und Pflege der Hinterhand gefragt (konservative Therapie lokal und systemisch, energetische Therapie und Aufrichtung der Trachten), damit die Hinterhand einigermaßen einsatzbereit ist, um den Reiter zu tragen und um seinen gestellten Aufgaben gerecht zu werden.

Auch die Probleme im Beckenbereich sind mit viel Galopp zu lösen, besonders die Extensionsblockierung von L 6. Es gilt, alle Gelenke rund um das Sakrum mobil zu halten und die Muskulatur rundherum zu aktivieren. Das erreichen Sie zunächst einmal mit schwungvollen Tritten aus der Hinterhand. Ist das Becken jedoch noch nicht für den Reiter belastbar, so ist das Überschreiten von erhöhten Stangen nützlich, um die frisch erreichte Mobilität zu erhalten. Seitengänge könnten für ein frisch deblockiertes Becken einen zu hohen Reiz bedeuten, erhalten aber grundsätzlich die Mobilität. Aus diesem Grunde entscheiden Sie im Einzelfall. Plötzliche Stopps und viel Bergabreiten sind für ein frisch deblockiertes Becken weniger günstig.

8.7 Schwimmen

Als Pferdephysiotherapeutin stand ich dem Schwimmen für Pferde immer skeptisch gegenüber. Der Rücken der schwimmenden Pferde würde dabei stark durchgedrückt, hieß es, und die Pferde würden seitlich versetzt schwimmen, was natürlich nicht förderlich für eine erkrankte Wirbelsäule wäre. Viele Pferde bekämen danach eine Tying-up-Symptomatik. Das starke Rudern sei für die Beine ungesund. Und außerdem könne ein Pferd im Wasser ja Panik, gar Herzversagen bekommen und ertrinken.

Mein Eindruck bei der Beobachtung der schwimmenden Pferde im Rundbecken von Herrn *Dr. med. vet. Rattenhuber*, Tierklinik Seehof am Ammersee, ist aber ein anderer: Ich sehe ein weites Strecken der Pferdewirbelsäule, was auch durch ein „Vorwärts-abwärts-Reiten" nicht besser erreicht werden kann. Ich sehe eine Kontraktion der Bauchmuskulatur. Ich sehe eine enorme Atemtätigkeit der Rippen, was so manche Rippenblockierung von allein löst. Die Hinterhand schwenkt sich stets etwas nach oben, und zwar nach außen zur Schwimmrichtung, was eine Rotation der BWS und LWS bewirkt. Damit werden wohl auf der einen Seite die Facettengelenke komprimiert, auf der anderen Seite aber optimal geöffnet, was uns zum Lösen der Blockierungen sehr entgegenkommt. Da das Pferd stets abwechselnd erst in die eine, dann in die andere Richtung schwimmt, ist immer eine Mobilisierung einer Wirbelsäulenseite garantiert. Dann ist der weite Bewegungsausschlag der Extremitäten zu sehen, so wie man es selber durch Dehnungen und Bodenarbeit nicht besser hinbekommt, außer im flotten Galopp oder Renntrab, aber da müssen die Gliedmaßen ja eine erhebliche Stützlast tragen, im Pferdeschwimmbecken jedoch nicht.

> Schwimmen stellt ein hervorragendes physiologisches Training für Muskeln, Gelenke, Herz, Kreislauf und Lunge dar, bei der der gesamte Körper des Pferdes optimal und Stützlastfrei mobilisiert wird (Abb. 8.**6**).

Im gesamten Körper findet eine erhebliche Steigerung der Durchblutung statt, was sich besonders günstig auf erkrankte Gliedmaßen mit allen ihren bekannten Krankheitsmustern wie Sehnenschäden, Gleichbeinlahmheiten und Hufrollenerkrankungen besonders günstig auswirkt. Die Lunge erfährt eine viel höhere Sauerstoffaufnahme, vergleichbar bei einer Belastung im Renngalopp, nur eben ohne Belastung des Stützapparates. Ebenso verhält es sich mit Herz- und Kreislaufsystem, die maximal trainiert werden können, so dass ein an den Gliedmaßen erkranktes Hochleistungspferd in kürzester Zeit wieder sportlich eingesetzt werden kann, denn das Pferdeschwimmbecken ist das ideale Terrain für Pferde in der Rekonvaleszenzphase nach Operationen. Es gibt keine lange Stehzeiten mehr und erheblich schnellere Abheilung der operierten Region.

Abb. 8.**6** Schwimmen ermöglicht eine hubfreie Mobilisierung des gesamten Pferdes.

9 Die Praxis

Die Technik der Manuellen Untersuchung und Therapie ist erlernbar, ebenso das Wissen um die pathophysiologischen kausalen Zusammenhänge der Funktionsstörungen der Pferdewirbelsäule. Zum Erstellen eines Trainingsplanes benötigt man schon einiges Fingerspitzengefühl und Erfahrung. In den Bereich der Behandlungskunst aber kommt man, wenn man schließlich vor dem Pferdepatienten steht und neben dem Wissen, der Erfahrung und der Technik nach seinem Gefühl geht, was genau jetzt zu tun ist.

Letztendlich ist jeder Patient ein Einzelfall, Bücher und Kurse können Ihnen nur Richtlinien und Werkzeuge in die Hand geben. Um Ihnen den mühsamen Weg der Erfahrungssammlung etwas zu verkürzen, versuche ich, Ihnen zu bestimmten Symptommustern Tipps in der Vorgehensweise zu geben.

9.1 Akute starke Schmerzen

Es hat schon eine gewisse Dramatik, wenn man zu einem Pferd gerufen wird, welches sich nicht mehr vorwärts bewegen kann oder gar seinen Hals steif in der Luft hält, unfähig, seinen Kopf zum Fressen abzusenken. Natürlich steht die tierärztliche Abklärung an erster Stelle, die aber in den meisten Fällen vorausgegangen ist. Differentialdiagnostisch sind vor allem eine Laminitis, eine Myositis, Kolik, Traumata sowie Infektionen des Nervensystems auszuschließen.

Nerven, deren Wurzeln in einem muskulären Hartspann gefangen sind oder die über eine verkantete Wirbelstellung laufen müssen, können starke Schmerzen hervorrufen. Aber auch blockierte Gelenke senden massive Schmerzreize aus, die in der Humanmedizin sogar einen Bandscheibenvorfall vortäuschen können. Muskeln im generalisierten Hartspann lassen vor Schmerz keine Bewegung mehr zu. Die Propriozeption schaltet aus Schutz vor weiterem drohenden Schaden auf Nullbewegung, absolute Ruhe also.

Plötzlich auftretende schmerzhafte Blockierungen mit absoluter Bewegungseinschränkung bei einem zuvor gesunden Pferd verschwinden in aller Regel nach einigen Tagen bis Wochen wieder von allein, wenn man es sich selbst überlässt. Dabei sollte es warm und weich stehen und sich frei bewegen können (also keine Offenstallhaltung, da sich das Tier nicht nach eigenem Ermessen bewegen kann). Lässt man der Natur ihren Lauf, regelt diese die Gesundung von allein. Eventuell bleiben Kompensationsmuster zurück, im Großen und Ganzen aber befähigt sich das Tier von allein, sich wieder frei zu bewegen. War das Tier bereits vor Auftreten der akuten schmerzhaften Blockierung in der Bewegung bedingt eingeschränkt, dann läuft der Heilungsprozess erheblich langsamer ab bzw. es bleibt eine deutliche Lahmheit zurück. In sehr vielen Fällen ist das der Fall. Der Therapeut wird zum akuten Geschehen gerufen, in der Anamnese stellt sich jedoch heraus, dass das Pferd schon längere Zeit beispielsweise „keinen Schwung mehr in der Hinterhand hatte“. Nicht immer ist die Ursache ein Sturz, sondern nur eine momentane Überlastung, die zum Ende der Kompensationsfähigkeit des Pferdes führt. Es ist, als ob „das Fass übergelaufen wäre.“

Akute Blockierungen rufen immer eine lokale Entzündungsreaktion hervor. Diese klingt durch absolute Ruhe ab. Dann ist wieder eine kleine Bewegungsamplitude frei gegeben. Diese kleine Bewegung lässt die Muskulatur wieder allmählich arbeiten, deren Stoffwechsel langsam angekurbelt wird. Die Gelenkflächen werden durch die feine Bewegung leicht „massiert“, die Gelenkkapsel wird angeregt, diese kann dann langsam die intraartikulären Schlackenstoffe abtransportieren. Der Kreislauf der Heilung kommt durch die natürliche Ruhe und das „Sichselbstüberlassen“ in Gang.

Nun ist die freie Bewegungsmöglichkeit in Wärme auf weichem Boden nicht immer möglich, dann ist die Drosselung des Kreislaufs, die mangelnde Belüftung der Lunge und der verringerten Darmbewegung nicht immer tolerabel.

Durch eine gezielte gefühlvolle Manuelle Therapie wird die Heilungszeit erheblich verkürzt, Rezidive und spätere Kompensationsmuster werden verhindert.

Ist dem Therapeuten der normale Heilungszyklus bewusst, dann wird dieser sich an die Regel der Natur halten: keinen neuen Reiz setzen, lokale Entzündung herunter fahren, zunächst sehr kleine lokale Bewegung. Systemische Antiphlogistika helfen in dem natürlichen Heilungsprozess. Starke Schmerzmittel jedoch überrumpeln das Nervensystem. Der Bewegungsapparat lässt Bewegungen zu, die evtl. dem Gelenk in diesem Zustand schaden. Manipulationen sind sehr sorgfältig abzuwägen, da diese in jedem Fall einen neuen Reiz setzen.

Die ideale Technik bei akuten schmerzenden Blockierungen ist die achsengerechte Traktion, d. h. das Divergieren der Gelenkflächen in der Achse ihres momentanen fixierten Zustandes. Über der Region durchgeführte Faszientechnik unterstützt die Durchblutung der lokalen Muskulatur.

In den meisten Fällen beginne ich fern des Geschehens, korrigiere keinen Wirbel, führe nur Piccolo-Traktion aus und massiere die fernen Anteile der betroffenen Muskelkette.

Beispiel: Schleppende Hinterhand

Befund (meistens): L 6/S 1 in Extension, beide ISG fest

1. Massieren der Schweifrübenspitze
2. Massieren der Mm. pectorales
3. Heben des Bauches
4. Traktion am Schweif (minimal)
5. Massage der M. biceps femoris
6. Quermassage des Nackens
7. Tiefe Kruppenmassage
8. Eine Hand auf L 6, die andere am Nabel
9. Zug an den Tubera coxae
10. Zug am Sakrum
11. Sakrumspitze nach ventral
12. ISG-Traktion
13. Flexionsreflex

Immer wieder kehre ich zu den vorher durchgeführten Schritten zurück und versuche zusammen mit dem Pferd, die für die Situation optimale Therapie herauszufinden. Insgesamt dauert diese Behandlung etwas eine Stunde. Hernach lasse ich es warm eingedeckt für 10 Minuten Schritt führen, bis es wieder in seine Box entlassen werden kann.

Nach einigen Tagen ist die Bewegungseinschränkung vollständig aufgehoben. Bei einem zuvor bereits blockiertem Pferd tritt nun nach Abheilen der akuten Phase der eigentliche chronische Zustand hervor, der oftmals vom Besitzer noch nicht einmal bemerkt worden ist. In diesem Fall ist es nicht ganz einfach, den Erfolg der ersten Therapiesitzung zu beurteilen, wie viel der Lahmheit von dem frischen akuten Fall herrührt und wie viel Anteile auf chronische Störungen zurückgehen.

9.2 Chronische Bewegungsstörungen

Normalerweise haben wir es in der täglichen Praxis mit chronischen Bewegungsstörungen zu tun. Wir werden dann zu dem Pferdepatienten gerufen, wenn entweder eine akute Blockierung die Kompensationsfähigkeit des Pferdes überschritten hat oder wenn die Störung deutlich sichtbar die Nutzung des Pferdes einschränkt. Dabei wird angegeben, „es verweigert die Beizäumungshaltung“ oder „es mag sich nicht zu einer Seite biegen“.

In der Untersuchung ergibt sich eine Vielzahl von positiven Befunden über die gesamte Wirbelsäule verteilt, die sich allesamt als Kompensationsmechanismen von einer grundlegenden Störung Schicht für Schicht aufgebaut haben. Dabei muss diese grundlegende Störung nicht immer eine strukturelle Störung im Bewegungsapparat sein. Andere Faktoren wie z. B. tiefe Narben, chronische Infektionsherde (z. B. Zähne, Sinus paranasales, Uterus), Verschiebungen im Mineralshaushalt, ein übersäuerter Stoffwechsel, Toxine (z. B. Kadmium in Farben, Lindan im Holz) und psychische Belastungen können die grundlegende Ursache sein bzw. die Belastbarkeit stark herabsetzen.

In der Gangadspektion fällt es mitunter schwer, die Taktunreinheit korrekt zu deuten. Mal zeigt das eine Bein eine verkürzte Stützphase, dann wieder das andere. Der Schweif zeigt deutlich in eine Richtung, aber dort ist das ISG frei. Dann hat es in der Anamnese viele Unfälle gegeben, zahlreiche Narben sind zu sehen. Manchmal hat der Besitzer mehrfach gewechselt. Bei fast allen diesen Fällen ist die Hufstellung zu bemängeln.

So ergibt der umfangreiche Befund zunächst nicht immer ein klares Bild.

So bleibt Ihnen nur, entweder die aktuellen Störungen zu beseitigen, oder noch besser, das ganze Pferd zu behandeln. Legen Sie die Schwerpunkte auf das, was Ihnen an diesem Pferd am wichtigsten erscheint. Ich selbst lege am ersten Tag viel Wert auf die Wiederherstellung der Funktionsfähigkeit der Hinterhand und der Flexionsfähigkeit der tragenden Wirbelsäule. Am zweiten Termin dann sind die oberflächlichen Symptome beseitigt, die „Wurzel des Übels" wird sichtbarer, worauf Sie dann ihren Behandlungsschwerpunkt setzen.

Große Unterstützung gibt mir in diesen Fällen der Hufschmied, der die palmare und plantare Balance wieder herstellt, damit sich proximal wieder harmonisch bewegt werden kann. Eine weitere nützliche Unterstützung ist die Überprüfung der Ernährung des Pferdes. Oftmals ist das Pferd einfach übersäuert (zu viel Kraftfutter, Silage).

Nun kann es sein, dass Ihnen am zweiten Termin eine Bewegungsstörung deutlicher ins Auge sticht. Es ist durchaus möglich, dass das Pferd so bereits seit Jahren seinen Alltag bewältigt und dass bereits strukturelle Umbauten an Wirbelkörper und Becken diese Bewegungsstörung in Erscheinung treten lassen. Aus demselben Grund sollten Sie sich nicht beunruhigen lassen, wenn Sie noch immer ein schiefes Becken, einen schiefen Schweif und derotierte Wirbel vorfinden. Sie können zufrieden sein, wenn Sie ein feines Joint play fühlen können und der Reiter subjektiv eine Besserung vermerkt. Tatsächlich ist trotz der noch vorhandenen Bewegungsstörung ein insgesamt schwungvollerer Gang mit mehr Lauffreudigkeit festzustellen. Wenn Sie das Pferd genau beobachten, stellen Sie ein harmonischeres Gesamtmuskelbild fest, ein glänzenderes glatteres Fell und leuchtendere Augen.

9.3 Das alte Pferd

Auch ein alter Mensch muss einmal am Tag aus dem Rollstuhl, damit seine Glieder geschmeidig bleiben, sein Herz kräftig bleibt, seine Lungen belüftet werden und sein Kreislauf in Wallung kommt zur Durchflutung aller Organe mit Sauerstoff. Ähnlich verhält es sich bei einem alten Pferd, welches zwar nicht aus dem Rollstuhl heraus motiviert werden muss, wohl aber regelmäßig außerhalb seines Weideganges in allen Grundgangarten mit einem leichten Reiter oder ohne Reiter am langen Seil bewegt werden sollte. 15 Minuten spazieren gehen sind immerhin schon mehr Bewegung als der Aufenthalt im Paddock oder auf der Weide. Es gilt, täglich eine solche Belastung abzuverlangen, die im Mittel des „Joint play" der Gelenke liegt, also innerhalb der aktiven Bewegungsgrenze. Knorpel erhält sich eben nur durch Bewegung. Wenn Sie das Pferd physiologisch bewegen lassen, dann liegen sie stets richtig. Gut geeignet sind Bodenarbeitsprogramme im Schritt zum bestmöglichen Erhalt der Geschmeidigkeit seines Bewegungsapparates.

Lassen Sie Vorsicht walten bei der Absicht des Besitzers, das Pferd täglich zu longieren. Wenn es denn unbedingt sein muss, dann nur am Stallhalfter oder Kappzaum und absolut ohne Ausbindevorrichtungen. Der Longierzirkel sollte so weit wie möglich gehalten werden. Ausgiebige Schrittphasen und mindestens je eine Runde Galopp sollten im Bewegungsprogramm mit enthalten sein. Trab auf engem Zirkel schadet den Extremitäten durch Scher- und Rotationsbelastungen im erheblichen Masse.

> Für das alte Pferd hat es mehr Vorteile, von einer leichten Person in allen Grundgangarten einmal täglich für eine halbe Stunde bewegt zu werden, als es zu longieren.

In der Manuellen Therapie muss bedacht werden, dass alte Organismen langsamer reagieren als junge. Die Therapiegriffe müssen mehrfach wiederholt werden, zudem sind mehr Behandlungstermine nötig als bei einem jungen Pferd. Manipulationen sind bei einem altem Pferd immer risikoreich, da spätestens ab dem 10. Lebensjahr mit degenerativen Veränderungen an den Facettengelenken gerechnet werden muss. Bei Manipulationen könnten dann Spondylophyten in den Wurzelkanal einbrechen und irreversible Lähmungen verursachen.

Besonders beim alten Pferd sollte das Ziel der Manuellen Therapie nicht eine Wiederherstellung der Funktion bzw. ein „Geraderichten" eines Wirbels sein, sondern vielmehr sollte dem Tier geholfen werden, seinen Bewegungsapparat mit all seinen Blessuren so benutzen zu können, dass es sich relativ schmerzarm normal bewegen kann. So ist das Ziel ein Erhalt der potentiellen Gelenkbeweglichkeit, also des „Joint play" und die Flexionsmöglichkeit der Wirbelsäule.

Ältere Pferde leiden besonders unter ausgeprägten Extensionsblockierungen, die dem „erschöpften Tragegerüst-Syndrom" entsprechen (Ext. Th 9–14, Ext. Th 18, L 1, Ext. L 6). Die aufrichtende Tragemuskulatur ist teilweise bereits nicht mehr in der Lage, den eigenen Thorax anzuheben. Entweder sind die Extensionsblockierungen via Antagonistenhemmung durch die früheren Nutzzeiten daran Schuld, oder durch monatelanges Stehen in Box, Paddock oder Weide atrophiert. Diesem Pferd fehlt neben der passiven Flexionsmobilisation durch den Osteopathen eine Anregung der ventralen, pektoralen und Hinterhandmuskulatur durch Trab und Galopp und fleißigen Schritt.

Zähne sind bei alten Pferden ein stets aktuelles Thema. Denn in diesem Alter ist auch hier mit Gebissproblemen zu rechnen, die über Kiefer- und Kopfgelenke auf den gesamten Bewegungsapparat Einfluss nehmen können, nicht zuletzt durch chronische Infektionsherde, die streuend auf alle Gelenke wirken können. Aber bitte bedenken Sie, dass ein narkotischer Einsatz mit Maulgatter und somit weit aufgesperrtem Kiefer für einige Minuten nicht immer im Verhältnis steht zu dem Nutzen, den eine solche Prozedur für das Pferd bedeuten kann. Probleme im Bewegungsapparat (besonders in Kiefer und Kopfgelenken) stellen sich nicht selten erst nach solchen Zahnbehandlungen ein. Vielleicht hätte ein routinemäßiges Raspeln der Kanten auch seinen Zweck der verbesserten Nahrungsaufnahme getan.

Erstaunliche Besserung des Gesamtzustandes des alten Pferdes erbringt die Herstellung der optimalen Hufbalance, die nicht immer barfuß zu erreichen ist. Es ist schon immer wieder faszinierend zu sehen, wie ein altes Pferd an Gewicht, Fellglanz und Bewegungsfreudigkeit zurückerhält, nur wenn dessen Hufstellung wieder korrekt zur Gliedmaßenachse steht.

Auch die Empfehlung, dem alten Pferd 1- bis 2-mal pro Woche ein warmes Mash zu verabreichen, erfüllt seinen Zweck, die Bewegungsfreudigkeit und Gesundheit des alten Pferdes zu steigern.

Es muss nicht immer eine osteopathische Behandlung sein, um einem alten Pferd wieder „auf die Sprünge zu helfen".

Die Psyche ist bei einem alten Pferd nicht zu unterschätzen. Schnell fühlt es sich allein gelassen und nicht mehr gebraucht, wenn ein junger Stallkamerad ins Herz des Besitzers eingeschlossen worden ist. Resignation führt zu verändertem Bewegungsverhalten.

Der Sattel von früher wird bei einem alten Pferd ebenso vermutlich nicht mehr passen, da die Rückenmuskulatur in der Regel atrophiert ist. Überprüfen Sie die Sattelpassform.

So betreut kann der alte Kamerad ein beträchtliches Alter erreichen und mehr noch, würdevoll im guten Gesundheitszustand altern. Wenn das Tier aber nicht mehr in der Lage ist, sich auf der Weide gegen seine Kameraden zu wehren, wenn es zum Stehen eine Wand zur Unterstützung braucht, wenn es trotz aller Maßnahmen (Zähne, Wurmkur, Mash) sein Gewicht verliert und schließlich die Augen ihren Glanz verlieren, dann sollte bedacht werden, ob dieses Pferd vielleicht nicht doch Sehnsucht nach dem Pferdehimmel hat.

9.4 Fohlen und Heranwachsende

Dem Besitzer fallen bei der Beobachtung seiner heranwachsenden Pferde in der Regel erst sehr schwerwiegende Bewegungsstörungen auf, die den akuten schmerzhaften Blockierungen entsprechen. Doch auch das Fohlen entwickelt durch Stürze dieselben Bewegungseinschränkungen, die dann erst dem Reiter unter dem Sattel auffallen:

„Biegung nach einer Seite geht schlechter". Bleiben diese Bewegungseinschränkungen unerkannt und unbehandelt, können sich diese Störungen im Muskel- und Nervensystem so manifestieren, dass diese dann im Reitpferdealter sehr schwierig zu beseitigen sind. Es bedarf dann einige osteopathischer Therapiesitzungen und eines optimalen Trainingsprogramms über mehrere Monate, bis solche Störungen durch Wirbelumbau, Muskelanpassung und Umstellung der Propriozeption gänzlich ausgeheilt sind.

Steht dem jungen Pferd aber eine weiträumige Weide täglich in Sommer und Winter mit zahlreichen Kameraden zur Verfügung, wird auf die Hufbalance Wert gelegt, ist die Futterration mit Energie- und Kalziumanteilen optimal, dann hat das heranwachsende Pferd eine gute Chance, leichtere Blockierungen, Bewegungsstörungen wieder selbst durch z. B. ausgedehntes Galoppieren, Bocken, Steigen und Wälzen herzustellen.

Bei der Behandlung eines Fohlens sehen Sie sich zwei Problemen gegenüber: 1. Es kann nicht angebunden oder festgehalten werden, 2. Es hat noch keine Erfahrung mit Berührungen gemacht. Einfühlsame osteopathische Hände können mit diesen Problemen jedoch umgehen: Stabiles Halfter, stabiles Seil, die Mutterstute oder ein Kamerad in unmittelbarer Nähe, evtl. Heu zum Knabbern und ein ganz normaler Umgang mit dem Tier, als ob es das Selbstverständlichste von der Welt ist, osteopathisch behandelt zu werden, lassen das junge Pferd ruhig stehen. Wenn es sich bewegen will, lassen Sie es sich bewegen, wenn es ausschlagen will, lassen Sie es ausschlagen, wenn es Sie beschnuppern will, lassen Sie es beschnuppern. Machen Sie ruhig und einfühlsam Ihre Arbeit am Körper des Tieres, natürlich nur mit Faszientechnik, Traktionen und Strain- und Counterstrain-Technik. Dem jungen Pferd ist aber nicht abzuverlangen, länger als 30 Minuten konzentriert mit dem Osteopathen zusammen zu arbeiten, deswegen beschränken Sie sich auf die Hauptbewegungsstörung.

Nicht nur die regelmäßige Pflege der Hufe ist für die gesunde Entwicklung des heranwachsenden Fohlens wichtig, sondern auch die freie Beweglichkeit eines jeden Wirbelsegmentes. So ist es durchaus anzuraten, das junge Tier einmal pro Jahr osteopathisch zu untersuchen und ggf. sanft zu behandeln, damit sich Kompensationsmechanismen erst gar nicht aufbauen.

Bei drei- und vierjährigen Pferden stellt der Besitzer mitunter fest, dass sein junges Reitpferd sich absolut nicht in eine Richtung biegen will. Dem Osteopathen fällt dann eine skoliotische Veränderung der Wirbelsäule auf, ungleiche Hufstellung, ein schiefes Becken und eine deutliche atrophierte Muskulatur einer Kruppenseite. So kann das Tier natürlich weder eine Biegung zur einen Seite noch eine Last auf einer Seite aufnehmen.

Beispiel: Atrophierte Kruppenmuskulatur rechts, Biegung nach rechts nicht möglich

In der Anamnese hat es einen Sturz auf die rechte Seite gegeben. Das rechte Iliosakralgelenk und die rechten Facettengelenke von L 6 bis L 3 werden plötzlich komprimiert und entwickeln in der Folge eine Blockierung. Die rechte Kruppenmuskulatur und die rechte Lendenmuskulatur werden reflektorisch hyperton geschaltet. Normale Kontraktions- und Dehnfähigkeit ist fortan nicht mehr möglich, damit wird das rechte Hinterbein nicht mehr voll zum Abschub und zur Lastaufnahme gebraucht. Ebenso wird eine Lateroflexion der Wirbelsäule nach rechts vermieden. Das lässt die rechte Bauchmuskulatur atrophieren, die rechte Lende sackt noch mehr ab (vermehrte Linksrotation – wie beim Sturz). Damit sackt auch das rechte Sakrum noch mehr ab, was die Blockierung auf der rechten Seite verstärkt. Nach einigen Monaten hat das junge Pferd eine sichtbare Atrophie der gesamten rechten kaudalen Rumpfhälfte gebildet. In der Einreitphase fällt dem Bereiter auf (glauben Sie nicht, dass jedem Bereiter eine deutliche Kruppenasymetrie und verkürzte Stützbeinphase so auffällt, wie Ihnen!), dass das junge Pferd sich nicht so gern nach rechts biegen mag, weil es ja dann hinten rechts mehr Last aufnehmen muss, und dass es einen Linksgalopp verweigert, eben weil es mit dem rechten Hinterbein nicht abschieben kann. Steht die Lendenproblematik im Vordergrund, dann mag es den Rechtsgalopp nicht, weil es dort mehr Lateroflexion nach rechts durchführen müsste. Der engagierte Bereiter bekommt diese Unwilligkeiten durch Sporeneinsatz kurzfristig in den Griff (wenn das Pferd gutmütig ist), jedoch ab höheren Lektionen, wie Spin, Roll back, Travers, Galoppwechsel u. a. missfällt dem Bereiter die Unwilligkeit des Pferdes deutlich, bis er den Entschluss fasst, es in den Freizeitbereich zu verkaufen.

Dieser abzusehenden Problematik des Freizeitreiters mit seinem frisch erworbenen Pferd stehe ich sehr oft in der täglichen Praxis gegenüber. In diesem Fall muss für ein halbes Jahr jeden Monat ein Behandlungstermin anberaumt werden, indem die festsitzenden Blockierungen des rechten ISG und der rechten Lende intensiv mit allen verfügbaren Techniken behandelt werden. Besonders die muskuläre reflektorische Reizung der ischiokruralen und der Bauchmuskulatur zum Schluss der Behandlung ist wichtig. Dem Besitzer wird geraten, das Pferd täglich schwungvoll vorwärts zu reiten, intensive Biegungen nach rechts zu belassen und täglich auf beiden Händen zu galoppieren. Viele Ausritte für 30–60 Minuten sind ideal, Versammlungen und Beizäumungshaltungen treten vor der Entwicklung von Schwung und Takt aus der Hinterhand in den Hintergrund. Nicht immer ist es möglich die Kruppenschiefe restlos in die Normform zu bringen, da der Knochen des Beckens, des Sakrums sich über Jahre während des Wachstums durch die Blockierung entsprechend verformt hat und mitunter so bleibt. Die Funktion, also der harmonische Einsatz der Hinterhandmuskulatur und die Befähigung der Lastaufnahme ist das Behandlungsziel.

Besser aber wäre es gewesen, wenn in der Aufzucht mehr Sorgfalt in der Beobachtung der jungen Pferde geübt worden wäre und prophylaktisch das junge Pferd osteopathisch untersucht und behandelt worden wäre. Hoffen wir für die Zukunft, dass es so kommt.

Literaturverzeichnis

Asche R von: AORT – Autonome Osteopathische Repositionstechnik. Stuttgart: Haug Verlag, 2001.

Bäcker B, Salomon W: Kraniosakrale Therapie bei Pferden. Stuttgart: Sonntag Verlag, 2003.

Bartmann M: Leistungsphysiologische Untersuchungen zum Schwimmtraining von Sportpferden. Doktorarbeit, Universität München, 1991.

Bürger U: Vollendete Reitkunst. Berlin: Paul Parey, 1975.

Budras K-D, Röck S: Atlas der Anatomie des Pferdes. Hannover: Schlütersche Verlag, 2000.

Cook R: Bit-induced pain: a cause of fear, flight, fight and facial neuralgia in the horse. In: Pferdeheilkunde 19. Jg., Nr. 1: 2003;75–82.

Denoix J-M, Palloix J-P: Physiotherapie und Massage bei Pferden. Stuttgart: Ulmer Verlag, 2002.

Elishar E, McGuigan MP, Rogers KA, Wilson AM: Vergleich dreier unterschiedlicher Beschläge auf die Kinematik des Abfußens beim gesunden Pferd. In: Pferdeheilkunde, 18. Jg., Nr. 3: 2002;332–333.

Evrard P: Lehrbuch der Strukturellen Osteopathie beim Pferd. Stuttgart: Enke Verlag, 2002.

Faber M, Johnston C, Van Weeren PR, Barneveld A: Reproduzierbarkeit der Rückenkinematik beim Pferd auf dem Laufband. In: Pferdeheilkunde 18. Jg., Nr. 4: 2002;397–398.

Firth EC: Probleme bei der Quantifizierung der Knochenantwort auf Training beim Pferd – ein Überblick. In: Pferdeheilkunde 21. Jg., Nr. 1: 2005;85–86.

Frisch H: Programmierte Untersuchung des Bewegungsapparates. Berlin/Heidelberg/New York: Springer Verlag, 1989.

Ginaux D: Osteopathy: another way in considering the back and the balance of an individual. MICEM-Kongress Maastricht, 2002.

Ginaux D: Osteopathie beim Pferd. Stuttgart: Enke Verlag, 2002.

Girtler D, Peham C, Kicker C: Zur Biomechanik der Hintergliedmaßen beim Pferd – Einfluss der Anhebung der Trachten auf das Sprunggelenk. In: Pferdeheilkunde 19. Jg., Nr. 4: 2003;345–348.

Gray P: Die Lahmheiten des Pferdes. Stuttgart: Kosmos Verlag, 1997.

Grönberg P: ABC of the horse. Tuusula/Finnland: PG-Team, 2002.

Gustavsen R, Streek R: Trainingstherapie. Stuttgart: Thieme Verlag, 2002.

Jeffcot LD: Clinical examination of the horse with a potential back problem. Management and treatment of horses with back problems. MICEM-Kongress Maastricht, 2002.

Junghanns H: Die Wirbelsäule in Forschung und Praxis, Stuttgart: Hippokrates Verlag, Bd. 100, 1986.

Kapandji IA: Funktionelle Anatomie der Gelenke, Band III. Stuttgart: Enke Verlag, 1992.

Klein-Vogelbach S: Funktionelle Bewegungslehre. Berlin/Heidelberg/New York: Springer Verlag, 1984.

Kreinberg P: Handbuch für das Westernreiten, Band I. Maisburg: Sigmund Verlag, 1987.

Landmann MAAM, DeBlaauw JA, Van Weeren PR, Hofland LJ: Feldstudie über die Prävalenz von Lahmheit bei Pferden mit Rückenproblemen. In: Pferdeheilkunde 21. Jg., Nr. 1: 2005;91.

Launer P, Mill J, Richter W: Krankheiten der Reitpferde. Stuttgart: Ulmer Verlag, 1999.

Lebelt D: Problemverhalten beim Pferd. Stuttgart: Enke Verlag, 1998.

Lewit K: Manuelle Medizin. München/Wien/Baltimore: Urban & Schwarzenberg, 1987.

Lindner A: Fütterung, Aufzucht, Haltung. Arbeitsgruppe Pferd. Juelich: Dr. Arno, 1999.

Löffler K: Anatomie und Physiologie der Haustiere. Stuttgart: Ulmer Verlag, 2002.

Müseler W: Reitlehre. Berlin/Hamburg: Paul Parey Verlag, 1981.

Neumann HD: Manuelle Medizin – Eine Einführung in Theorie, Diagnostik und Therapie. Berlin/Heidelberg/New York: Springer Verlag, 1989.

Nickel R, Schummer A, Seifele E: Anatomie der Haustiere, Band I, Bewegungsapparat. Berlin/Hamburg: Paul Parey Verlag, 1984.

Pedersen G, Soendergaard E, Ladewig J: Zum Einfluss der Einstreu auf die Liegezeit von Pferden. In: Pferdeheilkunde 20. Jg., Nr. 4: 2004;400–401.

Preuschoft H et al: Studien über Bewegungen von Sportpferden. Wiss. Reihe Nr. 9, FN-Verlag, 1987.

Preuschoft H, Witte H, Recknagel S, Bär H, Lesch C, Wüthrich M: Über die Wirkungen gebräuchlicher Zäumungen auf das Pferd. Deutsche Tierärztliche Wochenschrift Nr. 106, 1999;169–175.

Ranner W, Gerhards H, Klee W: Diagnostische Validität der Palpation bei Pferden mit Rückenproblemen. In: Pferdeheilkunde 19. Jg., Nr. 3: 2003;320–321.

Richter T: Die Bedeutung der arthrogenen Propriozeption an der Wirbelsäule des Pferdes. Zeitschrift für Ganzheitliche Tiermedizin 16. Jg., Nr. 4: 2002;148–151.

Richter T: Wirbelsäulenprobleme – Untersuchung nach den Prinzipien der Manuellen Medizin. Zeitschrift für Ganzheitliche Tiermedizin 17. Jg., Nr. 2: 2003;48–52.

Richter T: Das geriatrische Pferd aus physiotherapeutischer Sicht. Zeitschrift für Ganzheitliche Tiermedizin 18. Jg., Nr. 2: 2004;75–77.

Rieland E: Radiological findings in the spinous processes in clinically sound horses. MICEM-Kongress, Maastricht, 2002.

Rödder F: Ohne Huf kein Pferd. Zürich: Müller-Rüschlikon Verlag, 1997.

Riegel RJ, Hakola SE: Bild-Text-Atlas zur Anatomie und Klinik des Pferdes. Hannover: Schlütersche Verlag, 1999.

Rösti A: Kontrollierte Akupunktur. Gießen: Ami Verlag, 1997.

Salomon W: Die energetische Behandlung des Pferdes. Stuttgart: Sonntag Verlag, 1998.

Schäfer R: Handbuch Pferdebeurteilung. Stuttgart: Kosmos Verlag, 2002.

Schmidt RF, Thews G: Physiologie des Menschen. Berlin/Heidelberg/New York: Springer Verlag, 1990.

Schürer B: Zwischen Langeweile und Überforderung – Belastungs- und Leistungsgrenzen beim Reitpferd. Kirchheim: Edition Schürer, 1993.

Stodulka R: Einfluss des Sattels auf die Shu-Punkte. In: Zeitschrift für Ganzheitliche Tiermedizin 16. Jg., Nr.4: 2002;152 – 154.

Striezel A: Geriatrie in der naturheilkundlichen Tiermedizin. Stuttgart: Sonntag Verlag, 2004.

Swift S: Reiten aus der Körpermitte. Cham-CH: Müller Rüschlikon Verlag, 1985.

Ulbrich T: Massage. Cham-CH: Müller Rüschlikon Verlag, 2000.

Van Weeren R: How the spine oves: basic kinematics at various gaits. MICEM-Kongress Maastricht, 2002.

Vervuert I, Coenen M: Aspekte der Fütterungs- und Haltungstechnik von Pferden. In: Pferdeheilkunde 18. Jg., Nr. 6: 2002;629 – 632.

Williams G, Diacon M: Hufbalance. Brunsbeck: Cadmos Verlag, 2000.

Witte H, Lesch C, Preuschoft H, Loitsch C: Die Gangarten der Pferde: Sind Schwingungsmechanismen entscheidend? Teil I: Pendelschwingungen der Beine bestimmen den Schritt. Pferdeheilkunde, 11. Jg., 1995;199 – 206.

Witte H, Lesch C, Preuschoft H, Loitsch C: Die Gangarten der Pferde: Sind Schwingungsmechanismen entscheidend? Teil II: Federschwingungen bestimmen den Trab und den Galopp. Pferdeheilkunde, 11. Jg., 1995;265 – 272.

Zeitler-Feicht MH, Buschmann S: Ist Ständerhaltung von Pferden unter Tierschutzaspekten heute noch vertretbar? In: Pferdeheilkunde 18. Jg, Nr. 5: 2002;431 – 438.

Stichwortverzeichnis

A

B

C

D

E

F

G

H

I

K

Ü

V

W

Z